# 简明大学物理学

主　编　范仰才　张　欣　梁瑞生
副主编　张春华　方　允　简基康

高等教育出版社·北京

内容简介

本书根据教育部高等学校物理学与天文学教学指导委员会编制的《理工科类大学物理课程教学基本要求》（2010 年版）的精神，考虑到目前国内应用型本科院校众多专业对少学时大学物理教材的需求，在总结编者长期从事工科大学物理教学一线实践经验的基础上，吸取国内外优秀教材之精华编写而成。本书选材恰当，叙述精练，内容包括力学、电磁学、波动与光学、热学、近代物理基础，共五篇。

本书可作为应用型本科院校各专业 70～90 学时大学物理课程的教材，也可作为高职高专、成人高校等物理课程的教材或教学参考书。

## 图书在版编目（CIP）数据

简明大学物理学／范仰才，张欣，梁瑞生主编．--北京：高等教育出版社，2019.1（2025.1重印）

ISBN 978-7-04-049434-1

Ⅰ．①简… Ⅱ．①范… ②张… ③梁… Ⅲ．①物理学-高等学校-教材 Ⅳ．①O4

中国版本图书馆 CIP 数据核字（2018）第 023479 号

JIANMING DAXUE WULIXUE

| | | | | | | | |
|---|---|---|---|---|---|---|---|
| 策划编辑 | 李 颖 | 责任编辑 | 李 颖 | 封面设计 | 姜 磊 | 版式设计 | 杜微言 |
| 插图绘制 | 杜晓丹 | 责任校对 | 高 歌 | 责任印制 | 刁 毅 | | |

| | | | |
|---|---|---|---|
| 出版发行 | 高等教育出版社 | 网　址 | http://www.hep.edu.cn |
| 社　址 | 北京市西城区德外大街4号 | | http://www.hep.com.cn |
| 邮政编码 | 100120 | 网上订购 | http://www.hepmall.com.cn |
| 印　刷 | 涿州市京南印刷厂 | | http://www.hepmall.com |
| 开　本 | 787 mm×1092 mm　1/16 | | http://www.hepmall.cn |
| 印　张 | 22 | | |
| 字　数 | 460 千字 | 版　次 | 2019 年 1 月第 1 版 |
| 购书热线 | 010-58581118 | 印　次 | 2025 年 1 月第 8 次印刷 |
| 咨询电话 | 400-810-0598 | 定　价 | 43.10 元 |

本书如有缺页、倒页、脱页等质量问题，请到所购图书销售部门联系调换
版权所有　侵权必究
物料号　49434-00

# 简明大学物理学

**主　编**
范仰才　张　欣
梁瑞生

**副主编**
张春华　方　允
简基康

1. 电脑访问 http://abook.hep.com.cn/1252009，或手机扫描二维码、下载并安装 Abook 应用。
2. 注册并登录，进入"我的课程"。
3. 输入封底数字课程账号（20位密码，刮开涂层可见），或通过 Abook 应用扫描封底数字课程账号二维码，完成课程绑定。
4. 点击"进入学习"，开始本数字课程的学习。

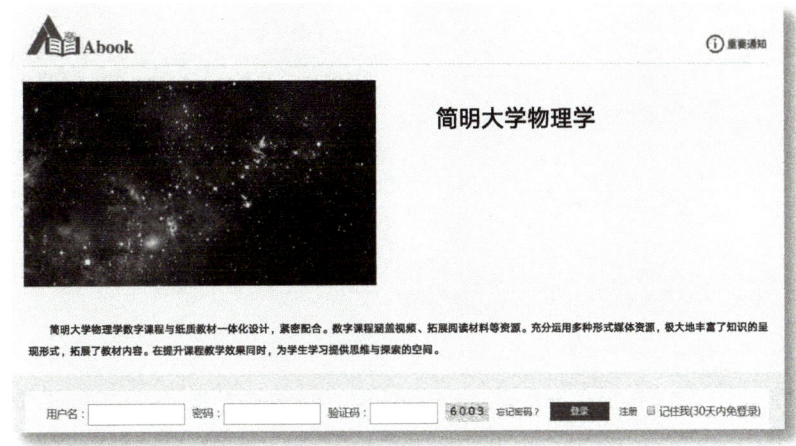

课程绑定后一年为数字课程使用有效期。受硬件限制，部分内容无法在手机端显示，请按提示通过电脑访问学习。

如有使用问题，请发邮件至 abook@hep.com.cn。

扫描二维码
下载 Abook 应用

http://abook.hep.com.cn/1252009

# 前　言

本书以贯彻教育部高等学校物理学与天文学教学指导委员会编制的《理工科类大学物理课程教学基本要求》(2010年版)为宗旨,在原教材《大学物理学》上下册(2016版)基础上改编而成。本教材保留了原书的编写特色和风格,特别针对目前应用型本科院校少学时大学物理课程的教学特点和要求,对全书内容进行了重新审视和必要的调整及删减,以符合大学物理教学基本要求,同时又适合大多数应用型本科院校各专业少学时大学物理课程的教学需求。

正如著名物理教学大师赵凯华教授所说:"对任何专业,大学基础物理课的目的,都是使学生对物理学的内容和方法,工作语言、概念和物理图像,其历史、现状和前沿等方面,从整体上有个全面的了解。这是一门培养和提高学生科学素质、科学思维方法和科学研究能力的重要基础课。"为此,本书在取材上,既注重物理基础知识的系统性与完整性,同时也兼顾少学时教学的现实,内容体系上包含工科大学物理力学、电磁学、波动与光学、热学、近代物理基础共五篇。在教学内容的选取与组织、概念和定理(定律)的阐述以及语言表述方面尽量做到风格统一、叙述精练、重点突出、难度适中。可有可无的内容不要,可讲可不讲的话不讲。为便于教学和学生课后复习和思考,书中精选了部分例题并在每次课(或每节内容结束)后配有2~3个思考题;每章后配有一定数量的习题。习题的形式多样,包括选择题、填空题和计算题等,紧扣教学内容且难度适中。另外,本教材还选编了一些生活中的物理小专题,以提高学生学习大学物理的兴趣。本书特别适合作为应用型本科院校各专业70~90学时的大学物理课程教材,书中标"*"的内容,可根据专业的需要或学时的多少由教学单位或任课教师自行取舍。

本书由教育部高等学校大学物理课程教学指导委员会委员、广东工业大学胡义华教授主审。参加本书编写的作者范仰才、张欣、梁瑞生、张春华、方几、简基康都是具有20年以上工科大学物理课程教学经历、经验丰富的一线教授。作者分工合作,对各自承担的部分精心组织、审视和提炼,最后范仰才负责全书的统稿和定稿工作。

本教材的编写得到了广东工业大学和广州工商学院"十三五"质量工程项目的资助,广东工业大学物理与光电工程学院以及部分国内工科院校的同行对本教材的编写提出了很多宝贵的意见和建议,编者在此一并表示衷心感谢。

由于编者水平有限,加之时间仓促,书中肯定存在不妥和疏漏之处,恳请使用本书的广大师生批评指正。

编　者

2017年9月于广州

# 目　　录

## 第一篇　力　　学

### 第 1 章　质点运动学 …………………… 003
1.1　矢量及其代数运算 ………………… 004
1.2　参考系　坐标系　质点 …………… 007
1.3　质点运动的描述一 ………………… 008
1.4　质点运动的描述二 ………………… 013
*1.5　相对运动 …………………………… 017
生活中的物理 1　伯努利效应与乒乓球 …… 018
习题 1 ……………………………………… 019

### 第 2 章　质点动力学 …………………… 023
2.1　牛顿运动定律 ……………………… 024
2.2　动量定理和动量守恒定律 ………… 029
2.3　功　动能定理 ……………………… 033

2.4　势能　机械能守恒定律 …………… 036
生活中的物理 2　秋千如何越荡越高,能量的
　　　　　　　　增长从何而来? ……… 041
习题 2 ……………………………………… 042

### *第 3 章　刚体力学基础 ………………… 047
3.1　刚体及刚体定轴转动的描述 ……… 048
3.2　刚体定轴转动定律 ………………… 049
3.3　定轴转动的功和能 ………………… 054
3.4　角动量定理和角动量守恒定律 …… 056
生活中的物理 3　不倒翁不倒的奥妙在
　　　　　　　　哪里? ………………… 060
习题 3 ……………………………………… 061

## 第二篇　电　磁　学

### 第 4 章　真空中的静电场 ……………… 069
4.1　电场　电场强度 …………………… 070
4.2　电场强度通量　高斯定理 ………… 076
4.3　电势 ………………………………… 083
生活中的物理 4　静电除尘的原理 ………… 090
习题 4 ……………………………………… 090

### 第 5 章　导体和电介质中的静电场 …… 095
5.1　静电场中的导体 …………………… 096
5.2　静电场中的电介质 ………………… 101
5.3　电容　电场的能量 ………………… 104
生活中的物理 5　压电效应及其应用 ……… 109
习题 5 ……………………………………… 109

### 第 6 章　恒定电流的磁场 ……………… 113
6.1　磁场　磁感应强度 ………………… 114

6.2　磁场的高斯定理与安培环路定理 …… 119
6.3　磁力 ………………………………… 124
6.4　磁介质中的磁场 …………………… 131
生活中的物理 6　磁流体发电的基本
　　　　　　　　原理 …………………… 135
习题 6 ……………………………………… 135

### 第 7 章　电磁感应　电磁场 …………… 141
7.1　电磁感应定律 ……………………… 142
7.2　动生和感生电动势 ………………… 145
7.3　自感　互感　磁场的能量 ………… 149
*7.4　麦克斯韦电磁场理论 ……………… 155
生活中的物理 7　家用电磁炉、微波炉的
　　　　　　　　基本原理 ……………… 158
习题 7 ……………………………………… 159

## 第三篇　波动与光学

**第 8 章　振动学基础** …………… 167
  8.1　简谐振动的规律　旋转矢量表示法 …… 168
  8.2　简谐振动的能量 ………………… 174
  8.3　简谐振动的合成 ………………… 175
  生活中的物理 8　共振的应用与危害 …… 180
  习题 8 ……………………………… 181

**第 9 章　波动学基础** …………… 185
  9.1　机械波的形成　传播和描述 …… 186
  9.2　平面简谐波的波函数 …………… 188
  *9.3　波的能量 ……………………… 192
  9.4　波的叠加和干涉 ………………… 194
  *9.5　驻波 …………………………… 196
  *9.6　多普勒效应 …………………… 200
  生活中的物理 9　医用 B 超成像的原理 … 202

  习题 9 ……………………………… 203

**第 10 章　光的干涉** ……………… 207
  10.1　光源　光的相干性 …………… 208
  10.2　杨氏双缝干涉 ………………… 209
  10.3　光程与光程差 ………………… 211
  10.4　薄膜干涉 ……………………… 214
  *10.5　迈克耳孙干涉仪 ……………… 220
  习题 10 …………………………… 222

**第 11 章　光的衍射和偏振** ……… 227
  11.1　单缝夫琅禾费衍射 …………… 228
  11.2　光栅衍射 ……………………… 232
  11.3　光的偏振 ……………………… 236
  生活中的物理 10　全息照相技术 …… 241
  习题 11 …………………………… 242

## 第四篇　热　学

**第 12 章　气体动理论** …………… 247
  12.1　平衡态　态参量　理想气体物态方程 ……………………………… 248
  12.2　理想气体的压强公式和温度公式 …… 250
  12.3　能量均分定理　理想气体的内能 …… 253
  *12.4　麦克斯韦速率分布律 ………… 256
  习题 12 …………………………… 261

**第 13 章　热力学基础** …………… 265
  13.1　准静态过程　功　热量和内能 …… 266
  13.2　热力学第一定律及其在理想气体等值过程的应用 …………………… 269
  13.3　绝热过程 ……………………… 272
  13.4　循环过程　卡诺循环 ………… 275
  13.5　热力学第二定律 ……………… 278
  *13.6　熵　熵增加原理 ……………… 281
  *13.7　热力学第二定律和熵的统计意义 …………………………… 284
  生活中的物理 11　家用电冰箱的制冷原理 ……………………………… 286
  习题 13 …………………………… 287

## *第五篇　近代物理基础

**第 14 章　狭义相对论基础** ……… 293
  14.1　伽利略变换　力学相对性原理 …… 294
  14.2　狭义相对论基本原理　洛伦兹变换 …………………………… 295
  14.3　狭义相对论时空观 …………… 299
  14.4　狭义相对论动力学基础 ……… 302
  习题 14 …………………………… 304

**第 15 章　量子物理基础** ………… 307
  15.1　黑体辐射　普朗克量子假设 …… 308
  15.2　光电效应　爱因斯坦光子理论 …… 309
  15.3　康普顿散射 …………………… 312
  15.4　玻尔的氢原子理论 …………… 314
  15.5　粒子的波动性　不确定关系 … 319
  15.6　波函数　薛定谔方程 ………… 321
  习题 15 …………………………… 325

附录 1　中华人民共和国法定计量单位 ·········································· 329

附录 2　常用物理常量表 ································································ 333

附录 3　本书物理量的名称、符号和单位（SI）一览表 ······················ 335

参考文献 ····················································································· 339

# 第 一 篇

# 力 学

　　**物**理学是研究物质的基本结构、基本运动形式、相互作用及其转化规律的自然科学。力学是研究物体机械运动规律的学科。它起源于公元前4世纪古希腊学者亚里士多德关于力产生运动的说法，以及我国《墨经》中关于杠杆原理的论述等，但其成为一门科学则始于17世纪伽利略关于惯性运动的论述，继而牛顿提出了力学三大运动定律。以牛顿运动定律为基础的力学称为牛顿力学或经典力学。经过400多年的发展，力学形成了严谨的理论体系和完备的研究方法。它的许多概念和原理具有广泛的适用性，从而使力学成了物理学和许多工程技术的理论基础。20世纪以来，相对论、量子力学的建立以及对混沌等问题的研究，给经典力学带来了巨大的冲击，使人们对力学的认识发生了重大的改变。尽管物理学的近代发展揭示了经典力学只在宏观低速领域内适用，然而，由于一方面在相当广阔的尺度和速率范围内经典力学仍具有较高的实用价值，另一方面在包括高速和微观领域在内的整个物理学中，经典力学的一些重要概念和定律，如动量、角动量、能量及其相应的守恒定律仍同样适用，经典力学不仅没有失去它原有的光辉和存在的价值，而且仍然保持着作为物理学基础的重要地位，在自然科学和工程技术等的广阔领域中，牛顿力学仍然能够较精确地解决广泛的理论和实际问题。

　　本篇主要讨论经典力学，包括质点力学和刚体力学基础，以牛顿定律为基础展开，着重阐明动量、能量、角动量等概念及其相应的守恒定律。

# 第1章 质点运动学

在经典力学中,通常把力学分为静力学、运动学和动力学。本章只研究运动学。运动学是从几何的观点来描述物体的运动,即研究物体的空间位置随时间变化的关系,而不涉及引起物体运动和改变运动状态的原因。

本章首先介绍矢量及其代数运算,然后定义描述质点运动的一些物理量,如位矢、位移、速度、加速度等,接着讨论曲线运动中的法向和切向加速度及圆周运动的角量描述,最后简要介绍相对运动。

## 1.1 矢量及其代数运算

### 1.1.1 矢量及其表示

物理学中常涉及两类物理量:一类是只有大小和正负,而没有方向的量,如质量、长度、时间、能量、温度等,这类物理量称为**标量**。另一类是既有大小又有方向的物理量,如力、位移、速度、加速度、动量、电场强度、磁感应强度等,这类物理量称为**矢量**。矢量的相加减遵守平行四边形的运算法则。

矢量的表示:印刷中矢量常用黑体字母(例如 **A**)表示;手(书)写时用字母上面加箭头(例如$\vec{A}$)表示矢量。矢量可用一条带有方向的线段来图示,线段长度表示矢量的大小,箭头指向表示矢量的方向,如图 1-1 所示。

矢量的大小称为矢量的**模**,矢量 **A** 的模常用符号 $|\boldsymbol{A}|$ 或 $A$ 表示。如果矢量 $\boldsymbol{e}_A$ 的模等于 1,且方向与矢量 **A** 相同,则 $\boldsymbol{e}_A$ 称为矢量 **A** 方向上的**单位矢量**。

引入单位矢量后,矢量 **A** 可以表示为

$$\boldsymbol{A} = |\boldsymbol{A}|\boldsymbol{e}_A = A\boldsymbol{e}_A \quad \text{或} \quad \boldsymbol{e}_A = \frac{\boldsymbol{A}}{|\boldsymbol{A}|} = \frac{\boldsymbol{A}}{A}$$

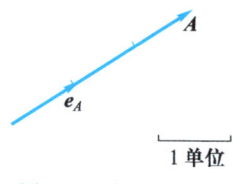

图 1-1 矢量的图示

在直角坐标系中,$x$、$y$、$z$ 正向的单位矢量通常用 $\boldsymbol{i}$、$\boldsymbol{j}$、$\boldsymbol{k}$ 表示,而自然坐标系中切向和法向的单位矢量则通常用 $\boldsymbol{e}_t$ 和 $\boldsymbol{e}_n$ 表示。

### 1.1.2 矢量的合成与分解

**两矢量的合成**(平行四边形法则)  设有两个矢量 **A** 和 **B**,如图 1-2 所示。将它们相加时,先将两矢量平移,让它们的始端重合,然后以这两个矢量为邻作平行四边形,其对角线即为两矢量的和,用矢量 **C** 表示,即

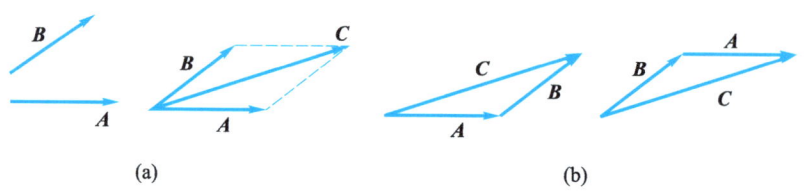

图 1-2 两矢量的合成

$$C = A + B = B + A$$

$C$ 称为合矢量,而 $A$ 和 $B$ 则称为 $C$ 矢量的分矢量。因为平行四边形的对边平行且相等,所以两矢量合成的平行四边形法则可简化为三角形法则,即以矢量 $A$ 的末端为起点,作矢量 $B$,见图 1-2(b)。不难看出,由 $A$ 的起点画到 $B$ 的末端的矢量就是合矢量 $C$。同样,如以矢量 $B$ 的末端为起点,作矢量 $A$,由 $B$ 的起点画到 $A$ 的末端的矢量也是合矢量 $C$,即矢量的加法满足交换律。

**多个矢量的合成**(多边形法则) 求多个矢量的合成时,可根据三角形法,先求其中两个矢量的合矢量,然后将该矢量与第三个矢量相加,求出这三个矢量的合矢量,依此类推,就可以求出多个矢量的合矢量,如图 1-3 所示。从图中可以看出,如果在第一个矢量的末端画出第二个矢量,再在第二个矢量的末端画出第三个矢量……即把所有相加的矢量首尾相连,然后由第一个矢量的起点到最后一个矢量的末端作一矢量,这个矢量就是它们的合矢量。由于所有的分矢量与合矢量在矢量图上围成一个多边形,所以这种求合矢量的方法称为**多边形法则**。

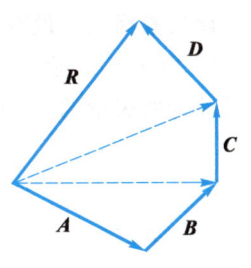

图 1-3 多个矢量的合成

**矢量的分解**(正交分解法) 两个或多个矢量可以合成一个矢量,同样,一个矢量也可以分解为两个或多个矢量。随意分解显然没有实际意义,一般常将一个矢量沿直角坐标轴分解(正交分解)。由于坐标轴的方向已确定,所以任一矢量分解在各坐标上的分矢量只需用带有正负号的数值表示即可,这些分矢量的量值都是标量,一般叫分量。图 1-4 和图 1-5 分别为平面矢量的分解和空间矢量的分解。

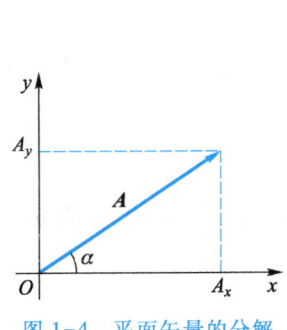

图 1-4 平面矢量的分解

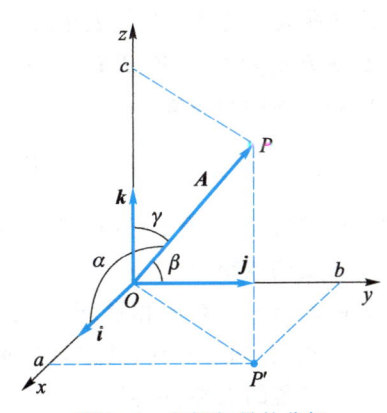

图 1-5 空间矢量的分解

如图 1-4 所示,有 $A = A_x \boldsymbol{i} + A_y \boldsymbol{j} = A\cos\alpha \boldsymbol{i} + A\sin\alpha \boldsymbol{j}$

其中 $A_x = A\cos\alpha$,$A_y = A\sin\alpha$ 为矢量 $A$ 在 $x$ 和 $y$ 轴上的分量,$A$ 的大小

$$A = |A| = \sqrt{A_x^2 + A_y^2}$$

$A$ 的方向

$$\tan\alpha = \frac{A_y}{A_x}$$

如图 1-5, 有 $\mathbf{A} = \overrightarrow{OP'} + \overrightarrow{Oc} = \overrightarrow{Oa} + \overrightarrow{Ob} + \overrightarrow{Oc} = A_x \mathbf{i} + A_y \mathbf{j} + A_z \mathbf{k}$

其中 $A_x = |Oa|, A_y = |Ob|, A_z = |Oc|$ 为矢量 $\mathbf{A}$ 在 $x$、$y$、$z$ 轴上的分量, $\mathbf{A}$ 的大小

$$A = |\mathbf{A}| = \sqrt{A_x^2 + A_y^2 + A_z^2}$$

$\mathbf{A}$ 的方向用三个方向余弦表示:

$$\cos\alpha = \frac{A_x}{A}, \quad \cos\beta = \frac{A_y}{A}, \quad \cos\gamma = \frac{A_z}{A}$$

**两矢量相减** 设有两个矢量 $\mathbf{A}$ 和 $\mathbf{B}$, 如图 1-6 所示。将它们相减时, 先将两矢量平移, 让它们的始端重合, 然后由减矢量的末端向被减矢量的末端作一矢量, 该矢量即为两矢量的差, 用矢量 $\mathbf{D}$ 表示, 即

$$\mathbf{D} = \mathbf{A} - \mathbf{B} = \mathbf{A} + (-\mathbf{B})$$

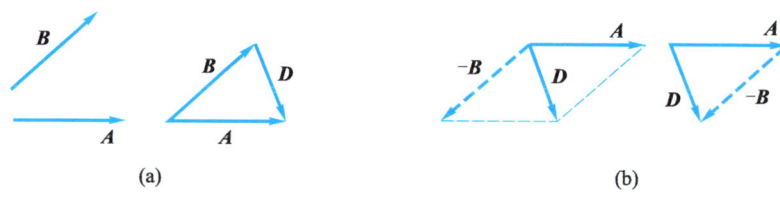

图 1-6　两矢量相减

矢量相减也可写成加负矢量然后用平行四边形或三角形作图法求解, 如图 1-6(b) 所示。

### 1.1.3　矢量的代数运算

已知两矢量的坐标分量表达式分别为

$\mathbf{A} = A_x \mathbf{i} + A_y \mathbf{j} + A_z \mathbf{k}$, , $\mathbf{B} = B_x \mathbf{i} + B_y \mathbf{j} + B_z \mathbf{k}$, 现作如下代数运算

**1. 两矢量的和与差**

定义: $$\mathbf{A} \pm \mathbf{B} = (A_x \pm B_x)\mathbf{i} + (A_y \pm B_y)\mathbf{j} + (A_z \pm B_z)\mathbf{k} \tag{1-1}$$

即, 两矢量的和与差等于它们同名坐标的和与差。

**2. 矢量的数乘**

矢量 $\mathbf{A}$ 与一个数 $m$ 相乘, 得到的是另一个矢量 $m\mathbf{A}$, 其大小为 $mA$, 如果 $m>0$, 其方向与 $\mathbf{A}$ 相同; 如果 $m<0$, 其方向与 $\mathbf{A}$ 相反。

**3. 两矢量的点乘**(标积)

定义: $$\mathbf{A} \cdot \mathbf{B} = AB\cos\alpha \tag{1-2}$$

式中 $\alpha$ 为 $\mathbf{A}$ 与 $\mathbf{B}$ 的夹角。即, 两矢量点乘等于两个矢量的大小乘以它们夹角的余弦, 其结果为一标量。

两矢量点乘有如下性质:

(1) $\mathbf{A} / \! / \mathbf{B}$, $\mathbf{A} \cdot \mathbf{B} = AB$, (2) $\mathbf{A} \perp \mathbf{B}$, $\mathbf{A} \cdot \mathbf{B} = 0$, (3) $\mathbf{A} \cdot \mathbf{B} = \mathbf{B} \cdot \mathbf{A}$

单位矢量的点乘　　$\mathbf{i} \cdot \mathbf{i} = \mathbf{j} \cdot \mathbf{j} = \mathbf{k} \cdot \mathbf{k} = 1, \quad \mathbf{i} \cdot \mathbf{j} = \mathbf{j} \cdot \mathbf{k} = \mathbf{k} \cdot \mathbf{i} = 0$

利用上述性质,可得 $A$、$B$ 两矢量点乘的结果为
$$A \cdot B = (A_x i + A_y j + A_z k) \cdot (B_x i + B_y j + B_z k)$$
$$= A_x B_x + A_y B_y + A_z B_z$$

**4. 两矢量的叉乘**(矢积)

定义: $\qquad A \times B = C, \quad C = |C| = AB\sin\theta \qquad$ (1-3)

式中 $\theta$ 为 $A$ 与 $B$ 的夹角。即,两矢量叉乘的结果为一矢量 $C$,$C$ 的大小等于两个矢量的大小乘以它们交角的正弦,$C$ 矢量的方向垂直于 $A$ 和 $B$ 两矢量构成的平面,其指向由右手螺旋定则确定,即从 $A$ 经小于 $180°$ 的角转向 $B$ 时大拇指所指的方向,如图 1-7 所示。

两矢量叉乘有如下性质:

(1) $A // B$, $\quad A \times B = 0$,

(2) $A \perp B$, $\quad |A \times B| = AB$,

(3) $A \times B = -B \times A$

单位矢量的叉乘

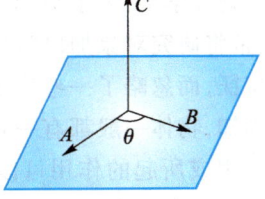

图 1-7 两矢量的叉乘

$$i \times i = j \times j = k \times k = 0, \quad i \times j = -j \times i = k,$$
$$j \times k = -k \times j = i, \quad k \times i = -i \times k = j$$

利用上述性质,可得 $A$、$B$ 两矢量叉乘的结果为
$$A \times B = (A_x i + A_y j + A_z k) \times (B_x i + B_y j + B_z k)$$
$$= (A_y B_z - A_z B_y) i + (A_z B_x - A_x B_z) j + (A_x B_y - A_y B_x) k$$

两矢量叉乘也可用行列式表示

$$A \times B = \begin{vmatrix} i & j & k \\ A_x & A_y & A_z \\ B_x & B_y & B_z \end{vmatrix} = (A_y B_z - A_z B_y) i + (A_z B_x - A_x B_z) j + (A_x B_y - A_y B_x) k$$

## 1.2 参考系 坐标系 质点

### 1.2.1 运动描述的相对性

**参考系** 宇宙万物,大至日、月、星、辰,小至分子、原子都在不停地运动着。运动是绝对的,而对运动的描述是相对的。例如,从匀速飞行的飞机上自由落下一个物体,飞机上的观察者看到物体做自由落体运动,而地面上的观察者却看到物体做平抛运动。大量此类观察表明,描述一个物体的运动时,必须选择另一物体作参考,被选作参考的物体叫**参考系**。图 1-8 中,确定物体 $M$ 的运动,可选某房子作参考系,也可选择正在做匀速直线运动的汽车作参考系,同一运动在不同参考系中会有不同的图像,这叫**运动描述的相对性**。

**坐标系** 为了定量地描述物体的位置随时间的变化,还必须在选定的参考系

上建立一个坐标系,如图 1-8 中的直角坐标系 $Oxyz$ 或 $O'x'y'z'$。选定坐标系后(不必在图中画出参考物了)物体的位置就可以用它在这个坐标系中的三个坐标($x,y,z$ 或 $x'$, $y',z'$)来描述。力学中常用的坐标系有直角坐标系、极坐标系和自然坐标系等。

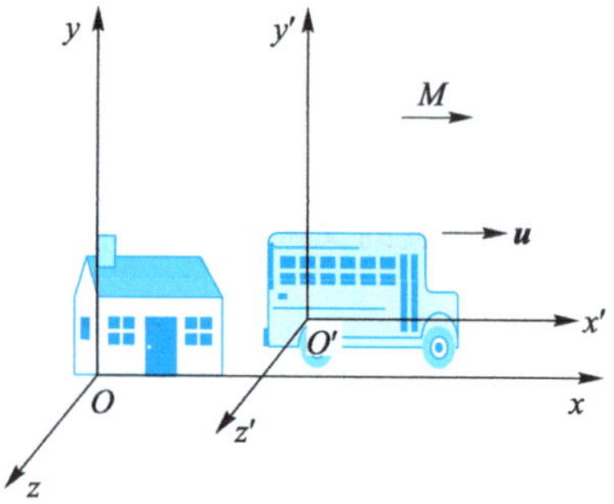

### 1.2.2 质点

物理学中,为了突出研究对象的主要性

图 1-8 参考系和坐标系

质,常将研究对象加以简化,使之抽象成理想模型。理想模型保留了实际物体的主要特征,而忽略了一些次要因素。质点就是力学中最先遇到的一种理想模型。众所周知,物体一般都有一定的形状和大小,但如果物体的形状、大小对它的运动不起作用或所起的作用可以忽略,就可以用一个**只有质量而没有形状和大小的几何点**来表示该物体,这个抽象化的点就叫**质点**。以下情况可以把运动物体当作质点处理。

(1)物体上各点的运动情况相同,即物体做平动。

(2)物体的大小比起它运动的空间距离小很多,物体可以看成质点。例如当研究地球绕太阳转动时,由于地球直径(约为 $1.28 \times 10^7$ m)比地球与太阳的距离(约为 $1.50 \times 10^{11}$ m)小得多,地球上各点的运动情况可视为相同,地球可以当作质点处理,但当研究地球本身的自转时则不能把地球当作质点处理。

如果所研究的物体不能当作一个质点处理,可以把物体看成是许多质点的集合——**质点系**,研究了其中每一个质点的运动之后,整个物体的运动情况就清楚了。

## 1.3 质点运动的描述一

### 1.3.1 位置矢量 运动方程

为了表示运动质点的位置,首先要选参考系,然后在参考系上建立坐标系,如图 1-9 所示。任意时刻质点 $P$ 的位置可用它所在点的三个坐标($x,y,z$)来确定,或者用从原点 $O$ 指向 $P$ 点的有向线段 $\overrightarrow{OP}=r$ 来表示。矢量 $r$ 称为**位置矢量**,简称位矢。相应地,坐标 $x$、$y$、$z$ 也就是位矢 $r$ 在坐标轴上的三个分量。

在直角坐标系中,位矢 $r$ 可表示为

$$r = x\boldsymbol{i} + y\boldsymbol{j} + z\boldsymbol{k} \tag{1-4}$$

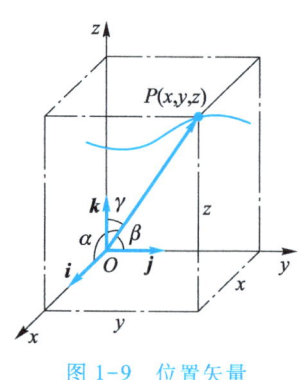

图 1-9 位置矢量

式中 $\boldsymbol{i}$、$\boldsymbol{j}$、$\boldsymbol{k}$ 分别表示沿 $x$、$y$、$z$ 三个坐标轴正方向的**单位矢量**。位矢 $\boldsymbol{r}$ 的大小和方向余弦分别为

$$|\boldsymbol{r}| = r = \sqrt{x^2+y^2+z^2}$$

$$\cos\alpha = \frac{x}{r}, \quad \cos\beta = \frac{y}{r}, \quad \cos\gamma = \frac{z}{r}$$

质点运动时，其位置不断随时间变化，这时质点的坐标 $x$、$y$、$z$ 和位矢 $\boldsymbol{r}$ 都是时间的函数。描述质点空间位置随时间变化的函数式称为质点的**运动方程**，即

$$x = x(t), \quad y = y(t), \quad z = z(t) \tag{1-5a}$$

或

$$\boldsymbol{r} = \boldsymbol{r}(t) \tag{1-5b}$$

知道了运动方程，就能确定任一时刻质点的位置，从而确定了质点的运动。运动学的主要任务之一，就是根据各种问题的具体条件，求解质点的运动方程。

质点运动的空间轨迹称为**轨道**。轨道为直线时，称为直线运动；轨道为曲线时，称为曲线运动。从式(1-5a)中消去时间 $t$ 即得**轨道方程**。式(1-5a)也就是轨道的参数方程。

### 1.3.2 位移

如图 1-10 所示，设质点沿曲线轨道运动，$t$ 时刻质点在 $A$ 点，位矢为 $\boldsymbol{r}_A$，$t+\Delta t$ 时刻质点运动到 $B$ 点，位矢为 $\boldsymbol{r}_B$。则 $\Delta t$ 时间内位置矢量的增量

$$\Delta\boldsymbol{r} = \boldsymbol{r}_B - \boldsymbol{r}_A \tag{1-6}$$

称为质点在 $\Delta t$ 时间内的**位移**。位移是矢量，它的运算遵守矢量加法的平行四边形法则。

在直角坐标系中，位移的表达式为

$$\Delta\boldsymbol{r} = (x_B-x_A)\boldsymbol{i} + (y_B-y_A)\boldsymbol{j} + (z_B-z_A)\boldsymbol{k}$$
$$= \Delta x\boldsymbol{i} + \Delta y\boldsymbol{j} + \Delta z\boldsymbol{k}$$

位移的大小 $|\Delta\boldsymbol{r}| = \sqrt{\Delta x^2+\Delta y^2+\Delta z^2}$

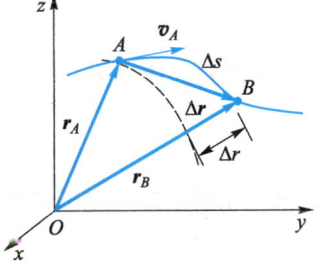

图 1-10 位移与路程

注意：位移的大小或位移的模只能记作 $|\Delta\boldsymbol{r}|$，而不能记作 $\Delta r$，参见图 1-10。$\Delta r$ 通常表示位矢的模的增量，即 $\Delta r = |\boldsymbol{r}_B| - |\boldsymbol{r}_A|$，而 $|\Delta\boldsymbol{r}|$ 则是位矢增量的模，即 $|\Delta\boldsymbol{r}| = |\boldsymbol{r}_B - \boldsymbol{r}_A|$，两者显然不等。

质点在 $\Delta t$ 时间内运动的空间轨迹的长度（图 1-10 中弧线 $\overset{\frown}{AB}$ 的长度）叫**路程**，以 $\Delta s$ 表示。路程 $\Delta s$ 是标量。一般情况下，$|\Delta\boldsymbol{r}| \neq \Delta s$，当且仅当 $\Delta t$ 趋于零时，两者的极限值才相同，即 $\lim\limits_{\Delta t\to 0}\Delta s = \lim\limits_{\Delta t\to 0}|\Delta\boldsymbol{r}|$，也就是 $ds = |d\boldsymbol{r}|$。

### 1.3.3 速度

速度是描述质点位置变化快慢的物理量。设一质点沿曲线运动，$\Delta t$ 时间内的位移为 $\Delta\boldsymbol{r}$，则

视频：速度

$$\bar{v} = \frac{\Delta r}{\Delta t} \tag{1-7}$$

称为质点在 $\Delta t$ 时间内的**平均速度**。平均速度是矢量,其方向与 $\Delta r$ 同方向。平均速度的大小和方向都与所取的时间间隔 $\Delta t$ 有关。显然用平均速度描述质点的运动是粗糙的。要精确知道质点在某一时刻或某一位置的速度,应让 $\Delta t$ 趋近于零。此时平均速度的极限值,即质点位矢对时间的变化率,就是质点在 $t$ 时刻的**瞬时速度**,简称**速度**,即

$$v = \lim_{\Delta t \to 0} \frac{\Delta r}{\Delta t} = \frac{\mathrm{d}r}{\mathrm{d}t} \tag{1-8}$$

即速度等于位矢对时间的一阶导数。速度的方向就是 $\Delta t$ 趋近于零时,$\Delta r$ 的极限方向,即轨迹在该点的切线方向,参见图 1-10。

在直角坐标系中,速度矢量可以表示为

$$v = \frac{\mathrm{d}r}{\mathrm{d}t} = \frac{\mathrm{d}x}{\mathrm{d}t}\boldsymbol{i} + \frac{\mathrm{d}y}{\mathrm{d}t}\boldsymbol{j} + \frac{\mathrm{d}z}{\mathrm{d}t}\boldsymbol{k} = v_x\boldsymbol{i} + v_y\boldsymbol{j} + v_z\boldsymbol{k}$$

瞬时速度的大小叫**瞬时速率**,简称**速率**,即

$$v = |\boldsymbol{v}| = \sqrt{v_x^2 + v_y^2 + v_z^2}$$

若质点在 $\Delta t$ 时间内通过的路程为 $\Delta s$,则质点在 $\Delta t$ 时间内的**平均速率**定义为

$$\bar{v} = \frac{\Delta s}{\Delta t} \tag{1-9}$$

质点在 $t$ 时刻的速率为

$$v = \lim_{\Delta t \to 0} \frac{\Delta s}{\Delta t} = \frac{\mathrm{d}s}{\mathrm{d}t} \tag{1-10}$$

即速率等于质点所走过的路程对时间的变化率。因为路程 $s$ 和时间 $t$ 都是标量,所以速率是一个标量。注意:速度的大小叫速率,但平均速度的大小不等于平均速率,即 $|\bar{\boldsymbol{v}}| \neq \bar{v}$。因为一般情况下 $|\Delta \boldsymbol{r}| \neq \Delta s$,仅当 $\Delta t$ 趋于零时,才有 $|\Delta \boldsymbol{r}| = \Delta s$,即 $|\mathrm{d}\boldsymbol{r}| = \mathrm{d}s$,所以速率等于速度的大小。

### 1.3.4 加速度

加速度是描述质点速度变化快慢的物理量。如图 1-11 所示,设质点沿曲线运动,$t$ 时刻质点在 $A$ 点,速度为 $\boldsymbol{v}_A$,$t+\Delta t$ 时刻质点到达 $B$ 点,速度变为 $\boldsymbol{v}_B$,则 $\Delta t$ 内质点速度的增量 $\Delta \boldsymbol{v} = \boldsymbol{v}_B - \boldsymbol{v}_A$,可以用 $\frac{\Delta \boldsymbol{v}}{\Delta t}$ 来粗略描述质点在 $\Delta t$ 内速度变化的平均快慢程度,称为质点在 $\Delta t$ 时间内的**平均加速度**,即

$$\bar{\boldsymbol{a}} = \frac{\Delta \boldsymbol{v}}{\Delta t} \tag{1-11}$$

视频:失重与超重

视频:航天飞机上的失重

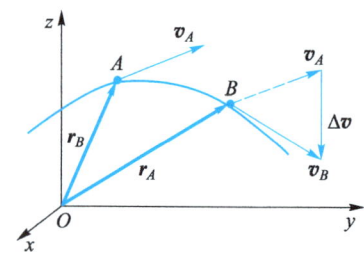
图 1-11 速度的增量

平均加速度只能反映 $\Delta t$ 内质点速度的平均变化率。要准确描述质点在某一时刻或某一位置处的速度变化率,须令 $\Delta t \to 0$,即质点在某时刻或某位置处的**瞬时加速度**(简称**加速度**)等于该时刻附近 $\Delta t$ 趋于零时平均加速度的极限值,即

$$a = \lim_{\Delta t \to 0} \frac{\Delta v}{\Delta t} = \frac{dv}{dt} = \frac{d^2 r}{dt^2} \tag{1-12}$$

可见,加速度是速度对时间的一阶导数或位矢对时间的二阶导数。

在直角坐标系中,加速度可以表示为

$$a = \frac{dv}{dt} = \frac{d^2 r}{dt^2} = \frac{dv_x}{dt}i + \frac{dv_y}{dt}j + \frac{dv_z}{dt}k = a_x i + a_y j + a_z k \tag{1-13}$$

加速度的大小

$$a = |a| = \sqrt{a_x^2 + a_y^2 + a_z^2}$$

加速度的方向是当 $\Delta t$ 趋于零时,平均加速度 $\dfrac{\Delta v}{\Delta t}$ 或速度增量 $\Delta v$ 的极限方向。应该明确的是,加速度是矢量,无论是速度的大小发生变化,还是速度的方向发生变化,都有加速度。

### 1.3.5 运动学中的两类问题

质点运动学的问题一般可分为两类:

**第一类问题** 已知质点的运动学方程,求质点在任意时刻的速度和加速度。这类问题的求解方法主要是运用高等数学中的导数运算,常把这类问题称为微分问题。

**例 1-1** 已知质点的运动方程为 $r = 2ti + (9-4t^2)j$ (SI 单位)(SI 为国际单位制的缩写)。求:(1) 计算并图示质点运动的轨迹;(2) 第 1 秒内的位移;(3) $t = 1$ s 和 $t = 2$ s 两时刻质点的位置、速度和加速度。

**解** (1) 由运动方程知

$$x = 2t, \quad y = 9 - 4t^2$$

消去时间 $t$ 得轨迹方程

$$y = 9 - x^2 \text{(SI 单位)}$$

轨迹曲线为一抛物线,如图 1-12 所示。

(2) 第 1 秒内的位移

$$\Delta r = r(1) - r(0) = [(2i+5j) - 9j] \text{ m} = (2i-4j) \text{ m}$$

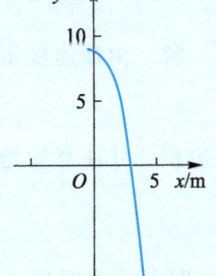

图 1-12 例 1-1 图

(3) 因为 $v = \dfrac{dr}{dt} = 2i - 8tj$, $a = \dfrac{dv}{dt} = (-8j) \text{ m/s}^2$

所以

$t = 1$ s 时,$r_1 = (2i+5j)$ m, $v_1 = (2i-8j)$ m/s, $a_1 = (-8j)$ m/s$^2$

$t = 2$ s 时,$r_2 = (4i-7j)$ m, $v_2 = (2i-16j)$ m/s, $a_2 = (-8j)$ m/s$^2$

**例 1-2** 如图 1-13 所示,在离湖面 $h$ 高的岸上,有人用绳子拉船靠岸,收绳的速率恒为 $v_0$,求船在离岸边的距离为 $x$ 时的速度和加速度。

**解** 建立如图所示的坐标系,以 $l$ 表示船到定滑轮的绳长,则任意时刻船的位置坐标为

$$x = \sqrt{l^2 - h^2}$$

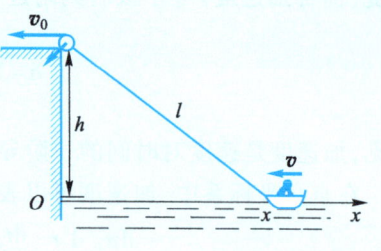

图 1-13 例 1-2 图

因为 $l$ 是 $t$ 的函数,上式就是小船的运动方程 $x = x(t)$,将上式对时间 $t$ 求导,得小船靠岸的速度大小

$$v = \frac{dx}{dt} = \frac{l}{\sqrt{l^2 - h^2}} \frac{dl}{dt} = -\frac{\sqrt{x^2 + h^2}}{x} v_0$$

负号表示船靠岸的速度方向与 $x$ 轴正向相反。

船的加速度为

$$a = \frac{dv}{dt} = -\left[\frac{d}{dl}\left(\frac{l}{\sqrt{l^2 - h^2}}\right) v_0\right] \frac{dl}{dt} = -\frac{v_0^2 h^2}{x^3}$$

负号表示加速度 $\boldsymbol{a}$ 的方向与 $x$ 轴的正方向相反。由于 $\boldsymbol{a}$ 与 $\boldsymbol{v}$ 同向,所以小船是加速靠岸的。

**第二类问题** 已知质点的加速度及初始条件,求任意时刻的速度和位置矢量(或运动学方程)。这类问题的求解方法主要是运用高等数学中的积分运算,常把这类问题称为积分问题。

**例 1-3** 质点沿 $x$ 轴运动,加速度 $a =$ 常量,开始时($t = 0$ 时刻)质点位于 $x = x_0$ 处,速度 $v = v_0$,求质点在任意时刻的速度和位置。

**解** 由加速度定义式 $a = \dfrac{dv}{dt}$ 得

$$dv = a dt$$

两边积分并注意初始条件,得

$$v - v_0 = \int_{v_0}^{v} dv = a \int_0^t dt$$

即 $t$ 时刻的速度为

$$v = v_0 + at \qquad ①$$

同理,由速度定义式 $v = \dfrac{dx}{dt}$ 得

$$dx = v dt$$

两边积分并注意初始条件,得

$$x - x_0 = \int_{x_0}^{x} dx = \int_0^t (v_0 + at) dt$$

即 $t$ 时刻的位置坐标为
$$x-x_0=v_0 t+\frac{1}{2}at^2 \qquad ②$$

①、②两式消去时间 $t$ 还可得
$$v^2-v_0^2=2a(x-x_0) \qquad ③$$

以上①、②、③三式就是读者早已熟悉的匀变速直线运动的公式。

**例 1-4** 一质点沿 $x$ 轴运动,加速度为 $a=-kv^2$,式中 $k$ 为正值常量,设 $t=0$ 时,质点位于 $x=0$ 处,速度 $v=v_0$,求质点位于任意位置 $x$ 时的速度 $v$。

**解** 因为
$$a=\frac{\mathrm{d}v}{\mathrm{d}t}=\frac{\mathrm{d}v}{\mathrm{d}x}\frac{\mathrm{d}x}{\mathrm{d}t}=v\frac{\mathrm{d}v}{\mathrm{d}x}=-kv^2$$

分离变量并积分,注意初始条件得
$$\int_{v_0}^{v}\frac{\mathrm{d}v}{v}=-k\int_{0}^{x}\mathrm{d}x=-kx$$

即
$$\ln\frac{v}{v_0}=-kx$$
$$v=v_0 \mathrm{e}^{-kx}$$

◇ **思考题**

**1-1** 什么是位置矢量?位置矢量和位移矢量有什么区别?怎样选取坐标原点可使两者一致?

**1-2** 质点做平面运动,已知其运动方程的直角坐标分量为 $x=x(t)$,$y=y(t)$。在计算质点的速度和加速度的大小时,有人先由 $r=\sqrt{x^2+y^2}$,求出 $r=r(t)$,再由 $v=\frac{\mathrm{d}r}{\mathrm{d}t}$ 和 $a=\frac{\mathrm{d}v}{\mathrm{d}t}$ 求得结果,你认为这种做法对吗?如果不对,错在什么地方?

**1-3** 一质点做直线运动的 $x\text{-}t$ 曲线如图所示,质点的运动可分为 $OA$、$AB$(平行于 $t$ 轴的直线)、$BC$ 和 $CD$(直线)四个区间。试问每一区间速度、加速度分别是正值、负值,还是零?

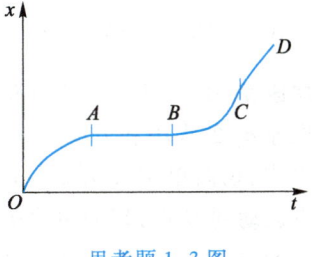

思考题 1-3 图

## 1.4 质点运动的描述二

质点做平面曲线运动时,一般采用自然坐标系来描述质点的运动较方便。所谓自然坐标系,就是以质点运动轨迹上的某一点作为坐标原点 $O$,轨迹曲线为坐标

轴 $s$ 建立的坐标系称为**自然坐标系**。坐标轴的方向分别取切线和法线两正交方向,并规定,切向坐标轴沿质点前进方向的切向为正,单位矢量为 $e_t$;法向坐标轴沿轨迹的法向凹侧为正,单位矢量为 $e_n$,如图 1-14 所示。与直角坐标系不同的是,自然

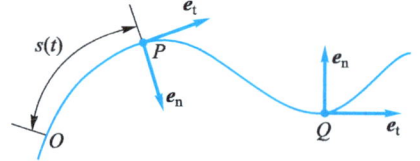

图 1-14 自然坐标系

坐标系中单位矢量的方向随位置变化。换言之,自然坐标系中,质点带着坐标系一起运动。

### 1.4.1 曲线运动中的速度和加速度

选取坐标原点后,质点的位置可用轨道弧长 $s$ 来描述。质点运动时,$s$ 是 $t$ 的标量函数,即

$$s = s(t) \tag{1-14}$$

这就是以自然坐标表示的质点运动学方程。

自然坐标系中质点的速度定义为

$$\boldsymbol{v} = \frac{\mathrm{d}s}{\mathrm{d}t}\boldsymbol{e}_t = v\boldsymbol{e}_t \tag{1-15}$$

由于单位矢量的方向随位置变化,故自然坐标系中,质点的加速度为

$$\boldsymbol{a} = \frac{\mathrm{d}}{\mathrm{d}t}(v\boldsymbol{e}_t) = \frac{\mathrm{d}v}{\mathrm{d}t}\boldsymbol{e}_t + v\frac{\mathrm{d}\boldsymbol{e}_t}{\mathrm{d}t} \tag{1-16}$$

式(1-16)表明,曲线运动中的加速度由两部分组成。其中 $\frac{\mathrm{d}v}{\mathrm{d}t}\boldsymbol{e}_t$ 是质点速度大小的变化导致的加速度分量,称之为**切向加速度**,其方向沿切向,用 $\boldsymbol{a}_t$ 表示,即

$$\boldsymbol{a}_t = \frac{\mathrm{d}v}{\mathrm{d}t}\boldsymbol{e}_t = \frac{\mathrm{d}^2 s}{\mathrm{d}t^2}\boldsymbol{e}_t \tag{1-17}$$

式(1-16)右边第二项 $v\frac{\mathrm{d}\boldsymbol{e}_t}{\mathrm{d}t}$ 是质点速度方向的变化导致的加速度分量,称为**法向加速度**,用 $\boldsymbol{a}_n$ 表示。下面借助图 1-15 来推导 $\boldsymbol{a}_n$ 的大小和方向。设 $t$ 时刻质点在 $P$ 点,切向单位矢为 $\boldsymbol{e}_t(t)$,$t+\Delta t$ 时刻质点运动到 $Q$ 点,切向单位矢变为 $\boldsymbol{e}_t(t+\Delta t)$,$\Delta t$ 足够小时,路程 $\Delta s$ 可以看作是曲率半径为 $\rho$ 的一段圆弧,$\Delta t$ 内切向单位矢的增量为 $\Delta \boldsymbol{e}_t$,其大小 $|\Delta \boldsymbol{e}_t| = |\boldsymbol{e}_t|\Delta\theta$,见图 1-15(b),因为 $|\boldsymbol{e}_t|=1$,所以 $|\Delta \boldsymbol{e}_t| = \Delta\theta$。又因为 $\Delta t$ 趋于零时,$\Delta \boldsymbol{e}_t$ 的方向趋近于垂直 $\boldsymbol{e}_t(t)$ 的方向,即沿 $\boldsymbol{e}_n$ 的方向,所以

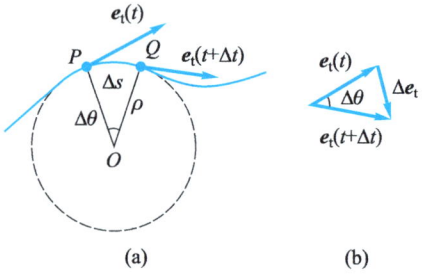

图 1-15 自然坐标系中的加速度

$$\frac{d\boldsymbol{e}_t}{dt}=\lim_{\Delta t\to 0}\frac{\Delta \boldsymbol{e}_t}{\Delta t}=\lim_{\Delta t\to 0}\frac{\Delta \theta}{\Delta t}\boldsymbol{e}_n=\frac{1}{\rho}\lim_{\Delta t\to 0}\frac{\Delta s}{\Delta t}\boldsymbol{e}_n=\frac{v}{\rho}\boldsymbol{e}_n$$

这样,式(1-16)右边第二项即法向加速度 $\boldsymbol{a}_n$ 的大小和方向为

$$\boldsymbol{a}_n=v\frac{d\boldsymbol{e}_t}{dt}=\frac{v^2}{\rho}\boldsymbol{e}_n \tag{1-18}$$

式(1-16)写成

$$\boldsymbol{a}=\boldsymbol{a}_t+\boldsymbol{a}_n=\frac{dv}{dt}\boldsymbol{e}_t+\frac{v^2}{\rho}\boldsymbol{e}_n \tag{1-19}$$

曲线运动中总加速度 $\boldsymbol{a}$ 的大小为

$$a=|\boldsymbol{a}|=\sqrt{a_t^2+a_n^2}$$

**例 1-5** 一质点做斜抛运动,若测得质点在轨迹上 $A$ 点的速度大小为 $v$,方向如图 1-16 所示,求:(1) 质点在 $A$ 点的切向加速度大小 $a_t$;(2) 轨迹上 $A$ 点的曲率半径 $\rho$。

**解** (1) 斜抛运动忽略空气阻力,则质点的总加速度即为重力加速度(大小为 $g$,方向竖直向下)。把重力加速度 $g$ 沿切向分解即得切向加速度 $a_t$,

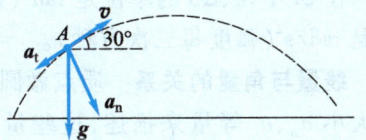

图 1-16 例 1-5 图

$$a_t=-g\sin 30°=-g/2$$

负号表示 $\boldsymbol{a}_t$ 的方向与速度的方向相反。

(2) $A$ 点的曲率半径 $\rho$ 可由法向加速度定义式求得,因为

$$a_n=g\cos 30°=\sqrt{3}g/2$$

所以

$$\rho=\frac{v^2}{a_n}=\frac{2\sqrt{3}}{3}\frac{v^2}{g}$$

### 1.4.2 圆周运动

圆周运动是一般平面曲线运动的特例,即轨道处处曲率半径恒等于 $R$,质点速度的方向始终沿圆周的切线方向。因此在对圆周运动的描述中,常采用一些带"角"字的量。

**圆周运动的角量描述** 质点做圆周运动时,常用角位置、角位移、角速度和角加速度等角量来描述。如图 1-17 所示,质点做半径为 $R$ 的圆周运动,$t$ 时刻质点在 $A$ 点,质点的位置可由半径 $OA$ 与 $x$ 轴正向的夹角 $\theta$ 来确定,角 $\theta$ 称为质点的**角位置**。一般规定质点沿逆时针方向转动时角位移取正值。质点运动时,角位置 $\theta$ 是时间 $t$ 的函数,即

$$\theta=\theta(t) \tag{1-20}$$

这就是质点做圆周运动时以角位置表示的运动学方程。

经过时间 $\Delta t$，质点沿圆周运动由 $A$ 到 $B$，质点转过的角度 $\Delta\theta$ 称为质点在 $\Delta t$ 时间内的**角位移**，其正负的规定与角位置相同。

与前面定义速度、加速度（通常称线速度、线加速度）相仿，质点的角位置对时间的变化率称为质点的**角速度**，用 $\omega$ 表示，即

$$\omega = \lim_{\Delta t \to 0} \frac{\Delta\theta}{\Delta t} = \frac{\mathrm{d}\theta}{\mathrm{d}t} \tag{1-21}$$

质点的角速度对时间的变化率称为质点的**角加速度**，用 $\alpha$ 表示，即

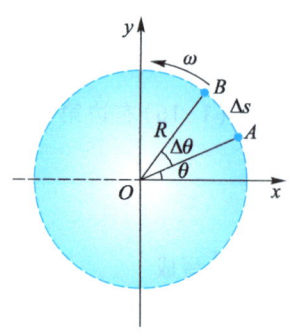

图 1-17　圆周运动的角量描述

$$\alpha = \lim_{\Delta t \to 0} \frac{\Delta\omega}{\Delta t} = \frac{\mathrm{d}\omega}{\mathrm{d}t} = \frac{\mathrm{d}^2\theta}{\mathrm{d}t^2} \tag{1-22}$$

在 SI 中，$\theta$、$\Delta\theta$ 的单位是 rad（弧度），$\omega$ 的单位是 rad/s（弧度每秒），$\alpha$ 的单位则是 rad/s²（弧度每二次方秒）。

**线量与角量的关系**　质点做圆周运动时，可以用位置 $s$、路程 $\Delta s$、速率 $v$、加速度的大小 $a_n$、$a_t$ 等量来描述，这些量称为**线量**。不难验证，线量与角量之间有如下关系：

$$\mathrm{d}s = R\mathrm{d}\theta, \quad v = \frac{\mathrm{d}s}{\mathrm{d}t} = R\frac{\mathrm{d}\theta}{\mathrm{d}t} = R\omega$$

$$a_t = \frac{\mathrm{d}v}{\mathrm{d}t} = R\frac{\mathrm{d}\omega}{\mathrm{d}t} = R\alpha, \quad a_n = \frac{v^2}{R} = R\omega^2 \tag{1-23}$$

**例 1-6**　如图 1-18 所示，一质点 $M$ 做半径为 $R=0.2$ m 的圆周运动，其角位移随时间变化的规律为 $\theta=4t-t^2$（SI 单位）。求 $t=1$ s 时刻质点 $M$ 的速度和加速度。

**解**　运动方程对时间求一阶和二阶导数可得质点的角速度和角加速度

$$\omega = \frac{\mathrm{d}\theta}{\mathrm{d}t} = 4-2t, \quad \alpha = \frac{\mathrm{d}\omega}{\mathrm{d}t} = -2$$

$t=1$ s 时刻质点的速度

$$v = R\omega = 0.2\times(4-2\times1) \text{ m/s} = 0.4 \text{ m/s}$$

法向加速度的大小

$$a_n = \frac{v^2}{R} = \omega^2 R = 0.2\times(4-2\times1)^2 \text{ m/s}^2 = 0.8 \text{ m/s}^2$$

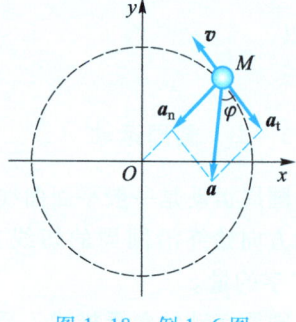

图 1-18　例 1-6 图

切向加速度的大小

$$a_t = R\alpha = 0.2\times(-2) \text{ m/s}^2 = -0.4 \text{ m/s}^2$$

$t=1$ s 时刻质点的总加速度大小

$$a = \sqrt{a_t^2 + a_n^2} = 0.89 \text{ m/s}^2$$

加速度 $a$ 的方向

$$\varphi = \arctan\left|\frac{a_n}{a_t}\right| = \arctan\frac{0.8}{0.4} = 63.4°$$

◇ 思考题

**1-4** 在曲线运动中，$|\Delta r|$ 与 $\Delta r$，$|\Delta v|$ 与 $\Delta v$ 是否相同？

**1-5** 质点沿平面螺旋线自外向内运动，如图所示。质点的自然坐标与时间的一次方成正比。问质点的切向加速度和法向加速度是越来越大还是越来越小？为什么？

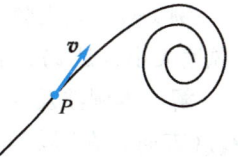

思考题 1-5 图

## *1.5　相对运动

　　同一物体的运动相对不同的参考系的描述是不同的，下面来讨论相对运动的定量关系。参见图 1-19，两个相对做匀速直线运动的参考系 S 系和 S′系，S′系相对于 S 系以速度 $u$ 平动，两坐标系对应的坐标轴始终保持平行。质点 P 在空间运动，某时刻 P 点在 S 系和 S′系中的位矢分别为 $r$ 和 $r'$，S′系原点 $O'$ 相对 S 系的位矢为 $r_0$，由图 1-19，有

$$r = r' + r_0 \tag{1-24}$$

上式两边对时间 $t$ 求导，得

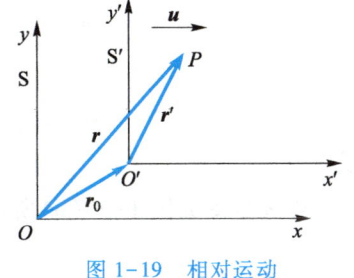

图 1-19　相对运动

$$\frac{dr}{dt} = \frac{dr'}{dt} + \frac{dr_0}{dt}$$

根据速度的定义，$\dfrac{dr}{dt}$ 和 $\dfrac{dr'}{dt}$ 分别为质点 P 相对于 S 系和 S′系的速度，用 $v$ 和 $v'$ 表示，$\dfrac{dr_0}{dt}$ 为 S′系的原点 $O'$ 相对于 S 系的速度，亦即 S′系相对 S 系的速度，用 $u$ 表示，上式可写成

$$v = v' + u \tag{1-25}$$

这就是从两个相对做平动的参考系中对同一质点的速度进行测量的速度变换关系，叫作**伽利略速度变换式**。若 S 系是静止不动的，通常把动点 P 相对于静系 S 的速度 $v$ 称为**绝对速度**；把动点 P 相对于动系 S′的速度 $v'$ 称为**相对速度**；而动系 S′相

对于静系 S 的速度 $u$ 则称为**牵连速度**。

将式(1-25)两边对时间 $t$ 再求导,可以得到

$$a = a' + a_0 \tag{1-26}$$

即绝对加速度等于相对加速度与牵连加速度的矢量和。

求解涉及相对运动问题的一般步骤是:(1)明确相对运动的三个物体(动点、静系和动系);(2)由速度变换式写出三个速度的矢量关系;(3)画矢量图(也可建立坐标列分量式)求解。

**例 1-7** 某人骑自行车以速度 $v$ 向正东方向行驶,遇到由北向南刮来的风(风速大小也是 $v$),问人感觉到的风是从哪个方向吹来的?

**解** 本例涉及人(或车)、风(空气)、地三个物体,要求风相对于人的速度 $v_{风人}$(方向),在"风"与"人"之间插入"地",如图 1-20(a)所示,则三个矢量有如下的轮换关系

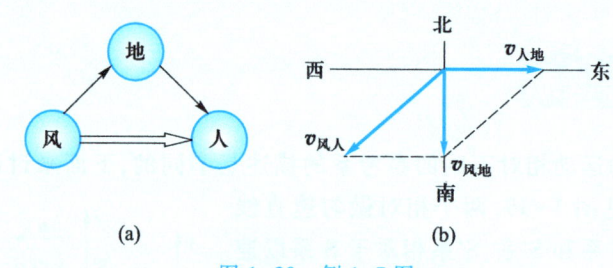

图 1-20 例 1-7 图

$$v_{风人} = v_{风地} + v_{地人} = v_{风地} - v_{人地}$$

或

$$v_{风地} = v_{风人} + v_{人地}$$

作矢量图如图 1-20(b)所示,因为 $v_{人地} = v_{风地} = v$,有

$$v_{风人} = \sqrt{2}\, v$$

由图很容易看出,风相对人是从东北方向吹来的。

# 生活中的物理 1

## 伯努利效应与乒乓球

乒乓球运动中的攻球,以快速和凶狠给对方造成很大的威胁。但是攻球往往会遇到这样的尴尬:挥拍过猛,球会不着台面飞出界外;如果因此而不适当地压低弧线高度,球又会触网失分。不解决这个准确落点的问题,所谓攻球的威胁就成了一句空话。那么有没有一种攻球,既携着强劲的力量和速度杀向对方,又能缩短打出的距离、增加乒乓球飞行弧线的高度呢?有,这就是带上旋的攻球。

乒乓球的上旋,会使球体表面的空气形成一个环流,环流的方向与球的上旋方

向一致。这时,球体还在向前飞行,所以,它同时又受到了空气的阻力。环流在球体上部的方向与空气阻力相反,在球体下部的方向与空气阻力一致,因此,球体上部空气的流速慢,而下部空气流速快。流速慢的压强大,流速快的压强小(伯努利效应),这样就使球体得到一个向下的力,这个力又让球得到一个加速度。我们把球体向前上方的运动看作是这两个运动的合成,一个是沿水平方向的匀速直线运动;另一个是竖直上抛运动,以此可得出相应的计算式。然后把具体数值代入计算式中,并在坐标中画出计算结果,就会连接出一个具有一定弯曲度的弧线,这就是上旋。它能增大乒乓球飞行弧线的弯曲程度,也就是被运动员用来增加保险系数的弧度。

## 习题 1

**选择题**

**1-1** 某质点做直线运动的运动学方程为 $x=3t-5t^3+4$(SI 单位),则质点做( )。

(A) 匀加速直线运动,加速度沿 $x$ 轴正方向

(B) 匀加速直线运动,加速度沿 $x$ 轴负方向

(C) 变加速直线运动,加速度沿 $x$ 轴正方向

(D) 变加速直线运动,加速度沿 $x$ 轴负方向

**1-2** 一质点在平面上运动,已知质点位置矢量的表达式为 $\boldsymbol{r}=at^2\boldsymbol{i}+bt^2\boldsymbol{j}$($a$、$b$ 为常量),则该质点做( )。

(A) 匀速直线运动    (B) 抛物线运动

(C) 一般曲线运动    (D) 变速直线运动

**1-3** 某人从原点出发,经 20 s 向东走了 40 m,又经 15 s 向北走了 30 m,再经 15 s 向西走了 20 m,则在这 50 s 时间内的平均速度为( )。

(A) 36.1 m/s    (B) 0.72 m/s

(C) $(0.4\boldsymbol{i}+0.6\boldsymbol{j})$ m/s    (D) $(20\boldsymbol{i}+30\boldsymbol{j})$ m/s

**1-4** 质点沿半径为 $R$ 的圆周做匀速率运动,每 $T$(s)转一圈,在 $2T$ 时间间隔中,其平均速度大小与平均速率大小分别为( )。

(A) $2\pi R/T, 2\pi R/T$    (B) $2\pi R/T, 0$

(C) $0, 2\pi R/T$    (D) $0, 0$

**1-5** 一质点在高度 $h$ 处以初速度 $v_0$ 水平抛出,则在抛出点及落地点轨迹的曲率半径分别为( )。

(A) $\dfrac{v_0^2}{g}, 2h$    (B) $\dfrac{v_0^2}{g}, \dfrac{(v_0^2+2gh)^{\frac{3}{2}}}{gv_0}$

(C) $\dfrac{v_0^2}{g}, \dfrac{(v_0^2+2gh)}{gv_0}$    (D) $\infty, \dfrac{(v_0^2+2gh)^{\frac{1}{2}}}{gv_0}$

**1-6** 质点从静止出发，沿半径 $R=1$ m 的圆周运动，角位移 $\theta=3+9t^2$（SI 单位）。当切向加速度与总加速度的夹角为 $45°$ 时，角位置 $\theta=($   $)$ rad。

(A) 9　　　　(B) 12　　　　(C) 18　　　　(D) 3.5

***1-7** 路灯距地面高度为 $h_0$，行人身高为 $h$，如图所示。若人以匀速率 $v$ 背向路灯行走，则人头在地上的影子 $M$ 点沿地面移动的速率 $u$ 等于（   ）。

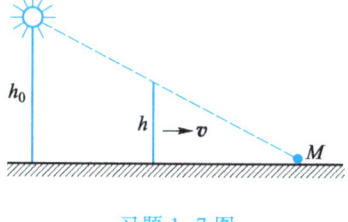

习题 1-7 图

(A) $\dfrac{h_0-h}{h_0}v$　　(B) $\dfrac{h_0}{h_0-h}v$

(C) $\dfrac{h}{h_0}v$　　(D) $\dfrac{h_0}{h}v$

## 填空题

**1-8** 一质点沿 $x$ 轴做直线运动，它的运动学方程为 $x=3+5t+6t^2-t^3$（SI 单位），则

(1) 质点在 $t=0$ 时刻的速度大小为 $v_0=$ _____；

(2) 加速度为零时，该质点的速度 $v=$ _____。

**1-9** 一质点沿 $x$ 方向运动，其加速度随时间变化的关系为 $a=3+2t$（SI 单位），若初始时质点的速度 $v_0$ 为 5 m/s，则当 $t$ 为 3 s 时，质点的速度 $v=$ _____。

**1-10** 一半径为 $R=2$ m 的飞轮做加速转动，其轮缘上一点的运动学方程为 $s=0.1t^3$（SI 单位），当此点的速率 $v=30$ m/s 时，其切向加速度大小为 $a_t=$ _____，法向加速度 $a_n=$ _____。

**1-11** 一物体做斜抛运动，初速度 $v_0$ 与水平方向的夹角为 $\theta$，如图所示。则物体达最高点处轨道的曲率半径 $\rho=$ _____。

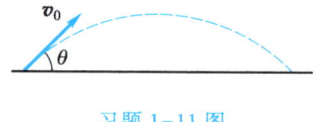

习题 1-11 图

## 计算题

**1-12** 一质点沿 $x$ 轴做直线运动，$t$ 时刻的坐标为 $x=4.5t^2-2t^3$（SI 单位）。试求：

(1) 第 2 秒内的平均速度；

(2) 第 2 秒末的瞬时速度。

**1-13** 一质点的运动方程为 $x=2t$，$y=19-2t^2$（SI 单位）。试求：

(1) 质点的轨迹方程；

(2) $t=2$ s 时刻质点的位置矢量，并计算第 2 秒内的平均速度大小；

(3) 第 2 秒末质点的瞬时速度和瞬时加速度。

**1-14** 质点沿 $x$ 轴运动，加速度与位置坐标 $x$ 的关系为 $a=2x-1$（SI 单位）。如果质点在原点处的速度 $v_0=6$ m/s，求质点在任意位置处的速度。

**1-15** 质点沿 $x$ 轴运动，加速度随速度变化的关系为 $a=-kv$，式中 $k$ 为常量。当 $t=0$ 时，$x=x_0$，$v=v_0$，求任意时刻质点的速度和位置。

**1-16** 一质点做半径为 $R$ 的圆周运动，$t=0$ 时经过 $P$ 点，此后速率按 $v=A+Bt$

($A$、$B$ 均为正值常量)变化。求质点运动一周再经过 $P$ 点时它的切向加速度和法向加速度的大小。

**1-17** 质点从静止出发沿半径 $R=3$ m 的圆周做匀变速运动,切向加速度 $a_t=3$ m/s$^2$。问:

(1) 经过多少时间后质点的总加速度恰好与半径成 45°角?

(2) 在上述时间内,质点所经过的路程和角位移各为多少?

**1-18** 一质点在水平面内沿一半径 $R=2$ m 的圆轨道转动,角速度与时间的函数关系为 $\omega=kt^2$($k$ 为常量)。已知 $t=2$ s 时,质点的速度值为 32 m/s。试求 $t=1$ s 时,质点的速度与加速度的大小。

第 1 章习题参考答案

*__1-19__  一飞机驾驶员想往正北方向航行,遇到由东向西以 60 km/h 速率刮来的风。如果飞机在静止空气中的航速为 180 km/h。试求驾驶员应取什么航向?飞机相对于地面的速率为多少?

>>> 第2章

••• 质点动力学

运动是物质的固有属性,物体如何运动,既与物体自身的内在因素有关,又取决于物体间的相互作用。研究物体在力的作用下运动的规律是质点动力学的内容。

牛顿运动定律是质点动力学的基础,宏观物体的机械运动都可根据牛顿运动定律进行分析计算。本章首先对牛顿三大运动定律作简要的说明,并举例说明应用牛顿定律解决具体问题的方法;随后介绍力的空间积累效应和时间积累效应,并引出相关的守恒定律。

本章不只限于讨论单个质点,亦包括由少数几个质点组成的力学系统。

## 2.1 牛顿运动定律

阅读材料:牛顿与《自然哲学的数学原理》

牛顿在分析、总结伽利略等前人对力学研究成果的基础上,在1687年出版的名著《自然哲学的数学原理》一书中,提出了三条定律,统称为牛顿运动定律。

### 2.1.1 牛顿运动定律

**牛顿第一定律** 任何物体都保持静止或匀速直线运动状态,除非有力加于其上迫使它改变这种状态为止。

牛顿第一定律包含了**惯性**和**力**两个重要概念,并定义了惯性参考系。惯性是物体保持其运动状态不变的特性,是物体的固有属性。**惯性质量**是物体惯性大小的量度,在物体运动速度远小于光速时,惯性质量不随速度而改变。万有引力定律 $F=-G\dfrac{m_1 m_2}{r^2}e_r$ 中的质量是**引力质量**,引力质量是物体间产生引力作用"能力"的量度。惯性质量、引力质量反映了物体的两种不同属性。近代实验证明,惯性质量和引力质量数值相等,经典力学的讨论中可以不必区分惯性质量和引力质量。

阅读材料:牛顿力学的完善与分析力学的创立

力的观念很早就在人类历史中出现了,而牛顿第一定律把"物体间的相互作用"称为**力**,力的效果是使物体改变其运动状态或使物体的形状发生变化,或二者兼备。这种相互作用按其性质可分为四类:即引力相互作用、电磁相互作用、强相互作用和弱相互作用。

**牛顿第二定律** 物体所受的合外力等于物体动量的瞬时变化率。

牛顿第二定律是在第一定律的基础上对物体(严格地讲是质点)的运动规律作了定量的描述。物体在运动时具有速度,物体的质量 $m$ 与其速度 $v$ 的乘积叫作物体的**动量**,用 $p$ 表示,即

文档:牛顿简介

$$p = mv \tag{2-1}$$

动量 $p$ 是矢量,其方向与速度 $v$ 的方向相同。与速度可表示物体运动状态一样,动量也是表示物体运动状态的量。当外力作用于物体时,其动量会发生变化。牛顿第二定律阐明了作用于物体上的合外力与物体动量变化的关系。在 SI 中,牛顿第

二定律可表述为

$$F = \frac{d\boldsymbol{p}}{dt} = \frac{d(m\boldsymbol{v})}{dt} \tag{2-2}$$

这是表达瞬时关系的矢量式,当物体质量 $m$ 不随运动而改变时,式(2-2)可写成

$$F = m\frac{d\boldsymbol{v}}{dt} = m\frac{d^2\boldsymbol{r}}{dt^2} \tag{2-3}$$

或

$$F = m\boldsymbol{a} \tag{2-4}$$

这就是牛顿第二定律的数学表达式,称为**质点运动的动力学方程**。

从式(2-3)可以看到,把这个微分方程逐次积分,就可得到物体的速度 $\boldsymbol{v}$、位置 $\boldsymbol{r}$ 与时间 $t$ 的函数关系。一般地说,如果知道质点在一个给定时刻的位置和速度,并知道质点受力的规律,由动力学方程就可以知道加速度,从而知道质点下一时刻的位置和速度。或者说,掌握了质点的受力规律,并知道初始条件,质点以后各时刻的运动情况就完全确定了。这就是动力学方程内在的含义。

**牛顿第三定律** 当物体 A 以力 $F$ 作用在物体 B 上时,物体 B 同时以力 $F'$ 作用在 A 上,$F$ 和 $F'$ 在同一直线上,大小相等,方向相反。

$$F = -F' \tag{2-5}$$

力是物体间的相互作用,每一个力都有它的施力者和受力者。有作用力就必然存在着反作用力,两者互相依存,同时产生,同时消失。作用力和反作用力是分别作用在两个物体上,它们不能相互抵消。物体间的作用力与反作用力总是属于同种性质的力。

牛顿运动定律与其他物理定律一样,有一定的适用范围:(1) 只适用于质点;(2) 只适用于惯性系;(3) 只能用来处理宏观、低速的力学问题,而不适用于处理微观粒子或高速运动的问题。

应当指出,我们日常遇到的实际问题,绝大多数都属于宏观、低速的范围,因此,牛顿力学仍然是解决一般工程实际问题的重要理论基础。

### 2.1.2 牛顿定律的应用

牛顿第二定律描述的是力和加速度的瞬时关系,它指出只要物体所受的合外力不为零,物体就有加速度,力改变时加速度随之改变,物体所受合外力为零时,物体的加速度为零。

$F = m\boldsymbol{a}$ 是矢量式,应用时先要选定合适的坐标系,然后列出坐标分量式。平面直角坐标系中,牛顿第二定律的分量式为

$$\begin{cases} F_x = ma_x = m\dfrac{dv_x}{dt} = m\dfrac{d^2x}{dt^2} \\ F_y = ma_y = m\dfrac{dv_y}{dt} = m\dfrac{d^2y}{dt^2} \end{cases} \tag{2-6}$$

物体做平面曲线运动时,常采用自然坐标系。自然坐标系中切向和法向分量

式分别为

$$\begin{cases} F_t = ma_t = m\dfrac{dv}{dt} \\ F_n = ma_n = m\dfrac{v^2}{\rho} \end{cases} \quad (2-7)$$

式中 $F_t$、$F_n$ 分别表示切向分力和法向分力的大小。

运用牛顿定律解题的基本步骤如下：

（1）明确研究对象。实际问题中，相互作用的物体往往有几个，当要具体分析某一物体的受力情况时，通常采用"隔离体法"，即把要研究的对象从周围物体中分离出来，隔离体可以是一个物体或几个物体的组合，也可以是物体的一个部分。

（2）分析隔离体的受力情况，画出隔离体的受力图（也称示力图）。在熟悉各类型力特点的基础上，找出隔离体受到的所有外力，在示力图上表示出来。

（3）建立坐标系，列方程。根据问题的具体条件选取适当的坐标系，规定坐标轴的正方向，并在隔离图上画出来。列出牛顿第二定律的分量式，检查标量方程式的数目和未知量的数目是否相等。

（4）解方程，并对所得结果作必要的讨论。解方程一般先进行文字运算，然后再将具体数值代入。运算中应注意用统一的单位制（SI）。

下面举例说明牛顿定律的应用。

**例 2-1** 如图 2-1(a)所示，质量为 $m_0$、倾角为 $\theta$ 的光滑斜面，置于光滑的水平面上，斜面上放一质量为 $m$ 的木块，若要保持木块 $m$ 相对于斜面静止，作用于 $m_0$ 上的水平力 $F$ 要多大？

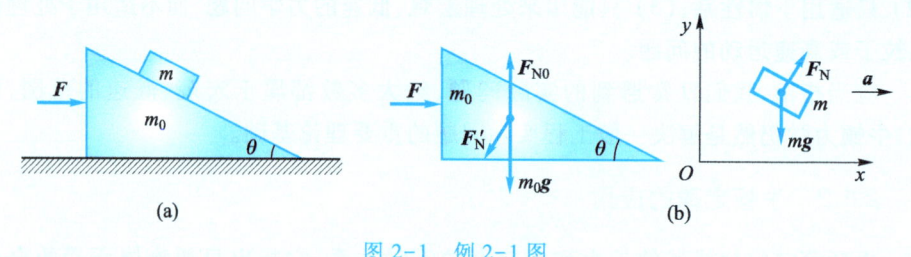

图 2-1 例 2-1 图

**解** 设 $m_0$、$m$ 之间的相互作用力为 $F_N$，水平面对 $m_0$ 的支撑力为 $F_{N0}$；分别隔离斜面和木块，画示力图如图 2-1(b)所示。$m_0$、$m$ 相对静止，则 $m_0$、$m$ 有相同的加速度 $a$，建立坐标系如图，由牛顿第二定律，对 $m_0$ 有

$x$ 方向： $F - F_N' \sin\theta = m_0 a$

$y$ 方向： $F_{N0} - F_N' \cos\theta - m_0 g = 0$

对 $m$ 有

$x$ 方向： $F_N \sin\theta = ma$

$y$ 方向： $F_N \cos\theta - mg = 0$

$$F_N = F'_N$$

联立以上五式解得

$m_0$、$m$ 间的正压力大小为 $\quad F_N = F'_N = \dfrac{mg}{\cos\theta}$

$m_0$ 与水平面间的正压力大小为 $\quad F_{N0} = (m_0+m)g$

所需水平力的大小为

$$F = (m_0+m)g\tan\theta$$

例 2-1 中，质点受到的合外力是恒力的情况。这类问题通常用隔离体法求解，即隔离物体、分析受力、建立坐标后列代数方程即可求解。但很多情形下，物体受到的合外力是变力，变力作用下将产生变加速度，这类问题通常要用到牛顿第二定律的微分形式，即列出的运动方程将是微分方程。下面举例说明在变力作用下质点运动微分方程的求解。

**例 2-2** 质量为 $m$ 的小球，在水中受到的浮力为常力 $F_b$，当它从静止开始沉降时，受到水的黏性力为 $F = kv$（$k$ 为常量）。求小球在水中竖直沉降的速度 $v$ 与时间 $t$ 的函数关系。

**解** 小球在水中的受力图如图 2-2 所示，取竖直向下的方向为 $x$ 正方向，由牛顿第二定律列出小球运动的微分方程为

$$mg - kv - F_b = m\dfrac{dv}{dt}$$

或

$$m\dfrac{dv}{dt} = k\left(\dfrac{mg-F_b}{k} - v\right)$$

式中 $\dfrac{mg-F_b}{k}$ 为一常量，令 $v_T = \dfrac{mg-F_b}{k}$，此速度是小球下沉的终极速度（最后匀速下沉的速度）。整理上式得

$$\dfrac{dv}{v_T - v} = \dfrac{k}{m}dt$$

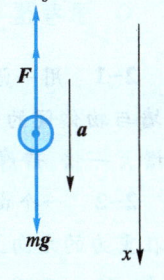

图 2-2 例 2-2 图

初始条件是：$t=0, v=0$。上式两边积分

$$\int_0^v \dfrac{dv}{v_T - v} = \dfrac{k}{m}\int_0^t dt$$

可解得

$$v = v_T\left(1 - e^{-\frac{k}{m}t}\right)$$

这就是小球下沉的速度 $v$ 与时间 $t$ 的函数关系。

### 2.1.3 惯性系

牛顿第一定律不仅包含了惯性和力两个重要概念，还定义了惯性参考系。通

过上一章的学习我们已经知道,要描述物体的运动必须选定一个参考系。运动学中参考系的选取可以任意,但动力学中,参考系的选择不能任意,因为牛顿第二定律不是对任意参考系都成立,可用下面的简单例子来说明。

如图 2-3 所示,在车厢光滑的水平台面上放一钢球,显然,作用于钢球的合外力 $F=0$。当车厢以加速度 $a$ 向前运动时,站在地面的人以地面为参考系,他看到钢球仍然相对地面静止不动,钢球的加速度 $a=0$,所以对于地面这个参考系,牛顿定律是成立的。但坐在车厢内的观察者以车厢为参考系,他也看到钢球所受合外力为零,但钢球却以 $-a$ 的加速度向观察者靠近,钢球相对车厢做加速运动。说明牛顿定律对加速运动的参考系(车厢)不成立。

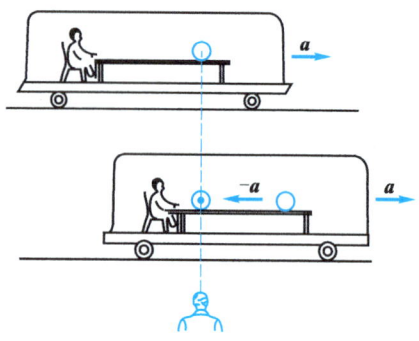

图 2-3  惯性系与非惯性系

我们把牛顿定律成立的参考系称为**惯性参考系**,简称**惯性系**;而把牛顿定律不成立的参考系称为**非惯性参考系**。一个参考系是否为惯性系,要靠实验来判定。大量的实验表明,在相当高的实验精度内,地球是惯性系,同时,相对地面做匀速直线运动的参考系也都是惯性系;相对地面有加速度的参考系都是非惯性系。

牛顿定律对非惯性系不成立。

◇ 思考题

**2-1** 用一沿水平方向的外力 $F$ 将质量为 $m$ 的物体压在竖直墙上,如图所示。若墙与物体间的静摩擦因数为 $\mu_s$,则物体与墙之间的静摩擦力为多大?如果外力 $F$ 增大一倍,静摩擦力将如何变化?

**2-2** 一个由绳子悬挂着的物体在水平面内做匀速圆周运动(称为圆锥摆)。有人在重力的方向上求合力,写出 $F_T\cos\theta-G=0$。另有人沿绳子拉力的方向求合力,写出 $F_T-G\cos\theta=0$。显然两者不能同时成立,你认为哪个式子是错误的,为什么?

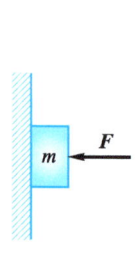

思考题 2-1 图

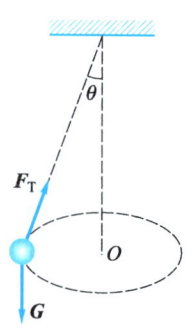

思考题 2-2 图

## 2.2 动量定理和动量守恒定律

牛顿第二定律反映了物体所受外力与物体运动状态变化的瞬时效应。事实上,很多情况下物体所受的力是持续的,因此,有必要研究物体在力的持续作用下,其运动状态变化的情形,也就是研究力对物体产生的积累效应。力的积累效应包括力的时间积累效应和力的空间累积效应。本节讨论力的时间累积效应。

### 2.2.1 质点动量定理

由式(2-2),牛顿第二定律的动量形式 $\boldsymbol{F} = \dfrac{\mathrm{d}\boldsymbol{p}}{\mathrm{d}t} = \dfrac{\mathrm{d}(m\boldsymbol{v})}{\mathrm{d}t}$,有

$$\boldsymbol{F}\mathrm{d}t = \mathrm{d}(m\boldsymbol{v}) = \mathrm{d}\boldsymbol{p}$$

如果合外力 $\boldsymbol{F}$ 的作用时间从 $t_1 \to t_2$,质点的动量从 $\boldsymbol{p}_1 \to \boldsymbol{p}_2$,上式两边对力 $\boldsymbol{F}$ 作用的时间积分,有

$$\int_{t_1}^{t_2} \boldsymbol{F}\mathrm{d}t = \int_{\boldsymbol{p}_1}^{\boldsymbol{p}_2} \mathrm{d}\boldsymbol{p} = \boldsymbol{p}_2 - \boldsymbol{p}_1 \tag{2-8}$$

式(2-8)右边是质点动量的增量;左边 $\int_{t_1}^{t_2} \boldsymbol{F}\mathrm{d}t$ 是力对时间的积分,称为力 $\boldsymbol{F}$ 在 $t_1 \to t_2$ 时间内的**冲量**,用 $\boldsymbol{I}$ 表示,即

$$\boldsymbol{I} = \int_{t_1}^{t_2} \boldsymbol{F}\mathrm{d}t \tag{2-9}$$

式(2-8)表明,**作用于质点的合外力的冲量等于质点动量的增量**,这就是**质点的动量定理**。式(2-8)是动量定理的积分形式。

下面对质点动量定理作几点说明:

(1) 力对时间的积分 $\int_{t_1}^{t_2} \boldsymbol{F}\mathrm{d}t$ 是矢量函数的积分,因此冲量 $\boldsymbol{I}$ 是矢量。当 $\boldsymbol{F}$ 是恒力时,冲量 $\boldsymbol{I} = \boldsymbol{F}\int_{t_1}^{t_2} \mathrm{d}t = \boldsymbol{F}(t_2 - t_1)$,$\boldsymbol{I}$ 的方向与 $\boldsymbol{F}$ 的方向相同;当 $\boldsymbol{F}$ 为变力时,冲量 $\boldsymbol{I}$ 的方向将由动量增量的方向决定。

(2) 动量定理是一个矢量方程,应用时,可以直接作矢量图求解,也可以建立坐标后列坐标分量式求解。在平面直角坐标系中,动量定理的分量式为

$$\begin{cases} I_x = \int_{t_1}^{t_2} F_x \mathrm{d}t = mv_{2x} - mv_{1x} \\ I_y = \int_{t_1}^{t_2} F_y \mathrm{d}t = mv_{2y} - mv_{1y} \end{cases} \tag{2-10}$$

(3) 冲量可以用平均力与时间的乘积来表示。在许多实际问题中,力随时间变化的规律是不容易确定的。如打击、碰撞一类问题中,物体之间的相互作用具有

作用时间短、变化快、峰值大的特点,这种力称为**冲力**,如图 2-4 所示。处理这类问题时常用平均冲力 $\overline{F}$ 来代替变力。用平均冲力表示的质点动量定理为

$$\overline{F}(t_2-t_1) = \overline{F}\Delta t = m\boldsymbol{v}_2 - m\boldsymbol{v}_1 \qquad (2-11)$$

(4) 对不同的惯性系,同一质点的动量不同,但动量的增量总相同。又因为经典力学中,力 $F$ 和时间 $t$ 都与参考系无关,所以,在不同的惯性系中同一力的冲量相同。可见动量定理适用于一切惯性系。

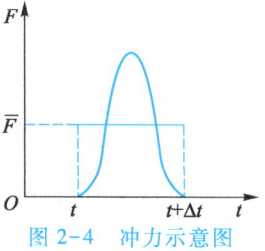

图 2-4 冲力示意图

在 SI 中,冲量的单位为 N·s(牛顿秒)。

**例 2-3** 一网球运动员看到从对方场地水平高速飞来的网球,迅速上网截击,并成功把球以原速度大小且与水平线成 $\theta=60°$ 角击回对方的前场。设网球的质量 $m=60$ g,球速 $v_1=v_2=50$ m/s,球与拍的接触时间 $\Delta t=0.5$ ms,求球受到球拍的平均打击力。

**解** 以球为研究对象,小球受两个力,即拍的打击力 $F$ 和球本身的重力 $m\boldsymbol{g}$。由于平均打击力 $F$ 远大于重力 $m\boldsymbol{g}$,故重力(恒力)的冲量可以忽略不计。设打击前后球的动量分别为 $m\boldsymbol{v}_1$ 和 $m\boldsymbol{v}_2$,由质点动量定理,有

$$\boldsymbol{F}\Delta t = m\boldsymbol{v}_2 - m\boldsymbol{v}_1$$

(1) 列分量式求解

建立坐标系如图 2-5 所示,上式投影到 $x$ 和 $y$ 方向,可以分别求得球受到 $x$ 和 $y$ 方向的作用力

$$F_x = \frac{-mv_{2x} - mv_{1x}}{\Delta t} = \frac{-mv_1\cos\theta - mv_1}{\Delta t} = -9.0 \times 10^3 \text{ N}$$

$$F_y = \frac{-mv_{2y} - mv_{1y}}{\Delta t} = \frac{-mv_1\sin\theta}{\Delta t} = -5.2 \times 10^3 \text{ N}$$

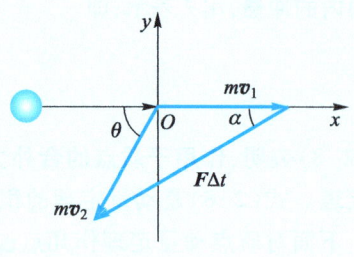

图 2-5 例 2-3 图

球受到拍的平均打击力大小

$$F = \sqrt{F_x^2 + F_y^2} = 1.04 \times 10^4 \text{ N}$$

$F$ 与水平方向的夹角为

$$\alpha = \arctan\left(\frac{F_y}{F_x}\right) = \arctan 0.57 = 30°$$

即,球受到拍的平均打击力大小为 $1.04 \times 10^4$ N,方向与 $x$ 轴负方向的夹角为 30°。

(2) 作矢量图求解

由冲量与动量增量的矢量关系式,作出三个矢量的关系图如图 2-5 所示,由余弦定理,有

$$F\Delta t = \sqrt{(mv_1)^2 + (mv_2)^2 - 2m^2 v_1 v_2 \cos(180°-\theta)}$$

$$= \sqrt{2m^2 v_1^2(1+0.5)} = \sqrt{3}\, mv_1$$

求得平均打击力大小

$$F = \frac{\sqrt{3}\,mv_1}{\Delta t} = 1.04 \times 10^4 \text{ N}$$

力的方向如前述相同。很多情况下,直接作矢量图求解往往比列分量式求解要简便。

### 2.2.2 质点系动量定理

前面讨论的是单个质点的动量定理,现在考虑由若干个质点组成的系统的动量定理。为简单起见,先考虑由两个质点组成的系统,设这两个质点的质量分别为 $m_1$、$m_2$,它们除受到相互作用的**内力** $\boldsymbol{F}_{内12}$ 和 $\boldsymbol{F}_{内21}$ 外,还受到系统外其他物体对它们的**外力** $\boldsymbol{F}_1$ 和 $\boldsymbol{F}_2$,如图 2-6 所示,图中虚线为系统的范围。又设两质点在 $t_1$ 时刻的速度为 $\boldsymbol{v}_{11}$ 和 $\boldsymbol{v}_{21}$,在 $t_2$ 时刻的速度为 $\boldsymbol{v}_{12}$ 和 $\boldsymbol{v}_{22}$。质点动量定理用于这两个质点,有

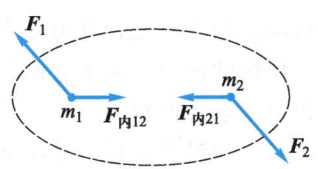

图 2-6 内力和外力示意图

$$\int_{t_1}^{t_2}(\boldsymbol{F}_1 + \boldsymbol{F}_{内12})\,\mathrm{d}t = m_1\boldsymbol{v}_{12} - m_1\boldsymbol{v}_{11}$$

$$\int_{t_1}^{t_2}(\boldsymbol{F}_2 + \boldsymbol{F}_{内21})\,\mathrm{d}t = m_2\boldsymbol{v}_{22} - m_2\boldsymbol{v}_{21}$$

根据牛顿第三定律 $\boldsymbol{F}_{内21} = -\boldsymbol{F}_{内12}$,上两式相加,得

$$\int_{t_1}^{t_2}(\boldsymbol{F}_1 + \boldsymbol{F}_2)\,\mathrm{d}t = (m_1\boldsymbol{v}_{12} + m_2\boldsymbol{v}_{22}) - (m_1\boldsymbol{v}_{11} + m_2\boldsymbol{v}_{21})$$

上式推广到 $n$ 个质点组成的系统,有

$$\int_{t_1}^{t_2}\left(\sum \boldsymbol{F}_i\right)\mathrm{d}t = \sum m_i\boldsymbol{v}_{i2} - \sum m_i\boldsymbol{v}_{i1} = \boldsymbol{p}_2 - \boldsymbol{p}_1 \tag{2-12}$$

式中,$\boldsymbol{p}_1 = \sum m_i\boldsymbol{v}_{i1}$ 和 $\boldsymbol{p}_2 = \sum m_i\boldsymbol{v}_{i2}$ 分别表示受合外力作用前后质点系的总动量。式 (2-12) 表明,**质点系总动量的增量等于质点系所受合外力的冲量**,这个结论称为**质点系的动量定理**。

由以上推导可知,质点系相互作用的内力可以改变系统内每一个质点的动量,但不能改变系统的总动量。

### 2.2.3 动量守恒定律

对单个质点,由式(2-8),若作用于质点的合外力 $\boldsymbol{F} = 0$,则 $m\boldsymbol{v}_2 = m\boldsymbol{v}_1$,即质点的动量保持不变(守恒),这就是惯性定律。对质点系,由式(2-12),若 $\sum \boldsymbol{F}_i = 0$,则

$$\sum m_i\boldsymbol{v}_{i2} = \sum m_i\boldsymbol{v}_{i1} \tag{2-13}$$

式(2-13)说明:对质点系而言,**若系统不受外力或外力矢量和为零,虽然系统内每**

阅读材料:
动量守恒定律
的形成

个质点的动量可以变化,可以相互交换,但质点系的总动量不变。这个结论称为**动量守恒定律**。

下面对动量守恒定律作几点说明:

(1) 式(2-13)是矢量式,解题时通常列分量式。平面直角坐标中动量守恒定律的分量式为

$$\begin{cases} 若 \sum F_{ix}=0, 则 \sum m_i v_{ix} = 常量 \\ 若 \sum F_{iy}=0, 则 \sum m_i v_{iy} = 常量 \end{cases} \quad (2-14)$$

由式(2-14)看出,即使系统所受合外力不为零,但如果合外力在某一方向上的分量为零,则质点系的总动量在该方向上的分量是守恒的。

(2) 应用动量守恒定律时,必须认真分析守恒条件是否成立,即系统在所研究的运动过程中所受合外力是否为零。但在处理如碰撞、爆炸之类问题时,因质点系相互作用的内力远大于它们所受到的外力,且作用时间极短,也可对系统应用动量守恒定律求近似解。

(3) 动量是矢量。系统动量守恒是指质点系内各质点动量的矢量和不变。

(4) 动量守恒定律的表达式中,所有速度都应相对于同一惯性参考系而言。

**例 2-4** 如图 2-7 所示,质量为 $m_0$、长为 $L$ 的平板车停在平直的轨道上,一质量为 $m$ 的人以时快时慢的不规则速率从车头走到车尾,问平板车相对地面移动了多长距离? 设平板车与轨道之间的摩擦可以忽略。

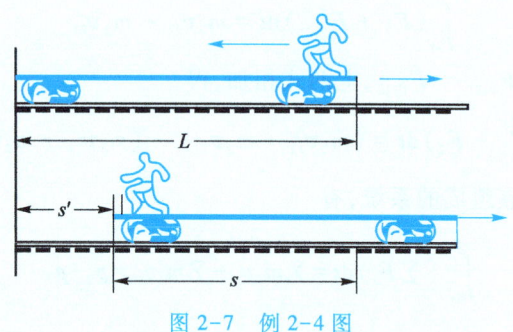

图 2-7 例 2-4 图

**解** 把人和车视为一个系统,忽略车和轨道之间的摩擦,则系统水平方向的动量守恒。取水平向右的方向为正方向,并以 $u$ 和 $v$ 表示车和人相对于地在同一时刻的速度,由动量守恒定律,有

$$m_0 u - mv = 0 \quad 或 \quad m_0 u = mv$$

上式两边对人从车头走到车尾的时间 $t$ 积分,有

$$\int_0^t m_0 u \mathrm{d}t = \int_0^t mv \mathrm{d}t$$

即

$$m_0 s' = ms$$

式中,$s'$ 和 $s$ 分别为车和人对地的位移,由图 2-7 可以看出 $s=L-s'$,代入解得

$$s' = \frac{mL}{m_0+m}$$

◇ 思考题

**2-3** 一人用力 $F$ 推地面上的木箱，经时间 $\Delta t$ 未推动木箱，此推力的冲量等于多少？木箱既然受到了力的冲量，为什么它的动量没有改变？

**2-4** 一辆静止的车被后面开来的车碰撞，两车的驾驶员都受了点伤，你能否根据驾驶员受伤的情况来判断哪一辆车是停着的，哪一辆车是开动的？

**2-5** 火车司机要开动很重的列车时，总是先开倒车，使车往后退一下，然后再往前开，为什么这样做容易使列车开出？

## 2.3 功　动能定理

上一节讨论了力的时间积累效应，一个力作用在物体上一段时间，结果使物体的动量发生了变化。本节讨论力的空间积累效应，即讨论一个力作用在物体上使物体移动了一段空间距离，力对物体作用的效果。

### 2.3.1 功

**恒力做功**　一质点在恒力 $F$ 作用下由 $a$ 点沿直线运动到 $b$ 点，力的作用点的位移为 $\Delta r$（图2-8），$F$ 与 $\Delta r$ 的夹角为 $\alpha$，则力 $F$ 的功定义为：**力沿位移方向的分量与力作用点位移大小的乘积**，若用 $W$ 表示功，则

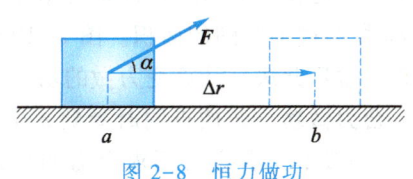

图 2-8　恒力做功

$$W = F\cos\alpha \cdot |\Delta r| = F \cdot \Delta r \quad (2-15)$$

即**恒力的功等于力与位移的点积**。因为两矢量点积的结果为一标量，故功是标量。但功有正负，由式（2-15）知，功的正负由夹角 $\alpha$ 决定：当 $0 \leq \alpha < \dfrac{\pi}{2}$ 时，$W>0$，表示力对物体做正功；当 $\alpha = \dfrac{\pi}{2}$ 时，$W=0$，力不做功；当 $\dfrac{\pi}{2} < \alpha \leq \pi$ 时，$W<0$，力对物体做负功。在 SI 中，功的单位为 N·m（牛顿米），即 J（焦耳），1 J = 1 N·m。

**变力做功**　如果质点在变力作用或恒力作用下做曲线运动，则式（2-15）不能直接套用。如图2-9所示，质点在变力 $F$ 作用下沿任意曲线轨迹由 $a$ 点到 $b$ 点，现在要计算变力 $F$ 在 $\overset{\frown}{ab}$ 上对质点所做的功。方法是：把曲线 $\overset{\frown}{ab}$ 分成许多微小弧段，当弧段足够小时，弧长近似于弦长，图中画出了与任一微小弧段 $\mathrm{d}s$ 对应的微小位移 $\mathrm{d}r$，

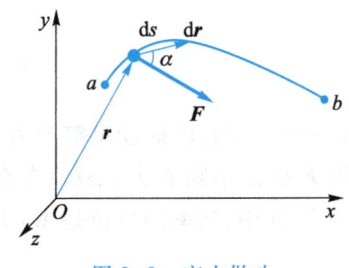

图 2-9　变力做功

d$r$ 称为**位移元**。因为 d$r$ 无限小,可认为在 d$r$ 上 $F$ 的大小和方向均不变,则由式 (2-15),力 $F$ 在位移元 d$r$ 上对质点做的**元功**为

$$dW = F \cdot dr$$

从 $a$ 到 $b$ 变力 $F$ 的总功等于所有元功的代数和。若 $F$ 在 $\overset{\frown}{ab}$ 上连续,上述求和就变成了积分,即

$$W = \int_a^b F \cdot dr = \int_a^b F\cos\alpha |dr| = \int_a^b F_t ds \tag{2-16}$$

式中 $ds = |dr|$,$F_t$ 是力 $F$ 在位移元 d$r$ 方向上的分量。式(2-16)是计算变力做功的一般式。在平面直角坐标系中,因为

$$F = F_x i + F_y j, \quad dr = dx i + dy j$$

式(2-16)就可表示为

$$W = \int_a^b F \cdot dr = \int_a^b (F_x dx + F_y dy) = \int_a^b F_x dx + \int_a^b F_y dy \tag{2-17}$$

上述积分是线积分,一般与路径有关,故功是一个**过程量**。

功也可以用图解法计算,以路程 $s$ 为横坐标,变力 $F_t$ 为纵坐标,设 $F_t$ 随路程 $s$ 变化的关系如图 2-10 所示,则元功 d$W$ 在数值上等于图中小矩形的面积,总功 $W$ 在数值上等于 $F_t$ 曲线下 $ab$ 段与横轴所围的面积。图 2-10 也称为**示功图**,工程上常用此法来计算变力做的功。

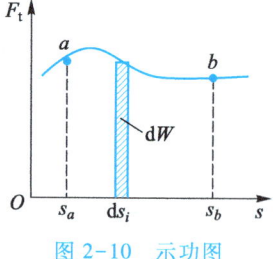

图 2-10 示功图

**合力做功** 若质点同时受到 $n$ 个力 $F_1, F_2, \cdots F_n$ 作用,一般不先求合力再求合力的功,而是先求各分力的功,然后相加即得合力的功,即**合力的功等于各分力的功的代数和**。

$$\begin{aligned} W &= \int_a^b F \cdot dr = \int_a^b (F_1 + F_2 + \cdots + F_n) \cdot dr \\ &= \int_a^b F_1 \cdot dr + \int_a^b F_2 \cdot dr + \cdots + \int_a^b F_n \cdot dr \end{aligned} \tag{2-18}$$

**功率** 表征做功快慢程度的物理量,即单位时间内所做的功叫**功率**,用符号 $P$ 表示。如果 $\Delta t$ 内完成功 $\Delta W$,则 $\Delta t$ 内的平均功率为 $\bar{P} = \dfrac{\Delta W}{\Delta t}$,当 $\Delta t \to 0$ 时,即得某时刻的瞬时功率

$$P = \lim_{\Delta t \to 0} \frac{\Delta W}{\Delta t} = \frac{dW}{dt} = F \cdot v \tag{2-19}$$

式(2-19)表明,**瞬时功率等于力与速度的点积**。对于恒定功率的机械(如汽车),$v$ 大则 $F$ 小,$v$ 小则 $F$ 大。故汽车在爬坡时,常用换挡的办法,减小速度,以增大牵引力。在 SI 中,功率的单位是 W(瓦特),1 W = 1 J/s。

**例 2-5** 一质点在 $Oxy$ 坐标平面内做逆时针转向的圆周运动,如图 2-11 所示。有一力 $\boldsymbol{F}=F_0(x\boldsymbol{i}+y\boldsymbol{j})$ 作用在质点上。计算质点从坐标原点到 $P(-R,R)$ 位置过程中,变力 $\boldsymbol{F}$ 对质点做的功。

**解** 在 $OP$ 上 $\boldsymbol{r}$ 处任取位移元 $\mathrm{d}\boldsymbol{r}$,变力 $\boldsymbol{F}$ 在 $\mathrm{d}\boldsymbol{r}$ 上对质点做的元功为

$$\mathrm{d}W = \boldsymbol{F}\cdot\mathrm{d}\boldsymbol{r}$$
$$= F_0(x\boldsymbol{i}+y\boldsymbol{j})\cdot(\mathrm{d}x\boldsymbol{i}+\mathrm{d}y\boldsymbol{j}) = F_0 x\mathrm{d}x + F_0 y\mathrm{d}y$$

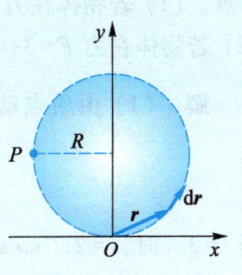

图 2-11 例 2-5 图

从 $O$ 到 $P$ 变力 $\boldsymbol{F}$ 的总功为

$$W = \int \mathrm{d}W = \int_0^{-R} F_0 x\mathrm{d}x + \int_0^R F_0 y\mathrm{d}y$$
$$= \frac{1}{2}F_0 R^2 + \frac{1}{2}F_0 R^2 = F_0 R^2$$

### 2.3.2 动能 动能定理

下面讨论力对物体做功后,物体的运动状态将发生怎样的变化。

在恒定质量情况下,牛顿第二定律 $\boldsymbol{F}=m\dfrac{\mathrm{d}\boldsymbol{v}}{\mathrm{d}t}$ 两边点乘位移元 $\mathrm{d}\boldsymbol{r}$,有

$$\boldsymbol{F}\cdot\mathrm{d}\boldsymbol{r} = m\frac{\mathrm{d}\boldsymbol{v}}{\mathrm{d}t}\cdot\mathrm{d}\boldsymbol{r} = m\boldsymbol{v}\cdot\mathrm{d}\boldsymbol{v}$$

因为 $\boldsymbol{v}\cdot\mathrm{d}\boldsymbol{v} = v|\mathrm{d}\boldsymbol{v}|\cos\alpha = v\mathrm{d}v$,参见图 2-12,所以

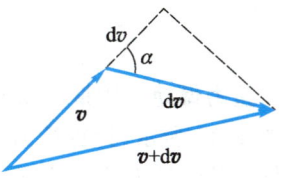

图 2-12 $\boldsymbol{v}\cdot\mathrm{d}\boldsymbol{v}=v\mathrm{d}v$

$$\boldsymbol{F}\cdot\mathrm{d}\boldsymbol{r} = mv\mathrm{d}v = \mathrm{d}\left(\frac{1}{2}mv^2\right)$$

若质点在合外力 $\boldsymbol{F}$ 作用下,从初位置 1 运动到末位置 2,其速率由 $v_1$ 增至 $v_2$,则积分上式有

$$W_{1-2} = \int_1^2 \boldsymbol{F}\cdot\mathrm{d}\boldsymbol{r} = \int_{v_1}^{v_2} \mathrm{d}\left(\frac{1}{2}mv^2\right) = \frac{1}{2}mv_2^2 - \frac{1}{2}mv_1^2 \qquad (2\text{-}20)$$

由式(2-20)可知,如果把 $\dfrac{1}{2}mv^2$ 看作一个独立的物理量,就可发现 $\dfrac{1}{2}mv^2$ 是与力的空间积累效应相联系的物理量。$\dfrac{1}{2}mv^2$ 称为质点的**动能**,用 $E_k$ 表示,即 $E_k = \dfrac{1}{2}mv^2$。动能的单位与功一致,即 J(焦耳)。引入动能后,式(2-20)可写成

$$W_{1-2} = E_{k2} - E_{k1} \qquad (2\text{-}21)$$

式(2-20)或式(2-21)称为**质点动能定理**。即合外力所做的功等于质点动能的增量。

**例 2-6** 质量 $m=10$ kg 的物体沿 $x$ 轴无摩擦地滑动,$t=0$ 时物体静止于坐标原点。(1)若物体在力 $F=3+4t$(SI 单位)的作用下运动了 3 s,它的速率增为多大?(2)若物体在力 $F=3+4x$(SI 单位)的作用下移动了 3 m,它的速率又增为多大?

**解** (1)由质点动量定理 $\int_0^t F\mathrm{d}t = mv$,得

$$v = \int_0^t \frac{F}{m}\mathrm{d}t = \int_0^t \frac{3+4t}{10}\mathrm{d}t$$

当 $t=3$ s 时,$v=2.7$ m/s。

(2)由质点动能定理 $\int_1^2 \boldsymbol{F}\cdot\mathrm{d}\boldsymbol{r} = \int_0^x F\mathrm{d}x = \frac{1}{2}mv^2$,得

$$v = \sqrt{\int_0^x \frac{2F}{m}\mathrm{d}x} = \sqrt{\int_0^x \frac{2(3+4x)}{10}\mathrm{d}x}$$

当 $x=3$ m 时,$v=2.3$ m/s。

## 2.4 势能 机械能守恒定律

### 2.4.1 保守力做功

**重力做功** 质量为 $m$ 的质点在重力 $\boldsymbol{G}$ 作用下,沿任意曲线从 $a$ 点运动到 $b$ 点,如图 2-13 所示,计算重力的功。重力虽然是恒力,但由于运动轨迹是曲线,需按变力做功的计算方法来计算。在 $ab$ 上任取位移元 $\mathrm{d}\boldsymbol{r}$,重力在 $\mathrm{d}\boldsymbol{r}$ 上的元功为

$$\mathrm{d}W = \boldsymbol{G}\cdot\mathrm{d}\boldsymbol{r} = -mg\boldsymbol{j}\cdot(\mathrm{d}x\boldsymbol{i}+\mathrm{d}y\boldsymbol{j}) = -mg\mathrm{d}y$$

质点由 $a$ 点运动到 $b$ 点,重力做的总功为

$$W = \int_{y_1}^{y_2} -mg\mathrm{d}y = -(mgy_2 - mgy_1) \tag{2-22}$$

值得注意的是,无论质点是由 $a$ 点经轨迹 1 到达 $b$ 点,还是经轨迹 2 到达 $b$ 点,重力做的功都与式(2-22)相同。即**重力做功与路径无关,仅与质点的始末位置有关**。

**弹性力做功** 如图 2-14 所示,一轻弹簧置于光滑水平面上,一端固定,另一端系一物体。物体在弹簧弹力作用下,从 $a$ 点运动到 $b$ 点,计算此过程中弹力的功。

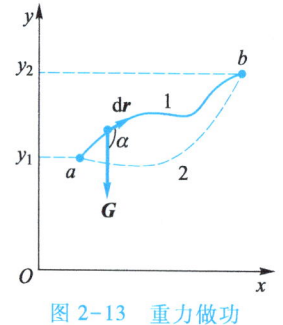

图 2-13 重力做功

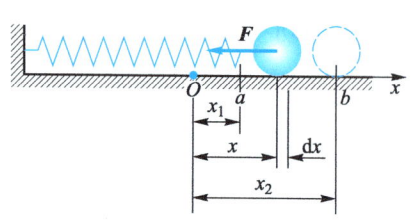

图 2-14 弹力做功

以弹簧无形变时物体所在位置为坐标原点 $O$，$x$ 轴正向向右建立坐标系，如图2-14所示，物体在 $a$ 点和 $b$ 点的位置坐标分别为 $x_1$ 和 $x_2$。在 $ab$ 上 $x$ 处取位移元 $d\boldsymbol{r}=dx\boldsymbol{i}$，$x$ 处物体受的弹性力为 $\boldsymbol{F}=-kx\boldsymbol{i}$，式中 $k$ 为弹簧的劲度系数。弹力在 $d\boldsymbol{r}$ 上的元功为

$$dW = \boldsymbol{F} \cdot d\boldsymbol{r} = -kxdx$$

物体在弹力作用下由 $a$ 点移动到 $b$ 点，弹力做的总功为

$$W = \int_{x_1}^{x_2} -kxdx = -\left(\frac{1}{2}kx_2^2 - \frac{1}{2}kx_1^2\right) \tag{2-23}$$

可见，弹性力做功也与路径无关，仅与物体的始末位置有关。

**万有引力做功** 如图 2-15 所示，质量为 $m_0$ 的质点静止不动，质量为 $m$ 的质点在 $m_0$ 的引力场中由 $a$ 点沿任意路径到 $b$ 点，计算万有引力的功。

以 $m_0$ 所在位置为坐标原点，$m$ 在 $a$ 点和 $b$ 点的位置分别为 $r_1$ 和 $r_2$。在 $ab$ 上任取位移元 $d\boldsymbol{r}$，$d\boldsymbol{r}$ 上作用于 $m$ 的引力 $\boldsymbol{F}=-G\dfrac{m_0 m}{r^3}\boldsymbol{r}$。

$\boldsymbol{F}$ 在 $d\boldsymbol{r}$ 上的元功为

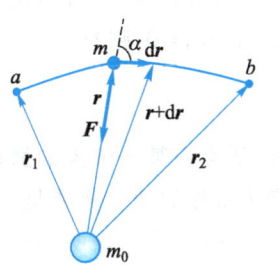

图 2-15 万有引力做功

$$dW = \boldsymbol{F} \cdot d\boldsymbol{r} = -G\frac{m_0 m}{r^3}\boldsymbol{r} \cdot d\boldsymbol{r}$$

由图 2-15 可以看出，$\boldsymbol{r} \cdot d\boldsymbol{r} = r|d\boldsymbol{r}|\cos\alpha = rdr$。

所以，$m$ 由 $a$ 点运动到 $b$ 点，万有引力的总功为

$$W = \int_{r_1}^{r_2} -G\frac{m_0 m}{r^2}dr = -\left(G\frac{m_0 m}{r_1} - G\frac{m_0 m}{r_2}\right) \tag{2-24}$$

上式说明，万有引力的功也只与始末位置有关，而与质点经过的路径无关。

综上所述，重力、弹性力、万有引力有一共同的特点：力做功只与运动质点的始、末位置有关，而与质点经由的路径无关。一般地，**如果一个力对质点所做的功仅决定于质点运动的始末位置，而与运动的路径无关，这种力就称为保守力**。所以，重力、弹性力、万有引力都是保守力。相反，凡做功与路径有关的力，如摩擦力、磁力及一切产生形变的力都是**非保守力**。

### 2.4.2 势能

保守力做功与路径无关的性质，大大地简化了保守力做功的计算，并由此引出了势能的概念。

为了便于分析比较，把重力、弹性力和万有引力做功的结果重列如下：

$$W_{\text{重}} = -(mgy_2 - mgy_1)$$

$$W_{\text{弹}} = -\left(\frac{1}{2}kx_2^2 - \frac{1}{2}kx_1^2\right)$$

$$W_{\text{引}} = -\left[\left(-G\frac{m_0 m}{r_2}\right) - \left(-G\frac{m_0 m}{r_1}\right)\right]$$

不难看出,以上三式左边都是保守力的功,而右边都是两项与相互作用的质点的相对位置有关的函数的差的负值。功总是与能量的改变相联系。因此,上述三式右边由系统相对位置决定的函数必定是某种能量的函数形式。我们将其称为**势能函数**,用 $E_p$ 表示,即

$$W_{保} = \int_1^2 \boldsymbol{F}_{保} \cdot \mathrm{d}\boldsymbol{r} = -(E_{p2} - E_{p1}) = -\Delta E_p \tag{2-25}$$

式(2-25)表明,**保守力的功等于系统势能增量的负值**。式(2-25)定义的是质点在两个位置的势能之差,而不是势能。要确定质点在某一位置的势能值,必须选定一参考位置,并规定质点在参考位置的势能值为零(势能零点)。如在式(2-25)中,取 $E_{p2}=0$,则有

$$E_{p1} = \int_1^2 \boldsymbol{F}_{保} \cdot \mathrm{d}\boldsymbol{r} \tag{2-26}$$

即,质点在某一位置的势能,数值上等于质点从该点经任意路径移动到势能零点保守力所做的功。势能是一个标量,在 SI 中,势能的单位为 J(焦耳)。

式(2-26)表明,只要知道保守力的力函数,选取势能零点后即可求出质点在指定点的势能。如已知万有引力的力函数为 $\boldsymbol{F} = -G\dfrac{m_0 m}{r^3}\boldsymbol{r}$,若取 $r \to \infty$ 时,$E_{p\infty}=0$,即取 $m_0$ 和 $m$ 相距无限远时为引力势能的零点,则当 $m_0$ 和 $m$ 相距 $r$ 时的**引力势能**为

$$E_{p引} = -G\frac{m_0 m}{r} \tag{2-27}$$

同理可以证明,若取 $y=0$ 处为重力势能的零点,则物体在 $y=h$ 处的**重力势能**为

$$E_{p重} = mgh \tag{2-28}$$

若取弹簧的自由端为坐标原点 $O$ 及弹性势能的零点,则弹簧伸长或压缩 $x$ 时的**弹性势能**为

$$E_{p弹} = \frac{1}{2}kx^2 \tag{2-29}$$

必须指出:势能是一个相对量,当选择不同的势能零点,质点在同一位置的势能有不同的值。但势能之差是个绝对量,即任意两个给定位置的势能之差是绝对的与势能零点的选取无关。另需注意的是,势能是根据保守力的特点引入的,只有在保守力场中,才有势能可言。因此,势能应属于以保守力相互作用的物体所组成的系统,而不应把它看作属于某一物体。例如,重力势能应属于质点和地球组成的系统,弹性势能应属于弹簧与物体组成的系统,引力势能应属于相互吸引的质点所组成的系统等。

### 2.4.3 机械能守恒定律

**质点系动能定理与功能原理**　前一节介绍了单个质点的动能定理式(2-21),

现将这一定理推广到由若干个物体(质点)组成的系统。

设有 $n$ 个质点组成的质点系,作用于系统内每一个质点的力有外力和内力,质点动能定理应用于系统内第 $i$ 个质点,有

$$W_{i外}+W_{i内}=E_{ki}-E_{ki0}$$

上式对系统内所有质点求和,得

$$\sum W_{i外}+\sum W_{i内}=\sum E_{ki}-\sum E_{ki0}$$

式中 $\sum E_{ki}$ 和 $\sum E_{ki0}$ 分别为质点系末态和初态的总动能,分别简记为 $E_k$ 和 $E_{k0}$。$\sum W_{i外}$ 和 $\sum W_{i内}$ 分别为外力和内力对质点系做功的代数和,分别简记为 $W_{外}$ 和 $W_{内}$。这样,上式可写成

$$W_{外}+W_{内}=E_k-E_{k0} \tag{2-30}$$

即**外力和内力对质点系所做的功的代数和等于质点系动能的增量**,式(2-30)称为**质点系动能定理**。质点系动能定理表明,即使外力对系统不做功,通过内力做功也可改变系统的总动能。

若进一步把 $W_{内}$ 分解为保守内力的功 $W_{保内}$ 和非保守内力的功 $W_{非保内}$,且保守内力的功之和等于质点系势能增量的负值,即 $W_{保内}=-(E_p-E_{p0})$,则式(2-30)可写成

$$W_{外}+W_{非保内}=(E_k+E_p)-(E_{k0}+E_{p0})$$

质点系的动能 $E_k$ 与势能 $E_p$ 之和,称为质点系的**机械能**,用 $E$ 表示,则上式又可写成

$$W_{外}+W_{非保内}=E-E_0 \tag{2-31}$$

即外力的功与非保守内力的功之和等于质点系机械能的增量,这个结论称为**质点系功能原理**。

**系统机械能守恒定律** 从功能原理式(2-31)可知,一个质点系的机械能可以通过外力做功而发生变化,也可以通过系统内部的非保守内力做功而发生变化。如果一个质点系内只有保守内力做功,而非保守内力与外力都不做功,则质点系的机械能守恒,即当 $W_{外}=0$ 且 $W_{非保内}=0$,则有

$$E=E_k+E_p=\text{常量} \tag{2-32}$$

式(2-32)称为**机械能守恒定律**。

在满足系统机械能守恒的条件时,系统内各质点的动能可以互相传递,质点系的动能和势能之间以及质点系的一种势能和另一种势能之间也都可以互相转化,但质点系的动能与势能的总和保持不变。

**例 2-7** 如图 2-16 所示,轻弹簧一端固定在斜面的上端,另一端系一质量为 $m$ 的物体,物体与斜面间的摩擦因数为 $\mu$,弹簧的劲度系数为 $k$,斜面倾角为 $\theta$。若将物体由弹簧的自然长度拉伸 $l$ 后由静止释放,问物体第一次静止在什么位置上?

**解** 以弹簧、物体、地球为系统。弹力和重力成为保守内力,系统不存在非保守内力,摩擦力(外力)做负功。取弹簧自然伸长处为坐标原点,沿斜面向下为 $x$ 轴正方向,建立坐标系如图 2-16 所示。

设物体第一次静止在 $x$ 轴正方向的 $x$ 处,取 $O$ 点为弹性势能和重力势能的零点,刚释放为初态,物体向上滑至 $x$ 处时为末态,则

系统初态的机械能: $E_0 = \frac{1}{2}kl^2 - mgl\sin\theta$

系统末态的机械能: $E = \frac{1}{2}kx^2 - mgx\sin\theta$

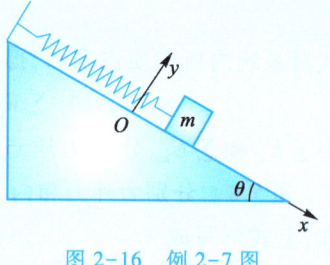

图 2-16 例 2-7 图

由系统功能原理,有

$$-\mu mg\cos\theta(l-x) = \left(\frac{1}{2}kx^2 - mgx\sin\theta\right) - \left(\frac{1}{2}kl^2 - mgl\sin\theta\right)$$

解得

$$x = \frac{2mg(\sin\theta + \mu\cos\theta)}{k} - l$$

另一根 $x = l$,即初位置,舍去。

通过本例,读者应领会应用功能原理解题的步骤:(1)选系统;(2)分析对象受力情况与运动过程,注意正确区分内力和外力,保守内力和非保守内力,明确哪些力做功;(3)选定势能零点,写出系统初态和末态的机械能;(4)根据功能原理建立方程,求得结果。

**例 2-8** 将一航天器送入完全脱离地球引力范围的轨道,地面发射的最小速度称为**第二宇宙速度**。若地球半径 $R = 6.4 \times 10^6$ m,试求第二宇宙速度。

**解** 以地球和航天器为系统,航天器在它的燃料烧完后逃离地球的过程中,只有引力——保守内力做功,故系统的机械能守恒。以 $v$ 表示航天器离开地面的速度,以 $v_\infty$ 表示航天器脱离地球引力场时的速度,无限远处引力势能为零。

航天器在地球表面时,系统的机械能为 $\frac{1}{2}mv^2 + \left(-G\frac{mm_E}{R}\right)$,$m$ 为航天器质量,$m_E$ 为地球质量,$R$ 为地球的半径。

航天器与地球分离无限远时,系统的机械能为 $\frac{1}{2}mv_\infty^2 + 0$。由机械能守恒定律有

$$\frac{1}{2}mv^2 + \left(-G\frac{mm_E}{R}\right) = \frac{1}{2}mv_\infty^2 + 0$$

要求发射速度最小,$v_\infty = 0$,即有

$$v = \sqrt{\frac{2Gm_E}{R}} = \sqrt{2Rg} = 11.2 \times 10^3 \text{ m/s}$$

人类要登上月球，或要飞向其他行星，首先必须要脱离地球的引力场，因此，这类航天器的发射速度必须大于第二宇宙速度。

◇ 思考题

**2-6** 某人把一物体由静止开始举高到 $h$ 时，使物体获得速度 $v$，在此过程中，人对物体做功为 $W$，则有 $W = \frac{1}{2}mv^2 + mgh$。这一结果正确吗？这可以理解为"合外力对物体做的功等于物体动能的增量与势能的增量之和"吗？为什么？

**2-7** 保守力有什么特点？保守力的功与势能的关系如何？

**2-8** 行星绕太阳 S 做椭圆轨道运动，从近日点 B 向远日点 A 运行的过程中，太阳对它的引力做正功还是做负功？从远日点 A 向近日点 B 运行的过程中，太阳对它的引力做正功还是做负功？由此功判断行星的动能以及行星和太阳系统的引力势能在这两个阶段中各是增加还是减少？

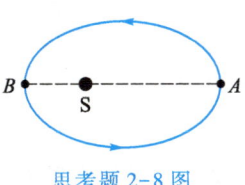

思考题 2-8 图

# 生活中的物理 2

**秋千如何越荡越高，能量的增长从何而来？**

荡秋千时，如果人站在秋千上不动，秋千的运动类似于单摆的运动；忽略空气阻力，秋千运动过程中机械能守恒，秋千将做等幅摆动。如果要让秋千越荡越高，就必须借助外力做功以增加系统的能量。自己荡秋千显然无法借助外力，如何让秋千越荡越高呢？只有通过荡秋千的人自己与绳子的内力做功来增加系统的机械能，而人的内力做功又只能靠人在秋千上站起或蹲下来实现。但当人荡到平衡位置时，双手用力拉绳，则绳以相同大小的反作用力拉人，此力克服人的重力做功使人突然起立，人在此时重心将上移，系统的重力势能增加。此时切向速度未变即动能未变，系统的机械能增加。当秋千从最低点荡到最高点的过程中慢慢下蹲，则在此过程中，重力不再做负功了，而近乎不做功，甚至还可以做正功。当人升至最高点时迅速站起，使重力势能增大。当秋千由最高点荡回到最低点时慢慢下蹲，使其重心下降，此时重心的位置下降，此过程重力仍然做正功。一个周期内重力始终做正功。这样，荡秋千的人就可以将自身的内能转化为秋千的机械能。总之，荡秋千的人应在秋千运动到最低点时迅速站起，然后慢慢下蹲，当秋千荡到最高点时，再猛然站起，过了最高点后再慢慢下蹲，到了最低点时再猛地站起，以后重复上面的动作，秋千就会越荡越高。

# 习题 2

**选择题**

**2-1** 质量相等的两个物体 A 和 B,分别固定在弹簧两端,竖直放在光滑水平面 C 上,如图所示。忽略弹簧的质量。今把支持面 C 迅速移去,则在移开 C 的瞬间,A 的加速度 $a_A$ 和 B 的加速度 $a_B$ 各为(　　)。

(A) $a_A = a_B = g$  (B) $a_A = 0, a_B = 2g$
(C) $a_A = g, a_B = 0$  (D) $a_A = 0, a_B = g$

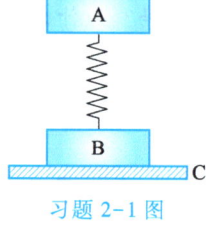

习题 2-1 图

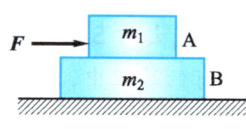

习题 2-2 图

**2-2** 质量分别为 $m_1$ 和 $m_2$ 的滑块 A 和 B,叠放在光滑水平面上,如图所示。A、B 间静摩擦因数为 $\mu_s$,动摩擦因数为 $\mu$,系统原处于静止,今有一水平力 $F$ 作用于 A 上,要使 A、B 不发生相对滑动,则 $F$ 应满足(　　)。

(A) $0 < F \leq \mu_s m_1 g$  (B) $0 < F \leq \mu_s (m_1 + m_2) g$
(C) $0 < F \leq \mu_s \left(1 + \dfrac{m_1}{m_2}\right) m_1 g$  (D) $0 < F \leq \mu \dfrac{m_1 + m_2}{m_2} m_1 g$

**2-3** 质量为 $m_0$ 的气球用一轻绳系着质量为 $m$ 的物体以匀加速度 $a$ 上升,当绳突然断开的瞬间,气球的加速度为(　　)。

(A) $a$  (B) $\left(1 + \dfrac{m}{m_0}\right) g$
(C) $\left(1 + \dfrac{m}{m_0}\right)(a + g)$  (D) $\left(1 + \dfrac{m}{m_0}\right) a + \dfrac{mg}{m_0}$

**2-4** 重物用轻绳挂在升降机的天花板上,如图所示。当升降机以加速度 $a_1$ 上升时,绳中张力正好等于绳所能承受的最大张力的一半,则升降机以多大的加速度上升时,绳刚好被拉断(　　)。

(A) $2a_1$  (B) $a_1 + g$
(C) $2a_1 + g$  (D) $2(a_1 + g)$

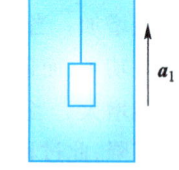

习题 2-4 图

**2-5** 一公路的水平弯道半径为 $R$,路面的外侧高出内侧,并与水平面夹角为 $\theta$,要使汽车通过该段路面时不引起侧向摩擦力,则汽车的速度为(　　)。

(A) $\sqrt{Rg}$   (B) $Rg\tan\theta$   (C) $\sqrt{\dfrac{Rg\cos\theta}{\sin^2\theta}}$   (D) $\sqrt{Rg\tan\theta}$

**2-6** 如图所示，滑轮、绳子质量及运动中的摩擦阻力都忽略不计，若 $m_2>m_1$，则弹簧秤 S 的读数为（　　）。

(A) $(m_1+m_2)g$   (B) $(m_1-m_2)g$

(C) $\dfrac{2m_1m_2}{m_1+m_2}g$   (D) $\dfrac{4m_1m_2}{m_1+m_2}g$

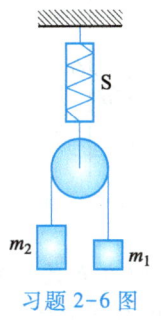

习题 2-6 图

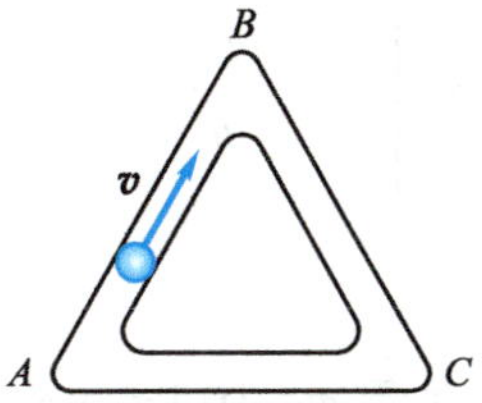

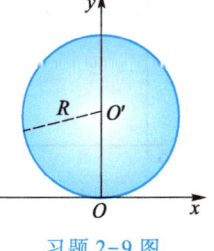

习题 2-7 图

**2-7** 质量为 $m$ 的质点，以匀速率 $v$ 沿图示的正三角形水平光滑轨道运动，质点越过 $B$ 角时，轨道作用于质点的冲量大小为（　　）。

(A) $mv$   (B) $2mv$   (C) $\sqrt{2}mv$   (D) $\sqrt{3}mv$

**2-8** 一质点在几个力共同作用下的位移为 $\Delta\boldsymbol{r}=4\boldsymbol{i}-5\boldsymbol{j}+6\boldsymbol{k}$（SI 单位），其中一个力为恒力 $\boldsymbol{F}=-3\boldsymbol{i}-5\boldsymbol{j}+9\boldsymbol{k}$（SI 单位），则此力在该位移过程中所做的功为（　　）。

(A) 17 J   (B) 67 J   (C) -67 J   (D) 91 J

**2-9** 一质点在 $Oxy$ 坐标平面内做圆周运动，如图所示。有一力 $\boldsymbol{F}=F_0(x\boldsymbol{i}+y\boldsymbol{j})$ 作用在质点上，在该质点从坐标原点运动到 $(0,2R)$ 位置过程中，力 $\boldsymbol{F}$ 对它做的功为（　　）。

(A) $F_0R^2$   (B) $2F_0R^2$

(C) $3F_0R$   (D) 0

**2-10** 质量为 $m=0.5$ kg 的质点，在 $Oxy$ 坐标平面内运动，其运动方程为 $x=5t, y=0.5t^2$（SI 单位），从 $t=2$ s 到 $t=4$ s 这段时间内，外力对质点做的功为（　　）。

习题 2-9 图

(A) 1.5 J   (B) -1.5 J   (C) 3 J   (D) 4.5 J

**2-11** 两木块质量分别为 $m_1$ 和 $m_2$，由一轻弹簧相连，放在光滑水平面上，如图所示。先使两木块靠近而将弹簧压紧，然后由静止释放，若在弹簧伸长到原长时，$m_1$ 的速率为 $v_1$，则弹簧原来在压缩状态时所具有的势能为（　　）。

(A) $\dfrac{1}{2}m_1v_1^2$   (B) $\dfrac{1}{2}m_2\dfrac{m_1+m_2}{m_1}v_1^2$

(C) $\dfrac{1}{2}(m_1+m_2)v_1^2$   (D) $\dfrac{1}{2}m_1\dfrac{m_1+m_2}{m_2}v_1^2$

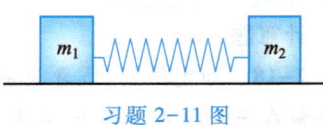

习题 2-11 图

**填空题**

**2-12** 如图所示,质量为 $m$ 的小球,用轻绳 $AB$、$BC$ 连接,其中 $AB$ 水平,剪断绳 $AB$ 前后的瞬间,绳 $BC$ 中的张力比 $F_T:F_T'=$ _____。

**2-13** 一小珠可在半径为 $R$ 的圆环上无摩擦地滑动,圆环绕其竖直直径的轴以恒定角速度 $\omega$ 转动,小珠偏离圆环转轴而且相对圆环静止时,小珠所在处圆环半径偏离竖直方向的角度 $\theta=$ _____。

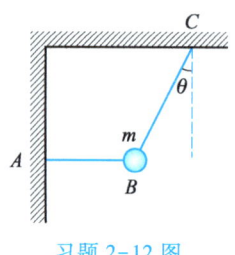

习题 2-12 图

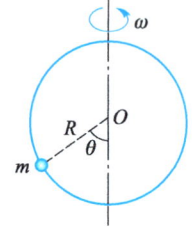

习题 2-13 图

**2-14** 一质量 $m=10$ kg 的物体置于地面上,在水平拉力 $F$ 的作用下由静止开始沿直线运动,拉力随时间变化的关系如图所示。若物体与地面间的摩擦因数 $\mu=0.2$,那么在 $t=4$ s 时,物体的速度大小为 _____;在 $t=7$ s 时,物体的速度大小为 _____。(取 $g=10$ m/s²。)

**2-15** 一质量 $m=5$ kg 的物体,在 0 到 10 s 内,受到如图所示的变力 $F$ 的作用。物体由静止开始沿 $x$ 轴正向运动,力的方向始终沿 $x$ 轴的正方向,则 10 s 内变力 $F$ 所做的功为 _____。

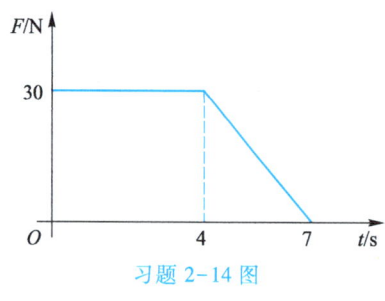

习题 2-14 图

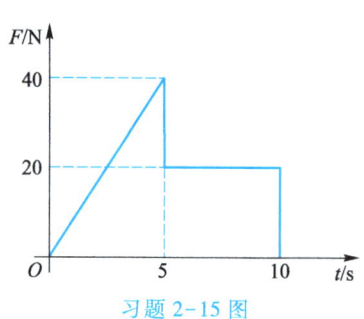

习题 2-15 图

**2-16** 地球质量为 $m_E$,半径为 $R$。一质量为 $m$ 的火箭从地面上升到距地面高度 $2R$ 处。在此过程中,地球引力对火箭做的功为(设引力常量为 $G$)_____。

**2-17** 如图所示,小球沿固定的光滑的 1/4 圆弧从 $A$ 点由静止开始下滑,圆弧的半径为 $R$,则小球在 $A$ 点处的切向加速度为 $a_t=$ _____,小球在 $B$ 点处的法向加速度为 $a_n=$ _____。

**计算题**

**2-18** 如图所示,质量分别为 $m_1$ 和 $m_2$ 的木块 A 和 B 叠放在光滑的水平面上,A 和 B 之间的静摩擦因数为

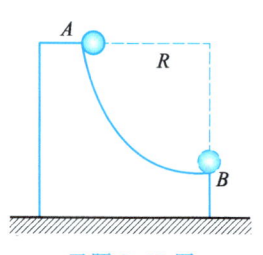

习题 2-17 图

$\mu$。如用力 $F$ 拉 B,欲使 B 从 A 下抽出,作用在 B 上的拉力至少为多大?

**2-19** 质量为 $m=0.2$ kg 的砝码置于木板上,手持木板保持水平,托着砝码使之在竖直平面内做半径 $R=1$ m,速率 $v=1$ m/s 的匀速圆周运动。当砝码与木板一起运动到如图所示位置时,砝码受到木板的摩擦力和支承力各为多少?

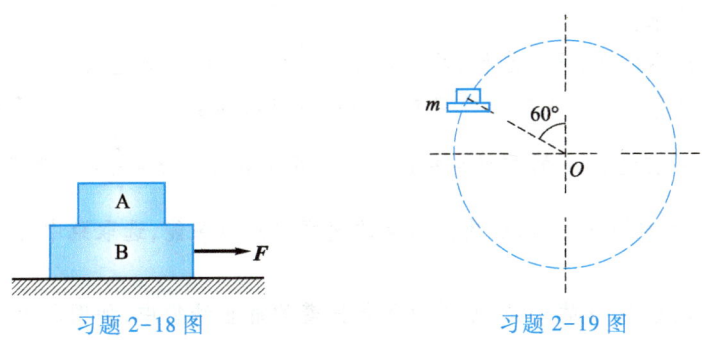

习题 2-18 图　　　　习题 2-19 图

*__2-20__ 质量为 $m$ 的子弹以速度 $v_0$ 水平射入沙土中,设子弹所受阻力与速度反向,大小与速度成正比,比例系数为 $k$,忽略子弹的重力,求:
(1) 子弹射入沙土后,速度随时间变化的关系式;
(2) 子弹进入沙土的最大深度。

**2-21** 质量 $m_0=1.5$ kg 的物体,用长 $l=1.25$ m 的细绳悬挂在天花板上,如图所示。今有一质量 $m=10$ g 的子弹以 $v_0=500$ m/s 的水平速度射穿物体,刚穿出物体时,子弹的速度大小 $v=30$ m/s,设穿透时间极短。求:
(1) 子弹刚穿出时绳中张力的大小;
(2) 子弹在穿透过程中所受的冲量。

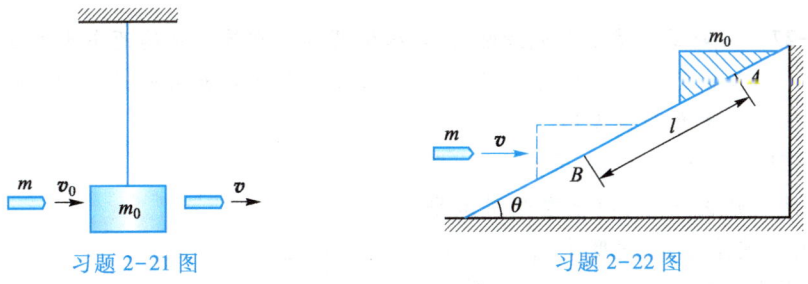

习题 2-21 图　　　　习题 2-22 图

**2-22** 质量为 $m_0$ 的木块在光滑的固定斜面上,由 $A$ 点静止下滑,当滑至 $B$ 点时,木块被一水平飞来的子弹击中,子弹嵌入木块内。已知 $A$、$B$ 距离为 $l$,子弹质量为 $m$,速度为 $v$。求子弹射入木块后它们共同的速度大小。

*__2-23__ 质量皆为 $m$ 的两木块 A、B 静止在光滑水平面上,用劲度系数为 $k$ 的轻弹簧连接,如图所示。一质量为 $m$ 的子弹以水平速度 $v_0$ 击中木块 A 并留在 A 内。求:
(1) 弹簧的最大压缩量;
(2) 木块 B 的最大速度。

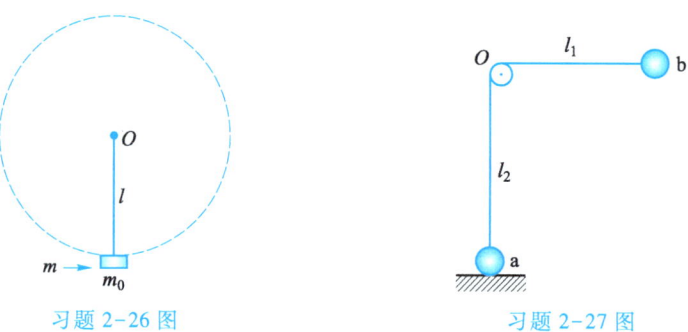

习题 2-23 图

**2-24** 从 10 m 深的井中把 10 kg 的水匀速上提,由于水桶漏水,每升高 1 m 要漏去 0.2 kg 的水。

(1) 画出示意图,设置坐标,写出外力所做元功 dW 的表达式;

(2) 计算把水从水面提到井口外力所做的总功 W。

**2-25** 一质量为 $m$ 的质点在指向中心的平方反比力 $F=\dfrac{k}{r^2}$($k$ 为常量)的作用下,做半径为 $r$ 的圆周运动,求质点运动的速度和总机械能,选取距中心无限远处的势能为零。

**2-26** 质量为 $m$ 的子弹,水平射入悬挂着的静止沙袋中,如图所示。沙袋质量为 $m_0$,摆长为 $l$,为使沙袋能在竖直平面内完成整个圆周运动,子弹至少应以多大的速度射入?

习题 2-26 图    习题 2-27 图

**2-27** 一轻绳跨越水平光滑细杆 $O$,绳的两端连有等质量的两个小球 a 和 b,b 球从水平位置由静止向下摆动,如图所示。求 a 球刚要离开地面时,跨越细杆 $O$ 的两段绳之间的夹角为多大?

第 2 章习题参考答案

**\*2-28** 如图所示,一质量为 $m_0$ 带有光滑弧形轨道的小车,静止在光滑水平面上,今有一质量为 $m$,速度为 $v_0$ 的小球,从轨道下端水平射入。求小球沿弧形轨道上升的最大高度 $h$ 及此后下降离开小车时的速度 $v$。

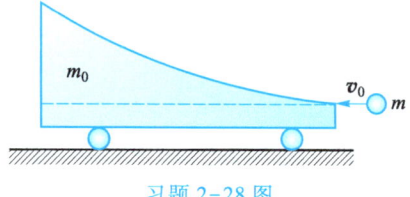

习题 2-28 图

>>> *第3章

... 刚体力学基础

前两章讨论物体机械运动时都将研究对象简化为质点,即忽略了物体的形状和大小。其实很多情况下,物体的形状和大小是不能忽略的,例如当研究物体绕轴转动的问题时,因物体上各点的运动情况都不相同,就不能再将物体简化成质点了。

本章研究物体绕定轴的转动,首先给出"刚体"的概念,然后从质点运动的知识出发,分析研究刚体定轴转动的规律。

## 3.1 刚体及刚体定轴转动的描述

### 3.1.1 刚体的运动

任何物体在外力作用下,或多或少都会发生形变,但如果在研究的问题中,物体微小的形变可以忽略不计,就可以引入一个新的物理模型——**刚体**进行讨论。**所谓刚体,指在任何外力作用下不变形的物体**。刚体可以看成由许多质点组成,每个质点叫作刚体的一个质元。这样,刚体就是一个质点系。它与一般质点系不同之处在于,体内任意两点间的距离不可改变。把前面介绍过的质点力学的规律应用到刚体这个特殊的质点系上,从而找到刚体运动的规律,这就是研究刚体运动及其规律的出发点和基础。

刚体最基本的运动形式是平动和转动,刚体任何复杂的运动均可看成平动和转动的叠加。如果刚体在运动中,体内任意两点的连线在运动中始终保持平行(图3-1),这种运动称为**刚体的平动**,例如汽缸中活塞的运动、铁轨上火车车厢的运动等。平动的刚体可以当作质点处理。

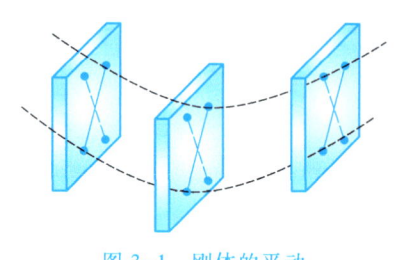

图 3-1 刚体的平动

如果刚体在运动中,其上各点都绕同一条直线做圆周运动,这种运动就称为刚体的转动,这一直线叫转轴,转轴固定的叫**定轴转动**,例如机器上飞轮的运动、各种定滑轮的运动等。作为基础,本章只讨论刚体的定轴转动。

### 3.1.2 刚体定轴转动的描述

刚体做定轴转动时,具有如下基本特征:(1)轴上各点始终静止不动;(2)轴外刚体上各质元都在垂直于固定轴的平面(称为**转动平面**)内做圆周运动,角量相同,线量不同。显然用角量来描述刚体的定轴转动较方便。第1章中讨论过的圆周运动的角量描述的有关概念和公式,都可适用于刚体的定轴转动。

研究刚体的转动时,可以任取一个转动平面(通常取质心所在的转动平面)讨论,图3-2中画出了质点 $P$ 的转动平面 $N$。如果以转轴与转动平面的交点 $O$ 为原

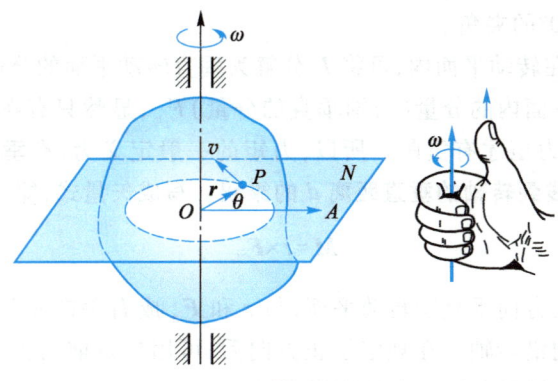

图 3-2 刚体的定轴转动

点,则转动平面上的所有质点都绕这个原点做圆周运动,这时在转动平面内过原点作一射线 OA 作为参考方向,转动平面上任一质点 P 对 O 点的位矢 r 与 OA 的夹角 θ 称为角位置,于是可以对照质点圆周运动的角量描述那样定义刚体的角速度为

$$\omega = \frac{d\theta}{dt} \tag{3-1}$$

为了充分反映刚体转动的情况,常把刚体的角速度定义为矢量,以 **ω** 表示。**ω** 的大小由式(3-1)确定,其方向沿转轴,指向由右手螺旋定则确定(见图 3-2)。确定了角速度矢量的方向后,刚体上任一质点 P 的线速度 **v** 与角速度 **ω** 的关系为

$$\bm{v} = \bm{\omega} \times \bm{r} \tag{3-2}$$

式中 r 是 P 点的位矢。当刚体的角速度变化时,刚体有角加速度

$$\bm{\alpha} = \frac{d\bm{\omega}}{dt} \tag{3-3}$$

在定轴转动中,**ω** 和 **α** 的方向都是沿固定转轴的两个方向,两者同向时,ω 变大,两者反向时,ω 变小。在规定了正方向后,ω 和 α 均可用正负号来表示它们的方向。

## 3.2 刚体定轴转动定律

### 3.2.1 力矩

设一刚体可绕 z 轴转动,在与 z 轴垂直的平面内,有一力 **F** 作用在刚体上,力的作用点在 P 点,如图 3-3 所示,O 点为转轴 z 与力 **F** 所在平面的交点,力 **F** 对转轴 z 的力矩 M 定义为:力 **F** 的大小与力的作用线到 O 点垂直距离 d(称为力臂)的乘积,即

$$M = Fd = Fr\sin\varphi = rF\sin\varphi \tag{3-4}$$

式中,r 为力 **F** 的作用点位矢 **r** 的大小,φ 为位矢 **r** 与

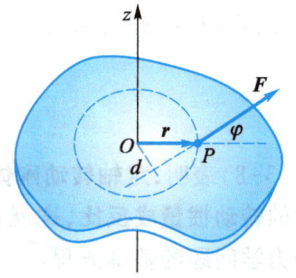

图 3-3 力对轴的力矩

力 $F$ 之间小于 180° 的夹角。

如果力 $F$ 不在转动平面内,可将 $F$ 分解为垂直转动平面的分量(与轴平行的分量)$F_\parallel$ 和在转动平面内的分量(与轴垂直的分量)$F_\perp$,显然只有在转动平面上的分量 $F_\perp$ 对转轴 $z$ 的力矩才有贡献。所以,力矩的一般定义为,**在垂直于转轴的平面内,外力 $F_\perp$ 与力线到转轴的垂直距离 $d$ 的乘积**。写成矢量式,即

$$M = r \times F_\perp \tag{3-5}$$

力矩 $M$ 是矢量,其方向垂直于转动平面,与 $r$ 和 $F_\perp$ 成右手螺旋关系。在定轴转动中,力矩 $M$ 的方向沿转轴。在规定了正方向后,可用标量前的正负号来表示 $M$ 的方向。在 SI 中,力矩的单位为 N·m(牛顿米)。

### 3.2.2 定轴转动定律

将刚体看作许多质点组成(图 3-4),在刚体上任取一个质点 $P$,质量为 $\Delta m_i$,到转轴的距离为 $r_i$,作用在质点 $P$ 上的力分为两类,一是合外力 $F_i$,另一是刚体内其他质元对质点 $P$ 的合内力 $F_{内i}$,为简单起见,假设 $F_i$ 和 $F_{内i}$ 都在同一转动平面上,牛顿第二定律应用于质点 $P$,有

$$F_{it} + F_{内it} = \Delta m_i a_{it}$$

式中,$F_{it}$ 和 $F_{内it}$ 分别为 $F_i$ 和 $F_{内i}$ 沿轨迹切线方向上的分量;显然,刚体中每一个质点均可写出与上式类似的方程,把这些方程的等式两边乘以 $r_i$,并对整个刚体求和,并考虑到刚体中各质点的角加速度 $\alpha$ 均相同,有

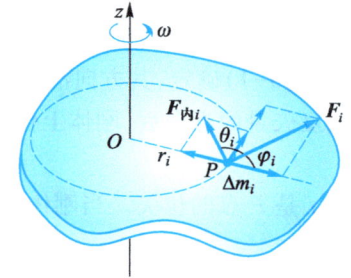

图 3-4 转动定律的推导

$$\sum F_{it} r_i + \sum F_{内it} r_i = \left( \sum \Delta m_i r_i^2 \right) \alpha \tag{3-6}$$

式(3-6)左边第一项 $\sum F_{it} r_i$ 为作用在刚体上所有外力对 $z$ 轴的力矩的代数和,称为**合外力矩**,用 $M$ 表示;第二项 $\sum F_{内it} r_i$ 为所有内力对 $z$ 轴力矩的代数和,称为合内力矩。因为内力总是成对出现,大小相等、方向相反,而且在同一直线上,因此内力对 $z$ 轴的力矩的总和等于零,即 $\sum F_{内it} r_i = 0$。而右边括号内的求和项 $\sum \Delta m_i r_i^2$ 在刚体定轴转动中是不变的,称为刚体对给定轴的**转动惯量**,用 $J$ 表示,即

$$J = \sum \Delta m_i r_i^2 \tag{3-7}$$

这样,式(3-6)便可写成

$$M = J\alpha = J \frac{d\omega}{dt} \tag{3-8}$$

式(3-8)表明,**定轴转动刚体的角加速度与作用在刚体上的合外力矩成正比,与刚体的转动惯量成反比**,这就是**刚体定轴转动的转动定律**。它是解决刚体定轴转动动力学问题的基本方程。

将式(3-8)与牛顿第二定律 $F = ma$ 比较是很有启发的,两者不仅形式相似,而

且地位相当。前者中的合外力矩相当后者中的合外力,前者中的角加速度相当于后者中的加速度,而刚体的转动惯量 $J$ 则和质点的惯性质量 $m$ 相对应。物体的质量是物体平动惯性大小的量度,所以转动惯量是刚体转动惯性大小的量度。

### 3.2.3 转动惯量及其计算

从转动惯量的定义式 $J=\sum \Delta m_i r_i^2$ 不难看出,刚体的转动惯量 $J$ 的大小不仅与刚体的总质量有关,而且和质量相对于转轴的分布有关;在总质量一定的情况下,质量分布离轴越远,转动惯量越大;同时转动惯量还与转轴的位置有关,同一刚体对不同的转轴有不同的转动惯量。因此,说到刚体的转动惯量必须明确是对哪个转轴而言的。在 SI 中,转动惯量的单位为 $kg \cdot m^2$(千克二次方米)。

转动惯量的计算是一个纯数学问题,这里只作一般介绍。单个质点的转动惯量为 $J=mr^2$;质点系的转动惯量为 $J=\sum m_i r_i^2$;质量连续分布的刚体的转动惯量为

$$J = \int r^2 dm \quad (3-9)$$

式中 $r$ 为质元 $dm$ 到转轴的垂直距离,积分应遍及整个刚体。对于形状复杂的刚体,用理论计算方法求转动惯量是困难的,实际中多用实验方法来测定。

**例 3-1** 求质量为 $m$、长为 $l$ 的均匀细杆,对下列转轴的转动惯量。(1) 轴通过杆的中心,并与杆垂直;(2) 轴通过杆的一端,并与杆垂直。

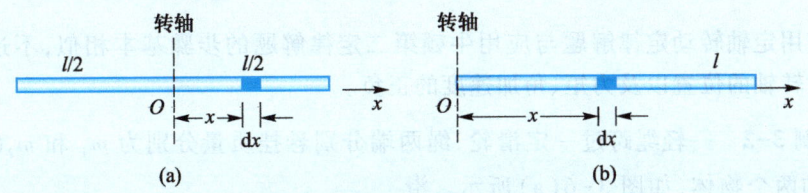

图 3-5 均质细杆的转动惯量

**解** (1) 如图 3-5(a)所示,在 $x$ 处取一长度为 $dx$ 的线元,其质量 $dm = \lambda dx = \dfrac{m}{l} dx$,$dm$ 对 $O$ 轴的转动惯量为

$$dJ = x^2 dm = \frac{m}{l} x^2 dx$$

整条细杆对 $O$ 轴的转动惯量

$$J = \int dJ = \int_{-\frac{l}{2}}^{\frac{l}{2}} \frac{m}{l} x^2 dx = \frac{1}{12} ml^2$$

(2) 如图 3-5(b)所示,当轴过杆一端并与杆垂直时,整条细杆对 $O$ 轴的转动惯量

$$J = \int dJ = \int_0^l \frac{m}{l} x^2 dx = \frac{1}{3} ml^2$$

由本例可以看到,同一刚体,转轴的位置不同,其转动惯量就不同。表 3-1 中

列出了几种几何形状简单、密度均匀的刚体的转动惯量。

表 3-1　几种均质刚体的转动惯量

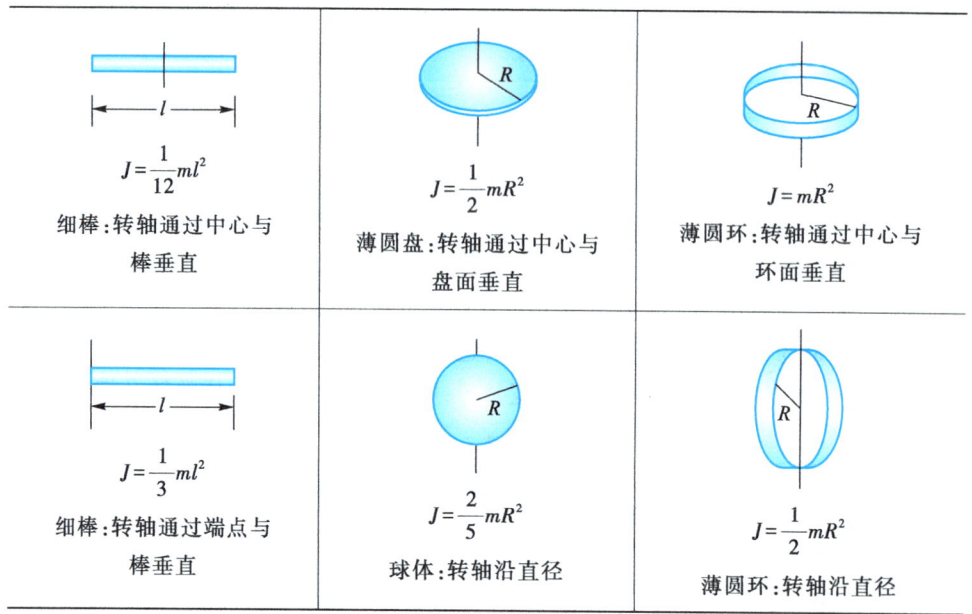

### 3.2.4　转动定律的应用

应用定轴转动定律解题与应用牛顿第二定律解题的步骤基本相似,不过要特别注意转轴的位置以及力矩、角加速度的正负。

**例 3-2**　一轻绳跨过一定滑轮,绳两端分别悬挂质量分别为 $m_1$ 和 $m_2(m_2>m_1)$ 的两个物体,如图 3-6(a)所示。滑轮可看作半径为 $R$,质量为 $m$ 的均质圆盘;忽略轮轴处的摩擦,绳子不可伸长,绳子与滑轮间无相对滑动。求物体 $m_1$ 和 $m_2$ 的加速度以及绳中的张力。

**解**　隔离物体画示力图:分别隔离重物 $m_1$、$m_2$ 和滑轮,画出它们的示力图如图 3-6(b)所示。

假设系统参考正方向:设 $m_2$ 向下加速运动,$m_1$ 则向上加速运动,滑轮顺时针方向转动。

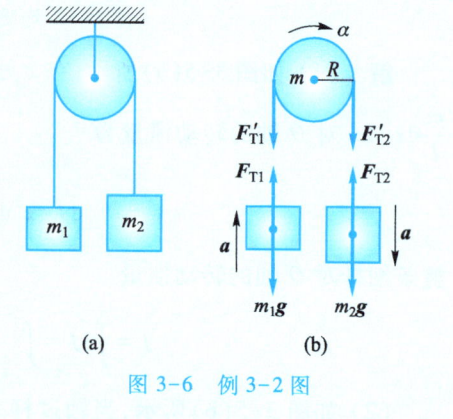

图 3-6　例 3-2 图

建立方程:$m_1$、$m_2$ 平动,用牛顿第二定律列方程;滑轮是刚体,要用转动定律列方程,有

$$F_{T1} - m_1 g = m_1 a \qquad ①$$

$$m_2 g - F_{T2} = m_2 a \qquad ②$$

$$(F'_{T2} - F'_{T1})R = \frac{1}{2}mR^2\alpha \qquad ③$$

而重物的加速度 $a$ 与滑轮的角速度 $\alpha$ 间有关系

$$a = R\alpha \qquad ④$$

解方程：联立以上四个方程，并注意到 $F'_{T2} = F_{T2}$，$F'_{T1} = F_{T1}$，解得

$$a = \frac{(m_2 - m_1)g}{m_1 + m_2 + m/2}, \quad F_{T1} = \frac{m_1(2m_2 + m/2)g}{m_1 + m_2 + m/2}, \quad F_{T2} = \frac{m_2(2m_1 + m/2)g}{m_1 + m_2 + m/2}$$

**例 3-3**  转动着的飞轮，其转动惯量为 $J$，$t=0$ 时角速度为 $\omega_0$，此后飞轮经历制动过程，阻力矩 $M$ 的大小与角速度 $\omega$ 的平方成正比，比例系数为 $k$。求：(1) 飞轮的角速度 $\omega = \dfrac{\omega_0}{3}$ 瞬时的角加速度是多少？(2) 飞轮从开始制动到角速度变为 $\dfrac{\omega_0}{3}$ 经历的时间是多少？

**解**  (1) 由转动定律 $M = -k\omega^2 = J\alpha$，得

$$\alpha = -\frac{k\omega^2}{J}$$

将 $\omega = \dfrac{\omega_0}{3}$ 代入，求得此时飞轮的角加速度为 $\alpha = -\dfrac{k\omega_0^2}{9J}$。

(2) 因飞轮在制动过程中受到变力矩的作用，为求制动的时间，需用转动定律的微分形式列微分方程求解，即

$$-k\omega^2 = J\frac{d\omega}{dt}$$

分离变量，并考虑到 $t=0$ 时，$\omega = \omega_0$，两边积分

$$\int_{\omega_0}^{\frac{\omega_0}{3}} \frac{d\omega}{\omega^2} = -\frac{k}{J}\int_0^t dt$$

求得 $\omega = \dfrac{\omega_0}{3}$ 时，制动经历的时间为 $t = \dfrac{2J}{k\omega_0}$。

◇ **思考题**

**3-1**  一均质细棒，可绕通过其一端的光滑固定轴在竖直平面内转动。使棒从水平位置自由下摆，棒是否做匀角加速转动？为什么？

**3-2**  计算一个刚体对某轴的转动惯量时，能不能认为它的质量集中于其质心，成为一个质点，然后计算这个质点对该轴的转动惯量，为什么？

## 3.3 定轴转动的功和能

### 3.3.1 力矩的功

如图 3-7 所示,设在转动平面内的外力 $F$ 作用于刚体上 $P$ 点,刚体在此外力作用下转过一微小角位移 $\mathrm{d}\theta$,力的作用点的位移为 $\mathrm{d}\boldsymbol{r}$($|\mathrm{d}\boldsymbol{r}| = r\mathrm{d}\theta$)。由功的定义,$\boldsymbol{F}$ 在 $\mathrm{d}\boldsymbol{r}$ 上的元功为

$$\mathrm{d}W = \boldsymbol{F} \cdot \mathrm{d}\boldsymbol{r} = F|\mathrm{d}\boldsymbol{r}|\cos\alpha = Fr\cos\alpha\,\mathrm{d}\theta$$

由图可见,$\cos\alpha = \sin\varphi$,又因力矩 $M = Fr\sin\varphi$,所以上式成为

$$\mathrm{d}W = M\mathrm{d}\theta \qquad (3-10)$$

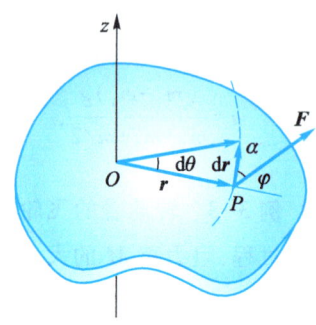

图 3-7 力矩做功

式(3-10) 称为**力矩的元功**。刚体在合外力矩 $M$ 作用下由角位置 $\theta_1$ 转到 $\theta_2$,力矩的总功为

$$W = \int \mathrm{d}W = \int_{\theta_1}^{\theta_2} M\mathrm{d}\theta \qquad (3-11)$$

若 $M$ 为恒力矩,则

$$W = \int_{\theta_1}^{\theta_2} M\mathrm{d}\theta = M(\theta_2 - \theta_1) = M\Delta\theta$$

即恒力矩的功等于力矩 $M$ 乘以力矩作用下转过的角位移 $\Delta\theta$。

### 3.3.2 转动动能和转动动能定理

**刚体的转动动能** 刚体定轴转动的动能就是刚体中各质元动能的总和。设刚体以角速度 $\omega$ 绕定轴转动,刚体中任意一质元(质量为 $\Delta m_i$,到轴的距离为 $r_i$,线速度为 $v_i = r_i\omega$)的动能为

$$\Delta E_{k_i} = \frac{1}{2}\Delta m_i v_i^2 = \frac{1}{2}\Delta m_i (r_i\omega)^2$$

整个刚体的转动动能为

$$E_k = \sum \Delta E_{k_i} = \frac{1}{2}\left(\sum \Delta m_i r_i^2\right)\omega^2 = \frac{1}{2}J\omega^2 \qquad (3-12)$$

上式表明,刚体对某一定轴的转动动能等于刚体对该轴的转动惯量与角速度平方乘积的一半。刚体的转动惯量越大,转动角速度越大,其转动动能就越大。

**刚体定轴转动的动能定理** 质点动能定理可由牛顿第二定律导出,同样,刚体定轴转动的动能定理也可由转动定律导出。由转动定律

$$M = J\alpha = J\frac{\mathrm{d}\omega}{\mathrm{d}t} = J\frac{\mathrm{d}\omega\,\mathrm{d}\theta}{\mathrm{d}\theta\,\mathrm{d}t} = J\omega\frac{\mathrm{d}\omega}{\mathrm{d}\theta}$$

即

$$M\mathrm{d}\theta = J\omega\mathrm{d}\omega$$

设刚体在合外力矩 $M$ 作用下，从 $t_1$ 时刻的 $\theta_1$ 和 $\omega_1$ 变化到 $t_2$ 时刻的 $\theta_2$ 和 $\omega_2$，上式两边积分得

$$\int_{\theta_1}^{\theta_2} M \mathrm{d}\theta = \int_{\omega_1}^{\omega_2} J\omega \mathrm{d}\omega = \frac{1}{2} J\omega_2^2 - \frac{1}{2} J\omega_1^2 \tag{3-13}$$

式(3-13)表明，**合外力矩对刚体所做的功等于刚体转动动能的增量。这就是刚体定轴转动的动能定理。**

与质点系动能定理比较，刚体转动动能的增量只与合外力矩的功有关，而与内力的功无关。这是因为一对内力功之和仅与相对位移有关，而刚体各质元之间不存在相对位移，内力的功之和始终为零。

**例 3-4** 一质量为 $m$、半径为 $R$ 的定滑轮（视为均质圆盘），轮上绕有一轻绳，绳的一端挂有质量为 $m_1$ 的重物。设绳子不可伸长且与滑轮间无相对滑动，求重物由静止开始下落高度 $h$ 时重物的速度。

**解** 隔离滑轮和重物，画出它们的受力图如图 3-8(b)所示。

（1）用动能定理求解

对滑轮由转动动能定理、对重物由质点动能定理分别列方程如下

$$F_T' R \Delta\theta = \frac{1}{2} J\omega^2 - \frac{1}{2} J\omega_0^2$$

$$(m_1 g - F_T) h = \frac{1}{2} m_1 v^2 - \frac{1}{2} m_1 v_0^2$$

因为

$$h = R\Delta\theta, \quad v = R\omega, \quad F_T' = F_T$$

$$v_0 = R\omega_0 = 0, \quad J = \frac{1}{2} m R^2$$

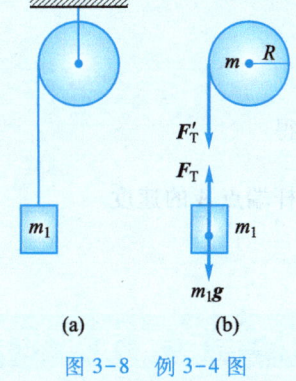

图 3-8　例 3-4 图

解得

$$v = 2\sqrt{\frac{m_1 g h}{m + 2m_1}}$$

（2）用机械能守恒定律求解

选取滑轮、重物和地球为系统，重力成为保守内力，外力（轴承处的力）和非保守内力（绳子张力）均不做功，故系统机械能守恒。

系统初态的机械能为 $\quad E_0 = m_1 g h$

终态的机械能为 $\quad E = \frac{1}{2} m_1 v^2 + \frac{1}{2}\left(\frac{1}{2} m R^2\right)\omega^2$

由 $\quad E = E_0$

解得 $\quad v = 2\sqrt{\dfrac{m_1 g h}{m + 2m_1}}$

**例 3-5** 如图 3-9 所示,一长度为 $l$,质量为 $m$ 的均匀细杆 $OA$,可绕通过其一端 $O$ 点并与杆垂直的水平光滑轴在竖直平面内转动,今使杆从水平位置开始静止下摆,求杆摆到竖直位置时端点 $A$ 的速度。

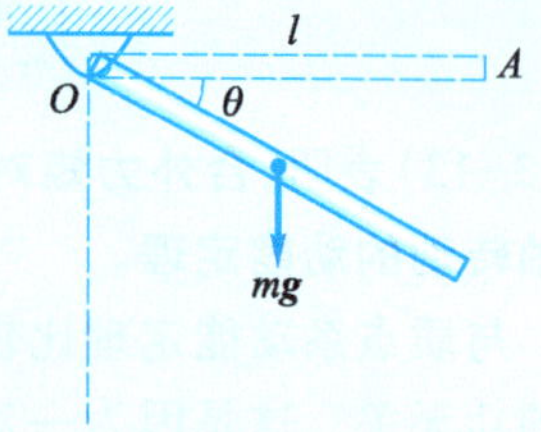

**解** 本题有多种解法,下面给出用转动动能定理的求解。

任意 $\theta$ 处,杆所受合外力矩(重力矩)大小为

$$M = mg\frac{l}{2}\cos\theta$$

杆在此位置再下摆 $d\theta$,合外力矩的元功为

$$dW = Md\theta = mg\frac{l}{2}\cos\theta d\theta,$$

图 3-9 例 3-5 图

由转动动能定理,合外力矩的功等于杆转动动能的增量,即

$$\int_0^{\frac{\pi}{2}} mg\frac{l}{2}\cos\theta d\theta = \frac{1}{2}J\omega^2 - \frac{1}{2}J\omega_0^2$$

$$mg\frac{l}{2} = \frac{1}{2}\left(\frac{1}{3}ml^2\right)\omega^2 - 0,$$

可得

$$\omega = \sqrt{\frac{3g}{l}}$$

故杆端点 $A$ 的速度

$$v_A = l\omega = \sqrt{3gl}$$

## 3.4 角动量定理和角动量守恒定律

### 3.4.1 质点的角动量

角动量又称动量矩。一质量为 $m$ 的质点以速度 $v$ 运动,它的动量为 $p=mv$。质点的动量对惯性系中某一固定点 $O$ 的矩,称为**动量矩**或**角动量**,以 $L$ 表示,类似力矩的定义可以给出动量矩的定义式为

$$L = r \times p = r \times mv \tag{3-14}$$

式中,$r$ 为质点相对固定点 $O$ 的位矢,见图 3-10。

角动量 $L$ 是一个矢量,它的大小为

$$L = rp\sin\varphi = mvr\sin\varphi$$

式中,$\varphi$ 是 $r$ 与 $p$ 的夹角。$L$ 的方向垂直于 $r$ 和 $p$ 构成的平面,其指向由右手螺旋定则确定,如图 3-10 所示。在 SI 中,角动量的单

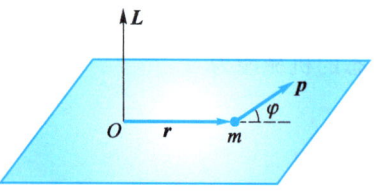

图 3-10 质点的角动量

位是 kg·m²·s⁻¹(千克二次方米每秒)。

从式(3-14)可知,质点的角动量与质点的位矢 $r$ 有关,即与所选的固定点的位置有关,同一质点相对于不同的点的角动量是不同的。因此,在说明一个质点的角动量时,必须明确是对哪一固定点的角动量。

若质点绕某固定点 $O$ 做半径为 $r$ 的平面圆周运动,因为 $v$ 始终垂直 $r$,则质点的角动量大小为 $L=mvr$,又因 $v=r\omega$,质点绕 $O$ 点转动的转动惯量为 $mr^2$,所以质点对 $O$ 点的角动量大小又可以写成

$$L = mvr = mr^2\omega = J\omega$$

$L$ 的方向与 $\omega$ 相同,写成矢量式,即

$$\boldsymbol{L} = J\boldsymbol{\omega} \tag{3-15}$$

### 3.4.2 刚体对定轴的角动量

刚体看成由许多质点组成,刚体对定轴的角动量就是刚体中各质元对同一定轴的角动量的总和。设刚体以角速度 $\omega$ 绕定轴转动,则刚体中任意一质元(质量为 $\Delta m_i$,到轴的距离为 $r_i$)对 $Oz$ 轴的角动量为

$$L_i = \Delta m_i r_i^2 \omega$$

整个刚体对 $Oz$ 轴的角动量为

$$L = \sum L_i = \sum \Delta m_i r_i^2 \omega = J_z \omega \tag{3-16}$$

式中,$J_z$ 为刚体对 $Oz$ 轴的转动惯量。即刚体对轴的角动量等于刚体对同一轴的转动惯量与其转动角速度的乘积。$L$ 写成标量形式,因为在定轴转动中,$L$ 的方向沿转轴,规定正方向后,$L$ 就可用正负号来表示其方向了。

### 3.4.3 定轴转动的角动量定理

质点动量定理可由牛顿第二定律导出,类似地刚体定轴转动的角动量定理也可由转动定律导出。由转动定律

$$M = J\alpha = J\frac{d\omega}{dt}$$

由于刚体对定轴的转动惯量 $J$ 不随时间变化,上式可写成

$$M = J\frac{d\omega}{dt} = \frac{d(J\omega)}{dt} = \frac{dL}{dt} \tag{3-17}$$

即

$$Mdt = dL$$

设刚体在合外力矩 $M$ 作用下,角动量从 $t_1$ 时刻的 $L_1$ 变化到 $t_2$ 时刻的 $L_2$,将上式两边对力矩作用的时间积分,得

$$\int_{t_1}^{t_2} Mdt = \int_{L_1}^{L_2} dL = L_2 - L_1 = J\omega_2 - J\omega_1 \tag{3-18}$$

式中,左边的积分 $\int_{t_1}^{t_2} Mdt$ 是合外力矩对时间的积分,称为**冲量矩**;右边是刚体角动

量的增量。式(3-18)表明，**刚体角动量的增量等于刚体所受合外力矩的冲量矩**。这就是刚体定轴转动的角动量定理，它反映了力矩的时间积累效应。式(3-17)也称为角动量定理的微分形式。

### 3.4.4 刚体角动量守恒定律

式(3-18)中，若刚体所受合外力矩 $M=0$，则有

$$L_2 = L_1 = 常量$$

或
$$J_2\omega_2 = J_1\omega_1 \qquad (3-19)$$

式(3-19)说明，**若刚体所受合外力矩为零，则刚体的角动量保持不变**，这一关系称为**刚体的角动量守恒定律**。

刚体角动量守恒常有以下几种情况：

(1) 对定轴转动的刚体，在转动过程中，若转动惯量 $J$ 始终保持不变，当刚体所受合外力矩等于零时，刚体将以恒定的角速度 $\omega$ 绕定轴旋转。例如，飞机、火箭、轮船上用作导航定向的回转仪就是利用这一原理制成的。

视频:陀螺仪

(2) 对定轴转动的非刚体，物体上各质元相对转轴距离可变，即转动惯量是可变的。当转动系统所受合外力矩等于零时，$J\omega =$ 常量。这时，$\omega$ 与 $J$ 成反比，即 $J$ 增加时，$\omega$ 变小；$J$ 减小则 $\omega$ 增大。例如一个人站在可绕竖直光滑轴转动的凳上，如图 3-11 所示，两手各握一个哑铃，两臂伸开时让他转动起来，然后他收拢双臂，在此过程中，对于竖直轴而言，因没有外力矩作用，转台和人这一系统的角

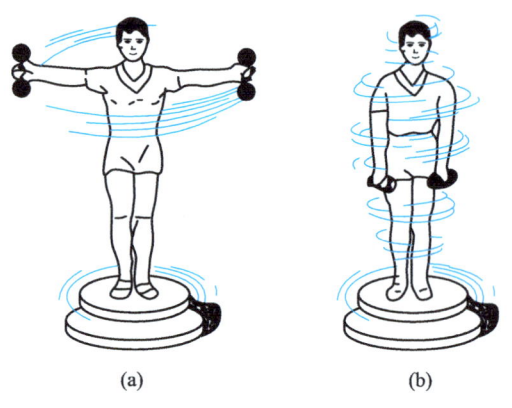

图 3-11 角动量守恒的演示

动量守恒。所以，当双臂收拢后 $J$ 变小了，旋转角速度就会增加。同样，花样滑冰运动员、芭蕾舞演员在表演时，也是通过伸展或收回手臂，改变对轴的转动惯量来调节旋转的角速度。

(3) 当研究对象是相互关联的质点和刚体组成的系统时，只要满足系统对某一固定轴的合外力矩等于零，则整个物体组对该轴的角动量守恒。例如由两个物体组成的系统，原来静止，总角动量为零，当通过内力使一个物体转动时，另一物体必沿反方向转动，以使物体组的总角动量保持不变。直升机在螺旋桨叶片旋转时，为防止机身的反向转动，必须在机尾部附加一侧向旋叶。鱼雷尾部左右两螺旋桨是沿相反方向旋转的，以防机身发生不稳定转动。

角动量守恒定律，与前面介绍的动量守恒定律和能量守恒定律一样，是自然界中的普遍规律。以后我们会看到，即使在原子内部，也都严格地遵守这三条定律。

**例 3-6** 质量为 $m_1$，长为 $l$ 的均质细棒，静止平放在滑动摩擦因数为 $\mu$ 的水平桌面上，可绕通过其端点 $O$ 并与桌面垂直的固定光滑轴转动，如图 3-12 所示。今有一水平运动的质量为 $m_2$ 的小滑块，从侧面垂直于棒与棒的另一端相碰，设碰撞时间极短。已知小滑块在碰撞前后的速度大小分别为 $v_1$ 和 $v_2$，方向如图所示。求碰撞后细棒开始转动到停止转动所需的时间。

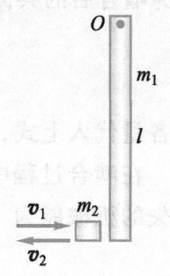

图 3-12 例 3-6 图

**解** 设碰撞后棒开始转动的角速度为 $\omega$，滑块 $m_2$ 可视为质点，碰撞瞬时忽略摩擦阻力矩，则 $m_1$、$m_2$ 系统对 $O$ 轴的角动量守恒（动量不守恒），取逆时针转动的方向为正方向，由角动量守恒定律，有

$$m_2 v_1 l = -m_2 v_2 l + \frac{1}{3} m_1 l^2 \omega$$

碰撞后棒在转动过程中所受的摩擦阻力矩为

$$M_f = \int_0^l -\mu \frac{m_1}{l} g x \, dx = -\frac{1}{2} \mu m_1 g l$$

又设棒开始转动到停止转动所需时间为 $t$，由角动量定理

$$\int_0^t M_f \, dt = 0 - \frac{1}{3} m_1 l^2 \omega$$

联立以上三式解得

$$t = 2 m_2 \frac{v_1 + v_2}{\mu m_1 g}$$

**例 3-7** 在工程中，常用摩擦啮合器使两飞轮以相同的转速一起运动。如图 3-13 所示，A 和 B 两飞轮的轴杆在同一中心线上，A 轮的转动惯量为 $J_A = 10 \text{ kg} \cdot \text{m}^2$，B 轮的转动惯量为 $J_B = 20 \text{ kg} \cdot \text{m}^2$。开始时 A 轮每分钟的转速为 600 r，B 轮静止，C 为摩擦啮合器，求两轮啮合后的转速；在啮合过程中，两轮的机械能有何变化？

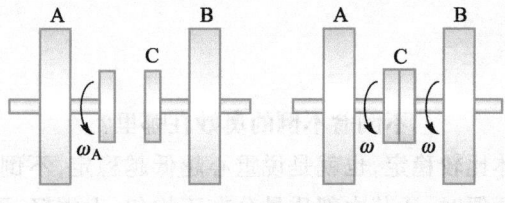

图 3-13 例 3-7 图

**解** 以飞轮 A、B 和啮合器 C 为系统，在啮合过程中，系统受到轴向的正压力和啮合器之间的切向摩擦力。前者对轴的力矩为零，后者对转轴有力矩，但为系统的内力矩。系统所受合外力矩为零，所以系统的角动量守恒，即

$$J_A\omega_A = (J_A + J_B)\omega$$

$\omega$ 为啮合后的共同角速度,于是

$$\omega = \frac{J_A\omega_A}{J_A + J_B}$$

把各量代入上式,得 $\omega = 20.9 \text{ rad} \cdot \text{s}^{-1}$。

在啮合过程中,摩擦力矩做功,机械能不守恒,损失的机械能转化为内能。损失的机械能为

$$\Delta E = \frac{1}{2}J_A\omega_A^2 - \frac{1}{2}(J_A + J_B)\omega^2 = 1.32 \times 10^4 \text{ J}$$

◇ 思考题

**3-3** 一质点绕一定点做匀速圆周运动时,动量、角动量、动能、机械能是否守恒?为什么?

**3-4** 一半径为 $R$,质量 $m$ 的轮子,可绕通过轮心 $O$ 且与轮面垂直的水平光滑固定轴转动。转动惯量为 $J = mR^2$。轮子原先静止,一质量为 $m_0$ 的子弹,以速度 $v_0$ 沿与水平方向成 $\alpha$ 角射中轮缘并留在 $A$ 处,如图所示。设子弹与轮撞击的时间极短。问:

(1)以轮、子弹为系统,撞击前后系统的动量是否守恒?为什么?动能是否守恒?为什么?角动量是否守恒?为什么?

(2)子弹和轮开始一起转动时,轮的角速度是多少?

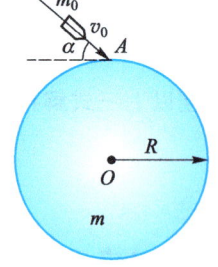

思考题 3-4 图

**3-5** 旋转着的芭蕾舞演员要加快旋转时,总是把两臂收拢,靠近身体。这样做的目的是什么?当旋转加快时,转动动能有无变化?关于动能变化的来去,你怎样解释?

## 生活中的物理 3

**不倒翁不倒的奥妙在哪里?**

上轻下重的物体比较稳定,也就是说重心越低越稳定,不倒翁不倒的奥妙也在于此。设计不倒翁玩偶时,让其内部质量分布不均匀,上端轻,下端重(通常通过在玩偶底部装置配重块来实现),因此降低了玩偶的重心,提高了玩偶的稳定性,使它不易倒下;除了重心较低外,不倒翁的形状也设计的比较特别,玩偶的底部不是平面而是成圆弧状。当不倒翁在竖立状态处于平衡时,其重心和接触点的距离最小,重心最低;一旦它发生倾斜,重心偏离了平衡位置,重心就会升高,一定会使不倒翁

产生恢复竖立状态的回复力矩。因为不倒翁底部是圆弧状的结构，在此回复力矩的作用下，不倒翁便会以连续稳定的运动方式回到竖立状态，而不像平底物体那样出现大的震动。因此，不倒翁的这种平衡状态是稳定平衡，无论不倒翁如何摇摆，它就是不倒。即使外力改变其平衡，一旦外力撤除，它还会迅速恢复。重心的合理分布使不倒翁成为一个稳定的系统。

## 习题 3

**选择题**

**3-1** 几个力同时作用在一个具有固定转轴的刚体上，如果这几个力的矢量和为零，则此刚体（　　）。

（A）必然不会转动　　　　（B）转速必然不变

（C）转速必然改变　　　　（D）转速可能不变，也可能改变

**3-2** 有两个半径相同，质量相等的细圆环 A 和 B，A 环的质量分布均匀，B 环的质量分布不均匀。它们对通过环心并与环面垂直的轴的转动惯量分别为 $J_A$ 和 $J_B$，则（　　）。

（A）$J_A > J_B$　　　　（B）$J_A < J_B$

（C）$J_A = J_B$　　　　（D）不能确定 $J_A$ 和 $J_B$ 哪个大

**3-3** 均质细棒 $OA$ 可绕通过其一端 $O$ 且与棒垂直的水平光滑固定轴在竖直平面内转动，如图所示。今使棒从水平位置由静止开始自由下摆，在棒摆动到竖直位置的过程中，下列说法哪一种是正确的（　　）。

（A）角速度由小到大，角加速度由大到小

（B）角速度由小到大，角加速度由小到大

（C）角速度由大到小，角加速度由大到小

（D）角速度由大到小，角加速度由小到大

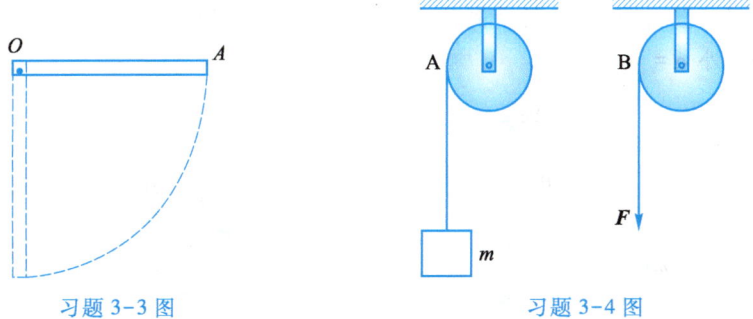

习题 3-3 图　　　　习题 3-4 图

**3-4** A、B 为两个相同的绕着轻绳的定滑轮，A 轮挂一质量为 $m$ 的物体，B 轮受拉力 $F$，而且 $F = mg$，如图所示。设 A、B 两滑轮的角加速度分别为 $\alpha_A$ 和 $\alpha_B$，不计滑轮轴的摩擦，则有（　　）。

(A) $\alpha_A = \alpha_B$            (B) $\alpha_A > \alpha_B$
(C) $\alpha_A < \alpha_B$            (D) 开始时 $\alpha_A = \alpha_B$，以后 $\alpha_A < \alpha_B$

**3-5** 地球质量为 $m_E$，太阳质量为 $m$。地心与日心的距离为 $R$，引力常量为 $G$，则地球绕太阳做圆周运动的轨道角动量大小为（　　）。

(A) $m_E \sqrt{GmR}$         (B) $\sqrt{Gm_E m/R}$

(C) $m_E m \sqrt{G/R}$        (D) $\sqrt{Gm_E m/(2R)}$

**3-6** 一长为 $l$，质量为 $m$ 的均质细棒自由悬挂于通过其上端的光滑水平轴上，如图所示。今有一质量为 $m_0$ 的子弹以水平速度 $v_0$ 射向棒的中心，并以 $v_0/2$ 的水平速度穿出棒，此后棒的最大偏转角恰为 $90°$，则 $v_0$ 的大小为（　　）。

(A) $\dfrac{16m^2}{3m_0^2}gl$        (B) $\sqrt{\dfrac{gl}{2}}$

(C) $\dfrac{2m}{m_0}\sqrt{gl}$        (D) $\dfrac{4m}{m_0}\sqrt{\dfrac{gl}{3}}$

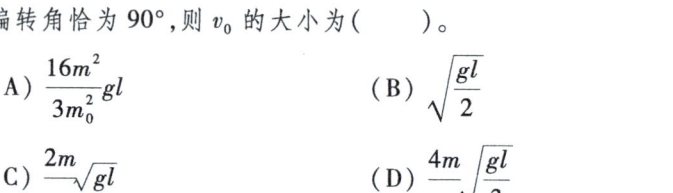

习题 3-6 图

**3-7** 一半径为 $R$ 的水平圆转台，可绕通过其中心的竖直固定光滑轴转动，转动惯量为 $J$，开始时转台以匀角速度 $\omega_0$ 转动，此时有一质量为 $m$ 的人站在转台中心，随后人沿半径向外走去，当人到达转台边缘时，转台的角速度为（　　）。

(A) $\omega_0$            (B) $\dfrac{J}{mR^2}\omega_0$

(C) $\dfrac{J}{(m+J)R^2}\omega_0$      (D) $\dfrac{J}{J+mR^2}\omega_0$

### 填空题

**3-8** 一长为 $l$、质量可以忽略的直杆，两端分别固定有质量为 $2m$ 和 $m$ 的小球，杆可绕通过其中心 $O$ 且与杆垂直的水平光滑固定轴在竖直平面内转动，开始杆与水平方向成某一角度 $\theta$，处于静止状态，如图所示。释放后，杆绕 $O$ 轴转动。则当杆转到水平位置时，该系统所受到的合外力矩的大小 $M = \underline{\quad\quad}$，此时该系统角加速度的大小 $\alpha = \underline{\quad\quad}$。

习题 3-8 图          习题 3-9 图

**3-9** 如图所示，质量为 $m$、半径为 $R$ 的均质大圆盘，可绕过圆盘中心 $O$ 点且垂直于盘面的轴转动。今在该圆盘中挖去一个半径 $r = \dfrac{R}{2}$，质量为 $m_0$ 的小圆盘，已知

挖去的小圆盘对 $O$ 轴的转动惯量为 $\dfrac{3}{2}m_0 r^2$，则挖去小圆盘后剩余部分对 $O$ 轴的转动惯量为_____。

**3-10** 质量为 $m$ 的质点以速度 $v$ 沿一直线运动，则它对直线外垂直距离为 $d$ 的一点的角动量大小为_____。

**3-11** 一飞轮以角速度 $\omega_0$ 绕轴旋转，飞轮对转轴的转动惯量为 $J_1$，另一静止的飞轮突然被啮合到同一转轴上，该飞轮对轴的转动惯量为前者的二倍，啮合后整个系统的角速度 $\omega =$ _____。

**计算题**

**3-12** 如图所示，滑块 A、重物 B 和滑轮 C 的质量分别为 $m_A = 50$ kg，$m_B = 200$ kg，$m_C = 15$ kg。滑轮可视为半径 $R = 0.10$ m 的均质圆盘。滑轮与轻绳之间无相对滑动，水平面光滑。求滑块 A 的加速度及滑轮两边绳子的张力。

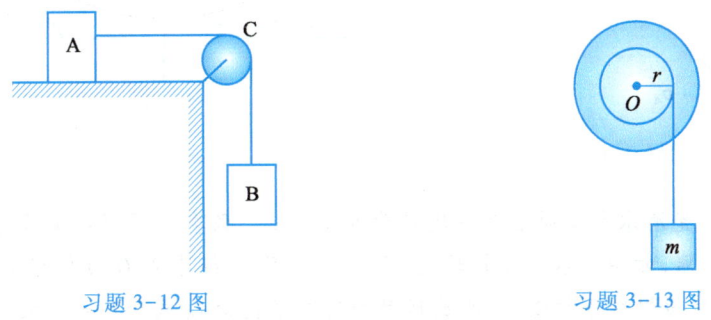

习题 3-12 图　　　　　　　习题 3-13 图

**3-13** 质量为 $m$ 的物体系于轻绳的一端，绳的另一端绕在一半径为 $r$ 的轮轴的轴上，如图所示。轴水平且垂直于轮轴面，整个装置架在光滑的固定轴承上。当物体由静止释放后，在时间 $t$ 内下降了一段距离 $s$，试求整个轮轴的转动惯量。

**3-14** 一轻绳跨过两个质量均为 $m$、半径均为 $r$ 的均质定滑轮，绳的两端分别挂着质量为 $m$ 和 $2m$ 的重物，如图所示。绳与滑轮间无相对滑动，绳子不可伸长，滑轮轴光滑。系统从静止释放，求两滑轮之间绳子的张力。

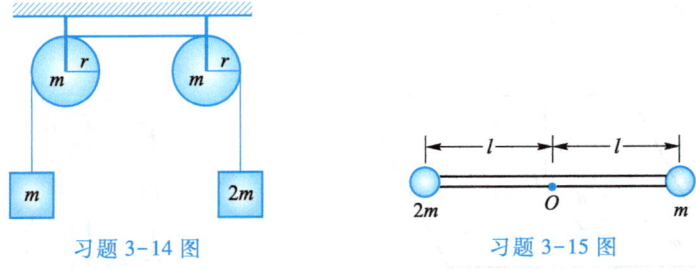

习题 3-14 图　　　　　　　习题 3-15 图

**3-15** 一长为 $2l$，质量为 $3m$ 的均直细棒的两端各固定有质量分别为 $2m$ 和 $m$ 的小球（小球视为质点），如图所示。此杆可绕通过杆中心并与杆垂直的水平光滑固定轴在竖直平面内转动。先使其在水平位置，然后无初速地释放。求：

(1) 此刚体系统绕 $O$ 轴转动的转动惯量；
(2) 水平位置时杆的角加速度；
(3) 通过竖直位置时杆的角速度。

**3-16** 在光滑水平面上，一根长 $l=2$ m 的绳子，一端固定与 $O$ 点，另一端系一质量 $m=0.5$ kg 的物体。开始时，物体位于位置 $A$，$OA$ 间距 $d=0.5$ m，绳子处于松弛状态。现使物体以初速度 $v_A=4$ m/s 垂直 $OA$ 向右滑动，如图所示。设以后的运动中物体到达位置 $B$，此时物体的速度方向与绳垂直。求：

(1) 此时刻物体对 $O$ 点的角动量大小 $L_B$；
(2) 物体在 $B$ 点的速度大小 $v_B$。

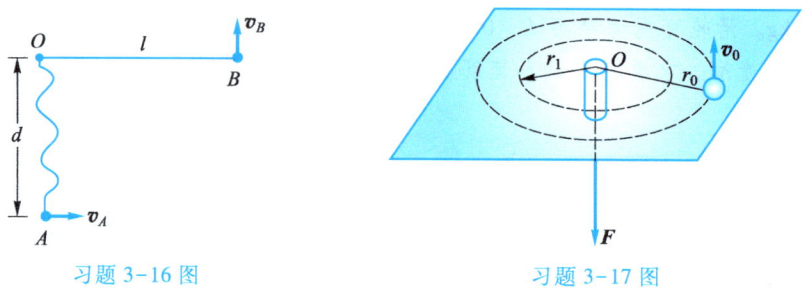

习题 3-16 图　　　　习题 3-17 图

**3-17** 光滑水平桌面上有一质量为 $m$ 的小球，系在一根穿过桌面中心光滑套管的绳子一端，如图所示。开始时，让小球以速度 $v_0$ 绕中心 $O$ 点做半径为 $r_0$ 的圆周运动，然后缓慢向下拉绳，使小球运动的轨道半径由 $r_0$ 减小到 $r_1$。求：

(1) 轨道半径减为 $r_1$ 瞬时小球的速度大小；
(2) 由 $r_0$ 减小到 $r_1$ 过程中，拉力 $F$ 所做的功。

\***3-18** 如图所示，质量为 $m$，半径为 $R$ 的均质圆盘放在水平桌面上，可绕盘中心并与盘面垂直的固定光滑轴转动。开始时圆盘静止，一质量为 $m_0$ 的子弹以水平速度 $v_0$ 垂直圆盘半径射入圆盘边缘并嵌在盘边上，盘与桌面间的动摩擦因数为 $\mu$，求：

(1) 子弹击中圆盘后，盘所获得的角速度；
(2) 经多长时间后，盘停止转动。

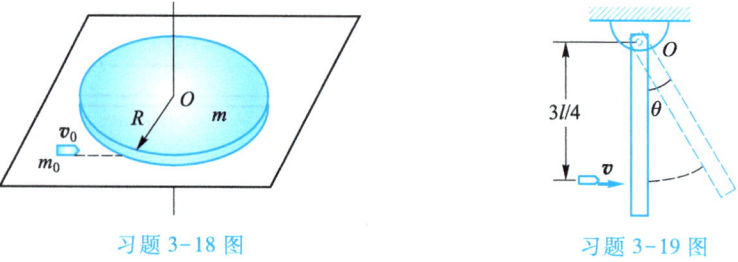

习题 3-18 图　　　　习题 3-19 图

**3-19** 一长为 $l=1.0$ m，质量为 $m$ 的均直细杆可绕水平光滑固定轴 $O$ 在竖直平面内转动，如图所示。开始时杆自然地竖直悬垂。今有一质量为 $m/9$ 的子弹以 $v=10$ m/s 的速度射入杆中。射入点离 $O$ 点的距离为 $3l/4$。求：

（1）子弹与杆开始共同转动的角速度；

（2）杆的最大偏转角。

# 第 二 篇

# 电 磁 学

**电**磁运动是物质运动的一种基本形式,电磁相互作用是自然界已知的四种相互作用之一,电磁场也是物质存在的一种形式。电磁学就是研究电荷、电场与磁场的基本性质和基本规律及其相互联系的科学。

静电现象和磁现象很早就受到人类关注。公元前6世纪左右就发现了磁石吸铁、磁石指南和摩擦生电等现象。真正对电现象进行研究刚始于16世纪。1600年英国医生吉尔伯特发表了《论磁、磁体和地球作为一个巨大的磁体》,开创了电磁现象研究的新纪元。1750年米切尔提出磁极间的作用力服从平方反比定律;1785年库仑用扭秤实验得到了电力的平方反比定律(库仑定律),1800年伏打发明了电堆,获得产生稳定电流的手段,导致1820年奥斯特发现电流的磁效应,使电磁学的研究从电磁分离跃至电磁相互联系的研究阶段,1831年法拉第发现了电磁感应现象及其规律,1873年麦克斯韦在前人工作的基础上,提出了感生电场和位移电流假说,同时以其深刻的物理思想,高超的数学技巧,系统地把电磁学规律概括为对变化电磁场也适用的方程组,并预言了电磁波的存在,建立了光的电磁理论。至此描述宏观电磁现象的经典电磁理论完全确立,但微观领域中的电磁现象,则一直到量子电动力学出现后才得到解决。

## 第4章

## 真空中的静电场

相对于观察者静止的电荷所激发的电场称为静电场。本章研究真空中静电场的性质和规律,介绍描述电场性质的两个重要物理量——电场强度 $E$ 和电势 $U$,以及反映静电场和恒定电场性质的两条重要定理——高斯定理和环路定理,最后讨论电场强度和电势的关系。

本章是电磁学的入门。本章中介绍的基本概念、规律、研究和处理问题的方法对后文中提到的磁场的研究有一定的借鉴意义。

## 4.1 电场 电场强度

### 4.1.1 库仑定律

阅读材料:
富兰克林的电学和磁学研究

文档:富兰克林简介

文档:密立根简介

**电荷** 人们对电的认识最初来自摩擦起电。美国的富兰克林(B. Frankling,1706—1790)在实验的基础上指出:自然界只存在正负两种电荷,同种电荷相互排斥,异种电荷相互吸引。

物体带电指物体具有吸引轻小物体(如羽毛、纸屑等)的能力。两种不同材料的物体,如丝绸与玻璃棒相互摩擦后,它们都能吸引轻小纸屑,这时,我们说丝绸和玻璃棒处于带电状态,它们都带有电荷。物体何以带电,要从物质的电结构角度分析。物质由分子、原子组成,原子由原子核及核外电子组成,原子核又由中子和质子组成。中子不带电,质子带正电,电子带负电。通常状态下原子呈电中性,整个宏观物体也呈电中性。使物体带电的过程实际上就是使它获得或失去电子的过程。得到电子的物体,因负电荷多余而显示出带负电;失去电子的物体,则因正电荷多余就会显示出带正电。

物体所带电荷的多少,称为电荷量,常用 $Q$ 或 $q$ 表示,在 SI 中,电荷的单位为 C(库仑)。

在一个孤立系统内,无论发生怎样的物理过程,系统内电荷的代数和是不变的,这个结论称为**电荷守恒定律**。在粒子的相互作用过程中,电荷可以产生和消灭,例如,一个高能光子与一个重原子核作用时,该光子可以转化为一个正电子和一个负电子(这叫电子对的"产生");而一个正电子和一个负电子在一定条件下相遇,又会同时消灭而产生两个或三个光子(这叫电子对的"湮没")。在已观察到的过程中,正、负电荷总是成对出现或成对消失。由于光子不带电,正、负电子又各带等量的异号电荷,所以这种电荷的产生和消失并不改变系统中电荷的代数和,电荷守恒定律仍然保持有效。

实验表明,任何带电体所带电荷量都是某一元电荷量的整数倍,这一元电荷量就是电子所带电荷量的绝对值,以 $e$ 表示,电荷的这一特性称为**电荷的量子化**。美国的密立根(R. Millikan,1868—1953)测得一个电子所带电荷量的绝对值即电子的电荷量大小为

$$e = 1.602 \times 10^{-19} \text{ C}$$

由于 $e$ 的值非常小，致使电荷的量子性在研究宏观现象的绝大多数实验中未能表现出来。常把带电体当作电荷连续分布的带电体来处理，并认为电荷的变化是连续的。近代物理从理论上预言，粒子由若干电荷量为 $\pm\frac{1}{3}e$ 或 $\pm\frac{2}{3}e$ 的夸克和反夸克组成，然而，至今在实验中仍未观测到夸克，电荷的量子性仍然没有改变。

实验还证明，粒子所带的电荷量与其运动状态无关。例如加速器将质子或电子加速时，随着它们速度的变化，其质量的变化是显著的，但电荷却没有任何变化。电荷的这一性质叫电荷的相对论不变性。

**库仑定律** 1785 年，法国的库仑（G. A. Coulomb，1736—1806）通过扭秤实验对真空中两个静止点电荷之间的相互作用力进行了定量研究，总结出一个规律，即库仑定律：

**真空中两个静止点电荷之间的相互作用力大小与这两个点电荷电荷量 $q_1$ 和 $q_2$ 的乘积成正比，与它们之间距离 $r$ 的平方成反比，作用力的方向沿它们的连线方向，同号电荷相斥，异号电荷相吸。**

所谓"**点电荷**"是指当带电体的线度与研究点之间的距离相比很小时，该带电体就可看作点电荷。点电荷是一个理想模型，类似于力学中的质点，它忽略了带电体的形状和大小，突出了带电体的电荷量和占据的空间位置，而本身不一定是很小的带电体。

阅读材料：库仑定律的建立

如图 4-1 所示，用 $F$ 表示两点电荷（$q_1$ 和 $q_2$）中的 $q_2$ 受到 $q_1$ 的作用力，$r$ 表示 $q_1$ 指向 $q_2$ 的径矢，则库仑定律可用矢量式表示为

图 4-1 库仑定律

文档：库仑简介

$$F = k\frac{q_1 q_2}{r^3}r \tag{4-1}$$

式中 $k$ 为比例系数，量值取决于式中各量的单位。当 $F$ 的量值大于零时，$F$ 与 $r$ 同方向，表示斥力；当 $F$ 的量值小于零时，$F$ 与 $r$ 反方向，表示引力。在 SI 中，常将式（4-1）中的比例系数 $k$ 写成

$$k = \frac{1}{4\pi\varepsilon_0} \tag{4-2}$$

式中，$\varepsilon_0$ 是物理学中一个基本物理常量，叫作**真空电容率**或**真空介电常数**，其近似值为

$$\varepsilon_0 = 8.85 \times 10^{-12} \text{ C}^2 \cdot \text{N}^{-1} \cdot \text{m}^{-2}$$

相应的 $k$ 值为

$$k = \frac{1}{4\pi\varepsilon_0} = 8.99 \times 10^9 \text{ N} \cdot \text{m}^2 \cdot \text{C}^{-2}$$

引入 $\varepsilon_0$ 后，库仑定律写成

$$F = \frac{1}{4\pi\varepsilon_0}\frac{q_1 q_2}{r^3}r \tag{4-3}$$

应当指出,库仑定律是关于真空中两个静止点电荷间相互作用的实验定律,当两点电荷之间的距离 $r$ 在 $10^{-15} \sim 10^7$ m 内时,库仑定律都是极其精确的;库仑定律只适用于两个静止的点电荷,并服从力的矢量叠加原理。

### 4.1.2 电场　电场强度

阅读材料:法拉第"场"思想的提出

**电场**　力是物体间的相互作用,不能脱离物质而存在。力学中的张力、摩擦力等,是物体间直接接触的作用力。那么带电体之间的静电力是靠什么传递呢?早期的电磁理论是超距作用理论,认为相隔一定距离的两带电体之间的相互作用,既不需要介质传递,也不需要时间。19 世纪,英国法拉第(M. Faraday)在大量实验事实基础上,提出了以近距作用观点为基础的力线和场的概念。根据场的观点,电荷间的相互作用是通过一种特殊的物质——**电场**来实现的。这种作用可以表示为

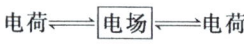

电荷⇌ 电场 ⇌电荷

文档:法拉第简介

近代物理实验验证了这种看法的正确性,同时还证实电场与一切实物一样,具有能量、动量和质量等重要性质。因此,电场也是一种物质,但场与实物物质又不完全相同,如原子、分子占据的空间就不能再被其他原子、分子同时占据,但几个电场却可以同时占据同一空间,即是可以叠加的,所以电场是一种特殊形态的物质。

静电场是电磁场的一种简单特例,它的重要对外表现有:(1)力的表现,即放入电场中的电荷要受到电场的作用力;(2)功的表现,即电荷在静电场中移动时,电场力将对电荷做功。人们正是根据电场的对外表现,在实验的基础上总结、归纳出静电场的性质和规律。

**电场强度**　设想一静止不变的场源电荷(可以是点电荷、点电荷系或任意带电体)在空间激发一静电场,若在场中某点引入一正**试验电荷** $q_0$,测量它所受到的电场力 $F$。为使 $q_0$ 的引入不改变原来电场的分布且能确定场中各点的性质,试验电荷 $q_0$ 必须满足两个条件:(1)几何线度足够小,可看作为点电荷;(2)电荷量足够小。

实验发现:同一试验电荷 $q_0$ 在电场中不同的点,受电场力 $F$ 的大小和方向一般不同;但对场中的一个确定点,改变 $q_0$ 的大小,力 $F$ 的方向不变,大小改变,比值 $F/q_0$ 始终为一常矢量而与 $q_0$ 无关。可见,比值 $F/q_0$ 反映了 $q_0$ 所在点处电场的性质,定义比值 $F/q_0$ 为该点的**电场强度**(简称场强),用 $E$ 表示,即

$$E = \frac{F}{q_0} \tag{4-4}$$

式(4-4)表明,**电场中某一点的电场强度等于单位正电荷在该点受的电场力**。电场强度是从力的角度来描述电场性质的,但它与电场力又有根本的区别。在 SI 中,电场强度的单位是 N/C(牛顿每库仑)或 V/m(伏特每米)。

由于试验电荷在电场中不同点受到的电场力一般是不同的,所以 $F$ 是空间坐标

的矢量函数,因而电场强度 $E$ 也是空间坐标的矢量函数,它是除 $q_0$ 之外空间中所有其他电荷共同激发的,是表征静电场中给定点电场性质的物理量,与 $q_0$ 存在与否无关。

### 4.1.3 电场强度叠加原理

若电场是由若干个点电荷 $q_1,q_2,\cdots,q_n$(称为点电荷系)共同激发的,则由静电力的叠加原理可得电场中某点的电场强度

$$E = \frac{F}{q_0} = \frac{F_1}{q_0} + \frac{F_2}{q_0} + \cdots + \frac{F_n}{q_0}$$
$$= E_1 + E_2 + \cdots + E_n = \sum_{i}^{n} E_i \tag{4-5}$$

式(4-5)说明,**点电荷系电场中任一点的电场强度等于各点电荷单独存在时在该点产生的场强的矢量和**。这叫作**电场强度叠加原理**,简称场强叠加原理。根据这一原理,可求出任一带电系统产生的电场。

### 4.1.4 电场强度的计算

如果场源电荷分布状况已知,根据场强叠加原理,原则上可以求得电场分布。

**点电荷的场强** 真空中有一场源电荷 $q$,如图 4-2 所示。若将试验电荷 $q_0$ 放在距离 $q$ 为 $r$ 的 $P$ 点,则 $q_0$ 所受的电场力为

图 4-2 点电荷的场强

$$F = \frac{1}{4\pi\varepsilon_0} \frac{qq_0}{r^3} r$$

式中 $r$ 是由场源电荷 $q$ 指向 $P$ 点(称为场点)的径向矢量。由式(4-4)可得点电荷 $q$ 在 $P$ 点的场强

$$E = \frac{F}{q_0} = \frac{1}{4\pi\varepsilon_0} \frac{q}{r^3} r \tag{4-6}$$

式(4-6)即为**点电荷的场强公式**。显然,场源电荷 $q>0$,$E$ 与 $r$ 同方向;$q<0$,$E$ 与 $r$ 反方向。

**点电荷系的场强** 点电荷系电场中一点的场强,可根据场强叠加原理式(4-5)去计算。

**例 4-1** 求电偶极子中垂线上任一点的电场强度。

一对等量异号的点电荷,其距离 $l$ 远小于所讨论的场点到它们的距离时,此电荷系统称为**电偶极子**。用 $l$ 表示负电荷到正电荷的矢量,则定义 $p_e = ql$ 为**电偶极矩**,简称电矩。电偶极子是一个重要的物理模型,在研究电介质极化、电磁场的发射等问题中都要用到。

**解** 取偶极子连线中点为坐标原点,如图 4-3 所示。$+q$ 和 $-q$ 在 $P$ 点产生的场强 $E_+$ 和 $E_-$ 的方向如图所示,大小分别为

$$E_+ = \frac{1}{4\pi\varepsilon_0} \frac{q}{r^2 + \left(\frac{l}{2}\right)^2}, \quad E_- = \frac{1}{4\pi\varepsilon_0} \frac{q}{r^2 + \left(\frac{l}{2}\right)^2}$$

由于 $E_+$ 和 $E_-$ 在 $y$ 方向的分量互相抵消,故 $P$ 点的合场强为

$$E = -(E_+\cos\theta + E_-\cos\theta)i$$
$$= -\frac{1}{4\pi\varepsilon_0} \frac{q}{r^2 + \left(\frac{l}{2}\right)^2} \cdot \frac{l}{\sqrt{r^2 + \left(\frac{l}{2}\right)^2}} i$$
$$= \frac{-ql}{4\pi\varepsilon_0 \left(r^2 + \frac{l^2}{4}\right)^{3/2}} i$$

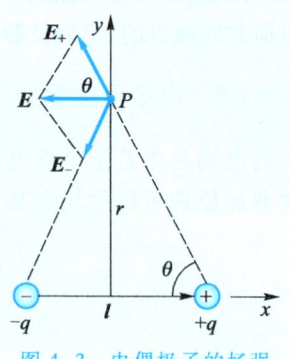

图 4-3 电偶极子的场强

考虑到 $r \gg l$ 及 $\boldsymbol{p}_e = q\boldsymbol{l}$,得

$$E = \frac{-q\boldsymbol{l}}{4\pi\varepsilon_0 r^3} i = \frac{-\boldsymbol{p}_e}{4\pi\varepsilon_0 r^3}$$

**任意带电体的场强** 真空中一电荷连续分布的任意带电体,把带电体看成许多电荷元 $dq$ 组成,电荷元 $dq$ 可视为点电荷,它在场点 $P$ 产生的场强为 $d\boldsymbol{E}$,由式(4-6),有

$$d\boldsymbol{E} = \frac{1}{4\pi\varepsilon_0} \frac{dq}{r^3} \boldsymbol{r}$$

式中,$\boldsymbol{r}$ 是 $dq$ 至场点 $P$ 的矢量。由场强叠加原理,整个带电体在 $P$ 点产生的场强是所有电荷元在该点产生场强的矢量叠加,即

$$\boldsymbol{E} = \int d\boldsymbol{E} = \frac{1}{4\pi\varepsilon_0} \int \frac{dq}{r^3} \boldsymbol{r} \tag{4-7}$$

式(4-7)右边的积分是矢量积分。在实际计算中,通常化成标量积分求解,即把 $d\boldsymbol{E}$ 在 $x$、$y$、$z$ 三个坐标轴上的分量式写出,然后再积分。下面通过几个例题,介绍连续分布带电体激发的场强的计算方法。

**例 4-2** 真空中有一均匀带电细直棒,长为 $l$,总带电荷量为 $q$,直棒外一点 $P$ 到直棒的垂直距离为 $a$,$P$ 点至直棒两端的连线与直棒的夹角分别为 $\theta_1$ 和 $\theta_2$,如图 4-4 所示。求 $P$ 点的场强。

**解** 取如图所示的坐标系,在细棒上任取电荷元 $dq$,$dq = \lambda dx$,$\lambda = \frac{q}{l}$ 为电荷线密度,$dq$ 在场点 $P$ 产生的场强 $d\boldsymbol{E}$ 的大小为

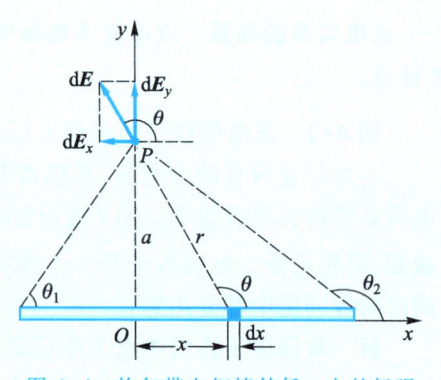

图 4-4 均匀带电细棒外任一点的场强

$$dE = \frac{1}{4\pi\varepsilon_0}\frac{dq}{r^2} = \frac{1}{4\pi\varepsilon_0}\frac{\lambda dx}{r^2}$$

d**E** 的方向如图 4-4 所示，把 d**E** 分解到 $x$ 轴和 $y$ 轴上有，

$$dE_x = dE\cos\theta, \quad dE_y = dE\sin\theta$$

$dE_x$ 和 $dE_y$ 的表达式中包含三个变量 $x$、$r$、$\theta$，统一用 $\theta$ 来表示，从图可知

$$r^2 = a^2 + x^2 = a^2\csc^2\theta$$

$$x = a\tan\left(\theta - \frac{\pi}{2}\right) = -a\cot\theta, \quad dx = a\csc^2\theta d\theta$$

所以

$$dE_x = \frac{\lambda}{4\pi\varepsilon_0 a}\cos\theta d\theta, \quad dE_y = \frac{\lambda}{4\pi\varepsilon_0 a}\sin\theta d\theta$$

对以上两式积分，得

$$E_x = \int dE_x = \int_{\theta_1}^{\theta_2}\frac{\lambda}{4\pi\varepsilon_0 a}\cos\theta d\theta = \frac{\lambda}{4\pi\varepsilon_0 a}(\sin\theta_2 - \sin\theta_1)$$

$$E_y = \int dE_y = \int_{\theta_1}^{\theta_2}\frac{\lambda}{4\pi\varepsilon_0 a}\sin\theta d\theta = \frac{\lambda}{4\pi\varepsilon_0 a}(\cos\theta_1 - \cos\theta_2)$$

合场强 **E** 的矢量式为

$$\mathbf{E} = E_x\mathbf{i} + E_y\mathbf{j}$$
$$= \frac{\lambda}{4\pi\varepsilon_0 a}(\sin\theta_2 - \sin\theta_1)\mathbf{i} + \frac{\lambda}{4\pi\varepsilon_0 a}(\cos\theta_1 - \cos\theta_2)\mathbf{j}$$

讨论：(1) 若直棒"无限长"，即 $\theta_1 = 0, \theta_2 = \pi$，则

$$\mathbf{E} = E_y\mathbf{j} = \frac{\lambda}{2\pi\varepsilon_0 a}\mathbf{j} \tag{4-8}$$

(2) 若直棒"半无限长"，即 $\theta_1 = \frac{\pi}{2}, \theta_2 = \pi$，或 $\theta_1 = 0, \theta_2 = \frac{\pi}{2}$，则

$$\mathbf{E} = \frac{\lambda}{4\pi\varepsilon_0 a}(-\mathbf{i} + \mathbf{j}) \quad \text{或} \quad \mathbf{E} = \frac{\lambda}{4\pi\varepsilon_0 a}(\mathbf{i} + \mathbf{j}) \tag{4-9}$$

**例 4-3** 电荷 $q$ 均匀分布在半径为 $R$ 的细圆环上，如图 4-5 所示，求环的轴线上任意 $x$ 处 $P$ 点的场强。

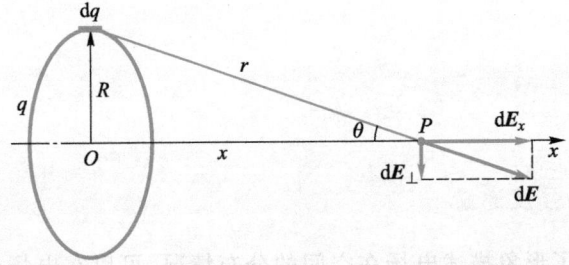

图 4-5 均匀带电细圆环轴线上任一点的场强

**解** 建立坐标系如图所示,在环上任取电荷元

$$dq = \lambda dl = \frac{q}{2\pi R} dl$$

$dq$ 在 $P$ 点的场强 $dE$ 的大小为

$$dE = \frac{dq}{4\pi\varepsilon_0 r^2}$$

$dE$ 的方向如图所示。因各电荷元在 $P$ 点的 $dE$ 方向不同,故将 $dE$ 沿平行和垂直于 $x$ 方向分解为 $dE_x$ 和 $dE_\perp$。

由于电荷分布的对称性,同一直径两端电荷元在 $P$ 点产生场强的垂直分量 $dE_\perp$ 相互抵消,即有

$$E_\perp = \int dE_\perp = 0$$

所以,$P$ 点的合场强

$$E = \int dE_x = \int dE\cos\theta = \frac{\lambda\cos\theta}{4\pi\varepsilon_0 r^2}\int_0^{2\pi R} dl = \frac{1}{4\pi\varepsilon_0}\frac{qx}{(x^2+R^2)^{3/2}}$$

写成矢量式,即

$$\boldsymbol{E} = \frac{1}{4\pi\varepsilon_0}\frac{qx}{(x^2+R^2)^{3/2}}\boldsymbol{i} \tag{4-10}$$

讨论:(1) 在环心处,$x = 0$,$E_0 = 0$。

(2) 当 $x \gg R$ 时,$E = \dfrac{q}{4\pi\varepsilon_0 x^2}$,此结果说明,远离环心处一点的场强,相当于全部电荷集中于环心处的一个点电荷在该处产生的场强。

◇ 思考题

**4-1** 点电荷与试验电荷有什么区别?

**4-2** 在一个带正电的大导体球附近 $P$ 处放置一点电荷 $q(q>0)$,测得它受力为 $F$。若考虑到电荷 $q$ 的电荷量并非足够小,由 $E=F/q$ 得出的电场强度值比原来 $P$ 点的场强大还是小?若大导体球带负电,情况又如何?

## 4.2 电场强度通量　高斯定理

### 4.2.1 电场强度通量

**电场线** 为了形象描述电场在空间的分布情况,可以在电场中画一系列的曲线或直线,使线上每一点的切线方向与该点的场强 $E$ 的方向一致,这些曲线叫**电场**

线。为了使电场线能表示出电场中该点场强的大小和方向,规定:电场中任一点处,通过垂直于 $E$ 的单位面积的电场线的数目等于该点处 $E$ 的量值。图4-6画出了几种电荷分布的电场线的平面图。

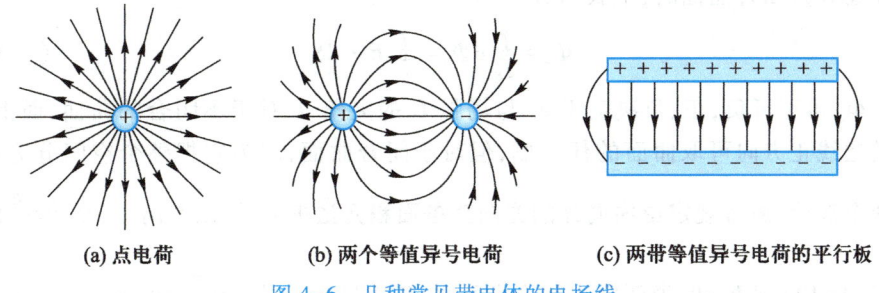

(a) 点电荷　　　(b) 两个等值异号电荷　　　(c) 两带等值异号电荷的平行板

图4-6　几种常见带电体的电场线

静电场的电场线有以下性质:

(1) 电场线起自正电荷(或来自无限远),终止于负电荷(或伸向无限远),在无电荷的地方不会中断;

(2) 任意两条电场线不相交,即静电场中每一点的场强只有一个方向;

(3) 电场线不形成闭合回线;

(4) 电场强处电场线密集,电场弱处电场线稀疏。

**电场强度通量**　通量是描述矢量场的一个重要概念,利用通量的概念可以说明场与源的关系。**穿过电场中任意给定面的电场线条数称为通过该面的电场强度通量**(简称 $E$ 通量),用符号 $\Phi_e$ 表示。

在均匀电场 $E$ 中,如图4-7(a)所示,穿过垂直于电场方向的任意平面 $S$ 的 $E$ 通量为

$$\Phi_e = ES$$

如果平面 $S$ 的单位法矢 $e_n$ 与场强 $E$ 成 $\theta$ 角[图4-7(b)],则 $S$ 在垂直于 $E$ 的方向上的投影面积为 $S' = S\cos\theta$,通过平面 $S$ 的 $E$ 通量与通过 $S'$ 的 $E$ 通量相等,即

$$\Phi_e = ES\cos\theta \tag{4-11}$$

计算非均匀电场中通过任意曲面 $S$ 的 $E$ 通量[图4-7(c)]时,把曲面划分为无数面积元 $dS$,若任一面元 $dS$ 的法矢 $e_n$ 与该处场强 $E$ 成 $\theta$ 角,则由式(4-11),通过 $dS$ 的 $E$ 通量为

$$d\Phi_e = EdS\cos\theta = \boldsymbol{E} \cdot d\boldsymbol{S} \tag{4-12}$$

式中矢量 $d\boldsymbol{S}$(大小等于 $dS$,方向是 $dS$ 的正法线方向)称为**面积元矢量**。通过整个

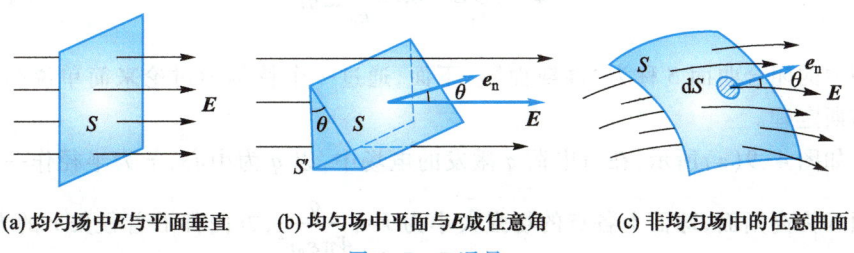

(a) 均匀场中 $E$ 与平面垂直　　(b) 均匀场中平面与 $E$ 成任意角　　(c) 非均匀场中的任意曲面

图4-7　$E$ 通量

曲面 $S$ 的 $E$ 通量为

$$\Phi_e = \int_S \mathrm{d}\Phi_e = \int_S \boldsymbol{E} \cdot \mathrm{d}\boldsymbol{S} \tag{4-13}$$

当曲面 $S$ 是闭合曲面时，上式写成

$$\Phi_e = \oint_S \mathrm{d}\Phi_e = \oint_S \boldsymbol{E} \cdot \mathrm{d}\boldsymbol{S} \tag{4-14}$$

$\Phi_e$ 可正可负，正、负决定于 $\boldsymbol{e}_n$ 与场强 $\boldsymbol{E}$ 的夹角 $\theta$，对于不闭合的曲面，面上各处的法线正方向可取曲面的任一侧，但对于闭合曲面，因为它把整个空间分为内、外两个部分，通常规定**由内向外的方向为各面积元法矢 $\boldsymbol{e}_n$ 的正方向**，当 $0 < \theta < \dfrac{\pi}{2}$ 时，由式(4-12)，$\mathrm{d}\Phi_e > 0$，说明穿出闭合曲面的 $E$ 通量为正值；当 $\dfrac{\pi}{2} < \theta < \pi$ 时，$\mathrm{d}\Phi_e < 0$，即穿入闭合曲面的 $E$ 通量为负值。

**例 4-4** 均匀电场中有一半径为 $R$ 的闭合圆柱面，其轴线与 $\boldsymbol{E}$ 平行，求穿过此闭合圆柱面的 $E$ 通量。

**解** 如图 4-8 所示，穿过闭合圆柱面的总 $E$ 通量等于穿过左底、右底及侧面的 $E$ 通量 $\Phi_1$、$\Phi_2$ 与 $\Phi_3$ 之和，即

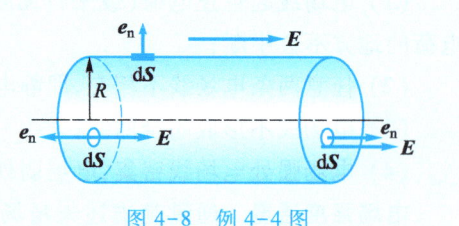

图 4-8　例 4-4 图

$$\begin{aligned}\Phi_e &= \oint_S \boldsymbol{E} \cdot \mathrm{d}\boldsymbol{S} \\ &= \Phi_1 + \Phi_2 + \Phi_3 = -E\pi R^2 + E\pi R^2 + 0 = 0\end{aligned}$$

### 4.2.2　高斯定理

阅读材料：
静电学的数学研究

高斯(K. F. Gauss)是德国物理学家和数学家，他为 19 世纪后半叶和 20 世纪初的许多理论物理建立了数学基础。高斯定理是静电场的一条基本原理，它给出了静电场中通过任意闭合曲面的 $E$ 通量与该闭合面内包围电荷之间的关系。静电场的高斯定理表述为：

**真空中的任何静电场中，穿过任一闭合曲面的 $E$ 通量等于该闭合曲面内包围电荷代数和的 $1/\varepsilon_0$**，即

$$\Phi_e = \oint_S \boldsymbol{E} \cdot \mathrm{d}\boldsymbol{S} = \frac{1}{\varepsilon_0} \sum q_i \tag{4-15}$$

定理中的闭合曲面 $S$ 称为"高斯面"。下面，通过一个特例的讨论来简单说明和验证高斯定理。

如图 4-9(a)所示，在点电荷 $q$ 激发的电场中，以 $q$ 为中心，$r$ 为半径作一闭合球面 $S$ 为高斯面，球面上各点的场强大小为 $E = \dfrac{q}{4\pi\varepsilon_0 r^2}$，方向都沿着径矢 $\boldsymbol{r}$ 的方向，

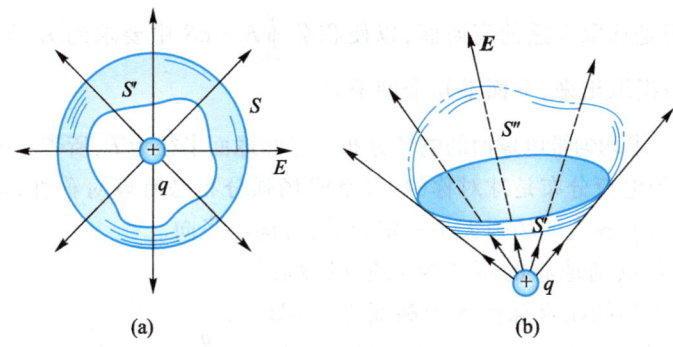

图 4-9 高斯定理的说明

由式(4-14)通过此闭合球面 $S$ 的 $E$ 通量为

$$\Phi_e = \oint_S \boldsymbol{E} \cdot \mathrm{d}\boldsymbol{S} = E \oint_S \mathrm{d}S = \frac{q}{4\pi\varepsilon_0 r^2} 4\pi r^2 = \frac{q}{\varepsilon_0} \quad (4-16)$$

注意,上式所得结果与球面的半径 $r$ 无关,也即与闭合面的形状无关。就是说,对以 $q$ 为中心的任意大小的闭合面($S$ 和 $S'$ 面),通过它们的 $E$ 通量都等于 $\dfrac{q}{\varepsilon_0}$,而且电荷 $q$ 在闭合曲面内的位置对结果无影响。若 $q$ 为负值,可求得 $\Phi_e = -q/\varepsilon_0 < 0$。

对于不包围电荷的闭合曲面 $S''$,如图 4-9(b)所示,因 $S''$ 内无电荷,而电场线在无电荷处不中断,进入 $S''$ 的电场线数与穿出 $S''$ 的电场线数相等,正、负 $E$ 通量量值相等,通过 $S''$ 的总 $E$ 通量为零。

若闭合面 $S$ 内包围有 $n$ 个点电荷,则由场强叠加原理及式(4-16)容易证明,穿过闭合曲面 $S$ 的总 $E$ 通量应为

$$\Phi_e = \oint_S \boldsymbol{E} \cdot \mathrm{d}\boldsymbol{S} = \frac{1}{\varepsilon_0} \sum q_i$$

式中,$\sum q_i$ 为闭合曲面 $S$ 内包围电荷的代数和,这就是高斯定理式(4-15)。

对高斯定理的理解应注意以下几点:

(1) 高斯定理表达式左方的场强 $E$ 是闭合曲面 $S$ 上 $\mathrm{d}S$ 处的场强,它是由闭合面内、外全部电荷共同产生的,即闭合面外的电荷对空间各点的 $E$ 有贡献,要影响闭合面 $S$ 上各面积元的通量 $\mathrm{d}\Phi_e$。

(2) 通过闭合曲面的总 $E$ 通量只决定于闭合面内包围的电荷,闭合曲面外部的电荷对闭合面的总 $E$ 通量 $\oint_S \boldsymbol{E} \cdot \mathrm{d}\boldsymbol{S}$ 无贡献。

高斯定理的重要意义在于把电场与产生电场的源电荷联系了起来,它反映了**静电场是有源场**这一基本性质。

### 4.2.3 高斯定理的应用

当电荷分布具有某种对称性时,可以用高斯定理求场强分布,计算步骤如下:(1)分析对称性;(2)过场点作一闭合曲面 $S$ 为高斯面;(3)计算通过此闭合曲面 $S$ 的总 $E$ 通量;(4)找出闭合曲面 $S$ 内包围的电荷;(5)由高斯定理计算场强 $E$ 的数

值。应用技巧是选取合适的高斯面,以便积分 $\oint_S \boldsymbol{E} \cdot \mathrm{d}\boldsymbol{S}$ 中要求的 $\boldsymbol{E}$ 能以标量的形式从积分号内提取出来,下面举几个例子。

**例 4-5** 求均匀带电球面的电场分布。已知球面半径为 $R$,所带总电荷量为 $q$。

**解** 由于电荷分布是球对称的,故空间场强分布必有球对称性,即与球心 $O$ 等距离的球面上各点的场强大小一定相等,方向沿径向。

设球外 $P$ 点到球心的距离为 $r$,取以球心为中心,$r$ 为半径的闭合球面 $S$ 为高斯面,如图 4-10 所示。由于高斯面上各点的场强大小相等,方向又与各处面积元 $\mathrm{d}S$ 的法线方向一致,所以穿过高斯面 $S$ 的总 $\boldsymbol{E}$ 通量为

$$\oint_S \boldsymbol{E} \cdot \mathrm{d}\boldsymbol{S} = \oint_S E\mathrm{d}S = E \oint_S \mathrm{d}S = E \cdot 4\pi r^2$$

此球面包围的电荷为

$$\sum q_i = q$$

由高斯定理

$$E \cdot 4\pi r^2 = \frac{q}{\varepsilon_0}$$

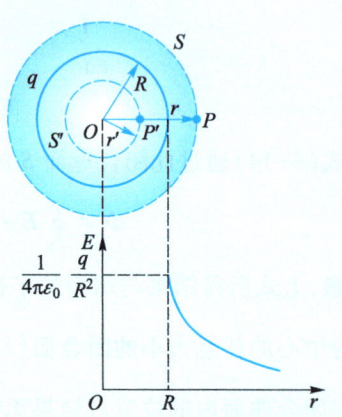

图 4-10 均匀带电球面的场强分布

得

$$E = \frac{1}{4\pi\varepsilon_0} \frac{q}{r^2} \quad (r>R) \tag{4-17}$$

即,**均匀带电球面外一点的场强相当于全部电荷集中于球心的点电荷在该点的场强**。当 $q>0$ 时,场强 $\boldsymbol{E}$ 的方向沿径矢向外;当 $q<0$ 时,场强 $\boldsymbol{E}$ 的方向沿径矢由外指向球心 $O$。

对于球面内的场强分布,上述关于场强的大小和方向的分析仍然适用。设球内 $P'$ 点距球心 $O$ 为 $r'$,作以 $O$ 为球心半径为 $r'$ 的球面 $S'$ 为高斯面。通过它的 $\boldsymbol{E}$ 通量仍为 $E \cdot 4\pi r'^2$,但由于此 $S'$ 面内没有电荷,根据高斯定理,应该有

$$E \cdot 4\pi r'^2 = 0$$

所以 $E = 0 \quad (r<R) \tag{4-18}$

即,**均匀带电球面内部的场强处处为零**。根据式(4-17)和式(4-18)画出场强随距离变化的 $E-r$ 曲线,如图 4-10 所示。

应用本例的解法,可求得半径为 $R$,总电荷量为 $q$ 的均匀带电球体(图 4-11)的场强分布为

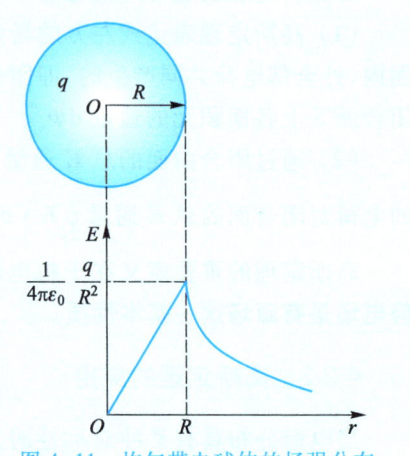

图 4-11 均匀带电球体的场强分布

$$E = \begin{cases} \dfrac{1}{4\pi\varepsilon_0} \dfrac{q}{r^2} & (r \geqslant R) \\ \dfrac{1}{4\pi\varepsilon_0} \dfrac{rq}{R^3} & (r < R) \end{cases} \qquad (4\text{-}19)$$

**例 4-6** 求无限长均匀带电直线的电场分布。已知直线上电荷线密度为 $\lambda$。

**解** 由于无限长均匀带电直线的电荷分布有轴对称性，故空间场强分布必然也是轴对称的，即与带电直线距离相等的同轴圆柱面上各点的场强大小一定相等，方向沿径向向外。

考虑离直线距离为 $r$ 的一点 $P$，过 $P$ 点作以带电直线为轴，半径为 $r$，高为 $l$ 的圆柱形高斯面 $S$，如图 4-12 所示，通过 $S$ 面的 $\boldsymbol{E}$ 通量为

$$\oint_S \boldsymbol{E} \cdot \mathrm{d}\boldsymbol{S} = \int_{上底} \boldsymbol{E} \cdot \mathrm{d}\boldsymbol{S} + \int_{下底} \boldsymbol{E} \cdot \mathrm{d}\boldsymbol{S} + \int_{侧面} \boldsymbol{E} \cdot \mathrm{d}\boldsymbol{S}$$
$$= 0 + 0 + E \cdot 2\pi r l = E \cdot 2\pi r l$$

高斯柱面 $S$ 内包围的电荷 $\sum q_i = \lambda \cdot l$，由高斯定理得

$$E \cdot 2\pi r l = \dfrac{1}{\varepsilon_0} \cdot \lambda l$$

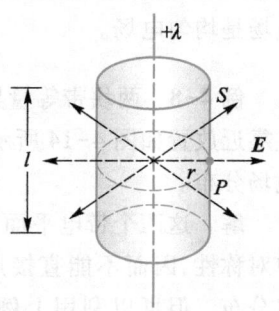

图 4-12 无限长带电直线的场强分布

由此得

$$E = \dfrac{\lambda}{2\pi\varepsilon_0 r} \qquad (4\text{-}20)$$

**例 4-7** 求无限大均匀带电平面的电场分布。已知带电平面上电荷面密度为 $\sigma$。

**解** 无限大均匀带电平面可看成由无限多根无限长均匀带电直线排列而成，根据电荷分布的对称性，可以判断，平板两侧离板距离相等的各点的场强大小一定相等，方向均垂直平板。

考虑距带电平面为 $r$ 的 $P$ 点的场强 $\boldsymbol{E}$，选取一个轴线垂直带电平面，底面积为 $\Delta S$，高为 $2r$ 的闭合圆柱面为高斯面 $S$，带电平面平分此圆柱面，而 $P$ 点位于它的一个底面上，如图 4-13 所示。通过此闭合圆柱面的 $\boldsymbol{E}$ 通量为

$$\oint_S \boldsymbol{E} \cdot \mathrm{d}\boldsymbol{S} = \int_{右底} \boldsymbol{E} \cdot \mathrm{d}\boldsymbol{S} + \int_{左底} \boldsymbol{E} \cdot \mathrm{d}\boldsymbol{S} + \int_{侧面} \boldsymbol{E} \cdot \mathrm{d}\boldsymbol{S}$$
$$= E \cdot \Delta S + E \cdot \Delta S + 0 = E \cdot 2\Delta S$$

高斯柱面 $S$ 内包围的电荷

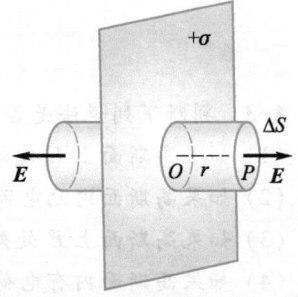

图 4-13 无限大均匀带电平面的场强分布

由高斯定理得

$$\sum q_i = \sigma \cdot \Delta S$$

$$2E\Delta S = \frac{1}{\varepsilon_0}\sigma \cdot \Delta S$$

由此得

$$E = \frac{\sigma}{2\varepsilon_0} \tag{4-21}$$

当 $\sigma>0$ 时，$E$ 的方向垂直平板指向外。此结果说明，无限大均匀带电平面两侧的电场是均匀电场。

**例 4-8** 两块带等量异号电荷的无限大平板，平行且靠近放置如图 4-14 所示，求这一带电系统各区域的电场分布。

**解** 这两个带电平面的总电场不再具有前述的简单对称性，因而不能直接用高斯定理求解各区域的场强分布。但可以利用上例的结果，由场强叠加原理计算各区域的合场强。

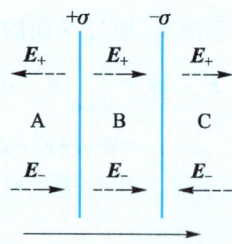

图 4-14 两带电平行板之间的场强分布

无限大带电平面的场强大小为

$$E_+ = E_- = \frac{\sigma}{2\varepsilon_0}$$

取水平向右的方向为正，由场强叠加原理得

A 区： $E_A = -E_+ + E_- = 0$

B 区： $E_B = E_+ + E_- = \dfrac{\sigma}{2\varepsilon_0} + \dfrac{\sigma}{2\varepsilon_0} = \dfrac{\sigma}{\varepsilon_0}$，$E_B$ 的方向向右

C 区： $E_C = E_+ - E_- = 0$

◇ **思考题**

**4-3** 判断下列说法是否正确并指出为什么？
(1) 如果高斯面上 $E$ 处处为零，则高斯面内必无电荷；
(2) 如果高斯面内无电荷，则高斯面上 $E$ 处处为零；
(3) 如果高斯面上 $E$ 处处不为零，则高斯面内必有电荷；
(4) 如果高斯面内有电荷，则高斯面上 $E$ 处处不为零；
(5) 如果穿过高斯面的 $E$ 通量不为零，则高斯面上的 $E$ 一定处处不为零。

**4-4** 为什么只有在场强分布具有高度对称时，才能直接用高斯定理计算场强？应用高斯定理求场强时，高斯面应怎样选取才合适？

## 4.3 电势

前两节从静电场对电荷有力的作用出发研究电场,用电场强度 $E$(或电场线)来描述电场的状态,得到了反映静电场性质的高斯定理,揭示静电场是有源场。本节从电荷在电场中移动时电场力做功的角度研究静电场,并用电势 $U$(或等势面)来描述电场的状态,从而得出反映静电场另一性质的环路定理,揭示静电场是保守场。

### 4.3.1 静电场的环路定理

**电场力做功** 在点电荷 $q$ 的电场中,将一试验电荷 $q_0$ 从 $a$ 点经任意路径 $L$ 移到 $b$ 点,如图 4-15 所示,计算这个过程中,$q$ 对 $q_0$ 的电场力对 $q_0$ 做的功。

根据力学中变力做功的计算方法,在 $a$、$b$ 上任取位移元 $d\boldsymbol{l}$,若 $d\boldsymbol{l}$ 处的场强为 $\boldsymbol{E}$,则在 $d\boldsymbol{l}$ 上电场力对 $q_0$ 做的元功为

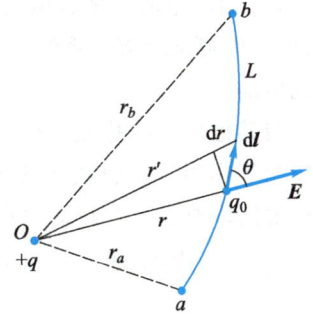

图 4-15 电场力做功

$$dW = \boldsymbol{F} \cdot d\boldsymbol{l} = q_0 \boldsymbol{E} \cdot d\boldsymbol{l} = \frac{q_0 q}{4\pi\varepsilon_0 r^3} \boldsymbol{r} \cdot d\boldsymbol{l}$$

由图 4-15 可知,$\boldsymbol{r} \cdot d\boldsymbol{l} = r|d\boldsymbol{l}|\cos\theta = r dr$,故从 $a$ 点到 $b$ 点电场力的总功为

$$W_{ab} = \int_a^b dW = \frac{q_0 q}{4\pi\varepsilon_0} \int_{r_a}^{r_b} \frac{1}{r^2} dr = \frac{q_0 q}{4\pi\varepsilon_0} \left( \frac{1}{r_a} - \frac{1}{r_b} \right) \quad (4-22)$$

式中,$r_a$ 和 $r_b$ 分别表示从点电荷 $q$ 到路径的起点和终点的距离,式(4-22)表明,在场源为静止的点电荷的电场中,电场力对试验电荷所做的功与路径无关,而只与路径的起点和终点的位置有关。

上述结论可以推广到任意带电体的电场,任何一个带电体可以看成是许多点电荷的集合,总电场 $E$ 等于各点电荷场强的矢量和。所以,可以得出结论:试验电荷在任何静电场中移动时,静电场力所做的功,只与电场的性质、试验电荷的电荷量大小及路径的起点和终点的位置有关,而与路径无关。这说明**静电场力是保守力**,**静电场是保守力场**或**势场**。

**静电场的环路定理** 静电场的保守性可以表示成另一种形式,在图 4-15 中,如果试验电荷 $q_0$ 在电场中沿任意闭合路径 $L$ 移动一周,则电场力做的功应为零,即

$$W = \oint_L q_0 \boldsymbol{E} \cdot d\boldsymbol{l} = 0$$

因为 $q_0$ 不为零,所以有

$$\oint_L \boldsymbol{E} \cdot d\boldsymbol{l} = 0 \quad (4-23)$$

式(4-23)左边是场强 $E$ 沿任意闭合路径 $L$ 的线积分,称为 $E$ 的环流。式(4-23)表明,**静电场中,场强沿任意闭合路径的线积分等于零**,这一结论称为**静电场的环路定理**。它与"静电场力做功与路径无关"的说法是等价的。

### 4.3.2 电势能

力学中已经指出,任何保守力场都可以引入势能的概念,静电场是保守力场,可以引入相应的电势能的概念,即认为试验电荷 $q_0$ 在静电场中某一位置具有一定的电势能(又称静电势能),用 $E_p$ 表示。试验电荷 $q_0$ 在电场中从 $a$ 点移到 $b$ 点的过程中,电场力对它做的功等于相应电势能增量的负值,即

$$W_{ab} = \int_a^b q_0 \boldsymbol{E} \cdot \mathrm{d}\boldsymbol{l} = -(E_{pb} - E_{pa}) = E_{pa} - E_{pb} \tag{4-24}$$

式中,$E_{pa}$、$E_{pb}$ 分别为试验电荷 $q_0$ 在电场中 $a$ 点、$b$ 点的电势能。当电场力做正功时,$W_{ab}>0$,则 $E_{pa}>E_{pb}$,系统电势能减少;电场力做负功时,$W_{ab}<0$,则 $E_{pa}<E_{pb}$,系统电势能增加。

与其他形式的势能一样,电势能是属于系统的,其实质是试验电荷 $q_0$ 与电场之间的相互作用能;电势能的量值是相对的,$q_0$ 在某一点电势能的量值与零电势能点的位置选取有关。当场源电荷分布有限时,通常选取无限远处的电势能为零,亦即 $E_{pb} = E_{p\infty} = 0$,由式(9-24)可知,此时试验电荷 $q_0$ 在场中 $a$ 点的电势能为

$$E_{pa} = W_{a\infty} = \int_a^\infty q_0 \boldsymbol{E} \cdot \mathrm{d}\boldsymbol{l} \tag{4-25}$$

即试验电荷 $q_0$ 在电场中 $a$ 点的电势能,数值上等于把 $q_0$ 从 $a$ 点经任意路径移到电势能零点时,电场力所做的功。

### 4.3.3 电势 电势差

从式(4-25)可以看出,试验电荷 $q_0$ 在电场中 $a$ 点的电势能 $E_{Pa}$ 不仅与电场性质及 $a$ 点位置有关,还与电荷 $q_0$ 有关,但比值 $\dfrac{E_{pa}}{q_0}$ 与 $q_0$ 无关,仅决定于 $a$ 点电场的性质和 $a$ 点的位置,亦即,比值 $\dfrac{E_{pa}}{q_0}$ 描述了 $a$ 点电场的性质,称为电场中 $a$ 点的**电势**,以 $U_a$ 表示,定义式为

$$U_a = \frac{E_{pa}}{q_0} = \int_a^\infty \boldsymbol{E} \cdot \mathrm{d}\boldsymbol{l} \tag{4-26}$$

式中的积分上限为"无限远",表示选取无限远处为电势零点,若选择任意 $b$ 点为电势零点,则式(4-26)写为

$$U_a = \int_a^b \boldsymbol{E} \cdot \mathrm{d}\boldsymbol{l} \tag{4-27}$$

式(4-26)和式(4-27)表明,**电场中 $a$ 点的电势**,数值上等于单位正电荷在该点具

有的电势能;或等于将单位正电荷从该点经任意路径移到电势零点时,静电力所做的功。电势是标量,但有正负,在 SI 中,电势的单位是 J/C(焦耳每库仑),即 V(伏特)。

必须指出,静电场中某点的电势只有相对的意义,要确定电场中某点的电势值,必须先选取零电势参考点。零电势参考点的选取可以任意,但在同一问题中只能选同一参考点。在理论分析或计算中,对有限带电体,通常选取无限远处为电势零点,对"无限大"带电体,只能在场中选一适当点作电势零点。而在许多工程实际问题中,常以大地(或电器的金属外壳)作为电势零点。当电势零点选定后,电场中各点的电势值也就由式(4-27)唯一地确定了,由此确定的电势是空间坐标的标量函数 $U=U(x,y,z)$。

电场中任意两点 $a$ 和 $b$ 电势的差值 $U_a-U_b$,称为 $a$、$b$ 两点的电势差,也称为电压,以 $U_{ab}$ 表示,即

$$U_{ab}=U_a-U_b=\int_a^\infty \boldsymbol{E}\cdot\mathrm{d}\boldsymbol{l}-\int_b^\infty \boldsymbol{E}\cdot\mathrm{d}\boldsymbol{l}=\int_a^b \boldsymbol{E}\cdot\mathrm{d}\boldsymbol{l} \qquad (4-28)$$

式(4-28)表明,电场中 $a$、$b$ 两点的电势差,等于把单位正电荷从 $a$ 点经任意路径移到 $b$ 点时电场力所做的功。显然,若将电荷 $q_0$ 从场中 $a$ 点移到 $b$ 点时,电场力所做的功为

$$W_{ab}=q_0(U_a-U_b)=q_0 U_{ab} \qquad (4-29)$$

这是计算电场力做功的另一常用公式。

#### 4.3.4 电势的计算

当场源电荷分布为已知时,可以求得空间的电势分布。电势的计算方法一般有两种:场强积分法(定义法)和电势叠加法,下面举例说明。

**场强积分法**

**例 4-9** 求点电荷 $q$ 电场中的电势分布。

**解** 因为电荷分布在有限空间内,取无限远处为电势零点。利用点电荷的场强公式(4-6),由电势定义式(4-26),如图 4-16 所示,当 $\mathrm{d}\boldsymbol{l}$ 取 $\boldsymbol{r}$ 方向时,与点电荷相距 $r$ 的 $P$ 点的电势为

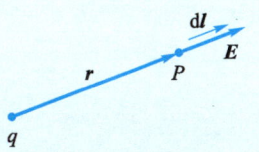

图 4-16 点电荷的电势分布

$$U_P=\int_r^\infty \boldsymbol{E}\cdot\mathrm{d}\boldsymbol{l}$$
$$=\int_r^\infty \frac{1}{4\pi\varepsilon_0}\frac{q}{r^2}\mathrm{d}r=\frac{q}{4\pi\varepsilon_0 r}$$

即,点电荷的电势分布公式为

$$U(r)=\frac{q}{4\pi\varepsilon_0 r} \qquad (4-30)$$

式(4-30)说明,点电荷电场中某点电势的值与点电荷 $q$ 的正负以及场点到场源的距离 $r$ 有关。若电势零点取在无限远处,则正电荷电场中,各点电势大于零;负电荷电场中,各点电势小于零。

**例 4-10** 求均匀带电球面的电势分布。设球面半径为 $R$,总电荷量为 $q$。

**解** 本例场源电荷分布仍是有限,取无限远处为电势零点,利用例 4-5 的结论,均匀带电球面的电场分布为

$$E = \begin{cases} \dfrac{q}{4\pi\varepsilon_0 r^2} & (r>R) \\ 0 & (r<R) \end{cases}$$

由电势定义式(4-26),求得球壳外任一点的电势为

$$U(r) = \int_r^\infty \boldsymbol{E} \cdot \mathrm{d}\boldsymbol{l} = \int_r^\infty \dfrac{q}{4\pi\varepsilon_0 r^2} \mathrm{d}r = \dfrac{q}{4\pi\varepsilon_0 r}$$

即,均匀带电球面外一点的电势,相当于全部电荷集中于球心处的点电荷在该点的电势。

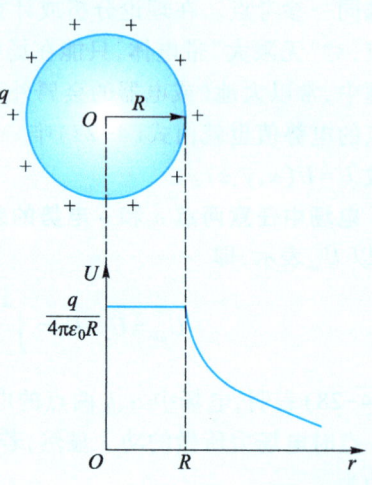

图 4-17 均匀带电球面的电势分布

同理,球壳内任意一点的电势,由电势定义式得

$$U(r) = \int_r^\infty \boldsymbol{E} \cdot \mathrm{d}\boldsymbol{l} = \int_r^R \boldsymbol{E}_{内} \cdot \mathrm{d}\boldsymbol{l} + \int_R^\infty \boldsymbol{E}_{外} \cdot \mathrm{d}\boldsymbol{l}$$

$$= 0 + \int_R^\infty \dfrac{q}{4\pi\varepsilon_0 r^2} \mathrm{d}r = \dfrac{q}{4\pi\varepsilon_0 R}$$

即,球内各点的电势相等,等于球表面一点的电势。

写到一起,均匀带电球面的电势分布(见图 4-17)

$$U(r) = \begin{cases} \dfrac{q}{4\pi\varepsilon_0 R} & (r \leq R) \\ \dfrac{q}{4\pi\varepsilon_0 r} & (r > R) \end{cases} \tag{4-31}$$

以上两例主要根据电势的定义式计算电势,称为场强积分法,此方法求电势首先必须知道空间场强的分布,在确定零电势点后,由电势定义式即可求得电势。

**电势叠加法** 此方法是在点电荷电势公式(4-30)基础上应用叠加原理进行计算的,对于点电荷系电场,在取 $U_\infty = 0$ 时,点电荷系电场中任意 $P$ 点的电势为

$$U = \int_P^\infty \boldsymbol{E} \cdot \mathrm{d}\boldsymbol{l} = \int_P^\infty \sum_{i=1}^n \boldsymbol{E}_i \cdot \mathrm{d}\boldsymbol{l} = \sum_{i=1}^n \int_P^\infty \boldsymbol{E}_i \cdot \mathrm{d}\boldsymbol{l}$$

$$= \sum_{i=1}^n U_i = \sum_{i=1}^n \dfrac{q_i}{4\pi\varepsilon_0 r_i} \tag{4-32}$$

式(4-32)表明,**点电荷系电场中任一点的电势等于各个点电荷单独存在时在该点所产生的电势的代数和**,上式称为**电势叠加原理**。

对于电荷连续分布的带电体,可以把该带电体看成由许多电荷元 d$q$ 组成,将每个电荷元都当作点电荷,并将式(4-32)中的求和号改为积分号,便得

$$U = \int_V \mathrm{d}U = \int_V \frac{\mathrm{d}q}{4\pi\varepsilon_0 r} \tag{4-33}$$

式中 $r$ 是电荷元 d$q$ 到场点的距离,$V$ 是带电体的体积。

**例 4-11** 求电偶极子电场中任一点的电势,电偶极子的电矩 $\boldsymbol{p}_e = q\boldsymbol{l}$。

**解** 如图 4-18 所示,取 $U_\infty = 0$,设场点 $P$ 离 $+q$ 和 $-q$ 的距离分别是 $r_+$ 和 $r_-$,离电偶极子中点 $O$ 的距离为 $r$,则

$$U_P = U_+ + U_- = \frac{q}{4\pi\varepsilon_0 r_+} - \frac{q}{4\pi\varepsilon_0 r_-} = \frac{q(r_- - r_+)}{4\pi\varepsilon_0 r_+ r_-}$$

因为 $r \gg l$,有

$$r_+ r_- \approx r^2, \quad r_- - r_+ \approx l\cos\theta$$

所以

$$U_P \approx \frac{ql\cos\theta}{4\pi\varepsilon_0 r^2} = \frac{p_e \cos\theta}{4\pi\varepsilon_0 r^2} = \frac{\boldsymbol{p}_e \cdot \boldsymbol{r}}{4\pi\varepsilon_0 r^3}$$

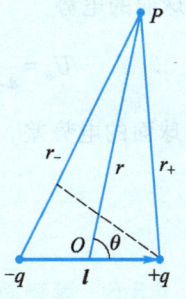

图 4-18 电偶极子电场的电势

**例 4-12** 求均匀带电细圆环轴线上任意 $x$ 处 $P$ 点的电势。已知圆环半径为 $R$,总电荷量为 $q$。

**解** 如图 4-19 所示,在圆环上任取一线元 d$l$,其带电荷量为

$$\mathrm{d}q = \lambda \mathrm{d}l = \frac{q\mathrm{d}l}{2\pi R}$$

电荷元 d$q$ 在 $P$ 点的电势

$$\mathrm{d}U = \frac{\mathrm{d}q}{4\pi\varepsilon_0 r} = \frac{\lambda}{4\pi\varepsilon_0 r}\mathrm{d}l$$

整个圆环在 $P$ 点的电势

$$U_P = \int_L \mathrm{d}U = \frac{\lambda}{4\pi\varepsilon_0 r} \int_0^{2\pi R} \mathrm{d}l = \frac{q}{4\pi\varepsilon_0 \sqrt{R^2 + x^2}} \tag{4-34}$$

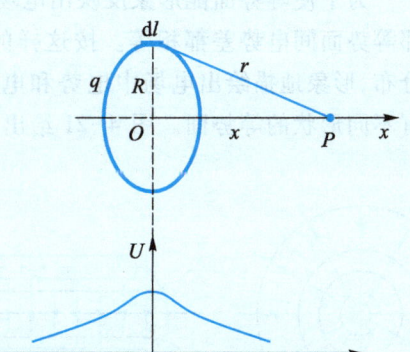

图 4-19 均匀带电细圆环轴线上的电势分布

令 $x = 0$,得圆环中心 $O$ 处的电势为 $U_0 = \dfrac{q}{4\pi\varepsilon_0 R}$。轴线上电势的分布如图 4-19 所示。

为简化计算,有些问题可直接应用已有的结果再由叠加原理来计算,见下面的例子。

**例 4-13**  如图 4-20 所示,半径分别为 $R_1$ 和 $R_2$ ($R_2>R_1$)的两同心球面 A 和 B 均匀带电,内球面 A 带电荷量 $q$,外球面 B 带电荷量 $Q$,求 A、B 两球面的电势 $U_A$、$U_B$ 及两球面的电势差 $U_{AB}$。

**解**  在例 4-10 中已经求得均匀带电球面的电势分布,本题可直接利用这一结果,用电势叠加原理求解。

A 球面的电势

$$U_A = \frac{q}{4\pi\varepsilon_0 R_1} + \frac{Q}{4\pi\varepsilon_0 R_2}$$

B 球面的电势

$$U_B = \frac{q}{4\pi\varepsilon_0 R_2} + \frac{Q}{4\pi\varepsilon_0 R_2} = \frac{q+Q}{4\pi\varepsilon_0 R_2}$$

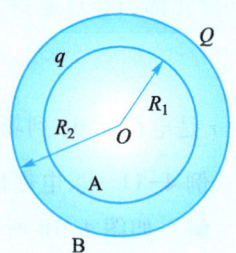

图 4-20  同心均匀带电球面的电势

两球面的电势差

$$U_{AB} = U_A - U_B = \frac{q}{4\pi\varepsilon_0}\left(\frac{1}{R_1} - \frac{1}{R_2}\right)$$

### 4.3.5  等势面  场强与电势的微分关系

**等势面**  为了形象地表示电场中电势的分布,通常引入等势面图。一般说来,静电场中各点电势的值是随位置而变的,它是空间坐标的标量函数,但场中总有一些点的电势值是相同的。**电场中电势相等的点构成的面叫等势面。**

为了使等势面能形象反映出电场的分布,在画等势面时,规定电场中任意两相邻等势面间电势差都相等。按这样的规定画出的等势面图,就能从等势面的疏密分布,形象地描绘出电场中电势和电场强度的空间分布。不同电荷分布的电场具有不同形状的等势面。图 4-21 给出了几种电荷分布的等势面图。

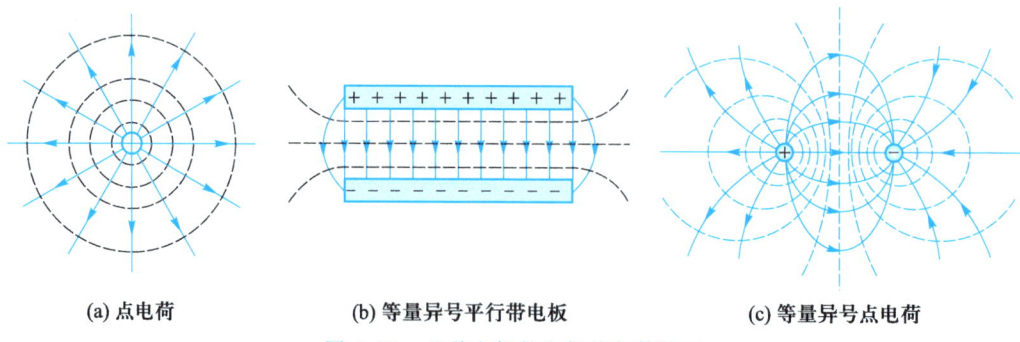

(a) 点电荷    (b) 等量异号平行带电板    (c) 等量异号点电荷

图 4-21  几种电场的电场线与等势面

等势面与电场线有如下关系:(1)等势面与电场线处处正交;(2)电场线指向电势降落的方向;(3)等势面与电场线密集处场强的量值大,稀疏处场强的量值小。

等势面是研究电场的一种有效方法,在很多实际问题中,例如,产生电场的电荷分布不知道，这时电场的电势分布就不能简单地用函数形式表示出来，但可以用实验的方法测绘出等势面的分布图，从而了解整个电场的特性。

**\*场强与电势的微分关系**　在任意电场中取两个十分靠近的等势面，其电势分别为 $U$ 和 $U+\mathrm{d}U$，且设 $\mathrm{d}U>0$，图 4-22 是这两个等势面与纸面的交线。图中 $\boldsymbol{e}_n$ 为等势面 $U$ 在 $P_1$ 点处的法向单位矢量，指向电势增加的一方，$\boldsymbol{E}$ 为 $P_1$ 点的场强，在 $P_1$ 点 $\boldsymbol{E}$ 的指向应与 $\boldsymbol{e}_n$ 相反。$P_2$ 点在电势为 $U+\mathrm{d}U$ 的等势面上，从 $P_1$ 到 $P_2$ 的位移元为 $\mathrm{d}\boldsymbol{l}$，当把带正电的试验电荷 $q_0$ 从 $P_1$ 点沿 $\mathrm{d}\boldsymbol{l}$ 方向移到 $P_2$ 点时，场强 $\boldsymbol{E}$ 近似不变，则电场力做的功为

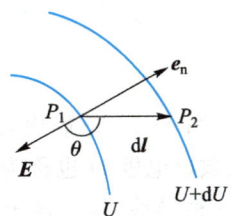

图 4-22　场强与电势的微分关系

$$\mathrm{d}W = q_0[U-(U+\mathrm{d}U)] = -q_0\mathrm{d}U$$

另一方面

$$\mathrm{d}W = q_0\boldsymbol{E}\cdot\mathrm{d}\boldsymbol{l} = q_0E\cos\theta\mathrm{d}l = q_0E_l\mathrm{d}l$$

上式中，$E_l = E\cos\theta$ 是场强 $\boldsymbol{E}$ 在 $\mathrm{d}\boldsymbol{l}$ 方向上的分量，比较以上两式得

$$E_l = -\frac{\mathrm{d}U}{\mathrm{d}l} \tag{4-35}$$

式(4-35)表明，**电场中某一点场强 $\boldsymbol{E}$ 沿 $l$ 方向的分量 $E_l$ 等于电势沿该方向导数的负值**。显然，在直角坐标系中，因为 $U$ 是坐标 $x$、$y$、$z$ 的函数，故场强 $\boldsymbol{E}$ 在 $x$、$y$、$z$ 三个方向上的分量分别为

$$E_x = -\frac{\partial U}{\partial x}, \quad E_y = -\frac{\partial U}{\partial y}, \quad E_z = -\frac{\partial U}{\partial z} \tag{4-36}$$

场强 $\boldsymbol{E}$ 的矢量表达式可以写成

$$\boldsymbol{E} = -\left(\frac{\partial U}{\partial x}\boldsymbol{i} + \frac{\partial U}{\partial y}\boldsymbol{j} + \frac{\partial U}{\partial z}\boldsymbol{k}\right) \tag{4-37}$$

式(4-35)至式(4-37)建立了场强与电势之间的微分关系，一般求电势分布比较容易，已知电势分布后，根据这些关系式通过微分运算便可求得场强分布。

◇ **思考题**

**4-5**　确定静电场中某点的电势时，为什么必须选定一个电势零点？

**4-6**　下列说法是否正确，为什么？

(1) 场强为零的地方，电势也一定为零。电势为零的地方，场强一定为零。

(2) 电势较高的地方，电场强度一定较大。电场强度较小的地方，电势也一定较低。

(3) 场强大小相等的地方，电势相同。电势相等的地方，场强也都相等。

(4) 带正电的物体，电势一定是正的。

## 生活中的物理 4

### 静电除尘的原理

图 4-23 是静电除尘的原理示意图,放电电极 1(也称为电晕电极)通常是一根导线,接高压电源的负极;集电极 5 是金属板(或金属管),接高压电源的正极;两电极之间的直流高压通常达数万伏,由于两电极的形状不同,两电极之间的电场是一个非均匀电场(电晕电极附近电场线密集,电场强度较强)。改变直流高压电源的电压值,就改变了电晕电极周围的电场强度。当实际电场强度与空气的击穿电场相近时空气

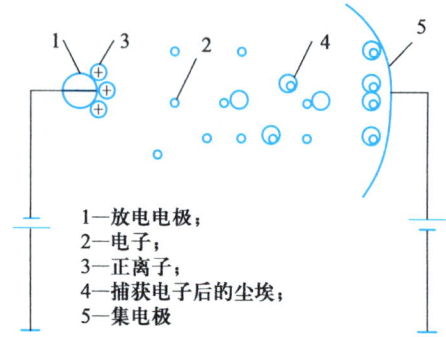

1—放电电极;
2—电子;
3—正离子;
4—捕获电子后的尘埃;
5—集电极

图 4-23 静电除尘装置示意图

发生电离,形成大量的正离子和自由电子。自由电子随电场向集电极漂移,漂移过程中与尘埃中的中性分子或颗粒发生碰撞,这些粉尘颗粒吸附电子后就成了荷电粒子,这样就使原来中性的尘埃带上了负电。在电场作用下,这些带负电的尘埃颗粒继续向集电极运动,并最后吸附在集电极上。当尘埃积聚到一定程度时,通过振动装置使尘埃颗粒落入灰斗中,这就是静电除尘的原理。

## 习题 4

**选择题**

**4-1** 一半径为 $R$ 的带有缺口的细圆环,缺口长度为 $d$ ($d \ll R$),环上均匀带正电,电荷总量为 $q$,如图所示,则圆心 $O$ 处的场强大小为(　　)。

(A) 0　　(B) $\dfrac{q}{4\pi\varepsilon_0 R^2}$　　(C) $\dfrac{qd}{4\pi\varepsilon_0 R^2(2\pi R-d)}$　　(D) $\dfrac{qd}{8\pi^2\varepsilon_0 R^3}$

**4-2** 真空中平行放置两块大金属平板,板面积均为 $S$,板间距离为 $d$($d$ 远小于板面限度),板上分别带电荷量$+q$ 和$-q$,则两板间相互作用力大小为(　　)。

(A) $\dfrac{q^2}{\varepsilon_0 S}$　　(B) $\dfrac{q^2}{2\varepsilon_0 S}$　　(C) $\dfrac{q^2}{2\varepsilon_0 S^2}$　　(D) $\dfrac{q^2}{\varepsilon_0 S^2}$

**4-3** 一边长为 $a$ 的正方形平面,其中垂线上距中心 $O$ 点 $a/2$ 处有一点电荷 $q$,如图所示,则通过该平面的 $E$ 通量为(　　)。

(A) $\dfrac{q}{3\varepsilon_0}$　　(B) $\dfrac{q}{3\pi\varepsilon_0}$　　(C) $\dfrac{q}{4\pi\varepsilon_0}$　　(D) $\dfrac{q}{6\varepsilon_0}$

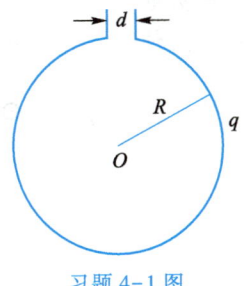

习题 4-1 图

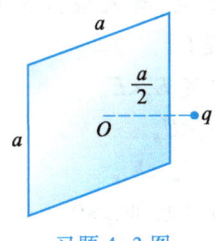

习题 4-3 图

**4-4** 如图所示,在点电荷 +q 的电场中,若取图中 M 点处的电势为 0,则 P 点的电势为( )。

(A) $\dfrac{q}{4\pi\varepsilon_0 a}$  (B) $\dfrac{-q}{4\pi\varepsilon_0 a}$  (C) $\dfrac{q}{8\pi\varepsilon_0 a}$  (D) $\dfrac{-q}{8\pi\varepsilon_0 a}$

*4-5 半径为 a 的"无限长"圆柱面上均匀带电,其电荷线密度为 λ。在它外面同轴地套一半径为 b 的薄金属圆筒,圆筒原先不带电,但与地连接,如图所示。设地的电势为零,则在内圆柱面里面、距离轴线为 r 的 P 点的场强大小和电势分别为( )。

(A) $E=0, \quad U=\dfrac{\lambda}{2\pi\varepsilon_0}\ln\dfrac{b}{a}$   (B) $E=0, \quad U=\dfrac{\lambda}{2\pi\varepsilon_0}\ln\dfrac{a}{r}$

(C) $E=\dfrac{\lambda}{2\pi\varepsilon_0 r}, \quad U=\dfrac{\lambda}{2\pi\varepsilon_0}\ln\dfrac{b}{r}$   (D) $E=\dfrac{\lambda}{2\pi\varepsilon_0 r}, \quad U=\dfrac{\lambda}{2\pi\varepsilon_0}\ln\dfrac{b}{a}$

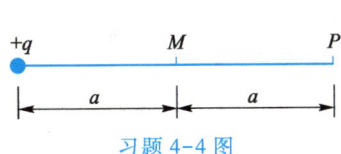

习题 4-4 图

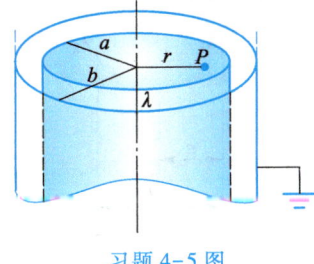

习题 4-5 图

**4-6** 有一半径为 r,带电荷量为 q 的均匀带电球面 1;其外有一个同心的半径为 R(R>r)带电荷量为 Q 的均匀带电球面 2。则此两球面之间的电势差 $U_1-U_2$ 为( )。

(A) $\dfrac{q}{4\pi\varepsilon_0 r}$   (B) $\dfrac{q}{4\pi\varepsilon_0}\left(\dfrac{1}{r}-\dfrac{1}{R}\right)$

(C) $\dfrac{Q}{4\pi\varepsilon_0}\left(\dfrac{1}{R}-\dfrac{1}{r}\right)$   (D) $\dfrac{1}{4\pi\varepsilon_0}\left(\dfrac{q}{r}-\dfrac{Q}{R}\right)$

**4-7** 在静电场中,电场线为均匀分布的平行直线的区域内,在电场线方向上,任意两点的电场强度 $E$ 和电势 $U$ 相比较( )。

(A) $E$ 相同,$U$ 不同   (B) $E$ 不同,$U$ 相同

(C) $E$ 不同,$U$ 不同   (D) $E$ 相同,$U$ 相同

**4-8** 某电场的电场线分布情况如图所示。一负电荷从 $A$ 点移到 $B$ 点,有人根据这个图作出下列几点结论,其中正确的是(　　)。

(A) 电场强度 $E_A < E_B$
(B) 电势 $U_A < U_B$
(C) 电势能 $E_{pA} < E_{pB}$
(D) 电场力的功 $W_{AB} > 0$

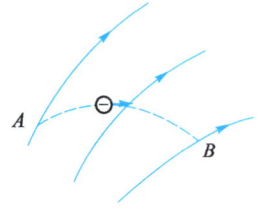

习题 4-8 图

### 填空题

**4-9** 真空中两根相互平行的"无限长"均匀带正电直线 1、2,相距为 $d$,其电荷线密度分别为 $\lambda_1$ 和 $\lambda_2$,如图所示,则场强等于零的点与直线 1 的距离 $a$ 为 _____。

**4-10** 一均匀带正电的细导线,电荷线密度为 $\lambda$,其单位长度上总共发出的电场线条数是 _____。

**4-11** 真空中,一均匀带电细圆环,电荷线密度为 $\lambda$,则其圆心处的电场强度 $E_0$ 和电势 $U_0$ 分别为 $E_0 =$ _____,$U_0 =$ _____。

**4-12** 静电场中,电场线与等势面总是 _____;电场线的方向总是沿着 _____ 方向。

**4-13** 如图所示,在半径为 $R$ 的球壳上均匀带有电荷量 $Q$,将一点电荷 $q(q \ll Q)$ 从球内的 $a$ 点经球壳上一个小孔移到球外 $b$ 点,则此过程中电场力做功 $W =$ _____。

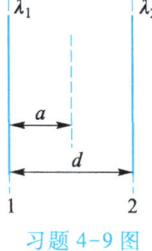

习题 4-9 图

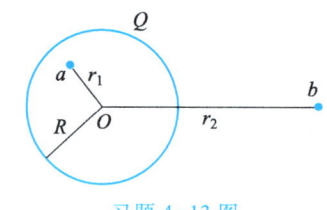

习题 4-13 图

### 计算题

**4-14** 如图所示,电荷量 $q$ 均匀分布在长为 $L$ 的细棒上。今在细棒轴线上距棒右端为 $d$ 处的 $P$ 点放一试验电荷 $q_0$。计算 $q_0$ 受细棒电场的作用力。

习题 4-14 图

**4-15** 如图所示,电荷量 $q$ 均匀分布在半径为 $R$ 的半圆环上。求半圆环中心 $O$ 点的电场强度。

*__**4-16**__ 电荷线密度为 $\lambda$ 的"无限长"细线被弯成如图示的形状,其中 $AB$ 段是半径为 $R$ 的四分之一圆弧,试求圆心 $O$ 点的场强。

**4-17** 真空中一立方体形的高斯面,其位置放置如习题 4-17 图所示。已知立

方体边长为 $a=0.1$ m，空间的场强分布为
$$E_x = bx, \quad E_y = 0, \quad E_z = 0$$
常量 $b=1\,000$ N/(C·m)。试求通过该闭合面的 $E$ 通量及闭合面中包含的净电荷。

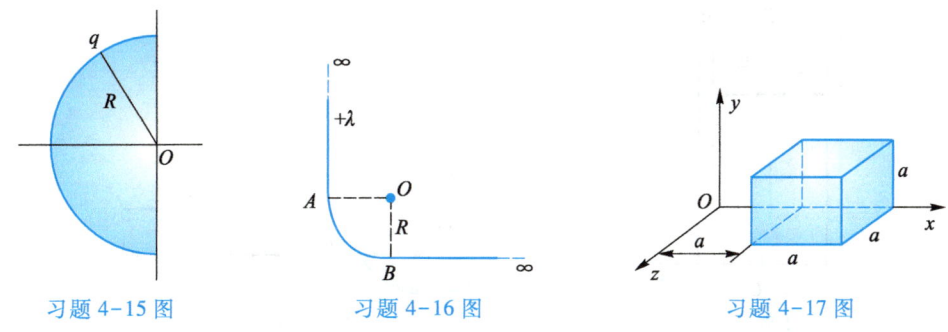

习题 4-15 图　　习题 4-16 图　　习题 4-17 图

**4-18**　实验表明：在靠近地面处的电场强度 $E_1$ 的大小约为 $1.0 \times 10^2$ N/C，方向垂直地面向下；在离地面 $1.5 \times 10^3$ m 高处，电场强度 $E_2$ 的大小约为 20 N/C，方向也垂直地面向下。

（1）计算从地面到 $1.5 \times 10^3$ m 高度大气层中电荷的平均体密度；

（2）假设地球表面处的电场强度 $E_1$ 完全是由均匀分布在地球表面的电荷产生，求地面上的电荷面密度。

*4-19　一球体内均匀分布着电荷体密度为 $\rho$ 的正电荷，若保持电荷分布不变，在该球体内挖去一半径为 $r(r<R)$ 的小球体，球心为 $O'$，两球心间距离 $|OO'|=a$，如图所示。求：

（1）空腔内，球心 $O'$ 处的电场强度；

（2）球体内 $P$ 点处的电场强度。已知 $O'$、$O$、$P$ 三点在一直径上，且 $|OP|=a$。

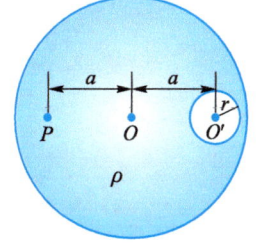

习题 4-19 图

**4-20**　两个无限长同轴圆柱面，半径分别为 $R_1$ 和 $R_2(R_2>R_1)$，带有等量异号电荷，单位长度的带电荷量为 $\lambda$。分别求出离轴线为 $r$ 处的电场强度。

（1）$r<R_1$；

（2）$r>R_2$；

（3）$R_1<r<R_2$。

**4-21**　若电荷以相同的面密度 $\sigma$ 均匀分布在半径分别为 $r_1=10$ cm 和 $r_2=20$ cm 的两个同心球面上，设无穷远处的电势为零，已知球心电势为 300 V，试求两球面的电荷面密度 $\sigma$ 的值。

**4-22**　两块面积都是 $S$ 的"无限大"平板 A、B 平行放置，相距为 $d$，接上电源使两极板分别维持在电势 $U$ 和零电势。现将一带电荷量为 $q$，面积同为 $S$ 厚度可忽略的导体片 C 平行插在 A、B 两板的中间，如图所示。求导体片 C 的电势。

**4-23**　半径为 $R$ 的球面均匀带电，电荷总量为 $q$。沿径向放有一条均匀带电的

细线,细线长度为 $l$,电荷线密度为 $\lambda$。细线左端离球心距离为 $r_0$,如图所示。设球和线上的电荷分布不受相互作用影响。求:

(1) 细线受球面电场的作用力;

(2) 细线在球面电场中的电势能。(设无限远处电势为零。)

第 4 章习题参考答案

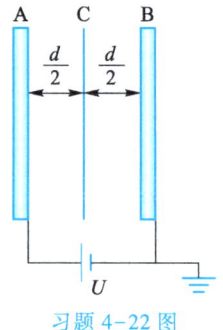

习题 4-22 图

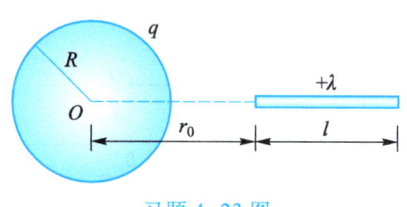

习题 4-23 图

# 第5章

## 导体和电介质中的静电场

前一章讨论的是真空中的静电场,本章讨论导体和电介质中的静电场。物质按导电能力可分为两大类:导电能力极强的导体和导电能力极弱或者不能导电的绝缘体或电介质。导体和绝缘体有着完全不同的静电特性,在工业上和科学实验中,静电现象的一切应用,实质上是导体和电介质静电特性的运用。因此,研究导体和电介质的静电特性以及导体和电介质内部电场分布的图像,具有重要的实际意义。本章将讨论静电场中有金属导体和电介质存在时的各种问题,介绍反映导体性质的电容概念、电容器的计算,最后讨论静电场的能量。

## 5.1 静电场中的导体

### 5.1.1 导体的静电平衡

在金属导体内,由于原子中最外层的价电子受原子核的引力较弱,通常有着大量的可自由移动的自由电子。这些自由电子就像气体分子一样在导体内做无规则的热运动。而导体中带正电的离子则有规则地排列组成晶格格点。在导体不带电或不受外电场作用时,宏观上看,导体内正负电荷均匀分布,整个导体呈电中性,并无电荷的定向运动。

若将一块导体(无论导体原来是否带电)放入外电场 $E$ 中,如图 5-1 所示。导体内的自由电子将在外电场作用下做宏观定向运动,引起导体中正负电荷的重新分布,使导体一端的表面带负电,而另一端的表面带上等量的正电,这就是通常所说的**静电感应**现象。导体由于静电感应产生的电荷称为**感应电荷**。随着导体两表面感应电荷的增多,感应电荷在导体内产生一个与外电场方向相反的附加电场 $E'$,$E'$ 对导体内自由电子的定向运动起阻碍作用,只要 $E>E'$,导体内自由电子的定向运动就不会停止,两端表面的感应电荷将继续增加,直到导体内附加电场 $E'$ 完全抵消外电场 $E$,亦即导体内部任一处,合场强 $E_内=0$ 后,导体内自由电子的宏观定向运动才停止。我们把导体内部和导体表面上都没有电荷做宏观定向运动的状态称**为导体的静电平衡状态**。

处于静电平衡状态下的导体,其内部和表面的场强和电势具有如下性质:

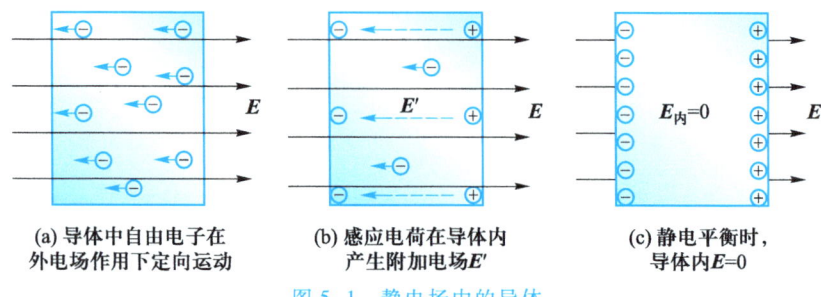

(a) 导体中自由电子在外电场作用下定向运动  (b) 感应电荷在导体内产生附加电场 $E'$  (c) 静电平衡时,导体内 $E=0$

图 5-1 静电场中的导体

(1) 导体内部,场强处处为零;导体表面的场强方向垂直该处导体表面;电场线不进入导体内部,而与导体表面正交。

(2) 整个导体是一等势体,导体表面是一等势面。

以上两点也称为**导体的静电平衡条件**。必须指出,导体内部场强处处为零,整个导体是一等势体,是电场中所有电荷(包括导体上和导体外)的共同贡献。

### 5.1.2 静电平衡时导体上电荷的分布

处于静电平衡的导体,其上电荷的分布有如下特性:

(1) 导体内处处无净电荷,净电荷只分布于导体的外表面

这一结论可用高斯定理来说明:在导体内部作一任意形状的闭合曲面,由静电平衡条件,导体内部处处 $E=0$,所以穿过此高斯面的 $E$ 通量也为零,根据高斯定理,此高斯面内的净电荷必为零。因为此高斯面是任意的,因此可以推断带电导体达静电平衡时,其内部处处无净电荷,净电荷只分布于导体的外表面上。

对带电的空腔导体,当腔内没有其他的带电体时,导体的内部以及空腔的内表面上没有净电荷,净电荷只分布在空腔的外表面上。

实验表明,电荷在导体外表面上的分布与导体本身的形状和外界条件有关。一个孤立的带电导体,其表面的电荷面密度 $\sigma$ 与表面的曲率半径有关,表面凸而尖处(曲率半径小)$\sigma$ 较大;表面较平坦处(曲率半径大)$\sigma$ 较小;表面凹处(曲率半径为负)$\sigma$ 最小甚至为零。

(2) 导体表面上各处的电荷面密度与该处表面紧邻处的场强大小成正比

如图 5-2 所示,在导体表面上任取一底面积为 $\Delta S$ 的微小扁圆柱面,轴线与导体表面垂直,两底面与导体表面平行,上底面刚好在导体表面以外,下底面则刚好在导体表面之内。若高斯面所在处导体表面上的电荷面密度为 $\sigma$,因为导体表面上的电场强度总是垂直于导体表面,而导体内部的电场强度处处为零,所以只有上底面有与之垂直的电场线穿过,其他面的 $E$ 通量均为零,由高斯定理有

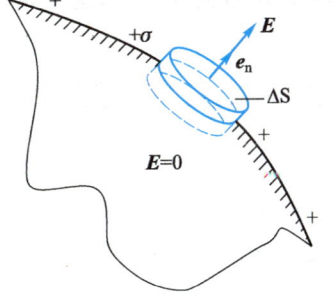

图 5-2 带电导体表面附近的场强

$$\oint_S \boldsymbol{E} \cdot \mathrm{d}\boldsymbol{S} = E\Delta S = \frac{\sigma \Delta S}{\varepsilon_0}$$

由此得

$$E = \frac{\sigma}{\varepsilon_0} \tag{5-1}$$

即导体表面外附近场强的大小与该处导体表面电荷面密度成正比。导体表面电荷面密度大,它附近的场强就大。导体尖端处的电荷面密度很大,由式(5-1)知导体尖端附近的场强特别强,当场强超过空气的击穿场强时,就会产生空气被电离的放

电现象,称为**尖端放电**。尖端放电在实际中有利有弊,火花放电设备的电极及高大建筑物设置的避雷针,是根据尖端放电原理制造的;高压电气设备及零部件的表面做得十分光滑并接近球形,是为防止尖端放电而引起的危险和漏电造成的能量损失。

### 5.1.3 空腔导体和静电屏蔽

由静电平衡时导体的特性可知,将任意形状的空腔导体放入外电场中时,电场线只垂直地终止或垂直地离开导体的外表面,而不能穿过导体进入空腔,如图5-3(a)所示。这样,可以利用空腔导体来屏蔽外电场,使空腔内的物体不受外电场的影响。但外电场会改变空腔导体的电势,如要使空腔导体的电势不变,应让空腔接地,使空腔导体始终保持与大地等电势。

空腔导体可以屏蔽外电场,但不能屏蔽内电场。如图5-3(b)所示,当空腔内有一带电体$+q$时,空腔内表面将感应$-q$的电荷,空腔外表面相应地感应出$+q$的电荷[如果空腔导体原来带电荷量$Q$,则空腔外表面所带电荷将变为$(Q+q)$]。从$+q$发出的电场线全部终止于空腔的内表面,但由于空腔外表面有感应电荷$+q$,电场线又从空腔的外表面发出了。

可见,在腔内有带电体而腔外无其他带电体的情况下,空腔外仍存在由腔内带电体在腔外表面感应的电荷所激发的电场,这个电场全由空腔外表面上电荷的分布所决定而与腔内情况无关。若把导体壳接地如图5-3(c)所示,则空腔外表面的感应电荷会因接地而被中和,腔外相应的电场也随之消失。即,一个接地的空腔导体可以屏蔽内外电场,这种现象称为**静电屏蔽**。

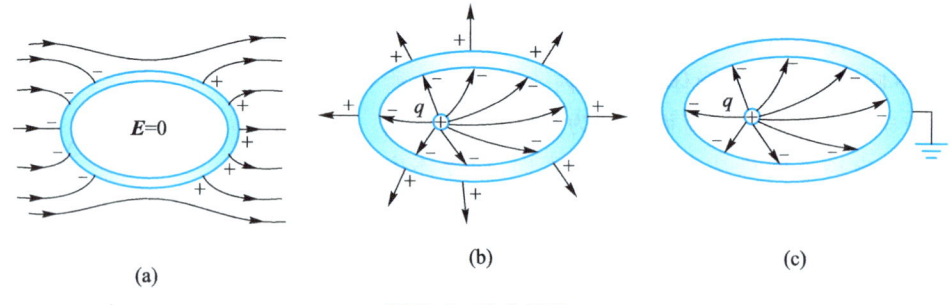

图5-3 静电屏蔽

静电屏蔽原理在工程技术中有重要的应用。例如一些电子仪器常采用金属外壳以使内部电路不受外界电场的干扰;传递弱电信号的电缆线常在其绝缘层外编织一层金属丝网作为屏蔽层,以避免外界的电磁干扰;在高压设备的外面罩上接地的金属网栅,以使高压带电体不致影响外界,等等。

### 5.1.4 有导体存在时静电场的分析计算

导体放入静电场中时,电场会影响导体上电荷的分布,反过来,导体上的电荷分布也会影响电场的分布。这种相互影响将一直持续到达静电平衡为止。所以在分析和计算有导体存在时的静电场问题时,一般先根据导体静电平衡的条件和电荷守恒定律,确定导体上新的电荷分布,然后由新的电荷分布去分析计算电场的分布。

**例 5-1** 把一块原来不带电的金属板 M,移近一块已带正电荷 $Q$ 的金属板 N,平行放置。设两板面积都是 $S$,板间距离为 $d$,如图 5-4(a)所示,忽略边缘效应,(1) 求静电平衡后,两板上的电荷分布及周围空间的电场分布;(2) 若把 M 板接地,情况又如何?

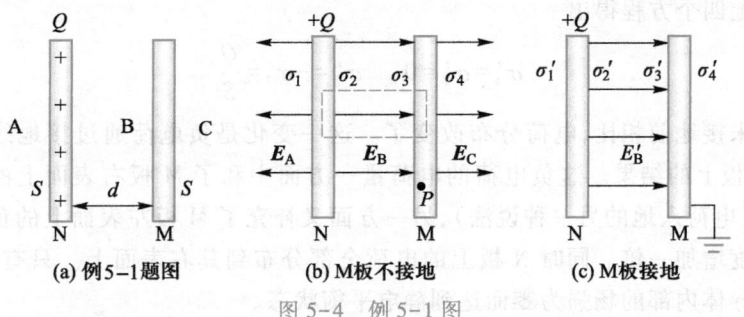

(a) 例 5-1 题图　　(b) M 板不接地　　(c) M 板接地

图 5-4　例 5-1 图

**解** (1) 设静电平衡后,两导体板四个表面的电荷面密度分别为 $\sigma_1$、$\sigma_2$、$\sigma_3$ 和 $\sigma_4$,如图 5-4(b)所示。由电荷守恒定律得

$$\sigma_1 S + \sigma_2 S = Q$$

$$\sigma_3 + \sigma_4 = 0$$

取一个两底分别在两金属板内而侧面垂直于板面的封闭面作为高斯面,如图 5-4(b)所示。则通过此高斯面的 $E$ 通量为零,由高斯定理得

$$\sigma_2 + \sigma_3 = 0$$

M 板内任一点 $P$ 的场强应是四个带电平面在 $P$ 点场强的叠加,由静电平衡条件有

$$E_P = \frac{\sigma_1}{2\varepsilon_0} + \frac{\sigma_2}{2\varepsilon_0} + \frac{\sigma_3}{2\varepsilon_0} - \frac{\sigma_4}{2\varepsilon_0} = 0$$

联立求解以上四式可得

$$\sigma_1 = \sigma_4 = \frac{Q}{2S}, \quad \sigma_2 = -\sigma_3 = \frac{Q}{2S}$$

由场强叠加原理,可求得 A、B、C 三个区域的场强大小

$$E_A = E_B = E_C = \frac{Q}{2\varepsilon_0 S}$$

$E_A$、$E_B$、$E_C$ 的方向如图 5-4(b)所示。

(2) 若把右边的 M 板接地,如图 5-4(c)所示,则 M 板就与地这个大导体连成一体,M 板右表面的电荷就会分散到更远的地球表面上而使 M 板右表面上的电荷实际上消失,因而 $\sigma_4' = 0$。

N 板上的电荷守恒仍给出

$$\sigma_1' + \sigma_2' = \frac{Q}{S}$$

由高斯定理仍可得

$$\sigma_2' + \sigma_3' = 0$$

为了使 M 板内 P 点的场强为零,又必须有

$$\sigma_1' + \sigma_2' + \sigma_3' = 0$$

联立以上四个方程得出

$$\sigma_4' = \sigma_1' = 0, \quad \sigma_2' = -\sigma_3' = \frac{Q}{S}$$

与未接地前相比,电荷分布改变了。这一变化是负电荷通过接地线从大地来到 M 板上的结果。这负电荷的电荷量一方面中和了 M 板右表面上的正电荷(这是正电荷入地的另一种说法),另一方面又补充了 M 板左表面上的负电荷使其面密度增加一倍。同时 N 板上的电荷全部分布到其右表面上。只有这样,才能使两导体内部的场强为零而达到静电平衡状态。

这时的电场分布变为

$$E_A' = E_C' = 0, \quad E_B' = \frac{Q}{\varepsilon_0 S}, 方向向右。$$

值得指出的是:本例解答过程中得到的某些结论具有普遍意义,即两块有一定厚度的"无限大"平板平行放置,如图 5-5 所示。无论两板原带电情况如何(图中 $Q_1$、$Q_2$ 大小和符号任意),静电平衡后,两板四个表面上的电荷面密度一定有关系:

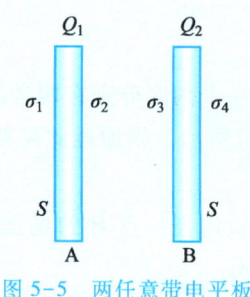

图 5-5 两任意带电平板

$$\sigma_1 = \sigma_4,大小相等,负号相同$$
$$\sigma_2 = -\sigma_3,大小相等,负号相反$$  (5-2)

对于求解两带电平行板的静电场问题,此结论可当公式使用。

**例 5-2** 如图 5-6 所示,半径为 $R_1$ 的金属球,带电荷量 $q$,球外有一内、外半径分别为 $R_2$ 和 $R_3$($R_3 > R_2$)的同心导体球壳,壳上带有电荷量 $Q$,试计算:(1)两球的电势 $U_1$ 和 $U_2$;(2)球与壳的电势差 $U_1 - U_2$;(3)将外球壳接地,再求球与壳的电势差 $U_1 - U_2$。

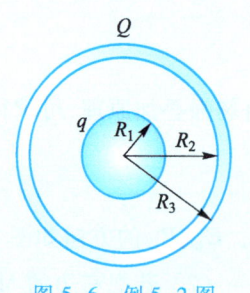

图 5-6 例 5-2 图

**解** (1)由于内球带电荷量 $q$,球壳的内外表面上应感应出 $-q$ 和 $+q$ 的电荷量,而球壳原来带电荷量 $Q$,故球壳外表面上总的电荷量为 $q+Q$。由电势叠加原理,空间各点的电势为三个带电球面(半径为 $R_1$ 带电荷量为 $q$ 的球面,半径为 $R_2$ 带电

荷量为$-q$的球面,半径为$R_3$带电荷量为$q+Q$的球面)在该点电势的代数和,即内球的电势

$$U_1 = \frac{q}{4\pi\varepsilon_0 R_1} - \frac{q}{4\pi\varepsilon_0 R_2} + \frac{q+Q}{4\pi\varepsilon_0 R_3}$$

外球壳的电势

$$U_2 = \frac{q}{4\pi\varepsilon_0 R_3} - \frac{q}{4\pi\varepsilon_0 R_3} + \frac{q+Q}{4\pi\varepsilon_0 R_3} = \frac{q+Q}{4\pi\varepsilon_0 R_3}$$

(2) 球与壳的电势差

$$U_1 - U_2 = \int_{R_1}^{R_2} \boldsymbol{E} \cdot \mathrm{d}\boldsymbol{r} = \frac{q}{4\pi\varepsilon_0 R_1} - \frac{q}{4\pi\varepsilon_0 R_2}$$

(3) 若将外球壳接地,则球壳外表面的电荷消失,两球的电势分别为

$$U_1 = \frac{q}{4\pi\varepsilon_0 R_1} - \frac{q}{4\pi\varepsilon_0 R_2}$$

$$U_2 = 0$$

球与壳的电势差仍为

$$U_1 - U_2 = \frac{q}{4\pi\varepsilon_0 R_1} - \frac{q}{4\pi\varepsilon_0 R_2}。$$

## 5.2 静电场中的电介质

### 5.2.1 电介质的极化

电介质通常指电阻率很大(超过$10^8\ \Omega\cdot m$),导电能力极差的物质,如云母、陶瓷、变压器油等。电介质内几乎没有可以自由移动的电荷,但在外电场作用下,电介质内的正、负电荷仍可做微观的相对位移,结果,在电介质内部或表面上出现带电现象,这种电介质在外电场作用下出现的带电现象称为**电介质的极化**。电介质极化出现的电荷称为**极化电荷**(或叫**束缚电荷**)。

无外电场时,有些电介质(如$H_2$、$N_2$、$O_2$等)的分子正、负电荷中心是重合的,这类电介质称为**无极分子电介质**;有些电介质(如$H_2O$、$SO_2$、$CO$等)的分子正、负电荷中心不重合,构成一等效电偶极子(称为分子偶极子),这类电介质称为**有极分子电介质**。

无极分子电介质处在外电场中时,分子的正负电荷中心将发生原子尺度的微小相对位移,每个分子等效成一个电偶极子,其电偶极矩将沿外电场方向排列起来,这样,在垂直外电场方向的电介质前后两端面就会分别出现正负极化电荷,如图5-7(a)所示,这类极化称为**位移极化**。

有极分子电介质虽然有分子偶极子,但在没有外电场存在时,由于分子的热运动,各个分子偶极矩的排列十分混乱,电介质宏观不显电性。当电介质处于外电场

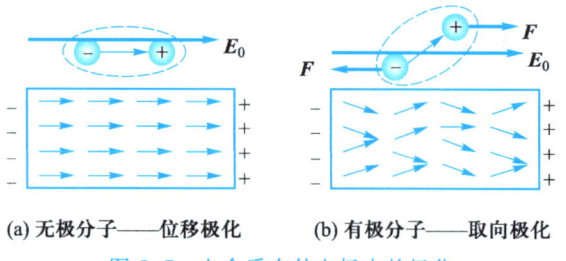

(a) 无极分子——位移极化　　(b) 有极分子——取向极化

图 5-7　电介质在外电场中的极化

中时,各分子偶极矩都受到外电场力矩的作用而转向外电场方向,这种转向排列的结果,使电介质沿电场方向前后两个端面分别呈现正、负电荷,见图 5-7（b）。这种极化称为**取向极化**。

综上所述,两类电介质在外电场作用下,极化的微观机制虽然不同,但宏观效果一样。都是使电介质内分子偶极矩的矢量和不再为零,而且使电介质两相对的侧表面上出现了等量异号的极化电荷。显然,外电场越强,极化现象越显著,介质两侧面极化电荷的面密度也就越大。既然如此,下面从宏观上描述电介质的极化现象时,就不再分两类电介质讨论了。

### 5.2.2　电介质中的场强

电介质极化后,在与外电场 $E_0$ 垂直的两侧面出现极化电荷,极化电荷在介质中将产生一个与外电场 $E_0$ 方向相反的附加电场 $E'$。由场强叠加原理,介质内部的合场强 $E = E_0 + E'$,由于 $E'$ 与 $E_0$ 相反,故 $E = E_0 - E' < E_0$,但不会完全抵消而变为零,这是静电场中的电介质与静电场中的导体静电平衡后的重要区别。

另外可以证明,均匀介质极化后介质中合场强的大小 $E$ 与真空时同一点的场强大小 $E_0$ 有关系

$$E = E_0 - E' = \frac{E_0}{\varepsilon_r} \tag{5-3}$$

式中 $\varepsilon_r$ 是一个量纲为 1 的常量,称为该介质的**相对介电常量**(或相对电容率)。除真空 $\varepsilon_r = 1$ 外,所有电介质的 $\varepsilon_r$ 均大于 1。

### 5.2.3　电介质中的高斯定理

在 4-2 节中讨论了真空中的高斯定理 $\oint_S \boldsymbol{E} \cdot \mathrm{d}\boldsymbol{S} = \frac{1}{\varepsilon_0} \sum q$,式中,$\sum q$ 是闭合面 $S$ 内包围电荷的代数和。在有电介质存在的情况下,如图 5-8 所示,在充满均匀电介质的带电平行板之间,作如图虚框所示的闭合高斯面 $S$,则 $S$ 面内既包含有自由电荷 $q_0$,又包含有极化电荷 $q'$。由于极化电荷 $q'$

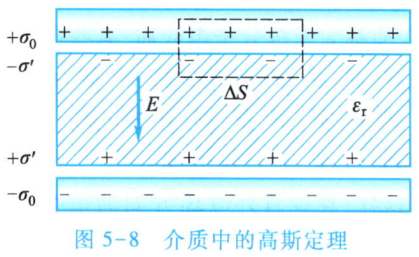

图 5-8　介质中的高斯定理

在实际中难以求得,为了消去 $q'$,需要引进一个辅助矢量 $D$,称为**电位移矢量**,即

$$D = \varepsilon_0 \varepsilon_r E = \varepsilon E \tag{5-4}$$

式(5-4)中 $\varepsilon = \varepsilon_0 \varepsilon_r$ 称为电介质的介电常量(或**电容率**),$\varepsilon$ 的单位与 $\varepsilon_0$ 的单位相同。在 SI 中,$D$ 矢量的单位是 $C \cdot m^{-2}$(库仑每平方米)。

可以证明,引入 $D$ 矢量后,静电场中的 $D$ 通量可以写作

$$\oint_S D \cdot dS = \sum q_0 \tag{5-5}$$

式(5-5)是高斯定理在电介质中的推广,称为**电介质中的高斯定理**,是静电场的基本定理之一。式中左边 $\oint_S D \cdot dS$ 表示通过闭合曲面 $S$ 的电位移通量(简称 $D$ 通量),右边 $\sum q_0$ 是闭合曲面 $S$ 内包围的自由电荷的代数和(极化电荷已消去)。即 $D$ 通量只与闭合曲面包围的自由电荷有关,极化电荷对 $D$ 通量无贡献。

应该指出,电位移矢量 $D$ 是一个辅助量,描述电场性质的量是电场强度 $E$ 而不是 $D$。引入 $D$ 的目的,完全是为了解决涉及有关电介质问题的方便。从式(5-5)还可看出,电位移线是从正的自由电荷出发,终止于负的自由电荷,这与电场线不同,电场线起于各种正电荷,终止于各种负电荷,包括自由电荷和极化电荷。

**例 5-3** 半径为 $R$ 的导体球,带有电荷 $Q$,球外有一均匀的电介质同心球壳,介质球壳内外半径分别为 $a$ 和 $b$,电介质的相对介电常量为 $\varepsilon_r$,如图 5-9 所示。求场强的分布。

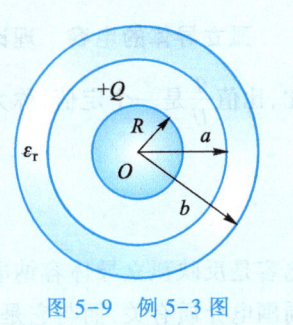

图 5-9 例 5-3 图

**解** 本问题,场强及电位移矢量 $D$ 的分布具有球对称性,可用高斯定理求解。设 $r$ 为场点到球心的距离,以 $r$ 为半径作同心球面为高斯面,由介质中的高斯定理

$$\oint_S D \cdot dS = D \cdot 4\pi r^2 = Q$$

得

$$D = \frac{Q}{4\pi r^2}$$

$r < R$ 时, $\quad D = 0, \quad E = 0$

$R < r < a$ 时, $\quad D = \dfrac{Q}{4\pi r^2}, \quad E = \dfrac{D}{\varepsilon} = \dfrac{Q}{4\pi \varepsilon_0 r^2}$

$a < r < b$ 时, $\quad D = \dfrac{Q}{4\pi r^2}, \quad E = \dfrac{D}{\varepsilon} = \dfrac{Q}{4\pi \varepsilon_0 \varepsilon_r r^2}$

$r > b$ 时, $\quad D = \dfrac{Q}{4\pi r^2}, \quad E = \dfrac{D}{\varepsilon} = \dfrac{Q}{4\pi \varepsilon_0 r^2}$

$Q > 0$,$E$ 的方向与 $D$ 的方向均沿径向向外。

◇ **思考题**

**5-1** 无限大均匀带电平面两侧的场强为 $E=\dfrac{\sigma}{2\varepsilon_0}$。这个公式对于均匀带电的导体在其表面附近产生的电场也适用。但是静电平衡状态下，带电导体表面附近的场强却是 $E=\dfrac{\sigma}{\varepsilon_0}$。前者比后者小一半，这是为什么？

**5-2** 把一个带正电的导体 A 移近一个原来不带电的导体 B 时，导体 B 的电势是不变、升高还是降低？为什么？

**5-3** 有一个带有电荷的导体球，在它的旁边有一块不带电的物体（可能是导体，也可能是电介质），在这样的情况下，能不能用高斯定理来求周围空间的场强分布？为什么？

## 5.3 电容 电场的能量

### 5.3.1 电容器的电容

**孤立导体的电容** 理论和实验都表明，孤立导体的电势与其所带电荷量 $q$ 成正比，比值 $\dfrac{q}{U}$ 是一个定值，称为孤立导体的电容，用 $C$ 表示，即

$$C=\frac{q}{U} \tag{5-6}$$

电容是反映孤立导体容纳电荷能力的物理量，它只与孤立导体本身的形状、尺寸和周围电介质有关，而与它是否带电无关。可以证明，一个孤立导体球的电容为

$$C=4\pi\varepsilon_0 R \tag{5-7}$$

在 SI 中，电容的单位为 $C \cdot V^{-1}$（库仑每伏），称为法拉，符号为 F。因法拉这个单位太大，实际中常用 μF（微法）或 pF（皮法）等较小单位，其关系为

$$1\ F=10^6\ \mu F=10^{12}\ pF$$

**电容器的电容** 孤立导体实际上不存在，而且孤立导体的电容很小，由式(5-7)知，一个半径约为 $9\times 10^9$ m 的孤立导体球，其电容才等于 1 F。为提高导体的容电能力及抗干扰性，实际电容器是由两相互靠近的导体组成。一般地，只要两导体相距很近，即导体的线度远大于两者的距离，这时两导体间的电场将不受外界影响，像这样的两个导体的组合称为**电容器**。

组成电容器的两导体称为电容器的极板，当电容器充电时，两极板总是分别带上等量异号的电荷 $+q$ 和 $-q$，两极板的电势差 $U_A-U_B$ 随 $q$ 而变，但 $q$ 与 $U_A-U_B$ 的比值却是一个定值，定义此比值为电容器的电容，即

$$C = \frac{q}{U_A - U_B} = \frac{q}{U_{AB}} \tag{5-8}$$

电容器的电容是描述电容器储存电荷和电能本领的物理量,其大小取决于电容器本身的结构、形状、相对位置和充以电介质的种类等,而与极板上是否带电无关。

电容器是一个重要的电器元件。按形状来分,有平行板电容器、球形电容器和圆柱形电容器等;按极板间所充的介质来分,有空气电容器、云母电容器、陶瓷电容器和电解电容器等。在电力系统中,电容器可以用来储存电荷或电能,电容器也是提高功率因数等的重要元件。在电子电路中,电容器则是获得振荡、滤波、相移、旁路、耦合等的重要元件。

下面介绍几种典型电容器电容的计算。

**平行板电容器** 平行板电容器由两块相距很近、平行放置的导体薄板构成。设极板的面积为 $S$,两板间的距离为 $d$,两极板间为真空,如图 5-10 所示。

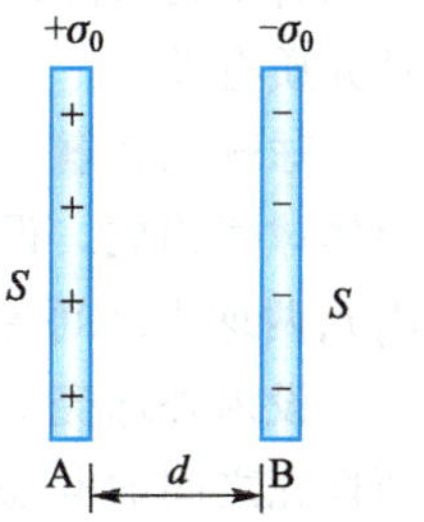

设两极板分别带上 $+q$ 和 $-q$ 的电荷量(电荷面密度分别为 $+\sigma_0$ 和 $-\sigma_0$),则两极板间的场强大小

$$E = \frac{\sigma_0}{\varepsilon_0} = \frac{q}{\varepsilon_0 S}, \quad 方向从 A 指向 B$$

图 5-10 平行板电容器

两极板间的电势差

$$U_A - U_B = \int_0^d \boldsymbol{E} \cdot \mathrm{d}\boldsymbol{l} = Ed = \frac{qd}{\varepsilon_0 S}$$

由电容器的定义式(5-8)求得平行板电容器的电容为

$$C_0 = \frac{\varepsilon_0 S}{d} \tag{5-9}$$

实验表明,当两极板间充满相对介电常量为 $\varepsilon_r$ 的均匀电介质后,电容 $C$ 将增大,有

$$C = \varepsilon_r C_0 = \frac{\varepsilon_0 \varepsilon_r S}{d} = \frac{\varepsilon S}{d} \tag{5-10}$$

可见,平行板电容器的电容与极板的面积成正比,与电介质的介电常量成正比,与极板间的距离成反比。

**圆柱形电容器** 圆柱形电容器由两个相距很近、同轴的导体圆柱面构成。设两圆柱面的半径分别为 $R_1$ 和 $R_2$,长度为 $L$,且 $L \gg (R_2 - R_1)$,两圆柱面间为真空,如图 5-11 所示。

设两柱面分别带电荷 $+q$ 和 $-q$,则单位长度带电荷量分别为 $+\lambda$ 和 $-\lambda$。由于 $L \gg (R_2 - R_1)$,可近似把此圆柱形电容器视为无限长。由高斯定理可求得两圆柱面间的场强

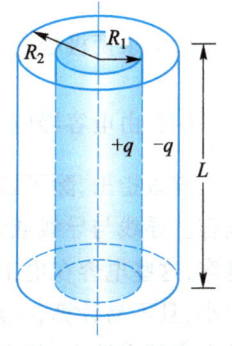

图 5-11 圆柱形电容器

$$E=\frac{\lambda}{2\pi\varepsilon_0 r}, \quad \text{方向沿径向}$$

两圆柱面间的电势差

$$U_A-U_B = \int_{R_1}^{R_2} \boldsymbol{E}\cdot\mathrm{d}\boldsymbol{l} = \int_{R_1}^{R_2}\frac{\lambda}{2\pi\varepsilon_0 r}\mathrm{d}r$$

$$=\frac{\lambda}{2\pi\varepsilon_0}\ln\frac{R_2}{R_1}=\frac{q}{2\pi\varepsilon_0 L}\ln\frac{R_2}{R_1}$$

由式(5-8)求得此圆柱形电容器的电容

$$C=\frac{q}{U_A-U_B}=\frac{2\pi\varepsilon_0 L}{\ln\dfrac{R_2}{R_1}} \tag{5-11}$$

可以看出,圆柱形电容器的电容与两圆柱面的半径及其长度,两圆柱面间是真空还是介质有关。

**球形电容器** 球形电容器由两个相距很近、同心的导体球壳构成。设两球壳的半径分别为 $R_1$ 和 $R_2$($R_1<R_2$),两球壳之间为真空,如图 5-12 所示。

设内外球壳分别带电 $+q$ 和 $-q$,由高斯定理可求得两球壳之间的电场强度大小为

$$E=\frac{q}{4\pi\varepsilon_0 r^2}, \quad \text{方向沿径向向外}$$

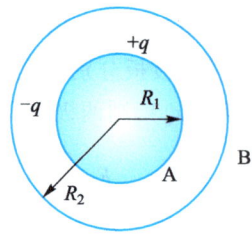

图 5-12 球形电容器

两球壳之间的电势差为

$$U_A-U_B=\int_{R_1}^{R_2}\boldsymbol{E}\cdot\mathrm{d}\boldsymbol{r}=\frac{q}{4\pi\varepsilon_0}\int_{R_1}^{R_2}\frac{\mathrm{d}r}{r^2}=\frac{q}{4\pi\varepsilon_0}\left(\frac{1}{R_1}-\frac{1}{R_2}\right)$$

由式(5-8)求得此球形电容器的电容为

$$C=\frac{q}{U_A-U_B}=\frac{4\pi\varepsilon_0 R_1 R_2}{R_2-R_1} \tag{5-12}$$

通过以上讨论,可以把计算电容器电容的一般步骤总结如下:

(1) 首先假设电容器两个极板 A 和 B 分别带电荷 $+q$ 和 $-q$;

(2) 求两极板之间电场强度 $\boldsymbol{E}$ 的分布;

(3) 求两极板之间的电势差 $U_A-U_B=\int_{R_1}^{R_2}\boldsymbol{E}\cdot\mathrm{d}\boldsymbol{r}$;

(4) 由电容器电容的定义式 $C=\dfrac{q}{U_A-U_B}$ 求得电容。

应该指出,除了以上讨论的几种典型的电容器外,实际上任何导体间都存在着电容。导线与导线或元件或仪器的金属外壳之间,元件与金属外壳之间都存在着电容,这些电容在电工和电子技术中通常叫作**分布电容**。分布电容的量值通常比较小,且不易计算,一般情况下,它的作用是可以忽略的,但在安装电子设备,尤其是在高频电路中,却必须考虑分布电容的影响。

### 5.3.2 电场的能量

**带电电容器的能量** 电容器接上电源充电的过程，就是电源不断地把电容器极板 B 上的正电荷抽运到极板 A(实际是电源不断地把极板 A 上的电子抽运到极板 B)的过程。如图 5-13 所示，设充电过程的某时刻 $t$，A 极板带电荷 $+q(t)$，B 极板带电荷 $-q(t)$，此时两极板间的电势差为 $U_A - U_B = u(t)$，电源如果继续把 $+dq$ 的电荷量从 B 板送到 A 板，则电源需要克服电场力做功

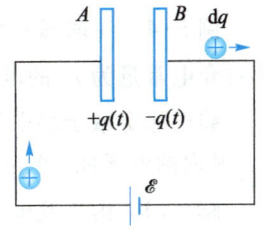

图 5-13 电容器的充电过程

$$dW = u(t)dq = \frac{q}{C}dq$$

电容器从 $q=0$ 开始充电到极板上带电荷量 $q=Q$ 时，电源克服电场力做的总功为

$$W = \int dW = \int_0^Q \frac{q}{C}dq = \frac{Q^2}{2C}$$

根据功能原理，电源做的功转化为电容器的能量，上式就是电容值为 $C$ 的电容器，当它极板上带电荷量 $Q$ 时所具有的能量。若用 $W_e$ 表示电容器的能量，并利用 $Q=CU$ 的关系，可得到**带电电容器的储能公式**

$$W_e = \frac{Q^2}{2C} = \frac{1}{2}CU^2 = \frac{1}{2}QU \tag{5-13}$$

式(5-13)对各种类型的电容器都成立。

**电场的能量** 静电场中电荷与电场同时存在，我们无法分辨电能是与电荷关联还是与电场关联。以后我们将看到，随时间迅速变化的电场和磁场将以电磁波的形式在空间传播，电场可以脱离电荷而传播到很远的地方去。实际上，电磁波携带能量已经是人所共知的事实。大量事实证明，电能是定域在(或者说分布在)电场所占整个空间的。

既然电能是定域在电场中，我们就可以把带电系统的能量公式用描述电场性质的物理量 $E$ 来表示。以平板电容器为例，设极板带电荷量 $Q$，电容为 $C$，极板面积为 $S$，板间距离为 $d$，当板间充满介电常量为 $\varepsilon$ 的电介质时，其能量为

$$W_e = \frac{1}{2}CU^2 = \frac{1}{2}\frac{\varepsilon S}{d}E^2d^2 = \frac{1}{2}\varepsilon E^2 Sd = \frac{1}{2}\varepsilon E^2 V$$

式中，$V = Sd$ 是平板电容器两极板间电场占的空间体积。上式说明电能储存在电场中。

电场中单位体积的能量称为**电场的能量密度**，以 $w_e$ 表示，即

$$w_e = \frac{W_e}{V} = \frac{1}{2}\varepsilon E^2 = \frac{1}{2}DE \tag{5-14}$$

可以证明，电场能量体密度的公式适用于任何电场。在电场不均匀时，总电场能 $W_e$ 等于电场能量密度在场强不为零的空间 $V$ 中的体积分，即

$$W_e = \int_V \mathrm{d}W_e = \int_V \frac{1}{2}\varepsilon E^2 \mathrm{d}V \tag{5-15}$$

**例 5-4** 一球形电容器,其内、外球壳的半径分别为 $R_1$ 和 $R_2$,两球壳间充满相对介电常量为 $\varepsilon_r$ 的电介质,求此电容器带有电荷 $Q$ 时所储存的电能。

静电能定域于静电场中,求静电能的基本步骤是:(1) 求场强分布;(2) 求体元 $\mathrm{d}V$ 内的电场能 $\mathrm{d}W_e$;(3) 对电场占的空间体积积分得电场的总能。

**解** (1) 由于此电容器的内外球壳分别带有 $+Q$ 和 $-Q$ 的电荷量,如图 5-14 所示。由高斯定理可以求得场强的分布

$$E = \frac{Q}{4\pi\varepsilon_0\varepsilon_r r^2} \quad (R_1 < r < R_2)$$

$$E = 0 \quad (r < R_1; r > R_2)$$

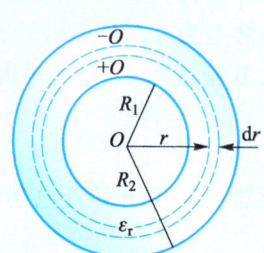

图 5-14 例 5-4 图

(2) 取体元 $\mathrm{d}V$ 为半径为 $r$,厚度为 $\mathrm{d}r$ 的同心薄球壳,则此薄球壳中具有的电场能

$$\mathrm{d}W_e = w_e \mathrm{d}V = \frac{1}{2}\varepsilon_0\varepsilon_r E^2 \cdot 4\pi r^2 \mathrm{d}r = \frac{1}{2}\varepsilon_0\varepsilon_r \left(\frac{Q}{4\pi\varepsilon_0\varepsilon_r r^2}\right)^2 \cdot 4\pi r^2 \mathrm{d}r$$

(3) 电容器储存的总电场能为

$$W_e = \int_V \mathrm{d}W_e = \int_{R_1}^{R_2} \frac{1}{2}\varepsilon_0\varepsilon_r \left(\frac{Q}{4\pi\varepsilon_0\varepsilon_r r^2}\right)^2 \cdot 4\pi r^2 \mathrm{d}r = \frac{Q^2}{8\pi\varepsilon_0\varepsilon_r}\left(\frac{1}{R_1} - \frac{1}{R_2}\right)$$

把上式与电容器的储能公式 $W_e = \frac{1}{2}\frac{Q^2}{C}$ 比较,还可求得此球形电容器的电容为

$$C = 4\pi\varepsilon_0\varepsilon_r \frac{R_1 R_2}{R_2 - R_1}$$

这是计算电容器电容的另一种方法,叫能量法。

◇ 思考题

**5-4** 一个带电体带有一定的电荷量,当另一个不带电的导体移近它时,它的电容有没有改变?

**5-5** 平行板电容器充电后,如果切断电源,使两极板间的距离增大。问两极板间电势差、极板间场强、电容器电容如何改变?如果不切断电源而增大两极板间距。则极板上电荷面密度、极板间场强、电容器电容又如何改变?

## 生活中的物理 5

### 压电效应及其应用

一些晶体(如石英、电气石、钛酸钡陶瓷等)沿某方向受外力作用(压缩或拉伸)时,晶体内部产生电极化现象,晶体的不同的特定表面会出现等量异号的极化电荷,电荷量与外力的大小成正比;当外力撤去后,晶体又恢复到中性状态;当外力作用方向改变时,电荷的极性也随之改变。这种由于外加机械力作用而在晶片表面出现电荷的现象称为**正压电效应**。能产生压电效应的晶体称为**压电体**。例如,石英晶体在 0.1 Pa 的压强作用下,承受压力的两个表面上出现正负电荷,产生约 0.5 V 的电势差。

压电效应有其逆效应。即晶体在外电场中被极化时,其体内出现应力,并产生压缩或拉伸的固体形变,形变的大小与所加外电场大小成正比,当外电场方向改变,晶体形变也改变,外力撤去后,晶体形变也消失。这种由于外加电场的作用,使晶体产生机械形变的现象称为**逆压电效应**。

压电晶体可以因机械变形产生电场,也可以因电场作用产生机械变形,这种固有的机-电耦合效应使得压电晶体在工程中得到了广泛的应用。例如在两块平行金属板之间放置石英片,再在金属板上加交变电压,交变电压的频率与石英片的固有频率相同,石英片在交变电场作用下,将做强烈的高频振动,在金属板周围的介质中就发生高于声频的波动,称为超声波。在无线电工程中,压电石英晶体常用于稳定电震荡的频率。一般地说,压电现象可用于变机械振动为电振荡或变电振荡为机械振动。

## 习题 5

**选择题**

**5-1** 一"无限大"均匀带电平面 A,电荷面密度为 $+\sigma$,其附近放一与它平行的有一定厚度的"无限大"导体平板 B,如图所示。则导体板 B 两个表面上感应电荷面密度为( )。

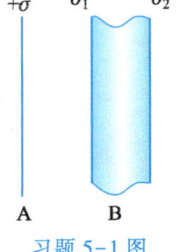

习题 5-1 图

(A) $\sigma_1 = -\sigma, \sigma_2 = +\sigma$  (B) $\sigma_1 = -\dfrac{\sigma}{2}, \sigma_2 = +\dfrac{\sigma}{2}$

(C) $\sigma_1 = -\dfrac{\sigma}{2}, \sigma_2 = -\dfrac{\sigma}{2}$  (D) $\sigma_1 = -\sigma, \sigma_2 = 0$

**5-2** 两面积均为 $S$ 的导体平面 A、B 平行放置,如图所示。A 板带电荷量为 $+q_1$,B 板带电荷量为 $+q_2$。如果使 B 板接地,则 A、B 间电场强度的大小为( )。

(A) $\dfrac{q_1}{\varepsilon_0 S}$  (B) $\dfrac{q_1}{2\varepsilon_0 S}$  (C) $\dfrac{q_1-q_2}{2\varepsilon_0 S}$  (D) $\dfrac{q_1+q_2}{2\varepsilon_0 S}$

**5-3** 半径为 $R$ 的导体球带电后电势为 $U_0$，则球外离球心距离为 $r$ 处的电场强度的大小为(　　)。

(A) $\dfrac{U_0}{r}$  (B) $\dfrac{RU_0}{r^2}$  (C) $\dfrac{U_0}{r^2}$  (D) $\dfrac{R^2 U_0}{r^3}$

**5-4** 一个原来不带电的空腔导体球壳，内半径为 $R$，在腔内离球心距离为 $d$ ($d<R$) 处固定一电荷量为 $+q$ 的点电荷。用导线把球壳接地后，再撤去地线，若无穷远处电势为零，则球心 $O$ 处的电势为(　　)。

(A) 0  (B) $\dfrac{q}{4\pi\varepsilon_0 d}$  (C) $-\dfrac{q}{4\pi\varepsilon_0 R}$  (D) $\dfrac{q}{4\pi\varepsilon_0}\left(\dfrac{1}{d}-\dfrac{1}{R}\right)$

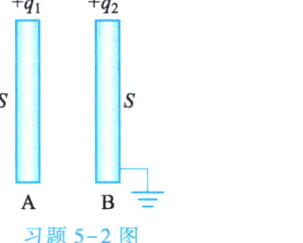
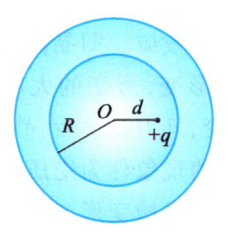

习题 5-2 图　　习题 5-4 图

**\*5-5** 半径为 $R$ 的金属球与地连接，在与球心 $O$ 相距 $d=2R$ 处有一电荷量为 $+q$ 的点电荷。设地的电势为零，则球上的感应电荷量 $q'$ 为(　　)。

(A) 0  (B) $\dfrac{q}{2}$  (C) $-\dfrac{q}{2}$  (D) $-q$

**5-6** 在一点电荷产生的静电场中，一块电介质放置如图所示，以点电荷所在处为球心作一球形闭合面 $S$，则对此球形闭合面(　　)。

(A) 高斯定理成立，且可用它求闭合面 $S$ 上各点的场强
(B) 高斯定理成立，但不能用它求闭合面 $S$ 上各点的场强
(C) 由于电介质不对称分布，高斯定理不成立
(D) 即使电介质对称分布，高斯定理也不成立

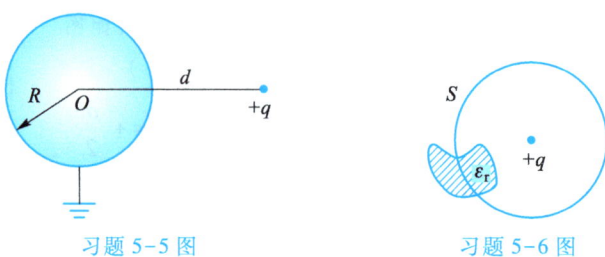

习题 5-5 图　　习题 5-6 图

**5-7** 一平行板电容器充电后与电源连接，若用绝缘手柄改变电容器两极板间的距离，则下述物理量中哪个保持不变?(　　)。

(A) 电容器的电容　　　　(B) 两极板间的场强
(C) 电容器储存的能量　　(D) 两极板间的电势差

**5-8** 真空中有一均匀带电球体和一均匀带电球面,如果它们的半径和所带的电荷量都相等,则它们的静电能之间的关系是(　　　)。
(A) 球体的静电能等于球面的静电能
(B) 球体的静电能大于球面的静电能
(C) 球体的静电能小于球面的静电能
(D) 球体内的静电能大于球面内的静电能,球体外的静电能小于球面外的静电能

**填空题**

**5-9** 将一负电荷从无限远处移到一个不带电的导体附近,则导体内的电场强度_____,导体的电势将_____。(填"增大"、"不变"或"减小"。)

**5-10** 平行板电容器两极板间充满相对介电常量为 $\varepsilon_r$ 的均匀电介质,若极板上的自由电荷面密度为 $\sigma$,则介质中电位移的大小 $D=$ _____,电场强度的大小 $E=$ _____。

**5-11** 真空中半径分别为 $R_1$ 和 $R_2$ 的两个导体球,相距很远,则两球的电容之比 $\dfrac{C_1}{C_2}=$ _____,当用一细导线将两球相连后,电容为 $C=$ _____。

**计算题**

**5-12** 半径分别为 $R_1$ 和 $R_2(R_2>R_1)$ 的两个同心导体薄球壳,分别带电荷量 $Q_1$ 和 $Q_2$。今将内球壳用细导线与远处的半径为 $r$ 的导体球相连。导体球原来不带电,细线上的电荷量忽略不计。求相连后导体球所带的电荷量 $q$。

**5-13** 把一块原来不带电的金属板 B,移近一块已带有正电荷 $Q$ 的金属板 A,平行放置。设两极板面积都是 $S$,板间距离为 $d$。忽略边缘效应。求:
(1) 两极板间的电势差 $U_{AB}$;
(2) 若将 B 板接地,两极板间的电势差 $U'_{AB}$ 又为多少?

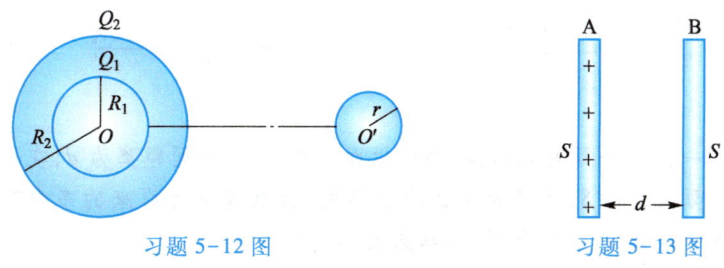

习题 5-12 图　　　　习题 5-13 图

**5-14** 三块平行金属板 A、B、C,面积均为 200 cm²。A、B 间距为 4 mm,A、C 间距为 2 mm。B、C 两板都接地,如图所示。A 板带正电荷 $q=3\times10^{-7}$ C,不计边缘效应。求:
(1) B、C 板上的感应电荷量;

(2) A 板的电势。

**5-15** 半径为 $R$、带电荷量为 $q$ 的导体球,球外有一厚度为 $d$ 的同心均匀电介质球壳,介质的相对介电常量为 $\varepsilon_r$,如图所示,求电场强度和电势的分布。

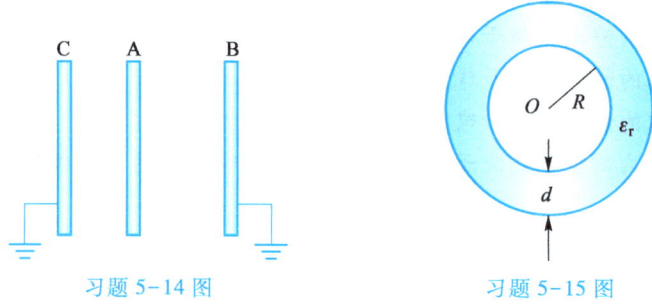

习题 5-14 图    习题 5-15 图

**5-16** 真空中半径分别为 $R_1$ 和 $R_2$ 的两个导体球,相距很远。今用一细导线将两者相连接,并给系统带上电荷量 $Q$。求:
(1) 每个球上分配到的电荷量是多少?
(2) 按电容定义式计算此系统的电容。

**5-17** 真空中两根半径均为 $a$ 的"无限长"直导线平行放置,如图所示,它们的轴线之间相距为 $d$,且 $d \gg a$,试求该导体组单位长度的电容。

**5-18** 两块"无限大"平行导体板,相距 $2d$,都与地相连,如图所示。两板间充满正离子气体(与导体板绝缘),离子数密度为 $n$,每个离子的带电荷量为 $q$。如果忽略气体中的极化现象,可以认为场强分布相对中心平面 $OO'$ 是对称的。试求两板间的场强分布和电势分布。

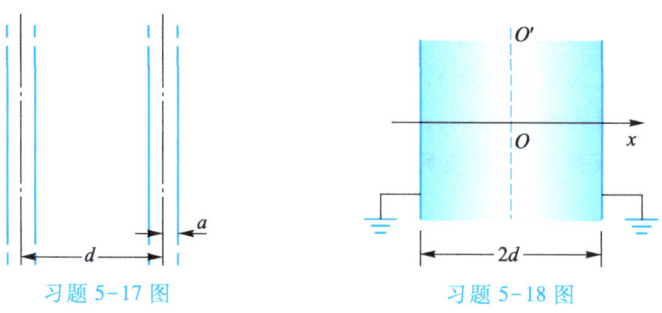

习题 5-17 图    习题 5-18 图

第 5 章习题
参考答案

**5-19** 一空气平行板电容器,两极板面积均为 $S$,极间距离为 $d$,在两极板间平行地插入一面积也是 $S$,厚度为 $d/2$ 的金属板,其电容变为原来的多少?如果插入的是相对介电常量为 $\varepsilon_r$ 的介质板,结果又如何?

## >>> 第6章

### ... 恒定电流的磁场

静止电荷周围存在着静电场,运动电荷周围不仅存在电场,同时还存在磁场。本章研究磁场的产生、描述磁场性质的基本物理量、反映磁场性质的基本规律、磁场对运动电荷及载流导线的作用以及介质对磁场的影响。本章中很多的概念、规律、研究和处理问题的方法与静电场中的内容有很多相似之处。

## 6.1 磁场 磁感应强度

### 6.1.1 磁感应强度

视频:地磁场1——对磁力线的研究

文档:奥斯特简介

文档:安培简介

**基本磁现象** 我国是世界上最早发现并应用磁现象的国家,早在公元前 300 年就已发现磁石吸铁的现象,11 世纪(北宋)时,我国已经制造出航海用的指南针,并发现地磁偏角,地球的 N 极在地理南极附近,S 极在地理北极附近。

天然磁铁和人造磁铁都可称为永磁铁。磁铁两端的磁性最强,称为磁极。由第 4 章中已经知道,正电荷和负电荷可以独立存在,但磁极总是成对出现,不可能分割成独立存在的 N 极和 S 极,这是磁极和电荷的基本区别。

历史上很长一段时期,人们对磁现象和电现象的研究都是彼此独立进行的,直到 1820 年丹麦物理学家奥斯特(H. C. Oersted)偶然发现电流的磁效应(即放在通有电流的导线周围的小磁针,会受到力的作用而发生偏转,如图 6-1 所示)后,人们才开始认识到磁现象和电现象之间是有联系的。

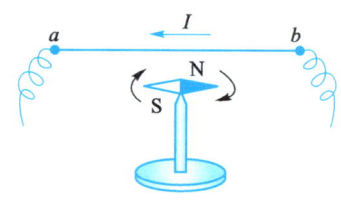
图 6-1 奥斯特发现

奥斯特的发现,揭开了电磁研究的新一页。同年法国物理学家安培发现,放在磁铁附近的载流导线或载流线圈,也会受到磁力作用力而发生运动,如图 6-2 所示。随后的实验还发现,载流导线之间或载流线圈之间也有相互作用力,如图 6-3 所示。

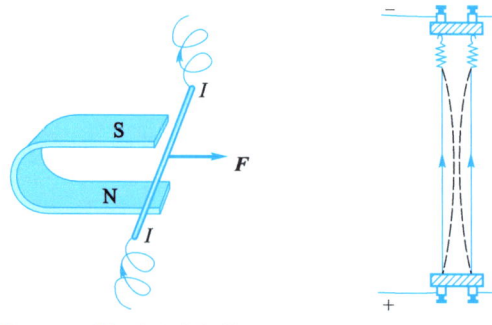

图 6-2 磁场对电流的作用

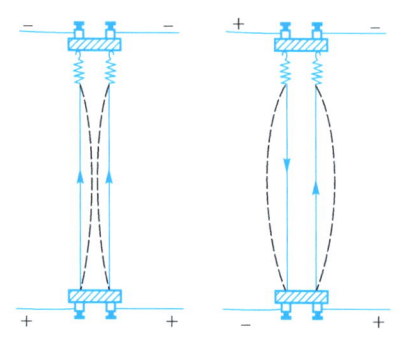

图 6-3 平行电流间的相互作用

**磁感应强度** 已经知道,电荷之间的相互作用是通过电场来传递的。同理,电流与电流之间,电流与磁铁之间以及磁铁与磁铁之间的相互作用也是通过场来传

递的,这种场称为磁场,这种相互作用关系可表示为

$$电流(或磁铁) \rightleftharpoons \boxed{磁场} \rightleftharpoons 电流(或磁铁)$$

磁场与电场一样,是客观存在的特殊形态的物质。磁场对外的重要表现是:

(1) 磁场对进入场中的运动电荷或载流导体有磁力的作用;

(2) 载流导体在磁场中移动时,磁力将对载流导体做功,表明磁场具有能量。

静电场中,我们引入了电场强度矢量 $E$ 来描述电场的性质。同样,磁场中我们引入磁感应强度矢量 $B$ 来描述磁场的性质。

将一正试验电荷 $q_0$ 以速度 $v$ 输入磁场中,观察它在磁力作用下的运动情况。实验表明:(1) $q_0$ 在磁场中任一点 $P$ 处受到的磁力 $F$ 与 $q_0$、$v$ 的大小及 $v$ 的方向有关;(2) 磁场中存在一个特定的方向,$q_0$ 沿这个方向(或其相反的方向)运动不受磁力($F=0$);(3) $q_0$ 沿垂直该特定方向以速度 $v$ 通过 $P$ 点时,它所受的磁力 $F$ 达到最大值 $F_{max}$,$F_{max}$ 的方向垂直 $v$ 与该特定方向构成的平面,$|F_{max}| \propto qv$。但对磁场中一个确定点,比值 $\dfrac{F_{max}}{q_0 v}$ 是一个常量且与 $q_0$ 和 $v$ 无关;对磁场中不同的点,比值 $\dfrac{F_{max}}{q_0 v}$ 一般不相同。可见,比值反映了 $P$ 点处磁场的性质。定义:比值 $\dfrac{F_{max}}{q_0 v}$ 为磁场中该点处磁感应强度 $B$ 的大小,即

$$B = \frac{F_{max}}{q_0 v} \qquad (6-1)$$

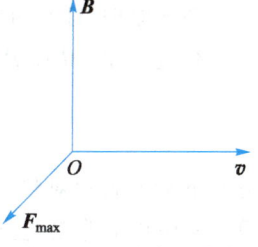

图 6-4　$B$ 方向的确定

$B$ 的方向为试验电荷的"零受力方向",其指向为 $F_{max} \times v$ 的方向,如图 6-4 所示。在 SI 中,$B$ 的单位为 T(特斯拉),$1\text{ T} = 1\text{ N} \cdot \text{A}^{-1} \cdot \text{m}^{-1}$。

### 6.1.2　毕奥-萨伐尔定律

**电流元**　静电学中计算任意形状带电体所产生的电场强度 $E$ 时,把带电体看成由许多电荷元 $dq$ 组成,带电体在场点 $P$ 的场强就是这无数 $dq$ 在场点产生的电场强度 $dE$ 的叠加。现在研究任意形状的载流导线在给定点 $P$ 处所产生的磁感应强度 $B$,也可以把载流导线看成许多**电流元** $Idl$(电流元常用矢量 $Idl$ 表示,$dl$ 是矢量,表示在载流导线上沿电流方向所取的线元,$I$ 为导线中的电流)组成,载流导线在场点 $P$ 产生的磁感应强度就是这无数电流元 $Idl$ 在场点产生的磁感应强度 $dB$ 的叠加。不过,由于实际上不可能得到单独的电流元,因此也无法直接从实验中找到单独的电流元与其所产生的磁感应强度之间的关系。

**毕奥-萨伐尔定律**　19 世纪 20 年代,法国物理家毕奥(J. B. Biot)和萨伐尔(F. Savart)两人研究和分析了很多实验资料,概括出一条有关电流产生磁场的基本定律,称为**毕奥-萨伐尔定律**,其内容叙述如下:

载流回路上任一电流元 $Idl$ 在给定点 $P$ 所产生的磁感应强度 $dB$ 的大小与电流

文档:毕奥简介

元 $Idl$ 的大小成正比,与电流元和电流元到 $P$ 的径矢 $r$ 的夹角 $\theta$ 的正弦成正比,而与径矢 $r$ 大小的平方成反比,即

$$dB = k\frac{Idl\sin\theta}{r^2}$$

d$B$ 的方向垂直于 $Idl$ 与 $r$ 构成的平面,指向为由 $Idl$ 经小于 $180°$ 的角转向 $r$ 时右螺旋前进的方向,如图 6-5 所示。用矢量式表示,则有

$$d\boldsymbol{B} = k\frac{Id\boldsymbol{l}\times\boldsymbol{r}}{r^3} \qquad (6-2)$$

式中,$k$ 为比例系数,它的值与磁场中的磁介质和单位制的选取有关。在真空中且采用 SI 单位时,$k=\dfrac{\mu_0}{4\pi}$,$\mu_0 = 4\pi\times10^{-7}$ T·m/A,

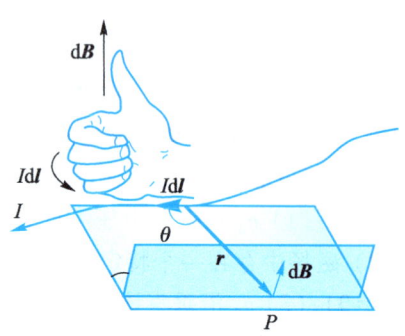

图 6-5　电流元产生的磁场

称为**真空的磁导率**。引入 $\mu_0$ 后,真空中的毕奥-萨伐尔定律可表示为

$$d\boldsymbol{B} = \frac{\mu_0}{4\pi}\frac{Id\boldsymbol{l}\times\boldsymbol{r}}{r^3} \qquad (6-3)$$

由叠加原理,任意有限长载流导线在点 $P$ 处产生的磁感应强度 $\boldsymbol{B}$,等于载流导线上所有电流元 $Idl$ 在 $P$ 点处产生的磁感应强度 $d\boldsymbol{B}$ 的矢量和,即

$$\boldsymbol{B} = \int_L d\boldsymbol{B} = \int_L \frac{\mu_0}{4\pi}\frac{Id\boldsymbol{l}\times\boldsymbol{r}}{r^3} \qquad (6-4)$$

积分号下标 $L$ 表示对整条载流导线 $L$ 积分。式(6-4)的积分是矢量积分,一般不易计算。实际中通常是建立坐标系,将 d$\boldsymbol{B}$ 进行分解,使矢量积分化成对坐标分量的标量积分,参见下面的例子。

### 6.1.3　毕奥-萨伐尔定律的应用

**直线电流的磁场**　长为 $L$ 的直导线,通电流为 $I$,求距离直线为 $a$ 处 $P$ 点的磁感应强度 $\boldsymbol{B}$。

建立坐标系如图 6-6 所示,在载流直导线上 $l$ 处取电流元 $Idl(|dl|=dy)$,它在给定点 $P$ 处产生的磁感应强度 $d\boldsymbol{B}$ 的大小为

$$dB = \frac{\mu_0}{4\pi}\frac{Idl\sin\theta}{r^2}$$

d$\boldsymbol{B}$ 的方向垂直 $Idl$ 与 $\boldsymbol{r}$ 构成的平面指向里($\otimes$)。由于直导线上各电流元在 $P$ 点产生的 d$\boldsymbol{B}$ 方向都相同,故整段直导线在 $P$ 点的总磁感应度大小为

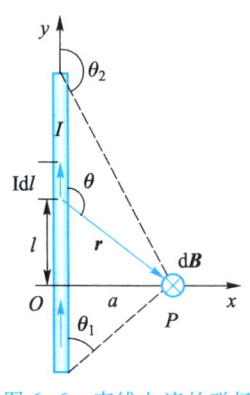

图 6-6　直线电流的磁场

$$B = \int dB = \frac{\mu_0}{4\pi} \int \frac{Idl\sin\theta}{r^2}$$

式中 $l$、$r$、$\theta$ 都是变量,现统一用 $\theta$ 表示,由图有

$r = \dfrac{a}{\sin(\pi-\theta)} = \dfrac{a}{\sin\theta}$,  $l = a\cot(\pi-\theta) = -a\cot\theta$, $dl = \dfrac{ad\theta}{\sin^2\theta}$,代入上述积分式,并按图所示取积分下限为 $\theta_1$,上限为 $\theta_2$,得

$$B = \frac{\mu_0 I}{4\pi a}\int_{\theta_1}^{\theta_2}\sin\theta d\theta = \frac{\mu_0 I}{4\pi a}(\cos\theta_1 - \cos\theta_2) \tag{6-5}$$

式(6-5)中,$\theta_1$ 为起端电流元 $Idl$ 与位矢 $r$ 的夹角,$\theta_2$ 为终端电流元 $Idl$ 与位矢 $r$ 的夹角。

讨论几种特殊情形:

(1) 若载流直导线为"无限长",式(6-5)中的 $\theta_1 = 0$,$\theta_2 = \pi$,有

$$B = \frac{\mu_0 I}{2\pi a} \tag{6-6}$$

(2) 若载流直导线为"半无限长",式(6-5)中的 $\theta_1 = \dfrac{\pi}{2}$,$\theta_2 = \pi$,有

$$B = \frac{\mu_0 I}{4\pi a} \tag{6-7}$$

(3) 若场点 $P$ 在载流直导线的延长线上,则 $B = 0$。

**圆形电流的磁场**  一半径为 $R$ 的圆形线圈,通以电流 $I$,求其轴线上距圆心 $O$ 为 $x$ 处 $P$ 点的磁感应强度。

在圆环上任取电流元 $Idl$,由毕奥-萨伐尔定律写出 $Idl$ 在 $P$ 点处产生的 $dB$ 大小为

$$dB = \frac{\mu_0}{4\pi}\frac{Idl\sin 90°}{r^2}$$

$dB$ 方向如图 6-7 所示。因为圆环上不同位置的电流元在 $P$ 点产生的 $dB$ 方向不同,因此,将 $dB$ 分解为与 $x$ 轴平行的分量和与 $x$ 轴垂直的分量

$dB_\parallel = dB\sin\theta$  和  $dB_\perp = dB\cos\theta$。

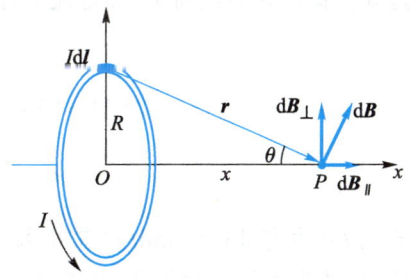

图 6-7 圆形电流的磁场

由对称性可知,$B_\perp = \int dB_\perp = 0$。所以

$$B = B_\parallel = \int dB_\parallel = \int dB\sin\theta = \int_0^{2\pi R}\frac{\mu_0}{4\pi}\frac{Idl}{r^2}\frac{R}{r} = \frac{\mu_0 IR^2}{2r^3}$$

因为

$$r^2 = R^2 + x^2$$

所以

$$B = \frac{\mu_0 IR^2}{2(R^2+x^2)^{3/2}} \tag{6-8}$$

$B$ 的方向沿 $x$ 正方向,与电流方向成右手螺旋关系。

式(6-8)中令 $x = 0$，得圆心处的磁感应强度大小为

$$B = \frac{\mu_0 I}{2R} \tag{6-9}$$

一段半径为 $R$，圆心角为 $\theta$，通电流为 $I$ 的任意圆弧形电流在圆心处产生的磁感应强度大小由图 6-8 有

$$B = \int_0^\theta \mathrm{d}B = \int_0^\theta \frac{\mu_0}{4\pi} \frac{I\mathrm{d}l}{R^2} = \int_0^\theta \frac{\mu_0}{4\pi} \frac{I\mathrm{d}\theta}{R}$$

即

$$B = \frac{\mu_0 I}{4\pi R}\theta \tag{6-10}$$

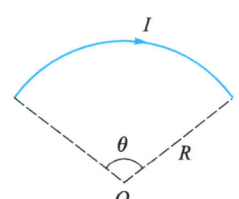

图 6-8　任意圆弧形电流的磁场

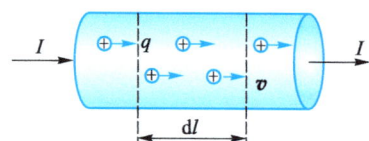

图 6-9　电流元中的运动电荷

### *6.1.4　运动电荷的磁场

电流是电荷定向运动形成的，电流的磁场实为运动电荷产生的磁场。根据毕奥-萨伐尔定律，电流元 $I\mathrm{d}\boldsymbol{l}$ 在空间 $P$ 点产生的磁场由式(6-3)决定。如图 6-9 所示，设导体中单位体积内有 $n$ 个带电粒子，每个粒子带有电荷量 $q$（为简单起见，假设 $q>0$），以速度 $\boldsymbol{v}$ 沿电流元 $I\mathrm{d}\boldsymbol{l}$ 方向匀速运动而形成导体中的电流。单位时间内通过导体截面 $S$ 的电荷量，即电流 $I$ 为

$$I = qnvS \tag{6-11}$$

代入式(6-3)，并注意到 $I\mathrm{d}\boldsymbol{l}$ 与 $\boldsymbol{v}$ 同方向，得

$$\mathrm{d}\boldsymbol{B} = \frac{\mu_0}{4\pi} \frac{nqS\mathrm{d}l(\boldsymbol{v}\times\boldsymbol{r})}{r^3}$$

电流元 $I\mathrm{d}\boldsymbol{l}$ 内有 $\mathrm{d}N = nS\mathrm{d}l$ 个带电粒子，因此，从微观上说，电流元 $I\mathrm{d}\boldsymbol{l}$ 产生的磁场就是这 $\mathrm{d}N$ 个运动电荷产生的磁场。这样，一个以速度 $\boldsymbol{v}$ 运动的电荷所产生的磁感应强度 $\boldsymbol{B}$ 为

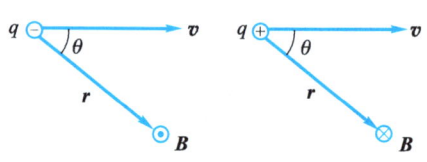

图 6-10　运动电荷的磁场

$$\boldsymbol{B} = \frac{\mathrm{d}\boldsymbol{B}}{\mathrm{d}N} = \frac{\mu_0}{4\pi} \frac{q(\boldsymbol{v}\times\boldsymbol{r})}{r^3} \tag{6-12}$$

其大小为

$$B = \frac{\mu_0}{4\pi} \frac{qv\sin\theta}{r^2}$$

$B$ 的方向垂直于 $v$ 与 $r$ 构成的平面,指向由右手螺旋定则确定(如图 6-10 所示)。

◇ 思考题

**6-1** 为什么不能将磁场作用于运动电荷的力的方向定义为磁感应强度的方向?

**6-2** 一个电荷能在它的周围空间中任一点激起电场;一个电流元是否也能在它周围空间任一点激起磁场?

## 6.2 磁场的高斯定理与安培环路定理

### 6.2.1 磁场的高斯定理

**磁感应线** 类似于用电场线形象地描述电场的空间分布一样,可用磁感应线(磁感应线)来形象地描述磁场的空间分布。在磁场中作一系列曲线,使曲线上任一点的切线方向与该点磁感应强度的方向一致;同时,为了用磁感应线的疏密来表示空间各点磁场的大小,还规定,通过磁场中某点处垂直于 $B$ 矢量单位面积的磁感应线条数等于该点 $B$ 矢量的量值。这样,磁场较强的地方,磁感应线较密;反之,磁场较弱的地方,磁感应线较稀疏。

磁感应线具有下面一些性质:

(1) 磁感应线是没有起点也没有终点的闭合曲线;

(2) 磁感应线总是与产生磁场的电流互相套链,磁感应线的方向与电流的方向服从右手螺旋关系;

(3) 任意两条磁感应线不相交,即磁场中每一点的磁感应强度只有一个方向;

图 6-11 给出了一些常见电流产生的磁场的磁感应线。

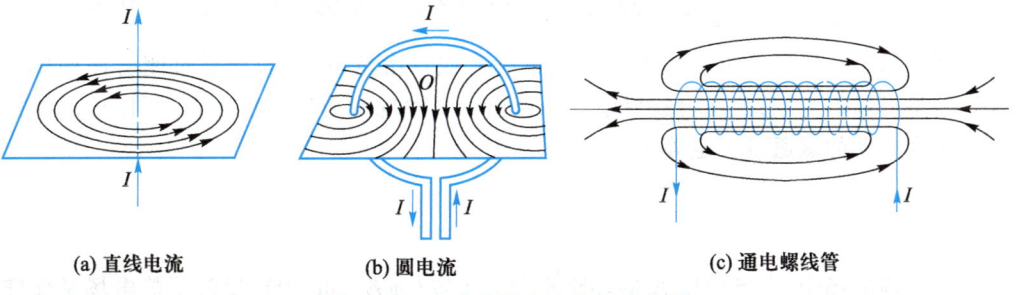

(a) 直线电流　　(b) 圆电流　　(c) 通电螺线管

图 6-11　几种常见电流的磁感应线

**磁通量** 与静电场中 $E$ 通量的概念类似,磁场中通过任一曲面 $S$ 的磁感应线的条数称为通过该曲面的**磁通量**,用 $\Phi$ 表示。

均匀磁场 $B$ 中,穿过垂直于磁场方向的任意平面 $S$ 的磁通量

$$\Phi = \int_S \boldsymbol{B} \cdot \mathrm{d}\boldsymbol{S} = BS$$

如果平面的单位法矢 $e_n$ 与 $B$ 成 $\theta$ 角[图 6-12(a)]，则通过平面 $S$ 的磁通量等于通过 $S'$ 的磁通量，即

$$\Phi = BS\cos\theta$$

任意磁场通过任意曲面 $S$ 的磁通量，把曲面划分为无限多个面积元 $dS$[图 6-12(b)]，则通过 $dS$ 的磁通量为

$$d\Phi = BdS\cos\theta = \boldsymbol{B} \cdot d\boldsymbol{S}$$

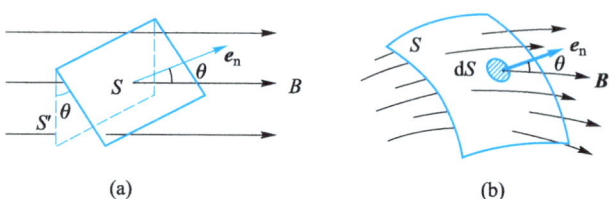

图 6-12　磁通量

通过整个曲面 $S$ 的磁通量

$$\Phi = \int_S d\Phi = \int_S \boldsymbol{B} \cdot d\boldsymbol{S} \tag{6-13}$$

在 SI 中，磁通量的单位是 Wb（韦伯），1 Wb = 1 T·m²。

**磁场的高斯定理**　对闭合曲面 $S$，通常规定由内向外的方向为该处面积元法线的正方向。按此规定，从闭合面穿出的磁通量为正，穿入闭合面的磁通量为负。由于磁感应线的闭合性，穿出闭合曲面的磁感应线数必等于穿入闭合曲面的磁感应线数，所以穿过任一闭合曲面 $S$ 的总磁通量必等于零，即

$$\oint_S \boldsymbol{B} \cdot d\boldsymbol{S} = 0 \tag{6-14}$$

式(6-14)称为**磁场的高斯定理**，表明**磁场是无源场（涡旋场）**。此式与静电场中高斯定理 $\oint_S \boldsymbol{E} \cdot d\boldsymbol{S} = \dfrac{1}{\varepsilon_0}\sum q_i$ 形式相似，但两者所反映的场在性质上却有本质的差别。由于自然界有单独存在的自由正电荷或自由负电荷，因此通过闭合曲面的 $\boldsymbol{E}$ 通量可以不为零；但在自然界中迄今为止尚未发现有单独磁极存在，所以通过任意闭合曲面的磁通量一定等于零。

### 6.2.2　安培环路定理

静电场中，电场强度 $\boldsymbol{E}$ 的环路积分等于零（$\oint_L \boldsymbol{E} \cdot d\boldsymbol{l} = 0$），反映了静电场是保守力场的性质。那么，在恒定磁场中，磁感应强度 $\boldsymbol{B}$ 的环流 $\oint_L \boldsymbol{B} \cdot d\boldsymbol{l} = ?$

**安培环路定理**　如图 6-13 所示，一无限长直导线通电流 $I$，在垂直载流导线的平面上取一包围导线的任意闭合曲线 $L$，$L$ 上任一点的磁感应强度 $\boldsymbol{B}$ 的大小为 $B = \dfrac{\mu_0 I}{2\pi r}$。

若取逆时针方向为回路的绕行方向,则磁感应强度 $B$ 沿此闭合曲线 $L$ 的线积分

$$\oint_L \boldsymbol{B} \cdot \mathrm{d}\boldsymbol{l} = \oint_L B\cos\theta \mathrm{d}l = \oint_L Br\mathrm{d}\varphi$$

$$= \frac{\mu_0 I}{2\pi}\int_0^{2\pi} \mathrm{d}\varphi = \mu_0 I$$

值得注意的是,此结果与 $r$ 无关,即与所取积分回路 $L$ 的形状及大小无关,只与闭合回路 $L$ 内包围的电流有关;若积分回路 $L$ 及绕行方向不变,而导线中的电流 $I$ 反向,则上述积分将变为负值,即

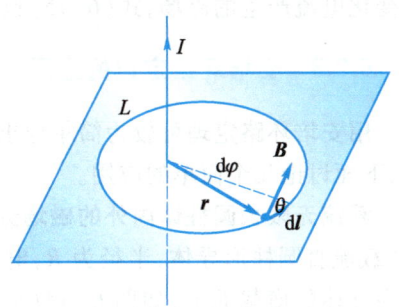

图 6-13 安培环路定理

$$\oint_L \boldsymbol{B} \cdot \mathrm{d}\boldsymbol{l} = -\mu_0 I$$

若闭合回路 $L$ 不包围载流导线,上述积分将等于零,即

$$\oint_L \boldsymbol{B} \cdot \mathrm{d}\boldsymbol{l} = 0$$

此式说明,积分回路外的电流对回路上各点的 $B$ 有贡献,但对 $B$ 的环流 $\oint_L \boldsymbol{B} \cdot \mathrm{d}\boldsymbol{l}$ 没有贡献。以上讨论虽然是对长直载流导线而言,但其结论具有普遍性。对于任意的恒定电流所产生的磁场,闭合回路 $L$ 也不一定是平面曲线,并且穿过闭合回路的电流还可以有多个,都具有与上面讨论同样的特性。这一普遍规律性的关系式称为**安培环路定理**,可表述如下:

真空中恒定电流的磁场中,磁感应强度 $B$ 沿任意闭合回路 $L$ 的线积分(称为 $B$ 的环流),等于穿过以 $L$ 为边界的任意曲面的电流代数和的 $\mu_0$ 倍。其数学表达式为

$$\oint_L \boldsymbol{B} \cdot \mathrm{d}\boldsymbol{l} = \mu_0 \sum I_i \tag{6-15}$$

式(6-15)中,$L$ 内电流的正负规定如下:当穿过回路 $L$ 的电流方向与回路 $L$ 的绕行方向符合右手螺旋关系时,$I$ 取正值;反之,$I$ 取负值。如果 $I$ 不穿过以 $L$ 为边界的曲面,则该电流对式(6-15)左边的积分无贡献。但不能误认为 $L$ 上各点的 $B$ 仅由 $L$ 内包围的电流所产生。$\oint_L \boldsymbol{B} \cdot \mathrm{d}\boldsymbol{l} = 0$,只说明回路 $L$ 所包围的电流的代数和以及 $B$ 沿 $L$ 的环流为零,而不能说明闭合回路 $L$ 上各点的 $B$ 一定为零。

安培环路定理反映了恒定电流磁场与静电场的一个截然不同的性质:静电场的环流 $\oint_L \boldsymbol{E} \cdot \mathrm{d}\boldsymbol{l} = 0$,因而可以引进电势这一物理量来描述电场;但对恒定电流的磁场来说,一般情况下 $\oint_L \boldsymbol{B} \cdot \mathrm{d}\boldsymbol{l} \neq 0$,因此不存在标量势。环流不等于零的矢量场称为有旋场,故磁场是有旋场(或涡旋场),是非保守力场。

还应指出的是,安培环路定理中的电流都应该是闭合恒定电流,对于一段恒定电流的磁场,安培环路定理不成立(无限长直恒定电流可以认为在无限远处闭合)。

对变化电流产生的磁场,式(6-15)也不成立,其推广形式见后面 7.4。

### 6.2.3 安培环路定理的应用

用安培环路定理可较为简单地求得某些具有特定对称性的载流导线的磁场分布,下面讨论几个简单的应用。

**载流无限长圆柱体内外的磁场分布** 一"无限长"载流直圆柱形导体,半径为 $R$,电流 $I$ 均匀地分布在导体的横截面上,如图 6-14(a)所示,求圆柱体内外的磁场分布。

由于电流分布对中心轴线对称,故其产生的磁场对柱体中心轴线也是对称的;磁感应线是一组分布在垂直于轴线的平面上并以轴线为中心的同心圆。离圆柱轴线等距离处的各点磁感应强度 $B$ 的大小相等,方向与电流构成右手螺旋关系。

先求柱体外任一点 $P$ 的磁感应强度 $B$ 的大小。设 $P$ 点到轴线的距离为 $r$,过 $P$ 点沿 $B$ 线方向作圆形积分回路 $L$,由安培环路定理,有

$$\oint_L \boldsymbol{B} \cdot \mathrm{d}\boldsymbol{l} = B \cdot 2\pi r = \mu_0 I$$

得
$$B = \frac{\mu_0 I}{2\pi r} \quad (r>R)$$

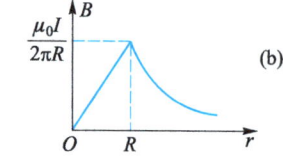

图 6-14 载流圆柱的磁场分布

结果与"无限长"载流直导线产生的磁场一样。

再求柱体内任一点 $Q$ 的磁感应强度 $B$ 的大小。取过 $Q$ 点的磁感应线为积分回路 $L$,由安培环路定理,有

$$\oint_L \boldsymbol{B} \cdot \mathrm{d}\boldsymbol{l} = B \cdot 2\pi r = \mu_0 I'$$

其中 $I'$ 为
$$I' = \frac{I}{\pi R^2} \pi r^2 = \frac{r^2}{R^2} I$$

得
$$B = \frac{\mu_0 I r}{2\pi R^2} \quad (r<R) \tag{6-16}$$

即,圆柱体内磁感应强度 $B$ 的大小与离轴线的距离 $r$ 成正比。柱体内外磁感应强度大小随距离 $r$ 变化的关系曲线如图 6-14(b)所示。

**载流长直螺线管内的磁场分布** 一长直螺线管,每单位长度上密绕了 $n$ 匝线圈,通过每匝的电流为 $I$,求螺线管内的磁场分布。

由于螺线管很长,可以证明:管内中央部分的磁场是均匀磁场,磁感应线与螺线管的轴线平行;管外侧位于螺线管中部附近的磁场与管内磁场相比很弱,可以忽略不计。

为了计算管内某点 $P$ 的磁感应强度 $B$ 的大小,过 $P$ 点作一矩形积分回路 $abcda$

如图 6-15 所示,则磁感应强度沿此闭合回路的环流为

$$\oint_L \boldsymbol{B} \cdot \mathrm{d}\boldsymbol{l} = \int_a^b \boldsymbol{B} \cdot \mathrm{d}\boldsymbol{l} + \int_b^c \boldsymbol{B} \cdot \mathrm{d}\boldsymbol{l} + \int_c^d \boldsymbol{B} \cdot \mathrm{d}\boldsymbol{l} + \int_d^a \boldsymbol{B} \cdot \mathrm{d}\boldsymbol{l}$$

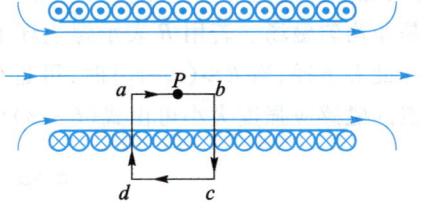

图 6-15 长直螺线管内的磁场

因为螺线管外侧的磁场近似为零, $bc$、$da$ 的管内部分虽然 $B \neq 0$,但 $\boldsymbol{B}$ 与 $\mathrm{d}\boldsymbol{l}$ 的夹角为 $\pi/2$,故上式右边后三个积分均为零,而 $ab$ 段上 $\boldsymbol{B}$ 处处相同且与 $\mathrm{d}\boldsymbol{l}$ 夹角为零,有

$$\oint_L \boldsymbol{B} \cdot \mathrm{d}\boldsymbol{l} = \int_{ab} \boldsymbol{B} \cdot \mathrm{d}\boldsymbol{l} = B|ab|$$

闭合回路 $abcda$ 包围的电流代数和为 $|ab|nI$,由安培环路定理,得

$$B|ab| = \mu_0 |ab| nI$$

$$B = \mu_0 nI \tag{6-17}$$

**载流环形螺线管(螺绕环)内的磁场分布** 均匀密绕在环形管上的线圈形成环形螺线管,又称螺绕环,如图 6-16(a)所示。设环上均匀密绕了 $N$ 匝线圈,线圈通电流 $I$,求螺绕环内的磁场分布。

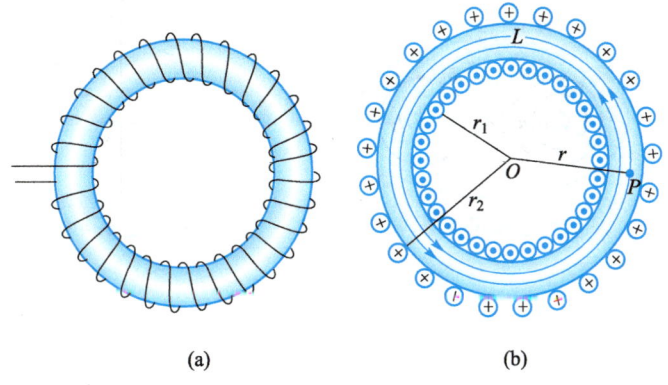

图 6-16 环形螺线管内的磁场

当环上线圈密绕时,可认为磁场几乎全部集中在管内,管内的磁感应线都是一些同心圆。在同一条磁感应线上,$\boldsymbol{B}$ 的大小相等,方向沿该圆形磁感应线的切线方向。为了计算管内任一点 $P$ 的磁感应强度 $\boldsymbol{B}$ 的大小,在环形螺线管内取过 $P$ 点的磁感应线 $L$ 作为积分回路,如图 6-16(b)所示,磁感应强度沿此闭合回路的环路积分为

$$\oint_L \boldsymbol{B} \cdot \mathrm{d}\boldsymbol{l} = B \oint_L \mathrm{d}l = B \cdot 2\pi r$$

$L$ 内包围的电流代数和为 $NI$,由安培环路定理,得

$$B \cdot 2\pi r = \mu_0 NI$$

$$B = \frac{\mu_0 NI}{2\pi r} \tag{6-18}$$

可见,螺绕环内的磁感应强度大小随场点 $P$ 到环心的距离 $r$ 而变,即螺绕环内的磁场是非均匀磁场。若用 $R$ 表示螺绕环中心轴线的半径,$r_1$ 和 $r_2$ 分别表示环的最小半径和最大半径,当 $R \gg (r_2-r_1)$ 时,可近似认为环内磁场均匀。此条件下,环内任意一点的磁感应强度大小可由式(6-18)中令 $r=R$ 得到

$$B=\mu_0 \frac{N}{2\pi R}I=\mu_0 nI$$

式中,$n=\dfrac{N}{2\pi R}$ 为环上单位长度的匝数。

◇ 思考题

**6-3** 图中两导线的电流 $I_1$ 和 $I_2$ 均为 4 A;试对如图所示的三个闭合回路 $a$、$b$、$c$,分别写出安培环路定理等式右边电流的代数和,并讨论:(1)在每个闭合回路上各点的 $B$ 是否相等?(2)在闭合回路 $c$ 上各点的 $B$ 是否为零?

**6-4** 如图所示,环绕一根有限长的载流直导线有一回路 $c$,$\oint_c \boldsymbol{B} \cdot \mathrm{d}\boldsymbol{l} = \mu_0 I$ 是否成立?为什么?

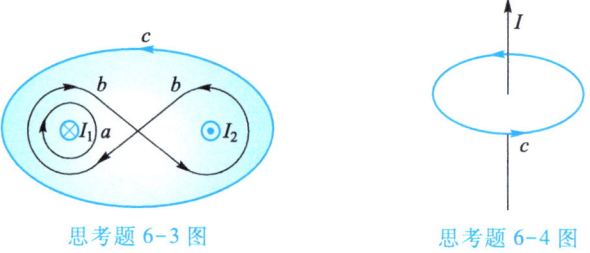

思考题 6-3 图      思考题 6-4 图

## 6.3 磁力

前面研究了电流激发磁场的规律以及磁场的性质。本节研究磁场对运动电荷、载流导线(或载流线圈)的磁力作用及其应用实例。

### 6.3.1 洛伦兹力

文档:洛伦兹简介

运动电荷在磁场中受到的磁力称为**洛伦兹力**。电荷 $q$ 以速度 $\boldsymbol{v}$ 在磁场 $\boldsymbol{B}$ 中运动时,它受到的磁力为

$$\boldsymbol{F}=q\boldsymbol{v}\times\boldsymbol{B} \tag{6-19}$$

式(6-19)称为**洛伦兹力公式**。$\boldsymbol{F}$ 的大小:$F=qvB\sin\theta$,$\theta$ 为 $\boldsymbol{v}$ 与 $\boldsymbol{B}$ 的夹角;$\boldsymbol{F}$ 的方向与 $q$ 的正负有关,$q>0$,$\boldsymbol{F}$ 的方向与 $\boldsymbol{v}\times\boldsymbol{B}$ 方向相同;$q<0$,$\boldsymbol{F}$ 的方向与 $\boldsymbol{v}\times\boldsymbol{B}$ 方向相反,如图 6-17 所示。洛伦兹力的方向始终与带电粒子的运动方向垂直,故洛伦兹力永不做功。

### 6.3.2 带电粒子在均匀磁场中的运动

一质量为 $m$，电荷量为 $q$ 的带电粒子以初速度 $v$ 进入均匀磁场 $B$ 中，在忽略重力情况下，其运动情况可分三种情形来讨论。

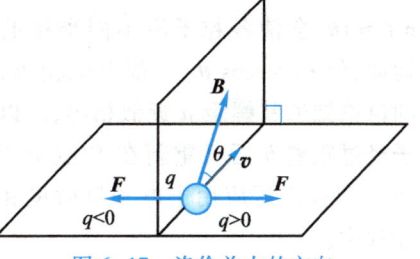

图 6-17 洛伦兹力的方向

**$v$ 与 $B$ 平行或反平行**　由式(6-19)知，此时带电粒子受到的洛伦兹力为零。因而粒子在磁场中将做匀速直线运动。

**$v$ 与 $B$ 垂直**　由式(6-19)知，此时带电粒子受到的洛伦兹力为最大且力的方向始终与速度 $v$ 垂直，故带电粒子将在 $F$ 与 $v$ 所组成的平面内做匀速率圆周运动，如图 6-18 所示。其运动的轨道半径 $R$ 可由牛顿运动定律求得

$$R = \frac{mv}{Bq} \tag{6-20}$$

带电粒子运行一周的时间，即运行周期为

$$T = \frac{2\pi R}{v} = \frac{2\pi m}{Bq} \tag{6-21}$$

可见，粒子运动周期 $T$ 与粒子本身运动速度的大小无关。

**$v$ 与 $B$ 成 $\theta$ 角**　当带电粒子的速度 $v$ 与 $B$ 成 $\theta$ 角时，将 $v$ 分解为平行于 $B$ 的分量 $v_\parallel = v\cos\theta$ 和垂直于 $B$ 的分量 $v_\perp = v\sin\theta$。此时，带电粒子参与两个分运动，即平行磁场方向的匀速直线运动和垂直磁场方向的匀速圆周运动。这两种运动合成的结果，使带电粒子在均匀磁场中做等螺距的螺旋运动，如图 6-19 所示。其螺旋线半径 $R$、运行周期 $T$ 及螺距 $h$ 可分别求得为

$$R = \frac{mv_\perp}{Bq} = \frac{mv\sin\theta}{Bq}, \quad T = \frac{2\pi R}{v_\perp} = \frac{2\pi m}{Bq}, \quad h = v_\parallel T = \frac{2\pi mv\cos\theta}{Bq}$$

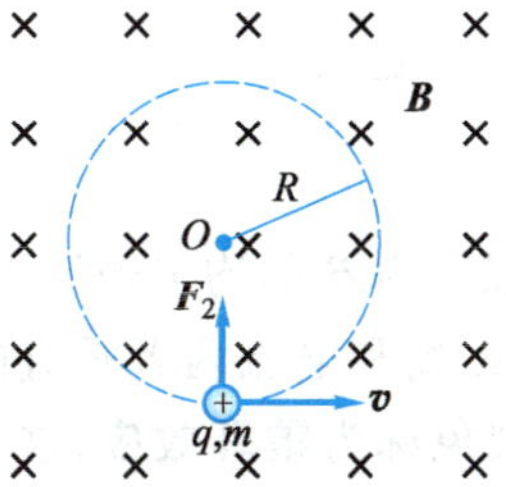

图 6-18　$v$ 垂直 $B$ 时的运动 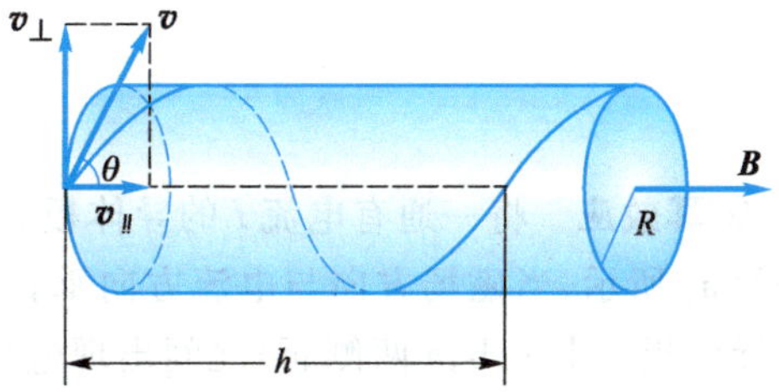　　图 6-19　$v$ 与 $B$ 成 $\theta$ 角时的运动

### 6.3.3 洛伦兹力应用的几个实例

**\*磁聚焦**　一束发散的光线，通过透镜后汇聚到一点，这是光聚焦；一束发散运动的带电粒子，通过磁场后也可以汇聚在一起，这就是**磁聚焦**。如图 6-20 所示，从均匀磁场中的 $P$ 点处发射出一束很窄的带电粒子流，若这些带电粒子的速率 $v$ 彼此

相近,且与 $B$ 的夹角 $\theta$ 都很小,则尽管 $v_\perp = v\sin\theta \approx v\theta$,会使各粒子沿不同半径的螺旋线运动,但 $v_\parallel = v\cos\theta \approx v$ 都近似相等,由之前的讨论知道其螺距 $h$ 近似相等,所以各个粒子经过距离 $h$ 后又重新在 $P'$ 点聚集。磁聚焦原理被广泛应用于电子显微镜和电真空器件中。

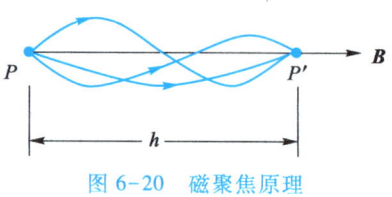

图 6-20　磁聚焦原理

**＊磁镜与磁瓶**　带电粒子在均匀磁场中以磁场方向为轴做螺旋运动,根据式 (6-21) 螺旋线的半径 $R$ 将与磁感应强度大小 $B$ 成反比。如果带电粒子在非均匀磁场中向磁场较强的方向运动,显然,螺旋线的半径将随磁感应强度 $B$ 的增加而逐渐变小。若带电粒子是带负电,它在非均匀磁场中所受的洛伦兹力 $F$ 恒有一指向磁场较弱方向的分量阻碍带电粒子继续前进,并继而掉头向磁场较弱方向运动,就像带电粒子遇到了反射镜反射一样,如图 6-21 所示,把这种强度逐渐增强的会聚磁场称为**磁镜**。

如果在一个圆柱形真空室的两端采用两个电流方向相同的圆线圈,使在真空中产生两端强中间弱的磁场分布,如图 6-22 所示,这好似在这一磁场区的两端形成了两个磁镜,常称为**磁瓶**。此时带负电的粒子将被约束在两个磁镜之间往返运动而无法逃脱。在可控热核反应装置中,由于等离子体温度高达 $10^7 \sim 10^8$ K,没有一种有形容器可耐如此高温,故常采用磁瓶将处在高温等离子状态的带电粒子约束在某一空间区域来回振荡,增大高温等离子状态下粒子间互相碰撞的频率,以提高反应概率。

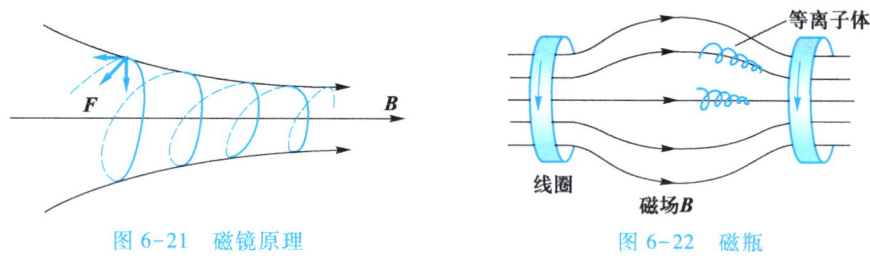

图 6-21　磁镜原理　　　　　　图 6-22　磁瓶

**霍耳效应**　将一通有电流 $I$ 的导体板放在磁感应强度为 $B$ 的均匀磁场中,如图 6-23(a) 所示,当磁场方向与电流方向垂直时,则在与磁场和电流两者垂直的方向上(导体板的上下 b、a 两侧面)之间出现电势差,这种现象称为**霍耳效应**,这个电势差称为霍耳电势差 $U_H$,是由美国物理学家霍耳于 1879 年发现的。

实验表明,霍耳电势差 $U_H$ 与导体中的电流 $I$ 和磁感应强度 $B$ 的大小成正比,与导体板的厚度 $d$ 成反比,即

$$U_H = R_H \frac{IB}{d} \tag{6-22}$$

比例系数 $R_H$ 是仅与导体材料有关的常量,称为霍耳系数。

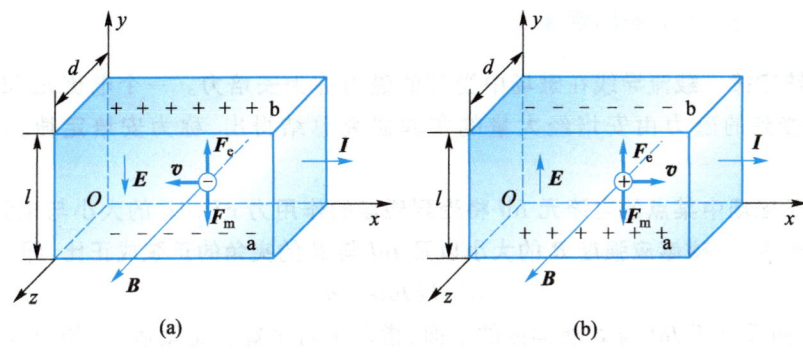

图 6-23 霍尔效应

霍耳效应可以用洛伦兹力来解释。设导体板内载流子的电荷量为 $q$,平均定向运动速率为 $v$,若 $q<0$,则它受到的洛伦兹力 $\boldsymbol{F}_{\mathrm{m}}$ 的方向向下,如图 6-23(a)所示。结果使导体的下表面聚集负电荷,上表面聚集正电荷,上下两表面间产生由 $b$ 指向 $a$ 的电场 $\boldsymbol{E}$。当这个电场对载流子的电场力 $\boldsymbol{F}_{\mathrm{e}}$ 正好与磁场对流子的洛伦兹力 $\boldsymbol{F}_{\mathrm{m}}$ 平衡时,载流子不再做侧向偏移,$a$、$b$ 两面间便形成一个稳定的电势差 $U_{ab}$,这个电势差就是霍耳电势差 $U_{\mathrm{H}}$。

由
$$qvB = qE = q\frac{U_{ab}}{l}$$

得
$$U_{ab} = vBl$$

若导体中载流子的浓度为 $n$,则由式(6-11)消去 $v$,得霍耳电势差表达式

$$U_{ab} = \frac{1}{nq}\frac{IB}{d}$$

将此式与式(6-22)比较,得霍耳系数

$$R_{\mathrm{H}} = \frac{1}{nq} \qquad (6-23)$$

式(6-23)表明,霍耳系数决定于载流子所带的电荷量 $q$ 和载流子的浓度 $n$,其正负取决于载流子电荷 $q$ 的正负。若 $q>0$,则 $U_{\mathrm{H}}>0$,$U_{ab}>0$,如图 6-23(b)所示。若 $q<0$,则 $U_{\mathrm{H}}<0$,$U_{ab}<0$。由实验测定霍耳电势差或霍耳系数后,就可判定载流子带的是正电荷还是负电荷。用此方法可以判别半导体是电子型的(n 型)还是空穴型的(p 型)。此外,根据霍耳系数的大小,可以确定导体内载流子的浓度 $n$。一般金属导体中的载流子就是自由电子,其浓度很大,所以金属材料的霍耳系数很小,相应的霍耳电压也很弱。但在半导体中,载流子浓度很小,因而半导体材料的霍耳系数和霍耳电压比金属大得多,故实用中的霍耳元件大多采用半导体霍耳效应。

近年来,霍耳效应已在测量技术、电子技术、自动化技术、计算技术等领域中得到越来越普遍的应用。例如,我国已制造出多种半导体材料的霍耳元件,可以用来测量磁感应强度、电流、压力、转速等,还可以用于放大、振荡、调制、检波等方面,也可用于计算机中的计算元件等。

### 6.3.4 安培力 安培定律

阅读材料：安培定律的提出

**安培定律** 载流导线在磁场中受到的磁力称为**安培力**。一个电流元 $I\mathrm{d}l$ 在磁场 $\boldsymbol{B}$ 中受到的磁力由安培经大量的实验研究总结得出，称为**安培定律**，其内容如下：

位于磁场中某点的电流元 $I\mathrm{d}l$ 将受到磁场的作用力 $\mathrm{d}\boldsymbol{F}$，$\mathrm{d}\boldsymbol{F}$ 的大小与电流 $I$、电流元的长度 $\mathrm{d}l$、磁感应强度 $B$ 的大小以及 $I\mathrm{d}l$ 与 $\boldsymbol{B}$ 的夹角的正弦成正比，即

$$\mathrm{d}F = kBI\mathrm{d}l\sin\theta$$

$\mathrm{d}\boldsymbol{F}$ 的方向垂直于 $I\mathrm{d}l$ 与 $\boldsymbol{B}$ 所构成的平面，指向由右手螺旋定则确定，如图 6-24 所示。式中 $\theta$ 为 $I\mathrm{d}l$ 与 $\boldsymbol{B}$ 的夹角；$k$ 为比例系数，决定各量所用的单位，在 SI 中，$k=1$，则上式写成

$$\mathrm{d}F = BI\mathrm{d}l\sin\theta$$

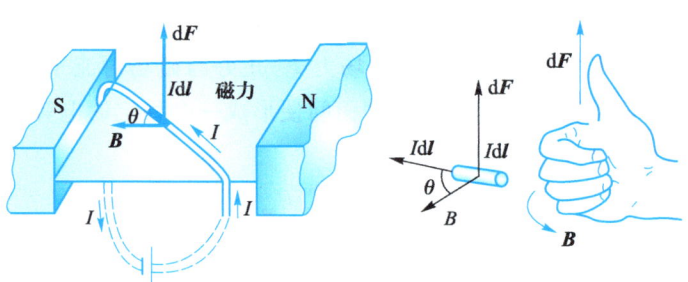

图 6-24 电流元在磁场中所受的安培力

或写成矢量式

$$\mathrm{d}\boldsymbol{F} = I\mathrm{d}\boldsymbol{l} \times \boldsymbol{B} \qquad (6-24)$$

式(6-24)称为**安培定律**。一段有限长载流导线在磁场中受到的总安培力，等于各个电流元所受的安培力的矢量和，即

$$\boldsymbol{F} = \int_L \mathrm{d}\boldsymbol{F} = \int_L I\mathrm{d}\boldsymbol{l} \times \boldsymbol{B}$$

上式的积分为矢量积分，实际中常要化矢量积分为标量积分。即建立坐标，把 $\mathrm{d}\boldsymbol{F}$ 分解为 $\mathrm{d}F_x$、$\mathrm{d}F_y$ 和 $\mathrm{d}F_z$，然后计算标量积分求得分量 $F_x$、$F_y$、$F_z$，再合成为 $\boldsymbol{F}$。

**例 6-1** 一段长为 $l$，载有电流为 $I_2$ 的直导线 $AC$，置于无限长载流直导线 $I_1$ 附近，位置和尺寸如图 6-25 所示，求直导线 $AC$ 所受的安培力。

**解** 建立以长直导线所在处为坐标原点，水平向右为 $x$ 轴正方向的坐标系（图中未画出）。在 $AC$ 上 $x$ 处取电流元 $|I_2\mathrm{d}l| = I_2\mathrm{d}x$，其受 $I_1$ 磁场的作用力大小为

$$\mathrm{d}F = BI_2\mathrm{d}x$$

图 6-25 例 6-1 图

d$F$ 的方向垂直 $I_2$ 向上。$x$ 处 $B$ 的大小为

$$B = \frac{\mu_0 I_1}{2\pi x}$$

因 $AC$ 上各电流元受力方向均相同,故整段导线受到的总磁力为

$$F = \int_l dF = \int_d^{d+l} \frac{\mu_0 I_1}{2\pi x} I_2 dx = \frac{\mu_0 I_1 I_2}{2\pi} \ln \frac{d+l}{d}$$

$F$ 的方向垂直 $AC$ 向上。

**例 6-2** 一段通电流为 $I$ 的弯曲导线 $OA$ 置于均匀磁场 $B$ 中,如图 6-26 所示。磁场的方向垂直纸面向里,求此载流导线所受的安培力。

**解** 取直角坐标系如图所示,载流导线上任取电流元 $Idl$,由安培定律,有

$$\begin{aligned} dF &= Idl \times B \\ &= I(dx\boldsymbol{i} + dy\boldsymbol{j}) \times B(-\boldsymbol{k}) \\ &= IBdx\boldsymbol{j} - IBdy\boldsymbol{i} \end{aligned}$$

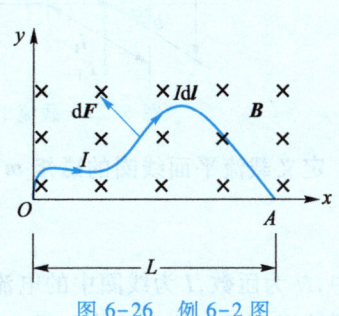

图 6-26  例 6-2 图

整条弯曲导线受到的总磁力为

$$F = \boldsymbol{j} \int_0^L IBdx - \boldsymbol{i} \int_0^0 IBdy = BIL\boldsymbol{j}$$

式中 $L$ 为任意弯曲导线始点与终点间的距离。此结果表明,均匀磁场中,任意形状的载流导线所受的磁力,与始点和终点相连的载流直导线所受的磁力相等,载流闭合线圈在均匀磁场中受磁场作用的合力为零。

### 6.3.5 载流线圈在均匀磁场中受到的磁力矩

设在磁感应强度为 $B$ 的均匀磁场中,有一刚性矩形平面载流线圈 $abcd$,边长分别为 $l_1$ 和 $l_2$,通电流为 $I$,如图 6-27 所示。当线圈平面与磁场夹角为 $\theta$(线圈法线方向 $\boldsymbol{e}_n$ 与 $B$ 的夹角为 $\varphi = \frac{\pi}{2} - \theta$)时,由安培定律,导线 $bc$ 和 $da$ 所受安培力 $F_1$ 和 $F_1'$ 的大小为

$$F_1 = BIl_1 \sin\theta, \quad F_1' = BIl_1 \sin(\pi - \theta) = BIl_1 \sin\theta$$

$F_1$ 和 $F_1'$ 大小相等,方向相反,作用在同一直线上,其合力为零。导线 $ab$ 和 $cd$ 段所受安培力 $F_2$ 和 $F_2'$ 的大小为

$$F_2 = F_2' = BIl_2$$

这两力大小相等,方向相反,但不在同一直线上,形成一力偶,其力偶臂为 $l_1 \cos\theta$。因此,载流线圈所受的磁力矩为

$$M = F_2 l_1 \cos\theta = BIl_1 l_2 \cos\theta = BIS \sin\varphi$$

式中,$S = l_1 l_2$ 为线圈面积。如果线圈有 $N$ 匝,则线圈所受磁力矩的大小为

$$M = NBIS \sin\varphi \tag{6-25}$$

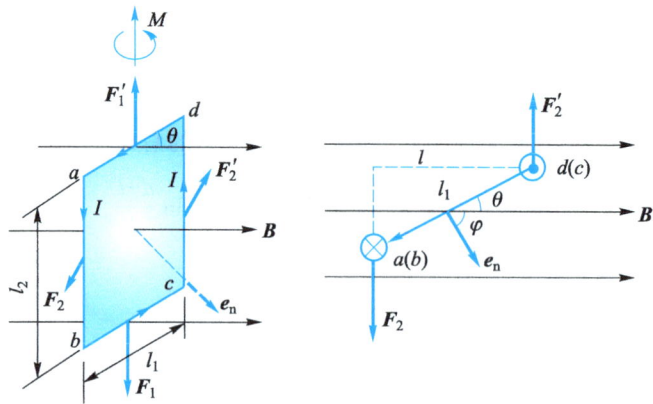

图 6-27 载流平面线圈在均匀磁场中所受的磁力矩

定义载流平面线圈的**磁矩** $m$

$$m = NIS e_n \tag{6-26}$$

式中,$N$ 为匝数,$I$ 为线圈中的电流,$S$ 为线圈平面的面积,$e_n$ 为回路平面的正法向单位矢量。$m$ 的方向与电流方向满足右手螺旋关系,如图 6-28 所示。式(6-26)适用于任意形状的载流平面线圈。

引入线圈磁矩后,式(6-25)可以写成矢量式

$$M = m \times B \tag{6-27}$$

式(6-27)虽然是从矩形平面线圈导出,但对均匀磁场中任意形状的平面线圈均适用。

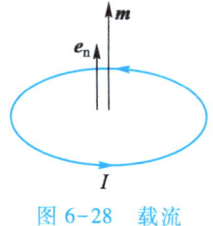

图 6-28 载流线圈的磁矩

平面载流线圈在均匀磁场中,由于仅受力矩的作用,因此只发生转动,而不发生平动。磁场对载流线圈作用力矩的规律是制成各种电动机和电流计的基本原理。

**例 6-3** 半径为 $R$ 的半圆形闭合线圈共有 $N$ 匝,通以电流 $I$,线圈放在均匀外磁场 $B$ 中,$B$ 的方向与线圈平面法向成 60°角,见图 6-29,求:(1)线圈的磁矩;(2)此时线圈所受的磁力矩。

**解** (1) 根据线圈磁矩的定义式(6-26),该半圆形线圈的磁矩大小

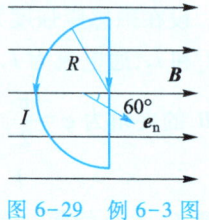

图 6-29 例 6-3 图

$$m = NIS = NI \frac{1}{2}\pi R^2 = \frac{1}{2} NI\pi R^2$$

$m$ 的方向与 $B$ 的方向成 60°夹角。

(2) 由磁力矩的定义式(6-27),线圈在图示位置所受磁力矩大小为

$$M = mB\sin 60° = \frac{1}{2} NI\pi R^2 B \times \frac{\sqrt{3}}{2} = \frac{\sqrt{3}}{4} NI\pi R^2 B$$

力矩 $M$ 的方向竖直向上,因此,自上方俯视,线圈将逆时针旋转。

◇ 思考题

**6-5** 试探电流元 $Idl$ 在磁场中某处沿直角坐标系的 $+x$ 轴方向放置时不受力,把这电流元转到 $+y$ 方向时受到的力沿 $-z$ 轴方向,问该处磁感应强度 $B$ 指向何方?

**6-6** 空间某区域有均匀的、相互垂直的电场 $E$ 和磁场 $B$,有一粒子沿垂直电场和磁场的方向笔直地通过该区域,根据上述情况,能否断定该粒子是否带电,带何种电荷?

**6-7** 图中曲线是一带电粒子在均匀磁场中的运动轨迹,M 是一块铝板,粒子穿过它要损失部分能量,问粒子电荷是正号还是负号? 说明理由。

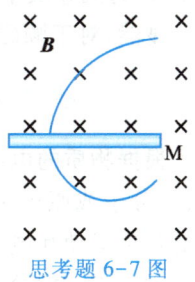

思考题 6-7 图

## 6.4 磁介质中的磁场

前面讨论了真空中磁场的规律,实际的磁场中大都存在各种各样的物质,这些物质因受磁场作用而处于一种特殊的状态,称为磁化状态。磁化后的物质反过来又要对原磁场产生影响,本节讨论物质和磁场相互影响的规律。

### 6.4.1 磁介质及其分类

电介质在电场中要产生极化现象,极化的电介质在介质中产生一附加电场,从而对原电场产生影响。类似地,磁介质在外磁场 $B_0$ 中也会产生磁化现象,磁化的磁介质在介质中也产生一附加磁场 $B'$,磁介质中的合成磁感强度 $B$ 应为这两个磁感应强度的矢量和,即

$$B = B_0 + B' \tag{6-28}$$

附加磁感应强度 $B'$ 的大小和方向随磁介质的种类或状态的不同而异。

(1) **顺磁质**:这类磁介质磁化后,附加磁场 $B'$ 的方向与 $B_0$ 的方向相同,使磁介质中的合成磁感强度 $B>B_0$,例如锰、铬、铂、氧等。

(2) **抗磁质**:这类磁介质磁化后,附加磁场 $B'$ 的方向与 $B_0$ 的方向相反,使磁介质中的合成磁感强度 $B<B_0$,例如汞、铜、铋、氢、锌、铅等。实验表明,抗磁质和大多数顺磁质,其 $B' \ll B_0$,故 $B \approx B_0$,它们对原磁场影响甚微,故统称为**弱磁质**。

(3) **铁磁质**(强磁质):这类磁介质磁化后,附加磁场 $B'$ 的方向与 $B_0$ 的方向相同,且 $B' \gg B_0$,使磁介质中的合成磁感强度 $B \gg B_0$。例如铁、钴、镍以及它们的合金等。

为了便于讨论和区分不同的磁介质,引入**相对磁导率** $\mu_r$。当各向同性的均匀磁介质充满整个磁场时,磁介质的相对磁导率定义为

$$\mu_r = \frac{B}{B_0} \tag{6-29}$$

式中，$B$ 为磁介质中总磁感应强度的大小，$B_0$ 为真空中或外磁场的磁感应强度的大小。显然，对于顺磁质 $\mu_r>1$；对于抗磁质 $\mu_r<1$；对于铁磁质 $\mu_r\gg 1$。

### 6.4.2 顺磁质和抗磁质的磁化

根据物质的电结构理论，一切实物物质都由分子、原子组成，而分子或原子中的电子都同时参与两种运动，即环绕原子核的轨道运动和电子本身的自旋。这两种圆运动都会产生相应的磁效应。把分子看作一个整体，分子中所有电子对外界所产生的磁效应的总和可用图 6-30 所示的等效圆电流来替代，这个等效圆电流称为**分子电流**。分子电流对应的磁矩称为**分子磁矩**，用 $m$ 表示。$m$ 的大小和方向为

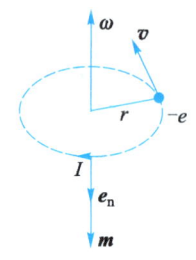

图 6-30 分子磁矩

$$m = ISe_n = -\frac{\omega}{2\pi}e\cdot\pi r^2 e_n = -\frac{1}{2}er^2\omega$$

式中，$e$、$r$、$\omega$ 分别为电子电荷量绝对值、电子绕核转动的轨道半径、角速度。负号表示磁矩的方向与其角速度方向相反。注意，分子中不止一个电子，分子磁矩应是分子中所有电子的轨道磁矩和自旋磁矩的矢量和。

顺磁质和抗磁质的区别就在于它们的分子电结构的不同。抗磁质分子在没有外磁场作用时，分子的固有磁矩为零；而顺磁质分子在没有外磁场作用时，分子的固有磁矩不为零，但由于分子热运动，各分子磁矩的取向杂乱无章，因此，在没有外磁场时，无论顺磁质还是抗磁质，宏观上对外都不显磁性。下面讨论两种磁介质在外磁场中的磁化。

一块顺磁质置于外磁场中时，它的分子固有磁矩会沿外磁场方向取向[图 6-31(a)]；一块抗磁质置于外磁场中时，其分子则要产生与外磁场方向相反的**感生磁矩**[图 6-31(b)]。考虑与这些磁矩对应的小圆电流，可以发现在磁介质体内任一处，总有方向相反的电流流过，他们的磁作用互相抵消。但在磁介质表面上，这些小圆电流的外面部分没有被抵消，它们都沿着相同的方向流动，这些表面上的小电流的总效果相当于介质柱体表面上有一层电流流过，这种电流叫**磁化电流**或**束缚电流**，其面电流密度用 $j_s$ 表示。它是分子内的电荷运动一段段结合而成的，不同于金属中自由电子定向运动形成的传导电流。由图 6-31 可以看出，顺磁质磁化电流 $I_s$ 的流向与外磁场方向满足右手螺旋关系，即顺磁质的磁化电流所产生的磁场与外磁场 $B_0$ 方向一致，而抗磁质则正好相反。

### 6.4.3 磁介质中的安培环路定理

由于磁介质磁化后，表面流有一层磁化电流 $I_s$，磁化电流产生的附加磁场对原磁场产生影响。因此，在有磁介质的情况下应用安培环路定理 $\oint_L \boldsymbol{B}\cdot\mathrm{d}\boldsymbol{l}=\mu_0\sum I_i$ 时，

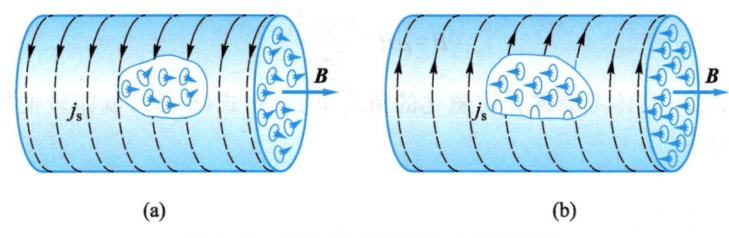

图 6-31 磁介质表面磁化电流的形成

其右边很可能包含磁化电流 $I_s$(即磁化电流 $I_s$ 也产生磁场,它对 $B$ 的环流也有贡献)。而磁化电流 $I_s$ 是难以测量的,为此,像电介质中为了消去极化电荷而引入 $D$ 矢量一样,磁介质中为了消去磁化电流也引入一个辅助量 $H$,称为**磁场强度**。各向同性非铁磁质中同一点的 $H$ 与 $B$ 的关系为

$$H=\frac{B}{\mu_0\mu_r}=\frac{B}{\mu} \quad \text{或} \quad B=\mu H \tag{6-30}$$

式中,$\mu=\mu_0\mu_r$ 称为**磁介质的磁导率**。可以证明:引入 $H$ 后,恒定磁场中 $H$ 的环流可以写成

$$\oint_L H \cdot dl = \sum I \tag{6-31}$$

式(6-31)称为**磁介质中的安培环路定理**。右边的 $\sum I$ 是积分回路 $L$ 内包围的传导电流的代数和,磁化电流不予考虑;即 $H$ 的环流只与积分回路 $L$ 内包围的传导电流有关,磁化电流 $I_s$ 对 $H$ 的环流没有贡献。

应该指出,磁场强度矢量 $H$ 是一个辅助量,描述磁场性质的物理量是磁感应强度 $B$ 而不是 $H$。引入 $H$ 的目的,完全是为了方便地处理有磁介质时的磁场问题。即在有介质的情况下,直接求磁感应强度 $B$ 的分布是困难的,但可先由式(6-31)求出 $H$,然后再由式(6-30)求 $B$。在 SI 中,$H$ 的单位为 $A \cdot m^{-1}$(安培每米)。

**例 6-4** 一长直电缆的芯是一半径为 $R$ 的金属实心铜线,它和导电外金属圆筒之间充满相对磁导率为 $\mu_r$ 的均匀磁介质。今有电流 $I$ 均匀地流过芯的横截面并沿外圆筒流回,如图 6-32 所示。求磁介质中磁感应强度的分布。

**解** 圆柱体电流产生的 $B$ 和 $H$ 的分布均具有轴对称性。在垂直于电缆轴线的平面内作一圆心在轴上、半径为 $r$ 的圆周 $L$,由介质中的安培环路定理式(6-31),有,

$$\oint_L H \cdot dl = H \cdot 2\pi r = I$$

由此得

$$H = \frac{I}{2\pi r}$$

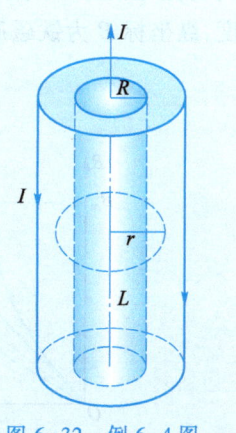

图 6-32 例 6-4 图

再利用式(6-30),得介质中的磁感应强度

$$B = \mu H = \frac{\mu_0 \mu_r I}{2\pi r}$$

这样,在不具体考虑磁介质磁化的情况下,利用式(6-31)就能较便捷地求出磁场的分布。

### 6.4.4 铁磁质

铁磁质是一类特殊的磁介质,常用于电机、变压器、电磁铁等电器设备。与顺磁质或抗磁质比较,铁磁质有如下显著特性:

(1) **磁畴** 实验表明,铁磁质的磁矩主要来自电子的自旋,其自旋磁矩在小范围内自发地平行排列形成一个个小的自发磁化区——**磁畴**,如图 6-33 所示。无外磁场时,磁畴取向混乱,铁磁质对外不显磁性。当铁磁质受外磁场作用时,各磁畴的磁矩在外磁场作用下都趋向外磁场方向,从而形成更大的磁畴,使铁磁质中的磁场

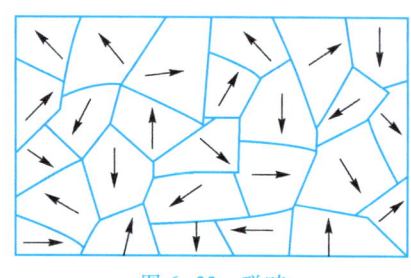

图 6-33 磁畴

大大加强,甚至附加磁场 $B'$ 比外磁场 $B_0$ 大几十到数千倍。

(2) **临界温度 $T_C$(称为铁磁质的居里点)** 铁磁质的磁化与温度有关,温度升高,铁磁性减弱,当温度 $T > T_C$ 时,铁磁质的铁磁性消失,成为一般顺磁质。实验测得,铁、钴、镍的居里温度分别为 1 040 K、1 390 K 和 630 K。

(3) **磁化曲线非线性** 顺磁质和抗磁质的 $\mu_r$ 很小,且是一常量,它们的磁化曲线($B$-$H$ 曲线)是线性关系;铁磁质的 $\mu_r$ 很大,且非常量,其 $B$-$H$ 曲线是非线性关系。图 6-34 分别给出了顺磁质、抗磁质和铁磁质的 $B$-$H$ 曲线,图中 $Ob$ 为顺磁质,$Oc$ 为抗磁质,$Oa$ 为铁磁质。

(4) **有磁滞现象** 铁磁质在交变磁场中磁化一周,$B$ 随 $H$ 的变化形成一封闭曲线,如图 6-35 所示。这条闭合曲线称为**磁滞回线**,横坐标 $H$ 为外磁场的磁场强度,纵坐标 $B$ 为铁磁质内部的磁感应强度。图中 $Oa$ 为初始磁化曲线,即开始时铁

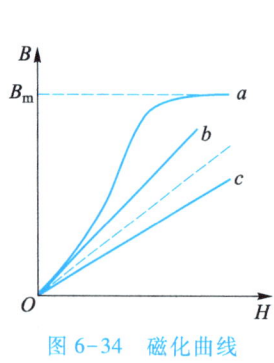

图 6-34 磁化曲线

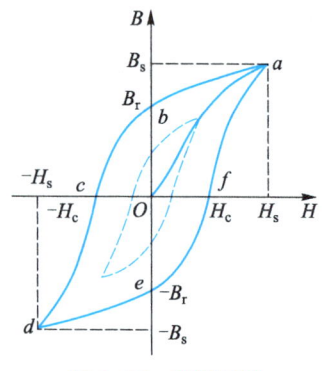

图 6-35 磁滞回线

磁质中的 $B$ 随 $H$ 沿 $Oa$ 曲线迅速增大达到磁饱和，$B_s$ 为饱和磁感应强度；然后减小 $H$，$B$ 并不沿 $Oa$ 反向减小，而是沿 $ab$ 缓慢较小，当 $H=0$ 时，$B=B_r\neq 0$，$B_r$ 称为**剩磁**。欲消去剩磁，需外加反向磁场，即继续增加反向磁化场 $H$，直到 $H=-H_c$ 时，才能使铁磁质中的 $B=0$，此时的磁场强度 $H_c$ 称为**矫顽力**。此后继续改变磁化场 $H:-H_c\to -H_s$，$-H_s\to 0,0\to +H_c$，$+H_c\to +H_s$；铁磁质中的 $B$ 将分别沿着曲线 $c\to d,d\to e,e\to f,f\to a$ 形成一闭合曲线。从图中可以看出，磁感应强度 $B$ 的变化总是滞后于磁场强度 $H$ 的变化，故称该闭合曲线为**磁滞回线**。

不同的铁磁质的磁滞回线形状不同，表示他们各具有不同的剩磁和矫顽力。纯铁、硅钢、坡莫合金、铁氧体等材料的矫顽力 $H_c$ 很小，因而磁滞回线比较瘦长，这些材料叫**软磁材料**，常用作变压器、交流电机和电磁铁的铁芯。碳钢、钨钢、铝镍钴合金等材料具有较大的矫顽力 $H_c$，剩磁也大，因而磁滞回线显得肥大，这类材料叫**硬磁材料**，适宜制作永久磁铁、制作记录磁带及计算机的记忆元件等。

◇ 思考题

**6-8** 置于磁场中的磁介质，介质表面形成一磁化面电流。问该磁化面电流能否产生楞次-焦耳热？为什么？

**6-9** 软磁材料和硬磁材料各有什么特点？它们各最适合用于制造哪些部件？

## 生活中的物理 6

### 磁流体发电的基本原理

在磁场中的固体载流导体会产生霍耳效应，导电流体在磁场中同样会产生霍耳效应，这就是磁流体发电的根据。在燃烧室中，利用燃料（油、煤或原子核反应堆）燃烧的热能加热气体，使之成为高温（约 3 000 K）导电气体——等离子体。为了加速等离子体的形成，往往在气体中加入一定量的容易电离的碱金属如钾或铯元素。然后使等离子体以高速（约为 100 m·s$^{-1}$）进入耐高温材料制成的发电通道。发电通道的上下两面有磁极，以产生磁场，通道的左右两侧有电极。等离子体通过通道时，正、负离子由于洛伦兹力的作用而发生相反方向的偏转，在通道的左、右两电极间产生电动势。如果高温、高速的等离子体不断地通过通道，便能在电极上连续输出电能，这就是磁流体发电的基本原理。

## 习题 6

**选择题**

**6-1** 一电流元 $Idl$ 位于直角坐标系的原点，电流沿 $z$ 轴正方向，则空间点 $P(x,$

$y,z$)的磁感应强度 $B$ 沿 $x$ 轴的分量为( )。

(A) 0  (B) $-\dfrac{\mu_0 I}{4\pi}\dfrac{x\mathrm{d}l}{(x^2+y^2+z^2)^{3/2}}$

(C) $-\dfrac{\mu_0 I}{4\pi}\dfrac{y\mathrm{d}l}{(x^2+y^2+z^2)^{3/2}}$  (D) $-\dfrac{\mu_0 I}{4\pi}\dfrac{z\mathrm{d}l}{(x^2+y^2+z^2)^{3/2}}$

**6-2** 一无限长直导线在 $P$ 处弯成半径为 $R$ 的圆。当通以电流 $I$ 时,圆心 $O$ 处的磁感应强度的大小为( )。

(A) $\dfrac{\mu_0 I}{2\pi R}$  (B) $\dfrac{\mu_0 I}{4R}$  (C) $\dfrac{\mu_0 I}{4R}\left(1+\dfrac{1}{\pi}\right)$  (D) $\dfrac{\mu_0 I}{2R}\left(1-\dfrac{1}{\pi}\right)$

**6-3** 如图所示,边长为 $a$ 的正方形线圈中通有电流 $I$,此线圈在 $P$ 点产生的磁感应强度的大小为( )。

(A) 0  (B) $\dfrac{\sqrt{2}\mu_0 I}{4\pi a}$  (C) $\dfrac{\sqrt{2}\mu_0 I}{2\pi a}$  (D) $\dfrac{\sqrt{2}\mu_0 I}{\pi a}$

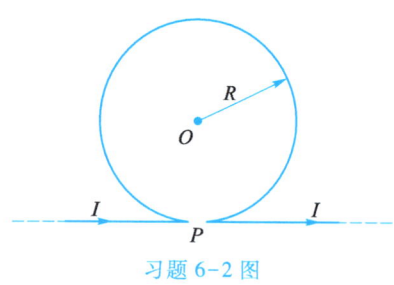

习题 6-2 图     习题 6-3 图

**6-4** 在半径为 $R$ 的长直金属圆柱体内部挖去一半径为 $r$ 的长直圆柱体。两柱体的轴线平行,间距为 $a$,如图所示。今在此导体上通以电流 $I$,电流在截面上均匀分布。则空心部分轴线上 $O'$ 点的磁感应强度的大小为( )。

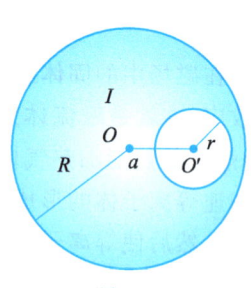

习题 6-4 图

(A) $\dfrac{\mu_0 I}{2\pi a}\dfrac{a^2}{R^2}$

(B) $\dfrac{\mu_0 I}{2\pi a}\dfrac{a^2-r^2}{R^2}$

(C) $\dfrac{\mu_0 I}{2\pi a}\dfrac{a^2}{R^2-r^2}$

(D) $\dfrac{\mu_0 I}{2\pi a}\left(\dfrac{a^2}{R^2}-\dfrac{r^2}{a^2}\right)$

**6-5** 两根直导线沿半径方向接到一个截面处处相等的圆形铁环上,如图所示。恒定电流 $I$ 从 $B$ 点流入而从 $A$ 点流出,则磁感应强度 $B$ 沿图中闭合回路 $L$ 的积分 $\oint_L \boldsymbol{B}\cdot\mathrm{d}\boldsymbol{l}$ 等于( )。

(A) $\mu_0 I$      (B) $\dfrac{1}{3}\mu_0 I$      (C) $\dfrac{1}{4}\mu_0 I$      (D) $\dfrac{2}{3}\mu_0 I$

**6-6** 一个动量为 $p$ 的电子,沿图示方向入射并能穿过一宽度为 $D$,磁感应强度为 $B$ 的均匀磁场区域。则该电子出射方向与入射方向间的夹角 $\alpha$ 为(　　)。

(A) $\arccos\dfrac{eBD}{p}$    (B) $\arcsin\dfrac{BD}{ep}$    (C) $\arcsin\dfrac{eBD}{p}$    (D) $\arccos\dfrac{BD}{ep}$

**6-7** 单匝半圆形线圈半径为 $R$,通电流 $I$。在均匀磁场 $B$ 的作用下从图示位置转过 $30°$ 时,它所受磁力矩的大小和方向分别为(　　)。

(A) $\dfrac{1}{4}\pi R^2 IB$,沿图面竖直向下      (B) $\dfrac{1}{4}\pi R^2 IB$,沿图面竖直向上

(C) $\dfrac{\sqrt{3}}{4}\pi R^2 IB$,沿图面竖直向下      (D) $\dfrac{\sqrt{3}}{4}\pi R^2 IB$,沿图面竖直向上

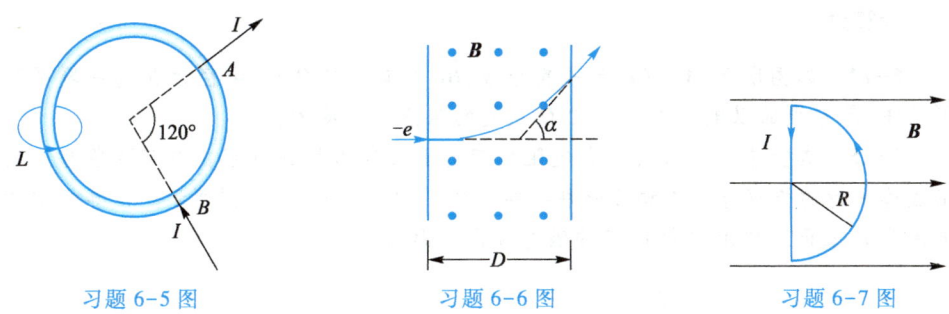

习题 6-5 图      习题 6-6 图      习题 6-7 图

**6-8** 一半径为 $R$ 的单匝圆线圈,通以电流 $I$,若将该导线弯成匝数 $N=2$ 的平面圆线圈,导线长度不变,并通以同样的电流。则线圈中心的磁感应强度和线圈的磁矩分别是原来的(　　)。

(A) 2 倍和 1/2      (B) 4 倍和 1/2

(C) 2 倍和 1/4      (D) 4 倍和 1/4

**填空题**

**6-9** 半径为 $R$ 的无限长导体薄圆筒(厚度忽略)沿轴向割去一宽度为 $d$($d\ll R$)的无限长狭缝,如图所示。今给此圆筒通电流,设圆筒表面垂直轴线方向单位长度的电流(电流面密度)为 $j$,则圆筒轴线上磁感应强度的大小 $B = $ _____。

**6-10** 一无限长直圆筒沿圆周方向上的电流面密度(单位垂直长度上流过的电流)为 $j$,则圆筒内部的磁感应强度的大小 $B = $ _____。

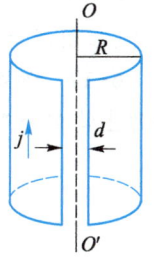

习题 6-9 图

**6-11** 一截面形状为矩形,面积为 $S$ 的直金属条中通有电流 $I$,金属条放在磁感应强度为 $B$ 的均匀磁场中,$B$ 的方向垂直金属条的左右侧面,如图所示。则金属条的上侧面将积累_____电荷,载流子所受的洛伦兹力 $F_m = $ _____。(设金属中单位体积的载流子数为 $n$。)

习题 6-10 图     习题 6-11 图

**6-12** 将一个通过电流为 $I$ 的闭合回路置于均匀磁场中,回路所围面积的法线方向与磁场方向的夹角为 $\alpha$,若均匀磁场通过此回路的磁通量为 $\Phi$,则回路所受力矩的大小为_____。

\***6-13** 氢原子中,电子绕原子核沿半径为 $r$ 的圆周运动,它等效于一个圆形电流,如果外加一个磁感应强度为 $B$ 的磁场,其磁感应线与轨道平面平行,那么这个圆形电流所受的磁力矩的大小 $M =$ _____。(设电子质量为 $m_e$,电子电荷的绝对值为 $e$。)

### 计算题

**6-14** 如图所示,$AB$、$CD$ 为长直导线,$\overset{\frown}{BC}$ 为圆心在 $O$ 点、半径为 $R$ 的一段圆弧形导线,若导线通以电流 $I$,求圆心 $O$ 点处的磁感应强度 $B_0$。

**6-15** 真空中有一边长为 $l$、电阻均匀的正三角形导线框架。另有两条与三角形底边平行的长直导线 1 和 2 分别接在三角形的 $a$、$b$ 两点,如图所示。设导线中的电流为 $I$,求正三角形中心 $O$ 点的磁感应强度 $B_0$。

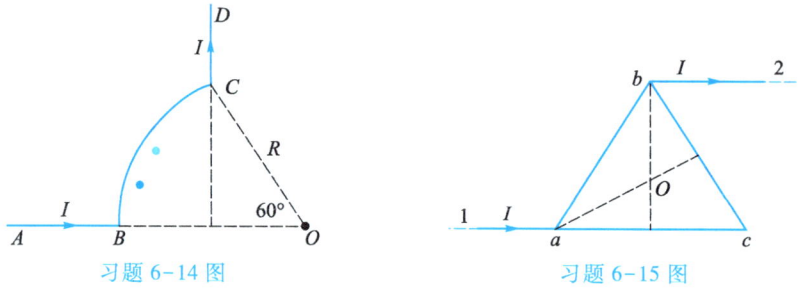

习题 6-14 图     习题 6-15 图

**6-16** 两根长直导线沿半径方向引到铁环上的 $A$、$B$ 两点,并与很远处的电源相连,如图所示。求环中心 $O$ 处的磁感应强度。

**6-17** 如图所示,一厚度不计、宽度为 $a$ 的"无限长"铜片,通以电流 $I$,电流在铜片上均匀分布。求与铜片共面且距铜片右边缘为 $b$ 处的 $P$ 点的磁感应强度。

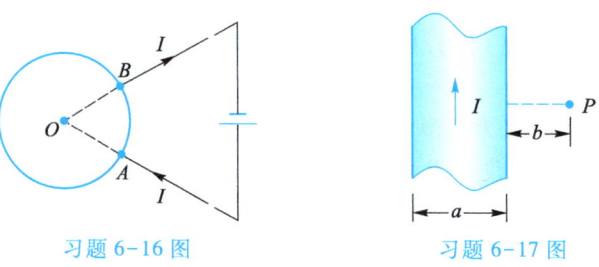

习题 6-16 图     习题 6-17 图

**6-18** 一无限长同轴电缆,由一导体圆柱(半径为 $a$)和一同轴导体圆管(内、外半径分别为 $b$、$c$)构成,如图所示。让电流 $I$ 由一导体流入,从另一导体流回。设电流在导体截面上均匀分布,求电缆内外磁感应强度的分布。

**6-19** 一半径为 $R$ 的无限长直薄圆筒表面均匀带电,电荷面密度为 $\sigma$。该圆筒以角速度 $\omega$ 绕其轴线匀速转动,如图所示。试求圆筒内部的磁感应强度。

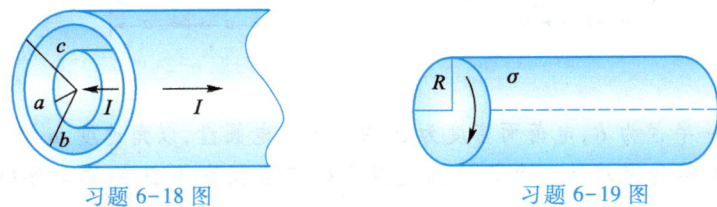

习题 6-18 图      习题 6-19 图

**6-20** 一半径为 $R$ 的无限长圆柱形导体,通电流 $I$,电流在圆柱截面上均匀分布。导体内部磁导率为 $\mu_0$。今取一宽度为 $2R$、长为 $1\,\mathrm{m}$ 的矩形平面 $S$,位置如图中画斜线部分所示。试求通过该矩形平面的磁通量。

**6-21** 在半径为 $R$ 及 $r$ 的两圆周之间,有一总匝数为 $N$ 的均匀密绕平面线圈,如图所示。线圈通有电流 $I$,求线圈中心 $O$ 处磁感应强度的大小。

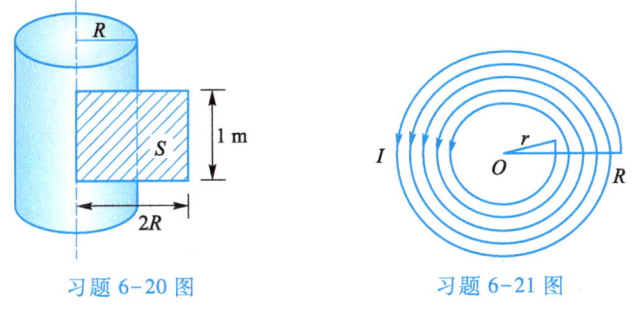

习题 6-20 图      习题 6-21 图

**6-22** 如图所示。一带电荷量为 $q$ 的粒子,以速度 $v$ 平行于一均匀带电长直导线运动。设导线单位长度带电荷量为 $\lambda$,并载有传导电流 $I$。粒子应以多大的速度运动,才能使其保持在一条与导线距离为 $a$ 的平行直线上?

**6-23** 在顶角为 $45°$ 的扇形区域,有磁感应强度为 $B$ 方向垂直纸面向里的均匀磁场,如图所示。今有一电子(质量为 $m$,电荷量为 $-e$)在底边距顶点 $O$ 为 $l$ 的地方,以垂直底边的速度 $v$ 射入该磁场区域,为使电子不从上面边界跑出,问电子的速度最大不应超过多少?

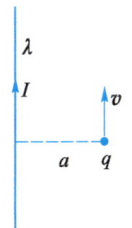

习题 6-22 图

**6-24** 一无限长直载流导线与一无限长薄电流板构成闭合回路,通电流 $I$。电流板宽度为 $a$,与长直导线共面,板左侧与长直导线相距也为 $a$,如图所示。求电流板单位长度所受磁力的大小。

**6-25** 长为 $L$ 的细杆均匀分布着电荷 $q$,杆绕垂直杆并经过其中心的轴以恒定角速度 $\omega$ 旋转,求此旋转带电杆的磁矩大小。

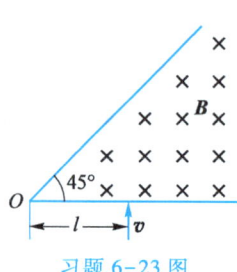
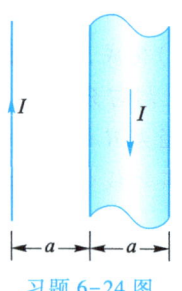

习题 6-23 图　　　　　　习题 6-24 图

**6-26** 一半径为 $R$，电荷面密度为 $\sigma$ 的均匀带电圆盘，以角速度 $\omega$ 绕过盘心并与盘面垂直的轴匀速转动。今将该圆盘置于磁感应强度为 $B$ 的均匀外磁场中，$B$ 的方向垂直轴线。求：

（1）圆盘旋转时的磁矩大小；

（2）圆盘受外磁场的磁力矩的大小。

**6-27** 一无限长直圆柱形铜导线，外包一层相对磁导率为 $\mu_r$ 的圆筒形磁介质。导线半径为 $R_1$，磁介质的外半径为 $R_2$，导线中通有电流 $I$。求磁介质内、外的磁场强度和磁感应强度的分布。

第 6 章习题参考答案

>>> 第7章

··· 电磁感应　电磁场

自 1820 年丹麦物理学家奥斯特发现了电流的磁效应后,英国科学家法拉第(M.Faraday,1791—1867)于 1821 年提出磁能否产生电的想法,经过十年不懈的努力,终于在 1831 年发现了电磁感应现象,并总结出了电磁感应现象的基本规律。电磁感应现象的发现,不仅揭示了电与磁之间的内在联系,为进一步建立电磁理论奠定了基础,而且使机械能转化为电能得以实现,促进了工业化社会的发展。

本章研究电磁感应现象的基本规律、感应电动势产生的机理,讨论自感、互感及磁场能量等问题,最后简单介绍麦克斯韦电磁场理论的基本结论。

## 7.1 电磁感应定律

### 7.1.1 电磁感应现象 电动势

法拉第的实验大体上可归结为两类:一类实验是磁棒与线圈有相对运动时,线圈中产生了电流;另一类实验是当一个线圈中的电流发生变化时,在它附近的其他线圈中也产生了电流。法拉第将这些现象与静电感应类比,把它们称作"电磁感应"现象。

对所有电磁感应实验的分析表明,当穿过一个闭合回路所围面积的磁通量发生变化时,回路中就产生电流,这种电流称为**感应电流**。回路中出现了电流,说明回路中存在相应的电动势。由磁通量变化所引起的电动势,称为**感应电动势**。感应电动势比感应电流更体现电磁感应现象的本质,因为感应电流仅在回路闭合时才存在,而感应电动势不管回路闭合与否都存在。为了更好地理解感应电动势的形成,先介绍关于电动势的概念。

**电动势** 要在闭合电路中形成和维持恒定电流,要求闭合电路中有直流电源。如图 7-1(a)所示,用一导线把已经充电的电容器两极板连接起来,则正电荷 $q$ 将从 A 极板沿导线移动到负极板 B,与 B 上的负电荷中和并在导线中形成电流 $I$。但该电流只是短暂的,因为随着两极板上电荷的不断减少,电流会很快减小到零。因此,要维持导线中有恒定电流,就必须把通过导线由 A 板流向 B 板的 $+q$ 再"搬回"到 A 板。显然,依靠静电力不可能使正电荷从负极板回到正极板,必须由与静电场力性质完全不同的非静电力才能将 $+q$ 从 B 板送回到 A 板。

**能够提供非静电力并能把其他形式的能转化成电能的装置称为电源**。常用的电池就是一种电源,电池中的非静电力来源于化学作用。显然,电源维持恒定电流时,电源中的非静电力将不断做功,从而不断地把已经流到低电势处的正电荷通过电源内部送回到高电势处。电源并不创造电荷,也不创造

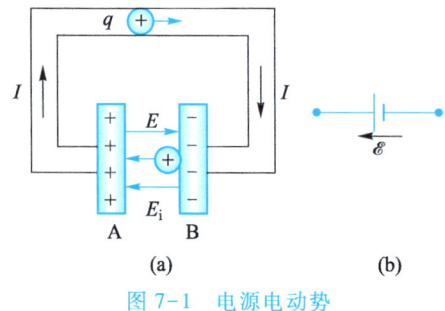

图 7-1 电源电动势

能量。

可见,电荷在电源内部同时受到静电力和非静电力作用。若用 $E_i$ 表示与非静电力对应的场强,则电荷 $q$ 沿非静电力方向绕闭合回路一周,静电力和非静电力对电荷做的功$\left(注意 \oint_L \boldsymbol{E} \cdot \mathrm{d}\boldsymbol{l} = 0 \right)$ 为

$$W = \oint_L q(\boldsymbol{E} + \boldsymbol{E}_i) \cdot \mathrm{d}\boldsymbol{l} = q\oint_L \boldsymbol{E}_i \cdot \mathrm{d}\boldsymbol{l}$$

把单位正电荷绕闭合回路一周,非静电力对电荷所做的功定义为**电源电动势**,即

$$\mathscr{E} = \frac{W}{q} = \oint_L \boldsymbol{E}_i \cdot \mathrm{d}\boldsymbol{l} \tag{7-1}$$

由于 $E_i$ 只存在于电源内部,外电路中 $E_i = 0$,故式(7-1)又可写为

$$\mathscr{E} = \int_-^+ \boldsymbol{E}_i \cdot \mathrm{d}\boldsymbol{l} \tag{7-2}$$

即电动势又可定义为:**电源把单位正电荷从负极经电源内部移送到正极,非静电力所做的功**。电动势是一个标量,单位与电势的单位相同,即 V(伏特)。规定自负极经电源内部到正极的方向为电动势的方向,如图 7-1(b)所示。

### 7.1.2 法拉第电磁感应定律

法拉第从实验中总结出感应电动势与磁通量变化之间的关系,称为**法拉第电磁感应定律**。它可以表述为:**无论何种原因使通过回路面积的磁通量发生变化时,回路中产生的感应电动势大小与通过回路的磁通量 $\Phi$ 对时间的变化率成正比**。在 SI 中,法拉第电磁感应定律的表达式为

$$\mathscr{E} = -\frac{\mathrm{d}\Phi}{\mathrm{d}t} \tag{7-3}$$

如果回路有 $N$ 匝,则

$$\mathscr{E} = -\frac{\mathrm{d}(N\Phi)}{\mathrm{d}t} = -\frac{\mathrm{d}\Psi_m}{\mathrm{d}t} \tag{7-4}$$

式中,$\Psi_m = N\Phi$ 称为穿过 $N$ 匝线圈的**磁链**。

式(7-3)中的负号反映感应电动势的方向与磁通量变化的关系。在判定感应电动势的方向时,应先规定导体回路 $L$ 的绕行正方向。如图 7-2 所示,当回路中磁感应线的方向与所规定的回路的绕行正方向成右手螺旋关系时,磁通量 $\Phi > 0$。这时,如果 $\frac{\mathrm{d}\Phi}{\mathrm{d}t} > 0$(穿过回路的磁通量增加),则 $\mathscr{E} < 0$,表明此时感应电动势 $\mathscr{E}$ 的方向与回路 $L$ 的绕行正方向相反[图 7-2(a)];如果 $\frac{\mathrm{d}\Phi}{\mathrm{d}t} < 0$,则 $\mathscr{E} > 0$,表示此时 $\mathscr{E}$ 的方向与回路 $L$ 的绕行方向相同[图 7-2(b)]。磁通量的其他变化情况可类似分析。感应电动势的方向也可用楞次定律来确定。

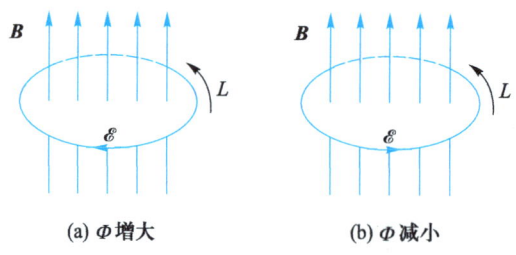

(a) $\Phi$ 增大  (b) $\Phi$ 减小

图 7-2 感应电动势方向的确定

**楞次定律** 感应电流的方向总是使自己的磁场去阻止引起感应电流的磁通量的变化。

如果回路闭合，则有感应电流

$$I = \frac{\mathscr{E}}{R} = -\frac{1}{R}\frac{d\Phi}{dt}$$

式中 $R$ 为回路的电阻。利用 $I = \frac{dq}{dt}$，还可计算出在 $t_1$ 到 $t_2$ 时间内通过回路任一截面的感应电荷量 $q$

$$q = \int_{t_1}^{t_2} I dt = -\frac{1}{R}\int_{\Phi_1}^{\Phi_2} d\Phi = \frac{1}{R}(\Phi_1 - \Phi_2) \tag{7-5}$$

式中，$\Phi_1$ 和 $\Phi_2$ 分别为时刻 $t_1$ 和 $t_2$ 穿过回路的磁通量，即感应电荷量只与磁通量的变化有关，而与磁通量变化的快慢无关。

**例 7-1** 一长直导线与一单匝矩形线圈共面放置，各部分尺寸如图 7-3 所示，若长直导线通电流 $I = I_0 \sin \omega t$，求线圈中的感应电动势。

**解** 取顺时针方向为线圈回路正方向，则 $t$ 时刻通过线圈回路的磁通量为

$$\Phi = \int_d^{d+a} \boldsymbol{B} \cdot d\boldsymbol{S} = \frac{\mu_0 bI}{2\pi}\ln\frac{d+a}{d} = \frac{\mu_0 bI_0}{2\pi}\ln\frac{d+a}{d}\sin\omega t$$

线圈中的感应电动势

$$\mathscr{E} = -\frac{d\Phi}{dt} = -\frac{\mu_0 I_0 b\omega}{2\pi}\ln\frac{d+a}{d}\cos\omega t$$

可见，$\mathscr{E}$ 也是随时间作周期性变化的；$\mathscr{E} > 0$ 表示线圈中感应电动势沿顺时针方向，$\mathscr{E} < 0$ 表示感应电动势沿逆时针方向。

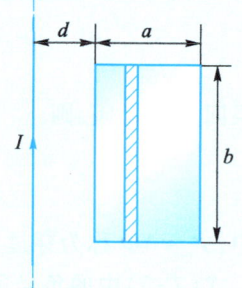

图 7-3 例 7-1 图

◇ **思考题**

**7-1** 如何用法拉第电磁感应定律 $\mathscr{E} = -\frac{d\Phi}{dt}$ 求回路中的感应电动势 $\mathscr{E}$？

**7-2** 法拉第电磁感应定律 $\mathscr{E}_i = -\dfrac{d\Phi}{dt}$ 中的负号是楞次定律的数学表述,怎样根据这个负号来确定感应电动势的方向?

## 7.2 动生和感生电动势

根据引起回路磁通量变化原因的不同,感应电动势可分为动生电动势和感生电动势。磁场不变,回路或其一部分在磁场中切割磁感应线运动产生的感应电动势称为**动生电动势**;导体回路不动,磁场变化在导体回路中产生的感应电动势称为**感生电动势**。

### 7.2.1 动生电动势

如图 7-4 所示,一矩形导体回路的可动边是一长为 $L$ 的导体棒 $ab$,它以恒定速度 $v$ 在垂直于均匀磁场 $B$ 的平面内向右运动(回路的其余部分不动)。若取顺时针方向为回路绕行正方向,则任意时刻 $t$ 穿过回路所围面积的磁通量为

$$\Phi = BS = BLx$$

由式(7-3),回路中的感应电动势

$$\mathscr{E} = -\frac{d\Phi}{dt} = -BL\frac{dx}{dt} = -BLv \tag{7-6}$$

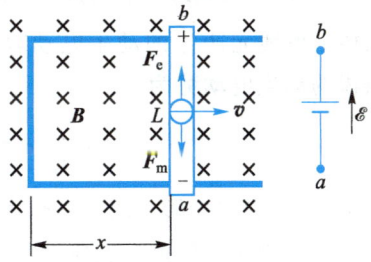

图 7-4 动生电动势

式中,负号表示感应电动势的方向与所设的回路绕行方向相反,即逆时针方向。值得注意的是,式(7-6)中的 $L$ 只是 $ab$ 棒的长度。可见,回路的感应电动势完全由 $ab$ 棒切割磁感应线运动引起,即**动生电动势只存在于运动的导体上**。在磁场中切割磁感应线运动的上述导体 $ab$ 相当于一个电源,$b$ 端为正极,$a$ 端为负极,如图所示。

动生电动势的形成可用洛伦兹力来解释:导体 $ab$ 以速度 $v$ 在磁场中运动时,其内自由电子将受到方向向下的洛伦兹力 $F_m = -ev \times B$ 作用,导体 $a$ 端将积累负电荷,$b$ 端出现等量的正电荷,$ab$ 棒上产生由 $b$ 指向 $a$ 的静电场 $E$。这样,电子还将受到方向向上的静电场力 $F_e = -eE$ 作用。当 $F_m = -F_e$ 时,导体内自由电子达到动态平衡不再有宏观定向运动。显然,产生**动生电动势的非静电场力是洛伦兹力**。

由电动势的定义式(7-2),此处非静电场强 $E_i$ 为

$$E_i = \frac{F_m}{-e} = v \times B \tag{7-7}$$

所以，$ab$ 棒上的动生电动势

$$\mathscr{E} = \int_{-}^{+} \boldsymbol{E}_i \cdot \mathrm{d}\boldsymbol{l} = \int_{a}^{b} (\boldsymbol{v} \times \boldsymbol{B}) \cdot \mathrm{d}\boldsymbol{l} \tag{7-8}$$

在图 7-4 中，由于 $\boldsymbol{v} \perp \boldsymbol{B}$，且 $(\boldsymbol{v} \times \boldsymbol{B})$ 与 $\mathrm{d}\boldsymbol{l}$ 同方向，有

$$\mathscr{E} = \int_{a}^{b} (\boldsymbol{v} \times \boldsymbol{B}) \cdot \mathrm{d}\boldsymbol{l} = \int_{a}^{b} vB\mathrm{d}l = BvL \tag{7-9}$$

结果与用法拉第电磁感应定律求得的结果式(7-6)相同。

上述结果虽然是从均匀磁场且是直棒运动的特例得到的，但式(7-8)具有普遍意义。即非均匀磁场中，任意一段以速度 $\boldsymbol{v}$ 切割磁感应线运动的线元 $\mathrm{d}\boldsymbol{l}$ 产生的动生电动势为

$$\mathrm{d}\mathscr{E} = (\boldsymbol{v} \times \boldsymbol{B}) \cdot \mathrm{d}\boldsymbol{l} \tag{7-10}$$

整段导体的动生电动势便可由式(7-8)计算得到。

**例 7-2**　一根长为 $L$ 的铜棒在均匀磁场 $\boldsymbol{B}$ 中垂直于磁场的平面内，绕其一端 $O$ 以角速度 $\omega$ 匀速转动，如图 7-5 所示。求铜棒上的动生电动势。

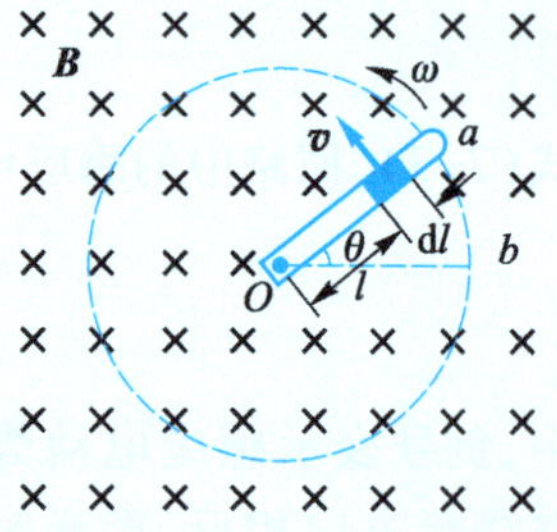

**解**　(1) 用动生电动势的定义式(7-8)求解

在棒上距 $O$ 为 $l$ 处取线元 $\mathrm{d}\boldsymbol{l}$，其上的动生电动势为

$$\mathrm{d}\mathscr{E} = (\boldsymbol{v} \times \boldsymbol{B}) \cdot \mathrm{d}\boldsymbol{l} = vB\cos\pi\mathrm{d}l = -\omega Bl\mathrm{d}l$$

因棒上各线元产生的动生电动势方向均相同，故整条棒的动生电动势为

图 7-5　例 7-2 图

$$\mathscr{E} = \int_L \mathrm{d}\mathscr{E} = -\omega B \int_0^L l\mathrm{d}l = -\frac{1}{2}B\omega L^2$$

式中，负号表示 $\mathscr{E}$ 的方向由 $a$ 指向 $O$，即 $O$ 端电势高。

(2) 用法拉第电磁感应定律式(7-3)求解

补充线段 $Ob$ 和弧线 $ba$ 与被求铜棒构成扇形回路，此回路的面积即为 $\Delta t$ 内棒扫过的面积。取逆时针方向为回路的正方向，则 $\Delta t$ 内棒扫过的磁通量为

$$\Phi = \boldsymbol{B} \cdot \boldsymbol{S} = -BS = -\frac{1}{2}B\theta L^2$$

回路的感应电动势为

$$\mathscr{E} = -\frac{\mathrm{d}\Phi}{\mathrm{d}t} = -\frac{\mathrm{d}}{\mathrm{d}t}\left(-\frac{1}{2}B\theta L^2\right) = \frac{1}{2}B\omega L^2 \tag{7-11}$$

$\mathscr{E} > 0$，表示 $\mathscr{E}$ 的方向与所取回路的绕行方向相同(逆时针方向)。因为线段 $Ob$ 和弧线 $ba$ 上的动生电动势 $\mathscr{E} = 0$，所以式(7-11)的结果就是所求棒上的动生电动势。两种解法得到的结果一致。

**例7-3** 图7-6是交流发电机的原理示意图。$abcd$ 是面积为 $S$、匝数为 $N$ 的线圈,它在均匀磁场 $B$ 中以匀角速度 $\omega$ 绕中心轴 $OO'$ 逆时针方向转动,若 $t=0$ 时刻,线圈平面法矢 $e_n$ 平行于 $B$,图示为任意时刻 $t$ 线圈的位置,求线圈中的动生电动势。

**解** 取逆时针方向为线圈回路的正方向,则 $t$ 时刻通过线圈平面的磁链为

$$N\Phi = NBS\cos\theta = NBS\cos\omega t$$

线圈中的动生电动势

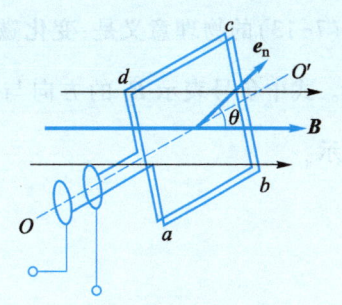

图7-6 交流发电机模型

$$\mathscr{E} = -N\frac{\mathrm{d}\Phi}{\mathrm{d}t} = NBS\omega\sin\omega t = \mathscr{E}_m\sin\omega t$$

式中 $\mathscr{E}_m = NBS\omega$ 是动生电动势的最大值。即线圈中的感应电动势是交变的:$\mathscr{E}>0$ 表示线圈中感应电动势沿逆时针方向,$\mathscr{E}<0$ 表示感应电动势沿顺时针方向。这就是交流发电机的模型。

### 7.2.2 感生电动势

线圈或导线在磁场中不动,磁场随时间变化在线圈或导线中产生的感应电动势称为**感生电动势**。产生感生电动势的非静电力是什么力呢?显然不可能是洛伦兹力,因为导体或导体回路静止。

**感生电场** 1861年,麦克斯韦(J.C.Maxwell)提出感生电场假设:**变化的磁场会在其周围空间激发一种电场,称为感生电场(或涡旋电场)**,用 $E_i$ 表示。感生电场与静电场的共同点:它们都是一种客观存在的物质,对电荷都有作用力。不同点:(1)激发源不同:静电场由静止电荷激发,感生电场由变化磁场激发;(2)性质不同:静电场是保守力场,其环流 $\oint_L \boldsymbol{E} \cdot \mathrm{d}\boldsymbol{l} = 0$;感生电场是非保守力场,其环流 $\oint_L \boldsymbol{E}_i \cdot \mathrm{d}\boldsymbol{l}$ 一般不为零;(3)电场线不同:静电场是有源场,$\oint_S \boldsymbol{E} \cdot \mathrm{d}\boldsymbol{S} = \frac{1}{\varepsilon_0}\sum q$,电场线不闭合,不相交;感生电场是无源场,$\oint_S \boldsymbol{E}_i \cdot \mathrm{d}\boldsymbol{S} = 0$,电场线类似于磁感应线一样是闭合的、无头无尾的。**产生感生电动势的非静电力就是感生电场的电场力**。

**感生电动势** 由电动势定义及法拉第电磁感应定律,可得由于磁场变化在闭合回路 $L$ 上产生的感生电动势为

$$\mathscr{E} = \oint_L \boldsymbol{E}_i \cdot \mathrm{d}\boldsymbol{l} = -\frac{\mathrm{d}\Phi}{\mathrm{d}t} = -\frac{\mathrm{d}}{\mathrm{d}t}\int_S \boldsymbol{B} \cdot \mathrm{d}\boldsymbol{S} \quad (7-12)$$

如果回路 $L$ 不动,$\Phi$ 的变化完全由 $B$ 的变化引起,可以把式(7-12)中对时间的微商和对面积的积分两个运算的顺序交换,得

$$\oint_L \boldsymbol{E}_i \cdot \mathrm{d}\boldsymbol{l} = -\int_s \frac{\partial \boldsymbol{B}}{\partial t} \cdot \mathrm{d}\boldsymbol{S} \qquad (7-13)$$

式(7-13)的物理意义是:变化磁场在其周围空间产生感生电场。式中负号表示 $\boldsymbol{E}_i$ 的方向与 $\dfrac{\partial \boldsymbol{B}}{\partial t}$ 构成左旋关系,如图 7-7 所示。

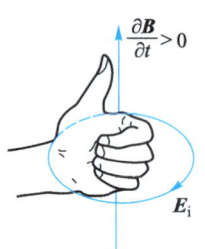

图 7-7 $\boldsymbol{E}_i$ 与 $\dfrac{\partial \boldsymbol{B}}{\partial t}$ 成左旋关系

**例 7-4** 在半径为 $R$ 的圆柱形空间内分布有沿圆柱轴向的均匀磁场,圆柱外磁场为零,其截面如图 7-8 所示。若 $\boldsymbol{B}$ 的变化率为 $\dfrac{\mathrm{d}B}{\mathrm{d}t}>0$,且为常量,求:(1) 圆柱内外的感生电场分布;(2) 若将一长为 $L$ 的金属棒 $ab$ 置于磁场中(如图所示),求棒上的感生电动势 $\mathscr{E}_{ab}$。

**解** (1) 由磁场分布的轴对称性知,空间感生电场的电场线应是围绕圆柱轴线且在圆柱截面上的一系列同心圆。又因为 $B$ 均匀增加,故感生电场的方向为逆时针方向;取任意一条半径为 $r$ 的感生电场线为积分回路 $l$,绕行方向与 $\boldsymbol{E}_i$ 一致,由式(7-13),有

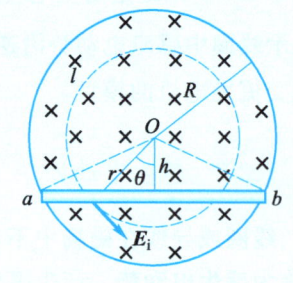

图 7-8 例 7-4 图

$$\oint_l \boldsymbol{E}_i \cdot \mathrm{d}\boldsymbol{l} = E_i \cdot 2\pi r = -\int_s \frac{\partial \boldsymbol{B}}{\partial t} \cdot \mathrm{d}\boldsymbol{S} = \begin{cases} \pi r^2 \dfrac{\mathrm{d}B}{\mathrm{d}t} & (r \leqslant R) \\ \pi R^2 \dfrac{\mathrm{d}B}{\mathrm{d}t} & (r > R) \end{cases}$$

得

$$E_i = \frac{r}{2}\frac{\mathrm{d}B}{\mathrm{d}t} \quad (r \leqslant R)$$

$$E_i = \frac{R^2}{2r}\frac{\mathrm{d}B}{\mathrm{d}t} \quad (r > R)$$

(2) 金属棒 $ab$ 置于感生电场 $\boldsymbol{E}_i$ 中,其内电子受电场力作用沿棒移动,两端的电势差即棒上的感生电动势为

$$\mathscr{E}_{ab} = \int_a^b \boldsymbol{E}_i \cdot \mathrm{d}\boldsymbol{l} = \int_0^L \frac{r}{2}\frac{\mathrm{d}B}{\mathrm{d}t}\cos\theta \mathrm{d}l = \frac{1}{2}Lh\frac{\mathrm{d}B}{\mathrm{d}t}$$

式中,$r\cos\theta = h$。$\mathscr{E}_{ab}>0$,表示 $\mathscr{E}_{ab}$ 的方向由 $a$ 指向 $b$,即 $b$ 端的电势高。

$ab$ 棒上的感生电动势也可用法拉第电磁感应定律求得。

添加辅助线 $Oa$ 和 $Ob$,构成三角形回路 $OabO$,取逆时针方向为回路绕行正方向,则通过三角形回路的磁通为

$$\Phi = \boldsymbol{B} \cdot \boldsymbol{S} = -B \cdot \frac{1}{2}hL$$

回路感应电动势为

$$\mathscr{E} = -\frac{\mathrm{d}\Phi}{\mathrm{d}t} = \frac{1}{2}hL\frac{\mathrm{d}B}{\mathrm{d}t}$$

因为 $\mathscr{E}_{Oa} = \mathscr{E}_{bO} = 0$,所以

$$\mathscr{E}_{ab} = \mathscr{E} - \mathscr{E}_{Oa} - \mathscr{E}_{bO} = \frac{1}{2}hL\frac{\mathrm{d}B}{\mathrm{d}t}$$

结果与上述按感生电动势定义式求得的结果相同。

◇ 思考题

**7-3** 一矩形线圈在图所示的均匀磁场 $B$ 中平动,问线圈中有无感应电流?线圈中的 $A$ 点和 $B$ 点之间有无电势差?

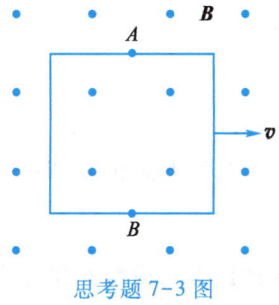

思考题 7-3 图

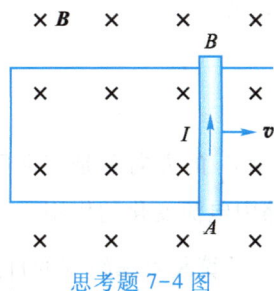

思考题 7-4 图

**7-4** 如图所示。当金属棒 $AB$ 向右运动时,导线框中的感应电流沿逆时针方向流动。有人说,由于电荷总是从高电位流向低电位,因此 $A$ 点电位比 $B$ 点高。这种说法对吗?为什么?

**7-5** 在有磁场变化着的空间,如果没有导体,此空间有无电场?有无感应电动势?

## 7.3 自感 互感 磁场的能量

### 7.3.1 自感

**自感系数** 当通过一个回路的电流发生变化时,由此电流所产生的穿过回路本身所围面积的磁通量也随之变化,从而在此回路自身产生感应电动势的现象称为**自感现象**;由自感应所产生的电动势称为**自感电动势**。

不同导体回路产生自感现象的能力不同。对于一个 $N$ 匝线圈,如图 7-9 所示。设其中通电流 $I$,则此电流在空间产生的磁感应强度的大小 $B$ 与 $I$ 成正比,通过线圈的磁链 $\Psi_m = N\Phi$ 也应与线圈中的电流成正比,即

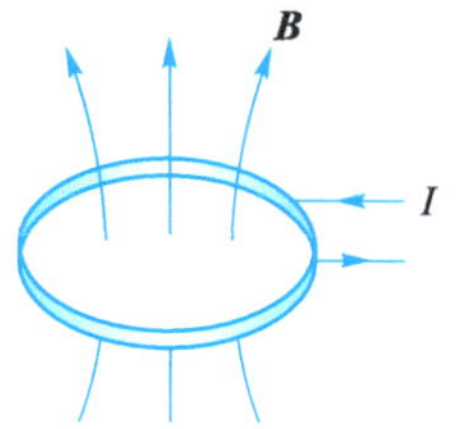

$$\Psi_m = N\Phi \propto I$$

写成等式,引入比例系数 $L$,即

$$N\Phi = LI \quad \text{或} \quad L = \frac{N\Phi}{I} \tag{7-14}$$

图 7-9 自感系数

$L$ 称为线圈的**自感系数**,简称**自感**。一个线圈的自感 $L$ 仅由线圈的形状、大小、匝数以及周围的磁介质分布决定,与线圈是否通电流无关。在 SI 中,$L$ 的单位为 H(亨利),$1\ \text{H} = 1\ \text{Wb} \cdot \text{A}^{-1}$。

**自感电动势** 当通过线圈的电流变化时,线圈自身产生的感应电动势(自感电动势)

$$\mathscr{E}_L = -\frac{\mathrm{d}\Psi_m}{\mathrm{d}t} = -\frac{\mathrm{d}(LI)}{\mathrm{d}t} = -L\frac{\mathrm{d}I}{\mathrm{d}t} - I\frac{\mathrm{d}L}{\mathrm{d}t}$$

若 $L$ 不变,则

$$\mathscr{E}_L = -L\frac{\mathrm{d}I}{\mathrm{d}t} \tag{7-15}$$

式中,负号表示 $\mathscr{E}_L$ 的方向总是与回路中电流变化率的方向相反,即自感电动势 $\mathscr{E}_L$ 起着反抗回路中电流变化的作用。

**例 7-5** 计算长直螺线管的自感。设螺线管长为 $l$,横截面积为 $S$,总匝数为 $N$,管内充满磁导率为 $\mu$ 的均匀磁介质。

**解** 设长直螺线管通电流 $I$,则管内磁场

$$B = \mu \frac{N}{l} I$$

通过螺线管截面的磁链

$$N\Phi = NBS = \mu \frac{N^2}{l} I \cdot S$$

由自感定义式(7-14)得

$$L = \frac{N\Phi}{I} = \mu \frac{N^2}{l} S = \mu n^2 V \tag{7-16}$$

式中 $n = N/l$,$V = lS$,分别为螺线管单位长度的匝数及螺线管的体积。

### 7.3.2 互感

**互感系数** 当通过一个回路的电流变化时,在另一个回路中产生感应电动势的现象称为**互感现象**,所产生的感应电动势称为**互感电动势**。

如图 7-10 所示，两个邻近的闭合线圈，匝数分别为 $N_1$ 和 $N_2$。设线圈 1 通电流 $I_1$，产生穿过线圈 2 的全磁通为 $\Psi_{21}$，有

$$\Psi_{21} = N_2 \Phi_{21} = M_{21} I_1$$

比例系数 $M_{21}$ 称为线圈 2 对线圈 1 的互感系数。同理，线圈 2 通电流 $I_2$，产生穿过线圈 1 的磁链为 $\Psi_{12}$，有

$$\Psi_{12} = N_1 \Phi_{12} = M_{12} I_2$$

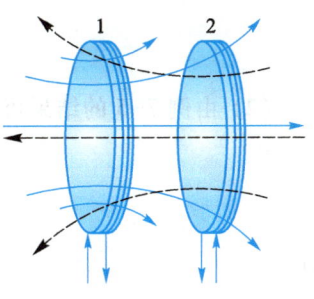

图 7-10 互感系数

比例系数 $M_{12}$ 称为线圈 1 对线圈 2 的互感系数。理论和实践都证明 $M_{21} = M_{12} = M$，故互感系数的定义式写成

$$M = \frac{\Psi_{21}}{I_1} = \frac{\Psi_{12}}{I_2} \tag{7-17}$$

$M$ 称为两线圈的**互感系数**，简称**互感**。$M$ 仅与两个线圈的形状、大小、匝数、相对位置以及周围磁介质的分布有关，与两线圈是否通电流无关。在 SI 中，$M$ 的单位也为 H（亨利）。

**互感电动势** 在 $M$ 为常量的情况下，当线圈 1 中的电流 $I_1$ 变化时，在线圈 2 中产生的互感电动势为

$$\mathscr{E}_2 = -\frac{\mathrm{d}\Psi_{21}}{\mathrm{d}t} = -M_{21}\frac{\mathrm{d}I_1}{\mathrm{d}t} = -M\frac{\mathrm{d}I_1}{\mathrm{d}t} \tag{7-18}$$

同理，当线圈 2 中的电流 $I_2$ 变化时，在线圈 1 中产生的互感电动势为

$$\mathscr{E}_1 = -\frac{\mathrm{d}\Psi_{12}}{\mathrm{d}t} = -M_{12}\frac{\mathrm{d}I_2}{\mathrm{d}t} = -M\frac{\mathrm{d}I_2}{\mathrm{d}t} \tag{7-19}$$

可见，互感 $M$ 是表征两耦合回路互感强弱的物理量。

**例 7-6** 两个长度均为 $l$、横截面积均为 $S$ 的共轴直螺线管，它们的匝数分别为 $N_1$ 和 $N_2$，管内磁介质的磁导率为 $\mu$，见图 7-11。求：(1) 两个线圈的互感 $M$；(2) 两线圈的自感 $L_1$、$L_2$ 与互感 $M$ 的关系。

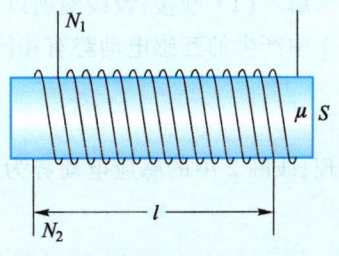

图 7-11 例 7-6 图

**解** (1) 设原线圈($N_1$)通电流 $I_1$，则管内磁感应强度为

$$B = \mu \frac{N_1}{l} I_1$$

通过副线圈($N_2$)的磁链为

$$\Psi_{21} = N_2 B S = \mu \frac{N_1 N_2}{l} S I_1$$

由互感定义式(7-17)，得两线圈的互感

$$M = \frac{\Psi_{21}}{I_1} = \mu \frac{N_1 N_2}{l} S$$

（2）由例 7-5 的结果可知，原、副线圈的自感分别为

$$L_1 = \mu \frac{N_1^2}{l} S, \quad L_2 = \mu \frac{N_2^2}{l} S$$

则

$$L_1 L_2 = \left( \mu \frac{N_1 N_2}{l} S \right)^2 = M^2$$

即

$$M = \sqrt{L_1 L_2}$$

应该指出，此结果是在两线圈各自所产生的磁感应线完全通过对方线圈（即无漏磁通的理想耦合）情况下得到的。一般情况下

$$M = k \sqrt{L_1 L_2} \quad (0 \leqslant k \leqslant 1) \tag{7-20}$$

式中，$k$ 称为**耦合系数**，其值由两线圈的相对位置确定，理想耦合 $k=1$。

**例 7-7** 自感分别为 $L_1$ 和 $L_2$，互感为 $M$ 的两线圈串联。如果两线圈的磁通互相加强[图 7-12(a)]，称为顺接，如果两线圈的磁通互相削弱[图 7-12(b)]，称为反接。计算在这两种接法下两线圈的等效总自感 $L$。

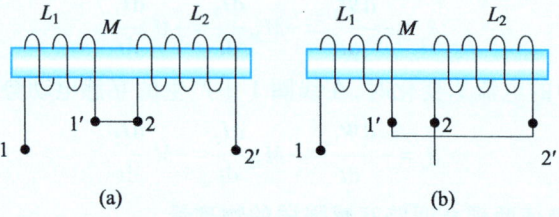

图 7-12　例 7-7 图

**解**　（1）顺接：设线圈通以变化电流 $I$，线圈 1 中的自感电动势与线圈 2 在线圈 1 中产生的互感电动势有相同的方向，故线圈 1 中的感应电动势为

$$\mathscr{E}_1 = -L_1 \frac{dI}{dt} - M \frac{dI}{dt}$$

同理，线圈 2 中的感应电动势为

$$\mathscr{E}_2 = -L_2 \frac{dI}{dt} - M \frac{dI}{dt}$$

顺接时，两线圈总的感应电动势为

$$\mathscr{E} = \mathscr{E}_1 + \mathscr{E}_2 = -(L_1 + L_2 + 2M) \frac{dI}{dt}$$

故两线圈顺接时的等效自感为

$$L = L_1 + L_2 + 2M \tag{7-21}$$

（2）反接：反接时，自感电动势与互感电动势方向相反，不难证明，两线圈反接时的等效自感为

$$L = L_1 + L_2 - 2M \tag{7-22}$$

### 7.3.3 磁场的能量

**自感储能** 电场有能量，带电电容器的能量为 $W_e = \dfrac{Q^2}{2C}$，电场的能量密度为 $w_e = \dfrac{1}{2}\varepsilon E^2$。同理，磁场也有能量。下面以图 7-13 所示的电路来讨论自感磁能的建立过程。

一个含有 $L$ 的电路，电路中的电流不能突变。如图 7-13 所示，当闭合开关 S 时，电路中的电流 $i$ 由零开始增大，$L$ 产生自感电动势 $\mathscr{E}_L$ 来反抗电路中电流的增加，由闭合电路欧姆定律列出开关 S 闭合时的电路方程为

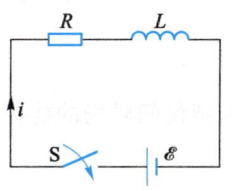

图 7-13 自感储能

$$\mathscr{E} - L\frac{\mathrm{d}i}{\mathrm{d}t} = iR$$

上式两边同乘以 $i\mathrm{d}t$，并对电流 $i$ 由零增大到稳定值 $I$ 的时间 $t$ 积分，有

$$\int_0^t \mathscr{E}i\mathrm{d}t = \int_0^t i^2 R\mathrm{d}t + \int_0^I L i \mathrm{d}i$$

式中，$\int_0^t \mathscr{E}i\mathrm{d}t$ 是电源在 $0\sim t$ 内做的总功；$\int_0^t i^2 R\mathrm{d}t$ 是 $0\sim t$ 内电阻消耗的焦耳热；而 $\int_0^I L i \mathrm{d}i = \dfrac{1}{2}LI^2$ 表示电源在 $0\sim t$ 内反抗自感电动势做的功，这个功转化成磁能储存于线圈中。所以，<u>一个自感为 $L$ 的线圈通有电流 $I$ 时，它所储存的磁场能量为</u>

$$W_m = \frac{1}{2}LI^2 \tag{7-23}$$

**磁场的能量** 磁场的能量如同电场的能量一样定域在场中，可以用场量来表示。以长直螺线管为例，$L = \mu n^2 V$，$I = \dfrac{B}{\mu n}$，代入式（7-23）得

$$W_m = \frac{1}{2}LI^2 = \frac{1}{2}\mu n^2 V \left(\frac{B}{\mu n}\right)^2 = \frac{1}{2}\frac{B^2}{\mu}V$$

单位体积中的磁能，即磁场的能量密度 $w_m$ 为

$$w_m = \frac{1}{2}\frac{B^2}{\mu} = \frac{1}{2}BH \tag{7-24}$$

这一结果虽然是从长直螺线管这一特例推导出的，但该式具有普遍性，即对任意磁场均成立。当磁场不均匀时，把磁场划分为许多体元 $\mathrm{d}V$，体元 $\mathrm{d}V$ 中磁场的能

量为

$$dW_m = w_m dV$$

磁场的总能为

$$W_m = \int_V dW_m = \int_V w_m dV \tag{7-25}$$

**例 7-8** 无限长同轴电缆由半径分别为 $R_1$ 和 $R_2$ 的两同轴圆筒构成,其间充满磁导率为 $\mu$ 的均匀磁介质,若电缆通以电流 $I$,求长为 $l$ 的一段电缆的磁场能量和自感。

**解** 由安培环路定理可求得两圆筒之间磁场的分布为

$$B = \frac{\mu I}{2\pi r} \quad (R_1 < r < R_2)$$

两圆筒间磁场的能量密度为

$$w_m = \frac{1}{2}\frac{B^2}{\mu} = \frac{\mu I^2}{8\pi^2 r^2}$$

长为 $l$ 一段电缆内总的磁场能量为

$$W_m = \int_V w_m dV = \int_{R_1}^{R_2} \frac{\mu I^2 l}{8\pi^2 r^2} 2\pi r dr = \frac{\mu I^2 l}{4\pi}\ln\frac{R_2}{R_1}$$

长为 $l$ 一段电缆的自感为

$$L' = \frac{2W_m}{I^2} = \frac{\mu l}{2\pi}\ln\frac{R_2}{R_1}$$

单位长度电缆的自感为

$$L = \frac{L'}{l} = \frac{\mu}{2\pi}\ln\frac{R_2}{R_1}$$

由此例可看出,从自感储能公式出发,也可以求得自感元件的自感。

◇ **思考题**

**7-6** 如图所示,若电磁铁线圈 $L$ 的电阻与另一支路电阻 $R$ 相同,问:当开关 $S$ 接通时,两电流表的读数是否相同?为什么?

**7-7** 用金属丝绕制的标准电阻,要求无自感,怎样绕制才能达到此要求?

**7-8** 有两个相隔距离不太远的线圈,如何放置可使这两个线圈的互感为零?

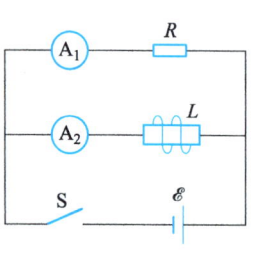

思考题 7-6 图

## *7.4 麦克斯韦电磁场理论

### 7.4.1 位移电流 全电流定律

前面讨论了恒定电流磁场的安培环路定理式(6-31)

$$\oint_L \boldsymbol{H} \cdot \mathrm{d}\boldsymbol{l} = I = \int_S \boldsymbol{j} \cdot \mathrm{d}\boldsymbol{S}$$

式中,电流 $I$ 是穿过以闭合积分路径 $L$ 为边界的任意曲面的电流(代数和)。对于恒定电流电路图7-14所示,由于电流是闭合的,电流 $I$ 通过以 $L$ 为边界的平面 $S_1$,也同样通过以 $L$ 为边界的任意曲面 $S_2$,安培环路定理的正确性与所设想的曲面 $S$ 的形状无关。

阅读材料:麦克斯韦电磁场理论的提出

文档:麦克斯韦简介

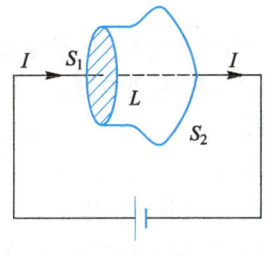

图 7-14 稳恒电路

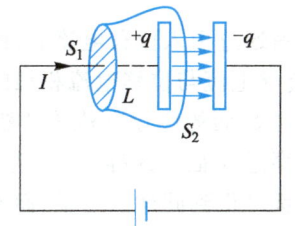

图 7-15 非稳恒电路

非恒定情况下如何呢?图7-15是正在给一个电容器充电的电路,导线中的传导电流 $I$ 随时间变化而且不连续(电容器两极板之间无传导电流),是一个非恒定电流的电路。如果同样以 $L$ 为积分回路如图,则导线穿过 $S_1$,却不穿过 $S_2$,安培环路定理分别应用于以 $L$ 为边界的平面 $S_1$ 和曲面 $S_2$ 便得到

对平面 $S_1$ 
$$\oint_L \boldsymbol{H} \cdot \mathrm{d}\boldsymbol{l} = I$$

对曲面 $S_2$
$$\oint_L \boldsymbol{H} \cdot \mathrm{d}\boldsymbol{l} = 0$$

显然出现了矛盾。说明以式(6-31)的形式表示的安培环路定理不适用于非恒定电流的情况。

**位移电流** 为了解决上述传导电流的连续性问题,并把适用于恒定电流的安培环路定理推广到非恒定电流电路的情况。1861年,麦克斯韦提出了在电容器两极板之间存在位移电流的设想。

麦克斯韦注意到,通过 $S_2$ 的传导电流虽然为零,但电容器充电时,两极板上的电荷 $q$(或电荷面密度 $\sigma$)随时间变化,它与导线中的传导电流 $I$ 有关系

$$I = \frac{\mathrm{d}q}{\mathrm{d}t} = \frac{\mathrm{d}(S\sigma)}{\mathrm{d}t} = S\frac{\mathrm{d}\sigma}{\mathrm{d}t}$$

式中 $S$ 为电容器极板的面积。电容器极板上的电荷随时间变化,导致两极板间的

场强 $E$（或电位移 $D$）以及通过 $S_2$ 面的电位移通量 $\Psi$ 也随时间变化。设极板上该时刻的电荷面密度为 $\sigma$，则 $D=\sigma$，而且

$$\frac{\mathrm{d}\Psi}{\mathrm{d}t}=\frac{\mathrm{d}(SD)}{\mathrm{d}t}=S\frac{\mathrm{d}\sigma}{\mathrm{d}t}$$

比较以上两式，右边一样，则左边应相等。即电位移通量随时间的变化率 $\frac{\mathrm{d}\Psi}{\mathrm{d}t}$ 恰好等于导线中传导电流 $I$。麦克斯韦把两极板间变化的电场假设为一种电流，叫**位移电流**，用 $I_\mathrm{d}$ 表示，其定义式为

$$I_\mathrm{d}=\frac{\mathrm{d}\Psi}{\mathrm{d}t} \tag{7-26}$$

相应的位移电流密度为

$$\boldsymbol{j}_\mathrm{d}=\frac{\partial \boldsymbol{D}}{\partial t} \tag{7-27}$$

麦克斯韦通过引入位移电流后，图 7-15 所示的闭合电路，传导电流 $I$ 虽然不连续，但若令传导电流与位移电流相加的合电流 $(I+I_\mathrm{d})$ 称为**全电流**，则全电流总是连续的。即穿过 $S_1$ 面的传导电流 $I$ 虽然终止于极板，但却有与之等量的位移电流 $I_\mathrm{d}$ 接替并继续穿过 $S_2$ 面。这样，无论选择 $S_1$ 或 $S_2$ 作为以 $L$ 为边界的曲面，$H$ 沿此闭合回路的环流都可得到同样的结果，而不至于产生前述的那种矛盾了。

**全电流定理** 麦克斯韦为了把安培环路定理推广到非恒定电流情况下也适用的普遍形式，用全电流代替式 (6-31) 右边的传导电流，得到

$$\oint_L \boldsymbol{H}\cdot\mathrm{d}\boldsymbol{l}=I+I_\mathrm{d}=I+\int_S \frac{\partial \boldsymbol{D}}{\partial t}\cdot\mathrm{d}\boldsymbol{S} \tag{7-28}$$

即在普遍情况下，磁场强度 $H$ 沿任一闭合回路 $L$ 的环流等于穿过以 $L$ 为边界的任意曲面的全电流。这就是麦克斯韦的**全电流定理**。式 (7-28) 表明，位移电流与传导电流一样也产生磁场。

麦克斯韦的位移电流假设，实质上是揭示了**变化的电场可以激发磁场**。但是，位移电流与传导电流仅在激发磁场这一点是等效的。其他方面，两者不能相提并论。例如，传导电流通过导体时会产生焦耳热，而位移电流在导体中不会产生这种热效应。

**例 7-9** 一板面半径为 $R$ 的圆形平行板电容器正在被充电，两板间电场的变化率为 $\frac{\mathrm{d}E}{\mathrm{d}t}>0$，求电容器两板间距离轴线 $r$ 处的磁感应强度。

**解** 这是位移电流产生磁场的典型例子。由位移电流的对称性，可知该位移电流产生的磁场也是轴对称的。过 $P$ 点作半径为 $r(r<R)$ 的圆形回路为积分回路 $L$，如图 7-16 所示。由全电流定理有

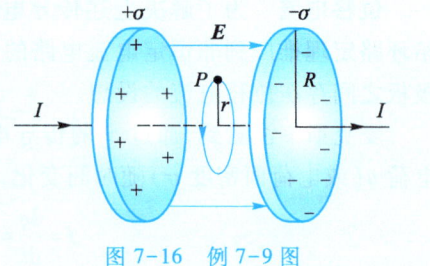

图 7-16 例 7-9 图

$$\oint_L \boldsymbol{H} \cdot \mathrm{d}\boldsymbol{l} = H \cdot 2\pi r = \frac{\mathrm{d}\Psi}{\mathrm{d}t}$$

$r<R$ 时,
$$\Psi = \pi r^2 D = \varepsilon_0 E \pi r^2$$

$$H = \frac{r}{2}\varepsilon_0 \frac{\mathrm{d}E}{\mathrm{d}t}$$

$$B = \mu_0 H = \frac{r}{2}\varepsilon_0 \mu_0 \frac{\mathrm{d}E}{\mathrm{d}t}$$

$r>R$ 时,
$$\Psi = \pi R^2 D = \varepsilon_0 E \pi R^2$$

$$H = \frac{R^2}{2r}\varepsilon_0 \frac{\mathrm{d}E}{\mathrm{d}t}$$

$$B = \mu_0 H = \frac{R^2}{2r}\varepsilon_0 \mu_0 \frac{\mathrm{d}E}{\mathrm{d}t}$$

### 7.4.2 麦克斯韦方程组

**静电场和恒定磁场的基本方程** 前面分别讨论了静止电荷激发的静电场和恒定电流激发的恒定磁场的一些基本性质,得出四个方程,即

静电场的高斯定理
$$\oint_S \boldsymbol{D} \cdot \mathrm{d}\boldsymbol{S} = \sum q = \int_V \rho \mathrm{d}V$$

静电场的环路定理
$$\oint_L \boldsymbol{E} \cdot \mathrm{d}\boldsymbol{l} = 0$$

磁场的高斯定理
$$\oint_S \boldsymbol{B} \cdot \mathrm{d}\boldsymbol{S} = 0$$

恒定磁场的环路定理
$$\oint_L \boldsymbol{H} \cdot \mathrm{d}\boldsymbol{l} = \sum I = \int_S \boldsymbol{j} \cdot \mathrm{d}\boldsymbol{S}$$

上面各式中的场量($E$、$D$、$B$、$H$)和场源($q$、$\rho$、$I$、$j$)都是不随时间变化的,即静电场(或叫库仑电场)和恒定磁场相互独立,互不相关。

**变化电磁场 麦克斯韦方程组** 当场随时间变化时,麦克斯韦通过引入感生电场(涡旋电场)和位移电流两概念,把上述四个方程推广成为适合描述变化电磁场特征和规律的方程称为**麦克斯韦方程组**,即

$$\begin{cases} \oint_S \boldsymbol{D} \cdot \mathrm{d}\boldsymbol{S} = \sum q = \int_V \rho \cdot \mathrm{d}V & \text{①} \\ \oint_L \boldsymbol{E} \cdot \mathrm{d}\boldsymbol{l} = -\int_S \frac{\partial \boldsymbol{B}}{\partial t} \cdot \mathrm{d}\boldsymbol{S} & \text{②} \\ \oint_S \boldsymbol{B} \cdot \mathrm{d}\boldsymbol{S} = 0 & \text{③} \\ \oint_L \boldsymbol{H} \cdot \mathrm{d}\boldsymbol{l} = \sum I + \frac{\mathrm{d}\Psi}{\mathrm{d}t} = \int_S \left(\boldsymbol{j} + \frac{\partial \boldsymbol{D}}{\partial t}\right) \cdot \mathrm{d}\boldsymbol{S} & \text{④} \end{cases} \quad (7-29)$$

式(7-29)表明,对变化的电磁场,电场和磁场不再互相独立和互不相关。麦克斯韦方程组中各式的物理意义概述如下:

(1) 方程组中的①式是电场中的高斯定理。在电荷和电场都随时间变化时仍然成立。通过任意封闭曲面的电位移通量等于该闭合曲面内包围的自由电荷的代数和。

(2) 方程组中的②式是法拉第的电磁感应定律。它表明,变化的磁场在其周围空间会激发感生电场(涡旋电场),感生电场与库仑电场一样对电荷有力的作用,②式中的电场 $E$ 应是自由电荷产生的库仑电场和由变化磁场所产生的感生电场的叠加。

(3) 方程组中的③式是磁场中的高斯定理。它表明,无论是恒定电流产生的磁场还是变化电场产生的磁场,磁感应线都是无头无尾的闭合回线(磁场是无源场),通过任意闭合曲面的磁通量恒等于零。

(4) 方程组中的④式是全电流定律或叫推广了的安培环路定理。它表明,变化电场和传导电流一样都激发磁场,④式中的磁场 $H$ 应是传导电流产生的磁场和由变化电场所产生的磁场的叠加。

麦克斯韦方程组对电场、磁场的性质及其场源之间的相互关系作出了全面的描述。任何情况下,只要给定电荷和电流的分布,空间各点的电磁场就可由麦克斯韦方程组求出。可以证明,满足这些方程和边界条件的解是唯一的,它就是在这种客观条件下发生的、真实的电磁场。这个理论经受了实践的检验,并在工程实践中发挥着指导作用,成为现代电工学、无线电电子学不可缺少的理论基础,它使人类进入了电气化时代。所以,麦克斯韦方程组在电磁学中的地位相当于牛顿运动定律在经典力学中的地位,是19世纪最伟大的成就之一。

◇ 思考题

7-9 什么叫位移电流？什么叫全电流？位移电流与传导电流有什么不同？

7-10 变化的电场产生的磁场是否也一定随时间变化？反之,变化的磁场产生的电场是否也一定随时间变化？

## 生活中的物理 7

**家用电磁炉、微波炉的基本原理**

金属导体处在变化磁场中,金属块内部会产生感应电流。金属块中形成一圈圈的闭合电流线,类似流体中的涡流,叫做涡电流,简称涡流。对于大块的良导体,由于电阻很小,涡电流可以很大,涡电流在金属中流动时会释放出大量的焦耳热。家用电磁炉就是根据磁场感应涡电流的原理制成的。其内部利用高频交变电流通过扁平空心螺旋状的线圈产生高频交变磁场,当含铁质的锅具放置于炉面时,交变磁场在铁质锅具的底部产生感应电流(即涡流),涡流使锅体快速发热,以加热和烹饪食物。即电磁炉煮食的热源来自锅具底部而不是电磁炉本身发热传导给锅具。与传统的电热设备相比电磁炉具有热效率高、加热速度快、无明火、无烟尘、无废气、清洁卫生等优点。

微波炉用微波来加热食物。微波是一种高频率的电磁波,与普通无线电波比较,微波有如下一些特性:(1) 能量大;(2) 碰到金属会发生反射(金属不吸收或传导微波);(3) 可以穿透玻璃、陶瓷、塑料等绝缘材料,但不会消耗能量;(4) 对含有水分的食物,微波不但不能透过,其能量反而会被吸收。微波炉正是利用微波的这些特性制作的。微波炉的外壳用不锈钢等金属制成,以阻挡微波从炉内逃出,影响人的身体健康;装食物的容器则用绝缘材料制成。微波炉的心脏是磁控管(微波发生器),能产生频率为 2 450 MHz 的电磁波,这种肉眼看不见的微波,能穿透食物达 5 cm 深,并使食物中的水分子(极性分子)随之振动(分子电矩的取向随微波场而变动),剧烈的运动产生大量的热能,使食物的温度升高。这就是微波炉加热的原理。用普通炉灶煮食物,热量总是从食物外部逐渐进入食物内部的。而用微波炉烹饪,热量则是直接深入食物内部,所以烹饪速度及热效率比普通炉具高得多。

## 习题 7

### 选择题

**7-1** 一矩形导线框,以恒定的速度 $v$ 自左向右穿过一均匀磁场区域,如图所示。下列图中哪一个正确地反映了线框中电流与时间的定性关系。取逆时针方向为电流的正方向( )。

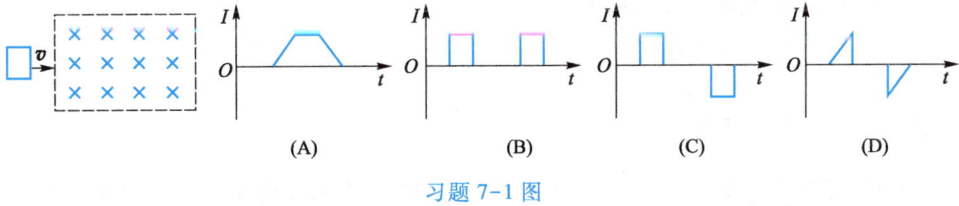

习题 7-1 图

**7-2** 半径为 $a$ 的圆线圈置于磁感应强度为 $B$ 的均匀磁场中。线圈平面与磁场方向垂直,线圈的电阻为 $R$。当把线圈转动使其法向与 $B$ 的夹角 $\alpha=45°$ 时,线圈中已通过的电荷量与线圈面积及转动的时间的关系是( )。

(A) 与线圈面积成正比,与时间无关
(B) 与线圈面积成正比,与时间成正比
(C) 与线圈面积成反比,与时间成正比
(D) 与线圈面积成反比,与时间无关

**7-3** 一无限长直导体薄板宽为 $l$,板面与 $z$ 轴垂直,板的长度沿 $y$ 方向,板的两侧与一电压表相连,如图所示。整个装置放于磁感应强度为 $B$ 的均匀磁场中,$B$ 的

方向沿 $z$ 轴正向。如果电压表与导体平板均以速度 $v$ 向 $y$ 轴正向移动,则电压表指示的电压值为(  )。

(A) 0  (B) $\frac{1}{2}Bvl$  (C) $Bvl$  (D) $2Bvl$

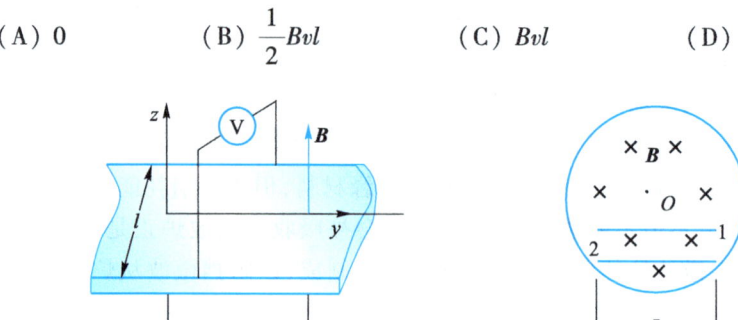

习题 7-3 图      习题 7-4 图

**7-4** 均匀磁场 $B$ 被限制在无限长圆柱形空间内。两条长度同为 $L$ 的直导线放置的位置如图所示。若磁场的变化率 $\dfrac{\mathrm{d}B}{\mathrm{d}t}$ 为正的常量,则两条导线中感应电动势大小的关系为(  )。

(A) $\mathscr{E}_1 = \mathscr{E}_2 = 0$  (B) $\mathscr{E}_1 = \mathscr{E}_2 \neq 0$  (C) $\mathscr{E}_2 > \mathscr{E}_1$  (D) $\mathscr{E}_2 < \mathscr{E}_1$

\***7-5** 如图所示,一导体棒 $ab$ 在均匀磁场中沿金属导轨向右作匀加速运动,磁场方向垂直导轨所在平面。若导轨的电阻忽略不计,并设铁芯的磁导率为常量,则达到稳定后在电容器的 N 极板上(  )。

(A) 带有一定量的负电荷
(B) 带有一定量的正电荷
(C) 带有越来越多的负电荷
(D) 带有越来越多的正电荷

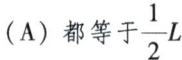

习题 7-5 图

**7-6** 一环形螺线管的自感为 $L$,若将该环形螺线管锯成两个半环式的螺线管,则两个半环式螺线管的自感为(  )。

(A) 都等于 $\dfrac{1}{2}L$  (B) 一个大于 $\dfrac{1}{2}L$,另一个小于 $\dfrac{1}{2}L$

(C) 都小于 $\dfrac{1}{2}L$  (D) 都大于 $\dfrac{1}{2}L$

**7-7** 无限长直导线与一矩形线圈共面,如图所示。直导线穿过矩形线圈(但彼此绝缘),则直导线与矩形线圈的互感为(  )。

(A) 0  (B) $\dfrac{\mu_0 a}{2\pi}\ln 2$

(C) $\dfrac{\mu_0 a}{2\pi}\ln 3$  (D) $\dfrac{\mu_0 a}{2\pi}\ln 4$

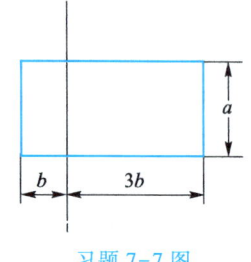

习题 7-7 图

**7-8** 真空中一根无限长直细导线上通有电流为 $I$ 的电流,则距导线垂直距离为 $a$ 的空间某点处的磁能密度为( )。

(A) $\dfrac{1}{2}\mu_0\left(\dfrac{\mu_0 I}{2\pi a}\right)^2$ 
(B) $\dfrac{1}{2\mu_0}\left(\dfrac{\mu_0 I}{2\pi a}\right)^2$ 
(C) $\dfrac{1}{2}\left(\dfrac{2\pi a}{\mu_0 I}\right)^2$ 
(D) $\dfrac{1}{2\mu_0}\left(\dfrac{\mu_0 I}{2a}\right)^2$

**7-9** 在感应电场中,电磁感应定律可写成 $\oint_L \boldsymbol{E}_i \cdot d\boldsymbol{l} = -\dfrac{d\Phi}{dt}$,式中 $\boldsymbol{E}_i$ 为感应电场的电场强度。此式表明( )。

(A) 闭合曲线 $L$ 上 $\boldsymbol{E}_i$ 处处相等
(B) 感应电场是保守力场
(C) 感应电场的力线不是闭合曲线
(D) 在感应电场中不能像对静电场那样引入电势的概念

**7-10** 如图所示,两圆片构成的平行板电容器(忽略边缘效应)充电时,沿环路 $L_1$ 和 $L_2$ 磁场强度 $\boldsymbol{H}$ 的环流中,必有( )。

(A) $\oint_{L_1} \boldsymbol{H} \cdot d\boldsymbol{l} = 0$
(B) $\oint_{L_1} \boldsymbol{H} \cdot d\boldsymbol{l} > \oint_{L_2} \boldsymbol{H} \cdot d\boldsymbol{l}$
(C) $\oint_{L_1} \boldsymbol{H} \cdot d\boldsymbol{l} < \oint_{L_2} \boldsymbol{H} \cdot d\boldsymbol{l}$
(D) $\oint_{L_1} \boldsymbol{H} \cdot d\boldsymbol{l} = \oint_{L_2} \boldsymbol{H} \cdot d\boldsymbol{l}$

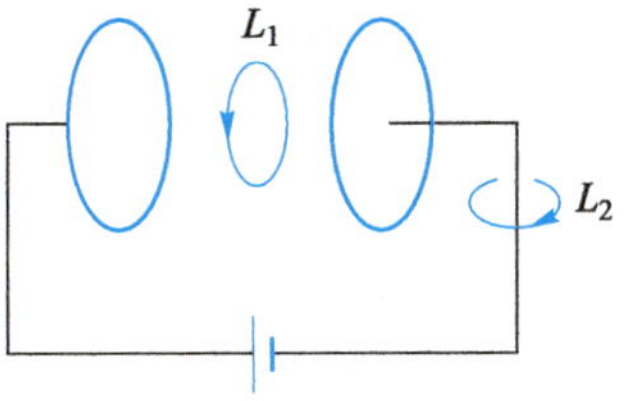

习题 7-10 图

### 填空题

**7-11** 一半径 $r = 10$ cm 的圆形闭合导线回路置于磁感应强度 $B = 0.80$ T 的均匀磁场中,磁场的方向与回路平面正交。若回路的半径从 $t = 0$ 开始以恒定的速率 $\dfrac{dr}{dt} = -80$ cm/s 收缩,则在这 $t = 0$ 时刻,闭合回路中的感应电动势大小为_____;如要求感应电动势保持这一数值,则闭合回路面积应以 $\dfrac{dS}{dt} = $ _____的恒定速率收缩。

**7-12** 一导线被弯成如图所示的形状,$\overset{\frown}{abc}$ 为半径为 $R$ 的四分之三圆弧,直线段 $Oc$ 的长度为 $R$。若此导线放在垂直纸面向里的均匀磁场 $\boldsymbol{B}$ 中。导线以角速度 $\omega$ 在图面内绕 $O$ 点匀速转动,则此导线中的动生电动势的大小 $\mathscr{E}_i = $ _____。

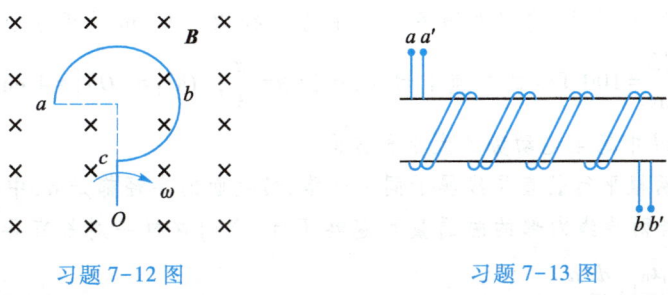

习题 7-12 图          习题 7-13 图

**7-13** 在一纸筒上绕有两个相同的线圈 $ab$ 和 $a'b'$,如图所示,两个线圈的自感都是 0.05 H。若把 $a$ 和 $a'$ 相接，则 $b$ 和 $b'$ 间的自感 $L=$ _____；若把 $a'$ 与 $b$ 相接，则 $a$ 和 $b'$ 间的自感 $L=$ _____；若 $a$ 和 $a'$ 相接，$b$ 和 $b'$ 也相接，则 $a$ 和 $b$ 间的自感 $L=$ _____。

**7-14** 两个长度相同，匝数相同，截面积不同的长直螺线管，通以相同大小的电流，现在将小螺线管完全放入大螺线管里（两者轴线重合），且使两者产生的磁场方向一致，则小螺线管内的磁能密度是原来的_____倍；若使两螺线管产生的磁场方向相反，则小螺线管内的磁能密度为_____。

**计算题**

**7-15** 长度为 $L$ 的导体棒 $ab$，水平放置在均匀磁场 $B$ 中，如图所示，导体棒可绕过 $c$ 点并与棒垂直的轴以角速度 $\omega$ 匀速旋转，$|ac|=L/3$，试求：

(1) $U_a-U_c=?$；

(2) $U_c-U_b=?$；

(3) $U_a-U_b=?$ 并指出 $ab$ 两端哪端的电势较高。

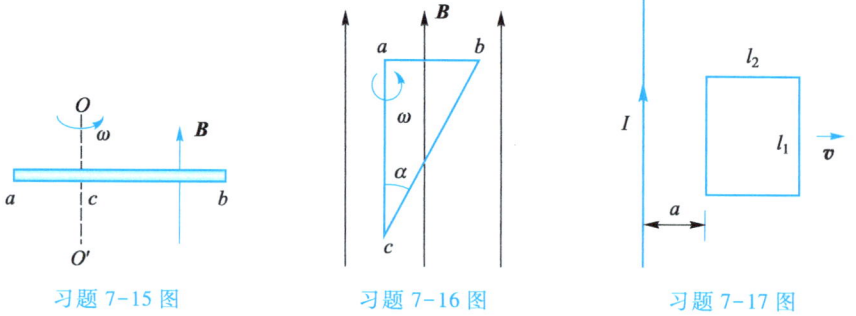

习题 7-15 图　　习题 7-16 图　　习题 7-17 图

**7-16** 在均匀磁场中，一刚性直角三角形线圈 $abc$ 绕线圈的 $ac$ 边以匀角速度 $\omega$ 转动，如图所示。设 $ab$ 边长为 $L$，$bc$ 边长为 $2L$，$ac$ 边平行于 $B$。求线圈各边的动生电动势和回路 $abc$ 的总感应电动势。

**7-17** 一无限长直导线通有恒定电流 $I$，旁边有一单匝矩形线圈以匀速率 $v$ 沿垂直导线的方向离开导线平动，求图示位置瞬时，线圈中感应电动势的大小和感应电流的方向。

**7-18** 上题中，如果矩形线圈保持不动，而在长直导线中通以电流 $I=I_0 e^{-3t}$（SI 单位），则线圈中感应电动势的大小和感应电流的方向又如何？

**7-19** 如图所示，均匀磁场 $B$ 被限制在半径 $R=10$ cm 的无限长圆柱形空间内。设 $B$ 以 $\dfrac{dB}{dt}=100$ T/s 的匀速率增加，已知 $\theta=\dfrac{\pi}{3}$，$|Oa|=|Ob|=4$ cm。求等腰梯形导线框 $abcd$ 中感生电动势的大小和方向。

**7-20** 两根平行长直导线属于同一回路，横截面的半径都是 $a$，中心相距为 $d$，如图所示。若两导线内部的磁通量可忽略不计，证明这样一对长直导线单位长度的自感为 $L=\dfrac{\mu_0}{\pi}\ln\dfrac{d-a}{a}$。

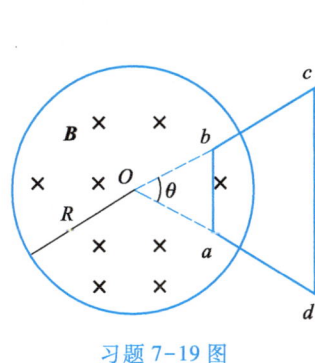

习题 7-19 图

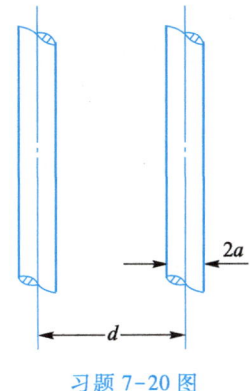

习题 7-20 图

**7-21** 试由自感的定义计算同轴电缆单位长度的自感。设电缆由两个内、外半径分别为 $R_1$ 和 $R_2$ 的"无限长"同轴圆筒导体组成,其间充满磁导率为 $\mu$ 的磁介质。

**7-22** 截面为矩形的环形螺线管共 $N$ 匝,尺寸如图所示。求螺绕环的自感 $L$。

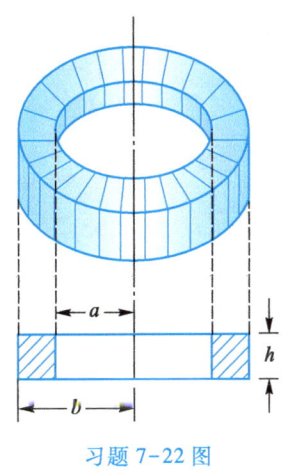

习题 7-22 图

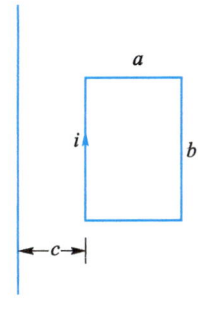

习题 7-23 图

**7-23** 长直导线与矩形单匝线圈共面放置。导线与线圈的长边平行,矩形线圈的边长分别为 $a$ 和 $b$,它到直导线的距离为 $c$。当矩形线圈中通电流 $i = I_0 \sin \omega t$ 时,求长直导线中的感应电动势。

*__7-24__ 半径为 $R$ 的两块圆形金属板组成空气平行板电容器。充电时,两极板间电场强度的时间变化率为 $\dfrac{\mathrm{d}E}{\mathrm{d}t}$,不计边缘效应,求:

(1) 两极板间的位移电流密度;
(2) 两极板间距离两板中心连线为 $r (r<R)$ 处的磁感应强度的大小。

第 7 章习题参考答案

# 第 三 篇

# 波动与光学

**振**动和波动是自然界中一种十分普遍的运动形式,振动是波动的基础,波动是振动的传播。机械振动在介质中的传播形成机械波,电磁振荡在空间的传播形成电磁波;近代物理学研究表明,实物粒子也有波动性,与实物粒子相联系的波称为物质波。各种波的本质不同,但它们都有共同的性质和服从相同的规律。

光学是研究光的本性、光的传播以及光与物质相互作用等规律的学科。其内容通常分为几何光学、波动光学和量子光学三大部分。以光的直线传播为基础,研究光在透明介质中传播规律的光学称为几何光学;以光的波动性质为基础,研究光的传播及其规律的光学称为波动光学;以光的粒子性为基础,研究光与物质相互作用规律的光学称为量子光学。

17世纪后半期,人们对光的本性的认识曾有两派不同的学说。一派是牛顿所主张的微粒说,认为光是从发光体发出的以一定速度在空间传播的机械微粒。另一派是以惠更斯为代表的波动说,认为光是机械振动在"以太"中的传播。由于当时科学水平的限制,人们或者把光看成由机械微粒所组成,或者把光看成是一种机械波,两种观点都不能正确地反映光的客观本质。直到19世纪初,托马斯·杨(T.Young)和菲涅耳(A.J.Fresnel)等物理学家进一步发展了光的波动理论,并确认光是一种横波,使光的波动说获得了普遍承认。19世纪60年代,麦克斯韦提出了光的电磁理论,证明光不是机械波,而是电磁波,形成了以电磁波理论为基础的波动光学。19世纪末到20世纪初,人们又从热辐射、光电效应等一系列光与物质相互作用的新的实验事实中,认识到光还具有量子性——粒子性。认为光是由大量以光速 $c$ 运动的微粒所组成的粒子流,这些粒子称作"光子",它不同于牛顿所提出的机械微粒。光究竟是"微粒"还是"波动"？近代科学实践证明,光是一种十分复杂的客体。关于光的本性问题,只能用它所表现的性质和规律来回答:光在某些方面的行为像波动,另一些方面的行为却像粒子,即它具有波动和粒子的两重性质。光的这种二重性,已被证实也是一切微观粒子所具有的属性。

本篇从研究机械振动和机械波开始,介绍振动和波动的基本概念和规律,继而讨论光的干涉、衍射和偏振。

>>> 第8章

... 振动学基础

物体在某一平衡位置附近来回往复地运动叫**机械振动**,简称振动。振动现象在自然界和工程技术中广泛存在。如心脏的跳动、琴弦的振动、气缸中活塞的往复运动等都是振动。广义地说,一个物理量随时间做周期性的变化就称为振动。周期性就是振动的典型特征。交流电路中的电流和电压,电磁场中的电场强度和磁场强度,都随时间做周期性的变化,这种振动称为电磁振动或电磁振荡。振动现象虽然多种多样,但它们都具有相同的数学特征和运动规律。振动不仅是声学、地震学、建筑学、机械制造等必要的基础知识,也是电学、光学、无线电学的基础。

本章主要讨论简谐振动的特征、规律和合成。

## 8.1 简谐振动的规律 旋转矢量表示法

### 8.1.1 简谐振动的特征和规律

物体运动时,如果离开平衡位置的位移随时间按余弦(或正弦)函数的规律变化,这种运动称为**简谐振动**。简谐振动是振动中最基本的振动形式,任何复杂的振动都可以看成若干简谐振动的合成。

轻弹簧一端固定,另一端与质量为 $m$ 的物体相连,放在光滑的水平面上,如果把物体从平衡位置拉开一定距离后释放,忽略一切阻力,物体将在弹性力作用下在其平衡位置附近往复运动,这种理想的振动系统称为**弹簧振子**。

取物体的平衡位置为坐标原点,$x$ 轴正向向右建立坐标系如图 8-1 所示。任意位置 $x$ 处,物体受到的弹性力为

$$F = -kx \quad (8-1)$$

式中 $k$ 为弹簧的劲度系数,负号表示力的方向与位移相反。

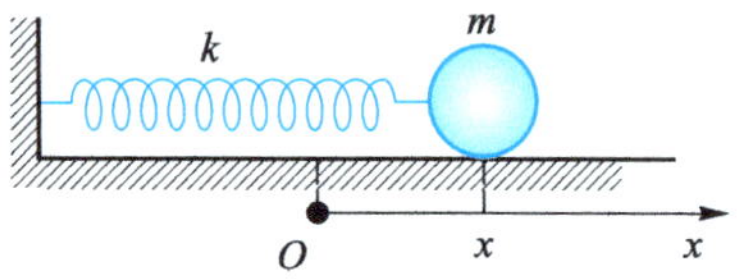

图 8-1 弹簧振子

由牛顿第二定律列出物体运动微分方程

$$-kx = m\frac{d^2x}{dt^2}$$

令

$$\omega^2 = \frac{k}{m} \quad (8-2)$$

则有

$$\frac{d^2x}{dt^2} + \omega^2 x = 0 \quad (8-3)$$

这是二阶线性常微分方程,求解式(8-3)可得振动物体的运动学方程,即

$$x = A\cos(\omega t + \varphi) \quad (8-4)$$

根据上述简谐振动的定义,式(8-4)是**简谐振动方程**。可见,只要一个物体在运动过程中受到大小与位移成正比、方向总是指向平衡位置的力(称为**回复力**)作用,其

运动规律即位移随时间变化的规律就有式(8-4)的形式,物体的这种运动就是简谐振动。式(8-4)也称为简谐振动的位移表达式。

**振动物体的速度和加速度** 式(8-4)对时间 $t$ 求一阶、二阶导数,可分别得到简谐振动物体的速度和加速度方程

$$v = \frac{dx}{dt} = -\omega A \sin(\omega t + \varphi) = -v_m \sin(\omega t + \varphi) \tag{8-5}$$

$$= v_m \cos\left(\omega t + \varphi + \frac{\pi}{2}\right)$$

$$a = \frac{dv}{dt} = -\omega^2 A \cos(\omega t + \varphi) = -\omega^2 x \tag{8-6}$$

$$= a_m \cos(\omega t + \varphi \pm \pi)$$

式中 $v_m = \omega A$ 和 $a_m = \omega^2 A$ 分别为速度和加速度的最大值。可见,物体做简谐振动时,其速度和加速度也随时间做周期性的变化。

## 8.1.2 简谐振动的三个特征量

振动方程式(8-4)中的 $A$、$\omega$、$\varphi$ 称为描述简谐振动的三个特征量,它们的物理意义分述如下:

**振幅** 式(8-4)中的 $A$ 是物体离开平衡位置的最大位移的绝对值,称为位移**振幅**,单位是 m(米)。相应地式(8-5)和式(8-6)中的 $v_m = \omega A$ 和 $a_m = \omega^2 A$ 则分别称为速度振幅和加速度振幅。

**角频率** 式(8-4)中的 $\omega$ 是描述振动快慢程度($2\pi$ s 内完成振动的次数)的物理量,称为**角频率**(也叫圆频率),单位是 rad/s(弧度每秒)。振动的典型特征是周期性,把物体完成一次全振动所经历的时间称为**周期**,用 $T$ 表示,单位是 s(秒)。$T$ 与 $\omega$ 的关系由周期函数的性质,有

$$A\cos(\omega t + \varphi) = A\cos[\omega(t+T) + \varphi] = A\cos(\omega t + \varphi + 2\pi)$$

即

$$T = \frac{2\pi}{\omega} \tag{8-7}$$

单位时间内完成全振动的次数叫**频率**,以 $\nu$ 表示,单位是 Hz(赫兹),即

$$\nu = \frac{1}{T} = \frac{\omega}{2\pi} \quad \text{或} \quad \omega = 2\pi\nu \tag{8-8}$$

由式(8-2)知,$\omega$ 的值完全由振动系统本身的力学性质决定,故又称为**固有角频率**,由此确定的振动周期和频率称为固有周期和固有频率。

弹簧振子的固有角频率、固有周期和固有频率分别为

$$\omega = \sqrt{\frac{k}{m}}, \quad T = 2\pi\sqrt{\frac{m}{k}}, \quad \nu = \frac{1}{2\pi}\sqrt{\frac{k}{m}}$$

**相位** 简谐振动方程式(8-4)中的 $\omega t + \varphi$ 称为振动物体在 $t$ 时刻的**相位**;$t=0$ 时刻的相位 $\varphi$ 称为**初相位**,简称初相。振动物体在任意时刻的运动状态(位置和速

度等)完全由 $\omega t+\varphi$ 决定,例如,当相位$(\omega t_1+\varphi)=\pi/2$ 时,有 $x=0,v=-\omega A$,表示系统此时的振动状态是振子处在平衡位置并以最大速率向 $x$ 轴负方向运动;当相位 $(\omega t_2+\varphi)=3\pi/2$ 时,有 $x=0,v=\omega A$,此时系统的振动状态是振子处于平衡位置并以最大速率向 $x$ 轴正方向运动;等等。

相位的概念在比较两个同频率的简谐振动的步调时很有用。设有两个同频率的简谐振动

$$x_1=A_1\cos(\omega t+\varphi_1), \quad x_2=A_2\cos(\omega t+\varphi_2)$$

则它们的**相位差**为

$$\Delta\varphi=(\omega t+\varphi_2)-(\omega t+\varphi_1)=\varphi_2-\varphi_1$$

若 $\Delta\varphi=0$(或 $2\pi$ 的整数倍),称两振动**同相**(步调一致);若 $\Delta\varphi=\pi$(或 $\pi$ 的奇数倍),称两振动**反相**(步调相反);$\Delta\varphi$ 为其他值时,如果 $\varphi_2-\varphi_1>0$,则称 $x_2$ 超前 $x_1$ 振动 $\Delta\varphi$,或说 $x_1$ 落后于 $x_2$ 振动 $\Delta\varphi$。相位差 $|\Delta\varphi|$ 的取值一般限制在 $0\sim\pi$ 内。

图 8-2 是同一简谐振动的位移、速度和加速度随时间变化的曲线。容易看出,速度的相位超前位移 $\dfrac{\pi}{2}$,加速度的相位又超前速度 $\dfrac{\pi}{2}$,加速度与位移的相位差为 $\pi$,即加速度与位移反相。

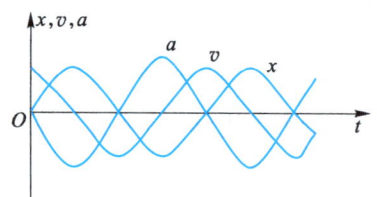

图 8-2 简谐振动中 $x,v,a$ 的相位比较

**$A$ 和 $\varphi$ 的确定**  以上讨论了振幅 $A$ 和 $\varphi$ 的意义,它们的值如何确定呢?

设 $t=0$ 时刻,振动物体的初位置和初速度分别为 $x_0$ 和 $v_0$,由式(8-4)和式(8-5)得

$$\begin{cases} x_0=A\cos\varphi \\ -\dfrac{v_0}{\omega}=A\sin\varphi \end{cases}$$

由上两式解得

$$A=\sqrt{x_0^2+\dfrac{v_0^2}{\omega^2}} \tag{8-9}$$

$$\varphi=\arctan\left(-\dfrac{v_0}{\omega x_0}\right) \tag{8-10}$$

初位置 $x_0$ 和初速度 $v_0$ 称为**初始条件**。可见,简谐振动的振幅 $A$ 和初相 $\varphi$ 完全由初始条件 $(x_0,v_0)$ 决定。

### 8.1.3 简谐振动的旋转矢量表示法

如图 8-3(a)所示,一长度为 $A$ 的矢量 $\boldsymbol{A}$(称为振幅矢量),以角速度 $\omega$ 在 $xOy$ 平面内绕 $O$ 点逆时针匀速转动。$t=0$ 时刻,$\boldsymbol{A}$ 与 $x$ 轴正方向的夹角为 $\varphi$,任意时刻 $t$,矢量 $\boldsymbol{A}$ 的端点 $M$ 在 $x$ 轴上的投影点($P$ 点)的坐标为

$$x=A\cos(\omega t+\varphi)$$

此式已包含简谐振动的三个特征量 $A$、$\omega$、$\varphi$，是简谐振动的表达式。可见，逆时针方向做匀速圆周运动的矢量 $A$，其端点 $M$ 在 $x$ 轴上的投影点 $P$ 的运动是简谐振动。这样，可以借助圆运动来研究简谐振动，这种方法称为**简谐振动的旋转矢量表示法**。

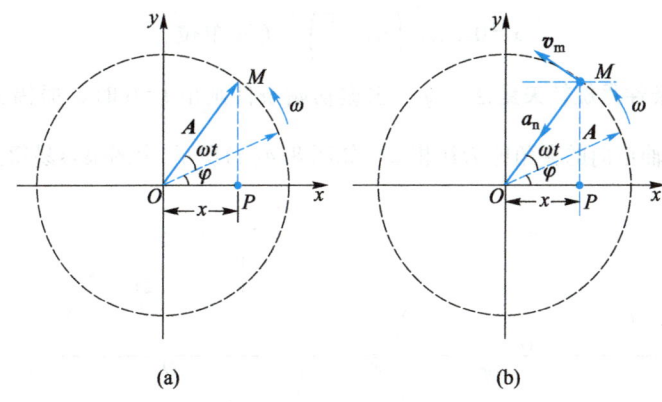

图 8-3 简谐振动的旋转矢量表示法

简谐振动可用一个旋转矢量来表示。矢量的长度 $A$ 就是简谐振动的振幅；矢量逆时针匀速旋转的角速度 $\omega$ 就是简谐振动的角频率；$t=0$ 时刻，矢量 $A$ 与 $x$ 轴正向的夹角 $\varphi$ 就是简谐振动的初相；任意时刻 $t$，矢量 $A$ 与 $x$ 轴正向的夹角 $\omega t+\varphi$ 就是简谐振动的相位。

简谐振动物体的速度和加速度也可借助圆运动来描述，如图 8-3(b) 所示，矢量端点 $M$ 做匀速圆周运动的线速度 $v_m$（$|v_m|=A\omega$）在 $x$ 轴上的投影

$$v = -v_m \sin(\omega t+\varphi) = -A\omega \sin(\omega t+\varphi)$$

正好是 $P$ 点做简谐振动的速度方程式(8-5)；$M$ 做匀速圆周运动的加速度 $a_n$（$|a_n|=A\omega^2$）在 $x$ 轴上的投影

$$a = -a_n \cos(\omega t+\varphi) = -A\omega^2 \cos(\omega t+\varphi)$$

正好是 $P$ 点做简谐振动的加速度方程式(8-6)。

**例 8-1** 一质点沿 $x$ 轴做简谐振动，振幅 $A=0.12$ m，周期 $T=2$ s。$t=0$ 时，质点在 $x_0=0.06$ m 处且向 $x$ 轴正方向运动。求：(1) 此简谐振动的表达式；(2) $t=0.5$ s 时刻质点的位置、速度和加速度；(3) 质点从 $x=-0.06$ m 向 $x$ 轴负方向运动，第一次回到平衡位置所需的时间。

**解** （1）设简谐振动的表达式为 $x=A\cos(\omega t+\varphi)$，依题意 $A=0.12$ m，$T=2$ s，则 $\omega = \dfrac{2\pi}{T} = \pi$ s$^{-1}$。

**由初始条件用解析法求 $\varphi$** 因为 $t=0$ 时，$x_0=0.06$ m，$v_0>0$，代入振动方程得

$$0.06 = 0.12\cos\varphi \rightarrow \cos\varphi = \frac{1}{2}, \quad 得 \quad \varphi = \pm\frac{\pi}{3}$$

再由速度方程 $v_0 = -\omega A\sin\varphi > 0$，故舍去 $\varphi = +\dfrac{\pi}{3}$ 得

$$\varphi = -\frac{\pi}{3}$$

所以，简谐振动的表达式为

$$x = 0.12\cos\left(\pi t - \frac{\pi}{3}\right) \quad (\text{SI 单位})$$

**由初始条件用旋转矢量法求 $\varphi$** 根据初始条件画出 $t=0$ 时刻振幅矢量 $A$ 的位置，则它与 $x$ 轴正向的夹角即为初相 $\varphi$。如图 8-4(a)所示，由图很容易得到 $\varphi = -\frac{\pi}{3}$。

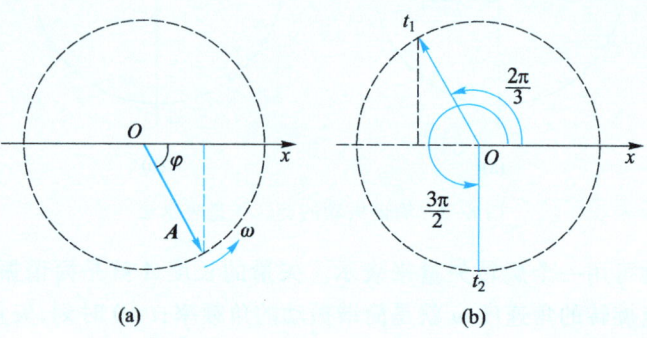

图 8-4 例 8-1 图

（2）振动表达式对时间 $t$ 求一阶、二阶导数，得

$$v = \frac{\mathrm{d}x}{\mathrm{d}t} = -0.12\pi\sin\left(\pi t - \frac{\pi}{3}\right)$$

$$a = \frac{\mathrm{d}v}{\mathrm{d}t} = -0.12\pi^2\cos\left(\pi t - \frac{\pi}{3}\right)$$

$t=0.5$ s 代入振动表达式及上两式，得

$$x = 0.12\times\cos\left(\pi\times 0.5 - \frac{\pi}{3}\right) = 0.10 \text{ m}$$

$$v = -0.12\times\pi\sin\left(\pi\times 0.5 - \frac{\pi}{3}\right) = -0.19 \text{ m/s}$$

$$a = -0.12\times\pi^2\cos\left(\pi\times 0.5 - \frac{\pi}{3}\right) = -1.03 \text{ m/s}^2$$

（3）用旋转矢量法求所需的时间很方便。由旋转矢量图 8-4(b)可知，旋转矢量 $A$ 从 $x=-0.06$ m 向 $x$ 轴负方向运动，第一次回到平衡位置，相当于矢量 $A$ 转过了角度

$$\Delta\theta = \frac{3\pi}{2} - \frac{2\pi}{3} = \frac{5\pi}{6}$$

因为 $\qquad\qquad\qquad\Delta\theta = \omega\Delta t$

所以 $\qquad\qquad\qquad\Delta t = \dfrac{5\pi/6}{\omega} = 0.83$ s

**例 8-2** 试证明单摆的小幅振动是简谐振动,并求其振动周期。

一根质量可以忽略且不能伸缩的细线,上端固定,下端系一可视为质点的重物(摆球)就构成一个**单摆**,如图 8-5 所示。使摆球稍微偏离平衡位置后释放,摆球即在竖直平面内平衡位置 $O$ 点附近来回摆动。

**解** 任意角位移 $\theta$ 处,摆球受力如图所示。取逆时针方向为角位移 $\theta$ 的正方向,由牛顿第二定律列出摆球切向运动微分方程为

$$-mg\sin\theta = ma_t = m\frac{d^2s}{dt^2}$$

因为 $s = l\theta$,上式可以写为

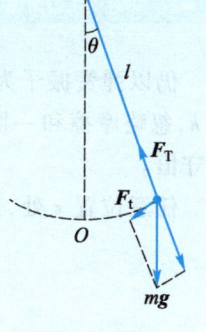

图 8-5 单摆

$$-mg\sin\theta = ml\frac{d^2\theta}{dt^2}$$

小幅振动,$\sin\theta \approx \theta$,令 $\omega^2 = \dfrac{g}{l}$,则上式成为

$$\frac{d^2\theta}{dt^2} + \omega^2\theta = 0$$

这一方程与式(8-3)有相同的形式,所以,在摆角 $\theta$ 很小时,单摆的振动为简谐振动。其振动的周期为

$$T = 2\pi\sqrt{\frac{l}{g}} \tag{8-11}$$

◇ **思考题**

**8-1** 根据简谐振动的特征,分析下列几种运动是否为简谐振动?
(1) 拍皮球时,球的运动(设皮球与地面的碰撞是弹性的);
(2) 质点做匀加速圆周运动时,它在直径上的投影点的运动;
(3) 把浮在静水面上的木块按下去然后松开,木块的运动;
(4) U 形玻璃管中的水银做上下振动。

**8-2** 用旋转矢量法决定下列振动的初相:
(1) 开始时,振动质点在位移为 $+A/2$ 且向 $x$ 轴正方向运动;
(2) 开始时,振动质点在位移为 $-A/2$ 且向 $x$ 轴负方向运动;
(3) 开始时,振动质点在位移为 $-A$ 处。

**8-3** 如果把一个单摆拉开一个小角度 $\theta_0$ 然后放开让其自由摆动,问:
(1) 此 $\theta_0$ 是否就是振动的初相?
(2) 单摆绕悬点转动的角速度是否就是简谐振动的角频率?

## 8.2 简谐振动的能量

仍以弹簧振子为例来讨论简谐振动的能量。设振子质量为 $m$，弹簧的劲度系数为 $k$，忽略摩擦和一切阻力，系统只在保守内力（弹性力）的作用下运动，故系统机械能守恒。

任意位置 $x$ 处，系统的弹性势能和动能分别为

$$E_{\mathrm{p}} = \frac{1}{2}kx^2 = \frac{1}{2}kA^2\cos^2(\omega t + \varphi) \tag{8-12}$$

$$E_{\mathrm{k}} = \frac{1}{2}mv^2 = \frac{1}{2}m\omega^2 A^2 \sin^2(\omega t + \varphi) = \frac{1}{2}kA^2 \sin^2(\omega t + \varphi) \tag{8-13}$$

系统的总能为

$$E = E_{\mathrm{k}} + E_{\mathrm{p}} = \frac{1}{2}kA^2 = \frac{1}{2}m\omega^2 A^2 \tag{8-14}$$

可见，弹簧振子在振动过程中，动能和势能都随时间做周期性变化，但总能与时间无关。图 8-6 画出了初相位 $\varphi = 0$ 的振动系统的动能 $E_{\mathrm{k}}$、势能 $E_{\mathrm{p}}$ 和总能 $E$ 随时间变化的关系曲线。由图可以看出，动能和势能的变化频率是振动频率的 2 倍。

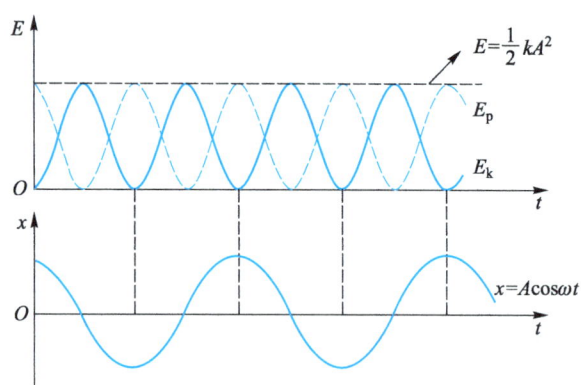

图 8-6 弹簧振子的动能、势能和总能随时间变化的曲线

可以根据能量守恒来导出简谐振动的微分方程。已知任意位置系统的总能为

$$E = \frac{1}{2}mv^2 + \frac{1}{2}kx^2 = 常量$$

将上式对时间求导，有

$$mva + kxv = 0$$

即

$$a = \frac{\mathrm{d}^2 x}{\mathrm{d}t^2} = -\frac{k}{m}x$$

这与式(8-3)给出的简谐振动的微分方程是一样的。这种从能量守恒导出简谐振动方程的思路，对研究非机械振动十分有利，因为那种情况已不宜采用受力分析的方法了。

**例 8-3** 如图 8-7 所示,质量为 $m$ 的任意形状的物体,被支持在无摩擦的水平轴 $O$ 上。将它拉开一个微小的角度 $\theta$ 后释放,物体将绕 $O$ 轴做微小的自由摆动,这样的装置叫**复摆**。设复摆对 $O$ 轴的转动惯量为 $J$,其质心 $C$ 到 $O$ 轴的距离为 $l$,求此复摆的振动周期。

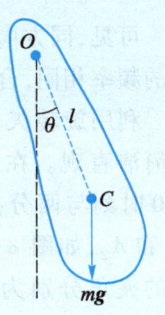

图 8-7 复摆

**解** 将复摆、地球视为一系统,只有重力做功,系统机械能守恒,取过 $O$ 点的水平面为零势能面,则系统的机械能为

$$E = E_k + E_p = \frac{1}{2}J\left(\frac{d\theta}{dt}\right)^2 - mgl\cos\theta = 常量$$

上式对时间求导,有

$$\frac{dE}{dt} = \frac{1}{2}J \cdot 2\frac{d\theta}{dt}\frac{d^2\theta}{dt^2} + mgl\sin\theta\frac{d\theta}{dt} = 0$$

当摆角 $\theta$ 很小时,$\sin\theta \approx \theta$,上式整理得

$$\frac{d^2\theta}{dt^2} + \frac{mgl}{J}\theta = 0$$

这与式(8-3)给出的简谐振动的微分方程是一样的。即摆角 $\theta$ 很小时,复摆的振动是简谐振动,其振动的角频率和周期分别为

$$\omega = \sqrt{\frac{mgl}{J}}, \quad T = 2\pi\sqrt{\frac{J}{mgl}}$$

## 8.3 简谐振动的合成

实际问题中,常遇到一个质点同时参与两个或多个振动的情况。根据运动叠加原理,质点合振动的位移应等于各个分振动位移的矢量和。一般振动的合成比较复杂,下面只讨论几种简单的情况。

### 8.3.1 两个同方向同频率的简谐振动的合成

设质点同时参与两个同方向、同频率的简谐振动,两分振动的表达式分别为

$$x_1 = A_1\cos(\omega t + \varphi_1), \quad x_2 = A_2\cos(\omega t + \varphi_2)$$

因为两分振动在同一方向上,故质点的合位移等于上述两个分位移的代数和,即

$$x = x_1 + x_2 = A_1\cos(\omega t + \varphi_1) + A_2\cos(\omega t + \varphi_2)$$

利用三角公式,上式可以化为

$$x = A\cos(\omega t + \varphi)$$

式中 $A$ 和 $\varphi$ 为合振动的振幅和初相,它们的值分别为

$$A = \sqrt{A_1^2 + A_2^2 + 2A_1A_2\cos(\varphi_2 - \varphi_1)} \tag{8-15}$$

$$\varphi = \arctan\left(\frac{A_1 \sin \varphi_1 + A_2 \sin \varphi_2}{A_1 \cos \varphi_1 + A_2 \cos \varphi_2}\right) \tag{8-16}$$

可见,同方向同频率的两个简谐振动合成后仍为一简谐振动,其频率与两分振动的频率相同,合振动的振幅和初相由两分振动的振幅 $A_1$、$A_2$ 及初相 $\varphi_1$、$\varphi_2$ 决定。

利用旋转矢量讨论上述问题则更为简洁直观。在同一坐标平面上画出 $t=0$ 时刻与两分振动对应的旋转矢量 $A_1$ 和 $A_2$,如图 8-8 所示。两矢量与 $x$ 轴的夹角分别为 $\varphi_1$ 和 $\varphi_2$;由于 $A_1$ 和 $A_2$ 以相同的角速度 $\omega$ 绕 $O$ 点逆时针旋转,它们的夹角 $(\varphi_2-\varphi_1)=\varphi$ 在旋转过程中始终保持不变。图中合矢量 $A$ 也以同样的角速度 $\omega$ 绕 $O$ 点旋转。任一时刻合振动的位移等于该时刻矢量 $A$ 在 $x$ 轴上的投影,即

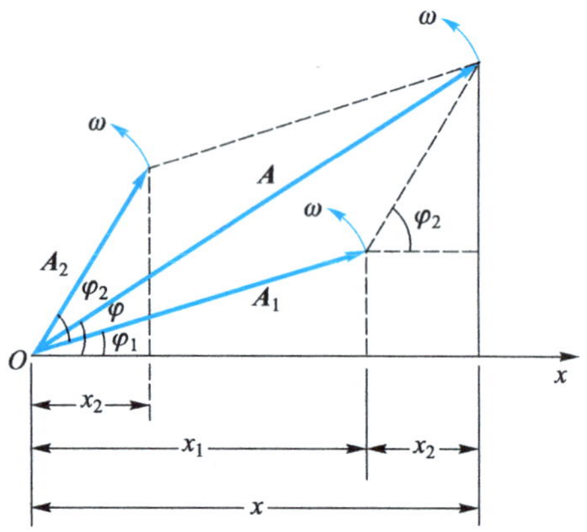

$$x = A\cos(\omega t + \varphi)$$

图 8-8 两同频率简谐振动合成矢量图

可见合振动是振幅为 $A$、初相为 $\varphi$ 的简谐振动,其角频率与两分振动相同。利用图中几何关系,可求得合振动的振幅 $A$ 和初相 $\varphi$ 分别为式(8-15)和式(8-16)。

由式(8-15)可知,合振动的振幅与两分振动的振幅以及它们的相位差有关,讨论两种特殊情况:

(1) 若 $\varphi_2-\varphi_1=2k\pi$,$k=0,\pm 1,\pm 2\cdots$,则

$$A = \sqrt{A_1^2 + A_2^2 + 2A_1 A_2} = A_1 + A_2 \tag{8-17}$$

即两分振动相位相同时,合振幅等于两分振动的振幅之和,合成振幅最大。

(2) 若 $\varphi_2-\varphi_1=(2k+1)\pi$,$k=0,\pm 1,\pm 2\cdots$,则

$$A = \sqrt{A_1^2 + A_2^2 - 2A_1 A_2} = |A_1 - A_2| \tag{8-18}$$

即两分振动相位相反时,合振幅等于两分振动的振幅之差的绝对值,合成振幅最小。

一般情况下,两分振动既不同相也非反相,合振幅在 $A_1+A_2$ 与 $|A_1-A_2|$ 之间。

**例 8-4** 两个同方向的简谐振动曲线如图 8-9 所示,用图中给出的 $A_1$、$A_2$、$T$ 表示出:(1) 合振动的振幅;(2) 合振动的表达式。

**解** 由图可知两个简谐振动频率相同,相位相反。所以合振动振幅为

$$A = A_1 - A_2$$

合振动的角频率与两分振动的角频率相同,即

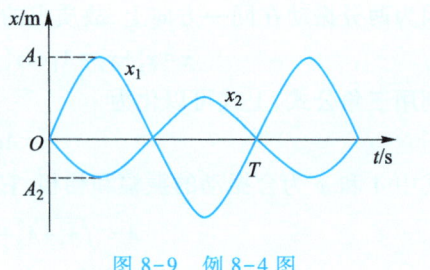

图 8-9 例 8-4 图

$$\omega = \frac{2\pi}{T}$$

合振动的初相与振幅较大的分振动的初相相同,由旋转矢量法容易得到

$$\varphi = -\frac{\pi}{2}$$

所以合振动的表达式为

$$x = (A_1 - A_2)\cos\left(\frac{2\pi}{T}t - \frac{\pi}{2}\right) \quad (\text{SI 单位})$$

### *8.3.2 两个同方向不同频率简谐振动的合成 拍

两个同方向不同频率的简谐振动合成的结果一般较复杂。下面仅讨论两个频率相近(分别为 $\omega_1$ 和 $\omega_2$,且 $\omega_2 > \omega_1$)、振幅和初相位都相同的同方向简谐振动的合成。设两个简谐振动的表达式分别为

$$x_1 = A\cos(\omega_1 t + \varphi), \quad x_2 = A\cos(\omega_2 t + \varphi)$$

合振动的位移为

$$x = x_1 + x_2 = A\cos(\omega_1 t + \varphi) + A\cos(\omega_2 t + \varphi)$$

利用三角恒等式可将上式化为

$$x = 2A\cos\left(\frac{\omega_2 - \omega_1}{2}t\right)\cos\left(\frac{\omega_2 + \omega_1}{2}t + \varphi\right) \tag{8-19}$$

由于 $\omega_1$ 和 $\omega_2$ 相近,式中 $\frac{\omega_2 - \omega_1}{2}$ 很小,而 $\overline{\omega} = \frac{\omega_2 + \omega_1}{2} \approx \omega_1 \approx \omega_2$,因此,合振动可以看成是振幅按 $\left|2A\cos\left(\frac{\omega_2 - \omega_1}{2}t\right)\right|$ 规律缓慢变化,而角频率等于平均角频率 $\overline{\omega}$ 的"准谐振动",这是一种振幅有周期性变化的"简谐振动"。或者说,合振动描述的是一个高频振动受到一个低频振动调制的运动,如图 8-10 所示。这种振幅时大时小做缓慢

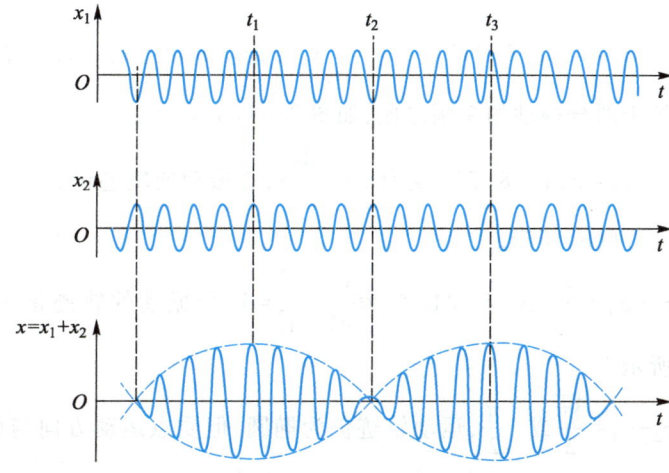

图 8-10 拍的形成

周期性变化的现象称为**拍**。

由于振幅只能取正值,而余弦函数 $\left|2A\cos\left(\dfrac{\omega_2-\omega_1}{2}t\right)\right|$ 的绝对值以 π 为周期,因而振幅变化的周期 $T$ 可由 $\left|\dfrac{\omega_2-\omega_1}{2}\right|T=\pi$ 求得,即

$$\nu_{\text{拍}} = \frac{1}{T} = \left|\frac{\omega_2-\omega_1}{2\pi}\right| = |\nu_2-\nu_1| \tag{8-20}$$

$\nu_{\text{拍}}$ 就是合振动在单位时间内加强或减弱的次数,称为**拍频**。即拍频等于两分振动频率之差。

拍现象在技术上有重要应用。例如,管弦乐中的双簧管就是利用两个簧片振动频率的微小差别来产生颤动的拍音;调整乐器时,使它和标准音叉出现的拍音消失来校准乐器;还可用来测量频率:如果已知一个振动的频率,使它和另一频率相近但频率未知的振动叠加,通过测量合振动的拍频,就可以求出未知的频率。拍现象常用于汽车速度监视器、地面卫星跟踪等。此外,在各种电子学测量仪器中,也常常用到拍现象。

### *8.3.3　两个相互垂直同频率的简谐振动的合成

当一个质点同时参与两个相互垂直的同频率的简谐振动时,质点将在平面上做曲线运动。设两个相互垂直的同频率的简谐振动分别在 $x$ 轴和 $y$ 轴上进行,其振动方程分别为

$$x = A_1\cos(\omega t + \varphi_1), \quad y = A_2\cos(\omega t + \varphi_2)$$

上两式消去时间 $t$,可得合振动的轨迹方程

$$\frac{x^2}{A_1^2} + \frac{y^2}{A_2^2} - 2\frac{xy}{A_1 A_2}\cos(\varphi_2-\varphi_1) = \sin^2(\varphi_2-\varphi_1) \tag{8-21}$$

这是一个椭圆方程,椭圆的形状由两分振动的振幅和相位差决定。下面讨论几种特殊情况:

(1) 当 $\varphi_2-\varphi_1=0$,式(8-21)变为 $y=\dfrac{A_2}{A_1}x$,合振动的轨迹是一条通过坐标原点的直线,其斜率等于两分振动的振幅之比,如图 8-11(a)所示。

(2) 当 $\varphi_2-\varphi_1=\pi$,式(8-21)变为 $y=-\dfrac{A_2}{A_1}x$,合振动的轨迹仍为一直线,但斜率为负值,如图 8-11(b)所示。

(3) 当 $\varphi_2-\varphi_1=\dfrac{\pi}{2}$,式(8-21)变为 $\dfrac{x^2}{A_1^2}+\dfrac{y^2}{A_2^2}=1$,合振动的轨迹是一正椭圆,如图 8-11(c)所示。

(4) 当 $\varphi_2-\varphi_1=\dfrac{3\pi}{2}$ 或 $-\dfrac{\pi}{2}$,运动轨迹仍为椭圆,但质点运动方向与(3)相反,如图 8-11(d)所示。

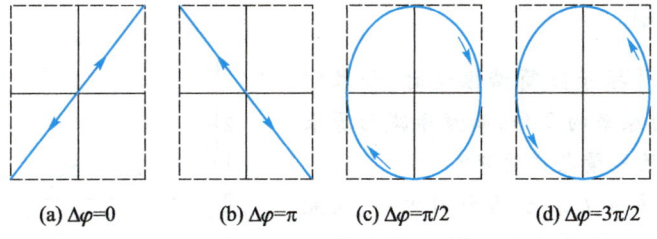

图 8-11  同频率的互相垂直的简谐振动的合成

当 $\varphi_2-\varphi_1$ 为其他值时,合振动的轨迹是椭圆,但不是正椭圆,而是斜椭圆。如果两个相互垂直分振动的频率不同,但成简单整数比,则合振动的轨迹为有规则的稳定的闭合曲线。图 8-12 给出了对应不同周期比以及相位差时,振动质点的合成轨迹。这种图形称为**李萨如图**。在工程技术领域,常利用李萨如图进行频率和相位的测定。

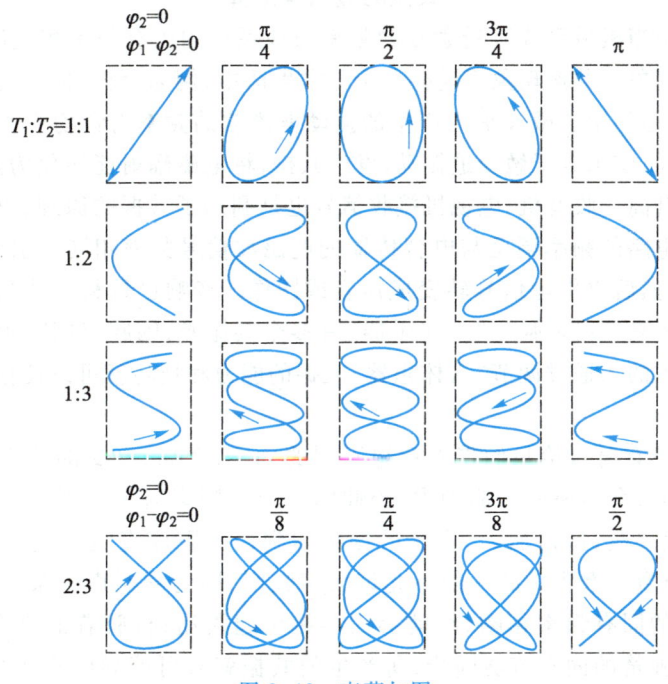

图 8-12  李萨如图

以上讨论的是系统在无阻尼情况下的自由振动(简谐振动),振动过程中系统的机械能守恒,因而振幅不随时间变化。但实际的振动通常是有阻尼的,以弹簧振子为例,若考虑空气阻力等的作用,它振动的振幅将逐渐减小,直至停止振动,这种在弹性力和阻力共同作用下的振动称为**阻尼振动**。若要维持阻尼振动的振幅不变,需对振动系统施加一周期性的外力(驱动力),物体在周期性的外力作用下的振动就叫**受迫振动**。限于篇幅,关于阻尼振动和受迫振动的分析此书不作介绍,读者可以参阅其他书籍。

◇ **思考题**

**8-4** 弹簧振子做简谐振动时,如果它的振幅增大为原来的 2 倍,而频率减为原来的一半,问它的能量怎样改变?

**8-5** 图中 $a$、$b$ 表示两个同方向、同频率的简谐振动的振动曲线。则它们合振动的振幅、初相、周期各为多少?试在图中画出合振动的振动曲线。

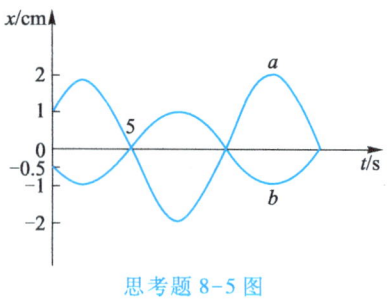

思考题 8-5 图

## 生活中的物理 8

### 共振的应用与危害

共振是指当机械系统所受激励的频率与该系统的固有频率相近时,系统振幅显著增大的现象。共振现象广泛存在于日常生活中,例如,前面提到的家用微波炉加热食物,就是利用了微波炉内产生的振动电磁波的频率与食物中水分子的振动频率大致相同,使水分子做受迫振动,发生共振,将电磁辐射能转化为热能,使食物的温度迅速升高。收音机、电视机接收信号也是利用了共振的原理,收音机电视机通过将振荡电路的频率调至与电台传输的电磁波信号频率相同来引起共振,再将电信号放大,然后再把电信号转变成声音或图像。音响也是利用共振来使声的低频段增强或者高频段增强。"人体乐器"有多个共振腔,咽腔、口腔、腹腔等供唱歌者调节。唱歌的人通过调节"人体乐器"发振的能力和技巧就可以使他发出锐耳动听的声音。

共振现象有时也给我们带来意想不到的危害,例如,一支部队迈着整齐的步伐通过桥梁时,会给桥一个驱动力,当此驱动力的频率与桥的固有频率接近或相等时,桥发生共振,振幅加大,当桥的振幅达到最大限度直至超过桥梁的抗压力时,桥就会断裂。登雪山时一般不允许大声喊叫,因为喊叫声中某一频率若正好与山上积雪的固有频率相吻合,就会因共振引起雪崩;行驶着的汽车,如果轮转周期正好与弹簧的固有节奏同步,所产生的共振就有可能导致汽车失控,酿成事故,等等。

我们对共振现象的产生条件及其利弊有了充分的认识和了解后,就可以在实际中采取措施,巧妙利用,消除危害,让共振成为我们开发自然的有用工具。

▶ 视频:桥的振动

▶ 视频:塔卡玛桥

# 习题 8

**选择题**

**8-1** 质点沿 $x$ 轴做简谐振动,用余弦函数表示,振幅为 $A$,当 $t=0$ 时,质点位于 $x_0=-\dfrac{A}{2}$ 处且向 $x$ 轴负方向运动,则其初相为( )。

(A) $\dfrac{\pi}{6}$    (B) $\dfrac{2\pi}{3}$    (C) $-\dfrac{2\pi}{3}$    (D) $-\dfrac{\pi}{6}$

**8-2** 把单摆摆球从平衡位置向位移正方向拉开,使摆线与竖直方向成一微小角度 $\theta$,然后由静止放手任其振动,从放手时开始计时。若用余弦函数表示其运动方程,则该单摆振动的初相为( )。

(A) $\pi$    (B) $\pi/2$    (C) $\theta$    (D) 0

**8-3** 一简谐振动曲线如图所示,则振动周期是( )。

(A) 2.00 s    (B) 2.20 s    (C) 2.40 s    (D) 2.62 s

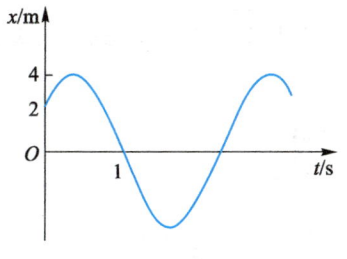

习题 8-3 图

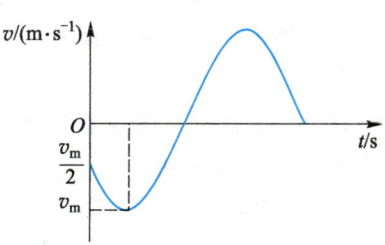

习题 8-4 图

**8-4** 用余弦函数描述一谐振子的运动情况,若其速度时间曲线如图所示。则位移的初相为( )。

(A) $\dfrac{\pi}{3}$    (B) $\dfrac{\pi}{2}$    (C) $\dfrac{2\pi}{3}$    (D) $\dfrac{\pi}{6}$

**8-5** 一质点沿 $x$ 轴做简谐振动,振动方程为 $x=4\times10^{-2}\cos\left(2\pi t+\dfrac{\pi}{3}\right)$(SI 单位)。从 $t=0$ 时刻起,到质点位置在 $x=-2$ cm 处且向 $x$ 轴正方向运动的最短时间为( )。

(A) $\dfrac{1}{2}$ s    (B) $\dfrac{1}{4}$ s    (C) $\dfrac{1}{6}$ s    (D) $\dfrac{1}{8}$ s

**8-6** 一弹簧振子做简谐振动,当其偏离平衡位置的位移大小为振幅的 $\dfrac{1}{4}$ 时,其动能为振动总能的( )。

(A) $\dfrac{9}{16}$    (B) $\dfrac{11}{16}$    (C) $\dfrac{13}{16}$    (D) $\dfrac{15}{16}$

**8-7** 两个沿 $x$ 轴做简谐振动的质点,其频率、振幅均相同,当第一个质点自平衡位置向负方向运动时,第二个质点在 $x=-\dfrac{A}{2}$ 处也向负向运动,则两者的相位差 $\varphi_2-\varphi_1$ 为(    )。

(A) $\dfrac{\pi}{2}$    (B) $\dfrac{2\pi}{3}$    (C) $\dfrac{\pi}{6}$    (D) $\dfrac{5\pi}{6}$

**8-8** 已知两同方向简谐振动的表达式分别为

$$x_1=4\times10^{-2}\cos\left(6t+\dfrac{\pi}{3}\right)\text{（SI 单位）},\quad x_2=4\times10^{-2}\cos\left(6t-\dfrac{\pi}{3}\right)\text{（SI 单位）}$$

则它们合振动的表达式为(    )(SI 单位)。

(A) $x=4\times10^{-2}\cos(6t+\pi)$    (B) $x=4\times10^{-2}\cos 6t$

(C) $x=2\times10^{-2}\cos 6t$    (D) $x=4\times10^{-2}\cos\left(6t+\dfrac{2}{3}\pi\right)$

### 填空题

**8-9** 两个劲度系数均为 $k$ 的相同的弹簧,(1) 把它们串联起来,下面挂一个质量为 $m$ 的重物,此系统做简谐振动的周期为_____;(2) 把它们并联起来,下面挂一个质量为 $m$ 的重物,此系统做简谐振动的周期为_____。

**8-10** 质量为 $m$ 的质点在 $F=-\pi^2 x$(SI 单位)的力作用下沿 $x$ 轴运动,其运动的周期为 $T=$_____。

**8-11** 一质点做简谐振动的曲线如图所示。根据此图,它的周期 $T=$_____,用余弦函数描述时初相 $\varphi=$_____。

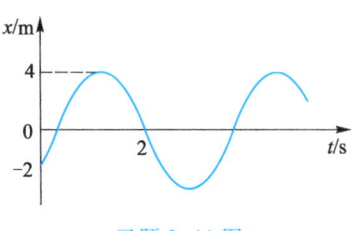

习题 8-11 图

**8-12** 两个同方向同频率的简谐振动,其合振动的振幅为 20 cm,与第一个简谐振动的相位差为 $\varphi-\varphi_1=\dfrac{\pi}{6}$。若第一个简谐振动的振幅为 $10\sqrt{3}$ cm = 17.3 cm,则第二个简谐振动的振幅为_____cm,第一、第二两个简谐振动的相位差 $\varphi_1-\varphi_2=$_____。

### 计算题

**8-13** 质量为 10 g 的质点做简谐振动,其振幅为 24 cm,周期为 4.0 s,当 $t=0$ 时,位移为 +24 cm,求:

(1) 振动方程;

(2) 由起始位移运动到 $x=12$ cm 处所需的最短时间。

**8-14** 一简谐振动的振动曲线如图所示,求此简谐振动的余弦表达式。

**8-15** 质量为 100 g 的质点沿 $x$ 轴做简谐振动,振幅为 1.0 cm,加速度的最大值为 4.0 cm/s$^2$。求:

(1) 过平衡位置时的动能和总振动能;

(2) 动能和势能相等时的位置。

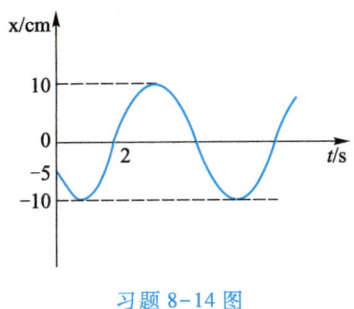
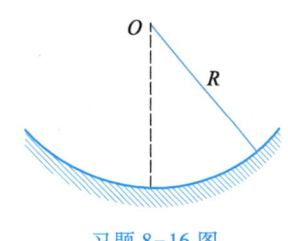

习题 8-14 图　　　　　　　习题 8-16 图

**8-16** 在竖直面内半径为 $R$ 的一段光滑圆弧形轨道上，放一小物体，使其静止于轨道的最低处，然后轻碰一下此物体，使其沿圆弧形轨道来回做小幅度运动。试证：

（1）此物体做简谐振动；

（2）此简谐振动的周期为 $T=2\pi\sqrt{\dfrac{R}{g}}$。

\***8-17**　一台钟摆的等效摆长 $l=0.995$ m，摆锤可上、下移动以调节其周期，该钟每天快 1 分 27 秒。假如将此摆当作质量集中在摆锤中心的一个单摆来考虑，则应将摆锤向下移动多少距离，才能使钟走得准确？

**8-18**　已知两同方向简谐振动的表达式分别为

$$x_1=4\times10^{-2}\cos\left(2t+\dfrac{\pi}{6}\right)\text{（SI 单位）}, \quad x_2=3\times10^{-2}\cos\left(2t-\dfrac{5\pi}{6}\right)\text{（SI 单位）}$$

求它们合振动的振幅和初相。

第 8 章习题参考答案

# 第9章

## 波动学基础

振动状态的传播过程称为波动,简称波。机械振动在介质中的传播称为机械波;电磁振动在空间的传播称为电磁波;近代物理指出,微观粒子乃至任何物质都具有波动性,这种波称为物质波。不同性质的波虽然产生的机制不同,但它们都有共同的波动特征和规律。

本章主要讨论机械波的形成及其基本规律。

## 9.1 机械波的形成 传播和描述

### 9.1.1 机械波的形成和传播

**机械波的形成** 机械振动在弹性介质(固体、液体或气体)中传播就形成机械波。由此可见,机械波的产生需具备两个条件:(1) 有做机械振动的物体,即**波源**;(2) 有能够传播这种机械振动的**弹性介质**。

如果波动中使介质各部分振动的回复力是弹性力,则称为弹性波;声波就是弹性波。机械波不一定都是弹性波,如水面波就不是弹性波;水面波中的回复力是水质元所受的重力和表面张力,它们都不是弹性力。下面只讨论弹性波。

**横波和纵波** 机械波按质点振动方向与波的传播方向之间的关系分为横波和纵波。如图 9-1(a)所示,用手握住一根绷紧的长绳,当手上下抖动时,绳子上各质点就依次上下振动起来,这种**质点振动的方向与波的传播方向垂直的波叫作横波**。对于横波,绳子上交替出现凸起的波峰和下凹的波谷,并且这种波动的形式以一定的速度沿绳子向外传播,这就是横波的外形特征。

如图 9-1(b)所示,将一根水平放置的长弹簧的一端固定起来,用手有节奏地

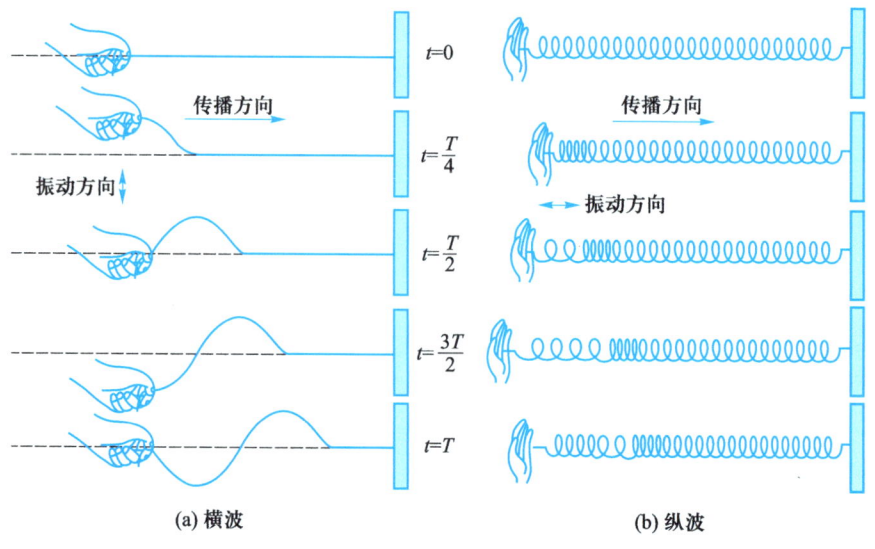

图 9-1 机械波的形成

拍打其另一端,各部分弹簧就依次左右振动起来,这种**各质点的振动方向与波的传播方向平行的波**叫作**纵波**。对于纵波,弹簧交替出现"稀疏"和"稠密"的区域,并且这种波动的形式以一定的速度沿弹簧向外传播,这就是纵波的外形特征。

从图 9-1 还可以看出,无论是横波还是纵波,它们都只是振动状态(即振动相位)的传播,介质中的每个质点仅在各自的平衡位置附近重复波源的振动,振幅和频率都跟波源相同,只是"起步"(亦即初相)不同,各质点并未随振动的传播而流走。

### 9.1.2 波的几何描述

为了形象地描述波的传播情况,介绍如下几个概念:

代表波的传播方向的射线称为**波线**。介质中同一时刻振动相位相同的点构成的面称为**波面**(**波阵面或同相面**)。某一时刻最前面的波面称为**波前**。任一时刻波前只有一个,而波面可有任意多个。在各向同性的介质中,波线和波面处处正交。根据波面的形状,波可以分为球面波与平面波,如图 9-2 所示。在远离波源的小区域范围内,可将球面波视为平面波。

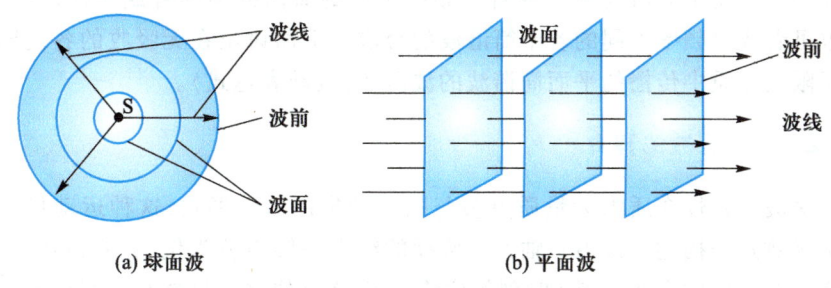

(a) 球面波　　　　　　　(b) 平面波

图 9-2　波线与波面

### 9.1.3 描述波动的几个物理量

**波速**　波动是振动状态(即相位)的传播,**振动状态在单位时间内传播的距离称为波速**,因此波速又叫**相速**,用 $u$ 表示。对于机械波,波速与介质的弹性和密度有关,介质的弹性越大,密度越小,波速就越大。由于横波中质点振动方向和传播方向垂直,所以横波传播时介质要发生切变,因此只有固体才能传播横波。而纵波则可以在固体、液体和气体中传播。

必须指出的是:波速是振动状态的传播速度,而不是介质中质点的振动速度,两者是截然不同的两个概念。

**波长**　同一波线上相邻两个相位差为 $2\pi$ 的质点之间的距离叫波长,用 $\lambda$ 表示。当波源做一次全振动,波传播的距离就等于一个波长,因此,波长描述了波在空间上的周期性。对于横波,相邻两个波峰或两个波谷之间的距离就是一个波长,而对于纵波,相邻两个疏部或两个密部之间的距离为一个波长。

**波的周期**　波前进一个波长的距离所需的时间叫波的周期,用 $T$ 表示。周期描述了波在时间上的周期性。周期的倒数就是波的频率,用 $\nu$ 表示。波的频率亦即单位时间内通过介质中某固定点完整波的数目。由于波源完成一次全振动,介质中就形成一个完整的波形,故波的周期和频率即为波源的周期和频率。

波速、波长、频率三个量的关系为

$$u = \lambda \nu \tag{9-1}$$

式(9-1)不仅适用于机械波,也适用于光波、电磁波。

由于波的频率(或周期)由波源决定,与介质无关,而波速与介质有关,因此,不同频率的波在同一介质中传播时具有相同的波速,而同一频率的波在不同介质中传播时其波长不同。

## 9.2 平面简谐波的波函数

简谐振动在介质中传播形成的波称为**简谐波**。远离波源的球面波可视为**平面波**。如同一切复杂的振动可看成若干频率不同的简谐振动的合成一样,一切复杂的波也可看成由频率不同的若干简谐波的合成。下面讨论在无吸收的各向同性的均匀无限大介质中传播的平面简谐波的波函数(波动表达式)。

### 9.2.1 波函数的建立

机械波是弹性介质内大量质点参与的一种集体运动形式,这种运动形式可以用数学函数式来描述。以沿 $x$ 轴方向传播的绳上一维横波为例,若要描述它,就应该知道任意 $x$ 处质点在任意 $t$ 时刻的位移 $y$,而这个位移 $y$ 显然是空间坐标 $x$ 和时间 $t$ 的函数,即为 $y(x,t)$。我们把这样一个描述波动的函数叫**波函数**,或称**波动表达式**。下面就来建立平面简谐波的波函数。

设有一平面简谐横波沿 $x$ 轴正方向传播,波速为 $u$。取任意一条波线为 $x$ 轴,并取该波线上任一质点的平衡位置为坐标原点 $O$,以 $y$ 表示波线上各质点的振动位移,如图 9-3 所示。若原点($x=0$)处质点的振动方程为

$$y_0 = A\cos(\omega t + \varphi) \tag{9-2}$$

式中,$y_0$ 是 $O$ 处质点 $t$ 时刻离开平衡位置的位移,$\varphi$ 是原点处质点振动的初相。现在来考察波线上任意 $x$ 处 $P$ 点在同一 $t$ 时刻的振动位移。若波是在无吸收的均匀无限大介质中传播,则 $x$ 处的 $P$ 点将以相同的振幅和频率重复 $O$ 点处质点的振动,但时间上要滞后一些,因振动从 $O$ 点传到 $P$ 点需要时间 $\Delta t = \dfrac{x}{u}$,亦即 $x$ 处 $P$ 点在 $t$ 时刻的振动位移 $y(x,t)$ 就是原点($O$ 点)处质

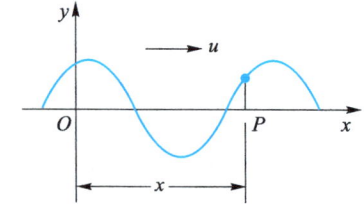

图 9-3 波函数的建立

点在 $t-\Delta t=t-\dfrac{x}{u}$ 时刻离开平衡位置的位移,即

$$y(x,t)=A\cos\left[\omega\left(t-\dfrac{x}{u}\right)+\varphi\right] \tag{9-3}$$

因为 $x$ 和 $t$ 是任意的,式(9-3)实际上给出了波线上任意 $x$ 处质点在任意 $t$ 时刻的振动位移,按照上述波函数的定义,式(9-3)就是沿 $x$ 轴正方向传播的平面简谐波的波函数。

上述考虑是从时间滞后的角度得到波函数的,其实也可从相位滞后的角度考虑。因为振动传播的过程实为振动状态即相位传播的过程。由式(9-2)知,$t$ 时刻原点处质点的相位是 $\omega t+\varphi$,振动从 $O$ 点传到 $P$ 点,$P$ 点在相位上应滞后 $O$ 点 $|\Delta\varphi|=2\pi\dfrac{x}{\lambda}$,亦即 $t$ 时刻 $P$ 点的相位应是 $(\omega t+\varphi-\Delta\varphi)=\left(\omega t+\varphi-2\pi\dfrac{x}{\lambda}\right)$,故 $x$ 处 $P$ 点在 $t$ 时刻的振动位移为

$$y(x,t)=A\cos\left(\omega t-2\pi\dfrac{x}{\lambda}+\varphi\right) \tag{9-4}$$

式(9-4)与式(9-3)是一致的,因为 $\dfrac{\omega}{u}=\dfrac{2\pi\nu}{u}=\dfrac{2\pi}{\lambda}$。它们都是沿 $x$ 轴正向传播的平面简谐波的波函数的标准形式。

如果平面简谐波是向 $x$ 轴负方向传播,则图(9-3)中 $P$ 点处质点的振动在时间上比 $O$ 点处质点早 $\Delta t$,或在相位上超前 $O$ 处质点 $|\Delta\varphi|$。故只需将式(9-3)、式(9-4)中的"$-$"改为"$+$"就得到向 $x$ 轴负方向传播的平面简谐波的波函数。利用 $\omega=\dfrac{2\pi}{T}=2\pi\nu$ 以及 $uT=\lambda$,还可以把波函数表示成如下的常用形式:

$$y=A\cos\left[2\pi\left(\dfrac{t}{T}\mp\dfrac{x}{\lambda}\right)+\varphi\right] \tag{9-5}$$

$$y=A\cos\left[2\pi\left(\nu t\mp\dfrac{x}{\lambda}\right)+\varphi\right] \tag{9-6}$$

式中"$-$"对应于简谐波向 $x$ 轴正方向传播,而"$+$"对应于简谐波向 $x$ 轴负方向传播。

应该注意的是,横波和纵波的波函数有相同的形式,对于横波,质点离开平衡位置的位移 $y$ 与波动的传播方向 $x$ 轴垂直。而对于纵波,质点离开平衡位置的位移 $y$ 沿波动的传播方向即 $x$ 轴方向。

### 9.2.2 波函数的物理意义

由波动表达式可以看出,波函数含有两个自变量($x$ 和 $t$),时间上和空间上都具有周期性的特征,即满足

$$y(x,t+T)=y(x,t),\quad y(x+\lambda,t)=y(x,t)$$

上两式可作为平面简谐波的周期和波长的定义式。波的周期 $T$ 和波长 $\lambda$ 是表征波

动的时间周期性和空间周期性的物理量。

（1）如果 $x=x_0$ 为给定值,则位移 $y$ 仅是 $t$ 的函数,即 $y=y(t)$,波动表达式 (9-3) 变为

$$y(x_0,t)=A\cos\left(\omega t-\frac{\omega x_0}{u}+\varphi\right)=A\cos\left(\omega t-2\pi\frac{x_0}{\lambda}+\varphi\right)$$

上式表示波线上 $x_0$ 处质点在任意 $t$ 时刻离开平衡位置的位移,即 $x_0$ 处质点的振动表达式。它表明波线上任一给定质点均做简谐振动。$x_0$ 处质点振动的初相为 $\varphi-\frac{\omega x_0}{u}=\varphi-2\pi\frac{x_0}{\lambda}$,与原点处质点比较,$x_0$ 处质点的振动在相位上落后了 $\frac{\omega x_0}{u}$ 或 $2\pi\frac{x_0}{\lambda}$。沿着波的传播方向,各质点的振动相位依次落后,同一波线上两定点 $x_1$ 和 $x_2$ 处质点振动的相位差为

$$\Delta\varphi=\varphi_{x_1}-\varphi_{x_2}=-\frac{\omega x_1}{u}-\left(-\frac{\omega x_2}{u}\right)=\frac{2\pi}{\lambda}(x_2-x_1) \tag{9-7}$$

（2）如果 $t=t_0$ 为给定值,则位移 $y$ 只是 $x$ 的函数,即 $y=y(x)$,波动表达式(9-3)变为

$$y(x,t_0)=A\cos\left(\omega t_0-\frac{\omega x}{u}+\varphi\right)=A\cos\left(\omega t_0-2\pi\frac{x}{\lambda}+\varphi\right)$$

上式表示 $t_0$ 时刻,波线上各质点离开各自平衡位置的位移分布情况,亦即 $t_0$ 时刻的波形方程。如图 9-4 所示,它是一条简谐函数曲线,正好说明它是一列简谐波。应该注意的是,对横波,$t_0$ 时刻的波形曲线实际上就是该时刻统观波线上所有质点的分布图形。而对于纵波,波形曲线并不反映该时刻质点的分布情况,而只是该时刻所有质点的位移分布。

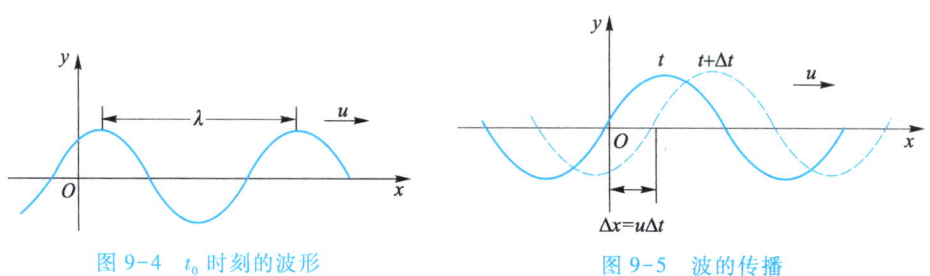

图 9-4 $t_0$ 时刻的波形　　　　图 9-5 波的传播

（3）如果 $x$ 和 $t$ 都变化,那么波函数表示波线上各不同质点在不同时刻的位移。更形象地说,波函数反映了波形的传播,这样的波称为**行波**。图 9-5 中的实线和虚线分别为 $t$ 和 $t+\Delta t$ 时刻的波形曲线。可见,经过时间 $\Delta t$ 后,波形向前移动了位移 $\Delta x=u\Delta t$。所以,当 $t$ 和 $x$ 连续变化时,波函数就描绘了波形不断向前推进,振动状态不断向前传播的全过程。

**例 9-1** 一平面简谐波沿 $x$ 轴正方向传播,已知 $x_0 = \dfrac{3}{4}\lambda$ 处质点的振动表达式为:$y = A\cos\omega t$(SI 单位)。求:(1) 原点处质点的振动方程;(2) 该波的波动表达式。

**解** 写波函数一般要具备三个条件:①波线上任一点的振动方程;②波的传播方向;③波速或波长。显然本题具备上述三个条件,又因本题已知波长 $\lambda$,故从相位上考虑写原点的振动方程及波函数较方便。

(1) 原点处质点的振动在相位上超前 $x_0$ 处质点 $2\pi\dfrac{x_0}{\lambda}$,故 $O$ 点的振动方程为

$$y_O = A\cos\left(\omega t + 2\pi\dfrac{3\lambda/4}{\lambda}\right) = A\cos\left(\omega t + \dfrac{3\pi}{2}\right) \quad (\text{SI 单位})$$

(2) 该波的波动表达式

$$y = A\cos\left(\omega t - 2\pi\dfrac{x - 3\lambda/4}{\lambda}\right) = A\cos\left(\omega t - 2\pi\dfrac{x}{\lambda} + \dfrac{3\pi}{2}\right) \quad (\text{SI 单位})$$

**例 9-2** 一平面简谐波沿 $Ox$ 轴正方向传播,速度 $u = 0.08$ m/s,$t = 0$ 时刻的波形如图 9-6 所示。求:
(1) 原点处质点的振动表达式;
(2) 该波的波函数;(3) $P$ 处质点的振动表达式;(4) $a$、$b$ 两点的运动方向。

**解** (1) 设原点处质点的振动表达式为

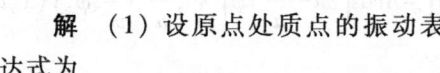

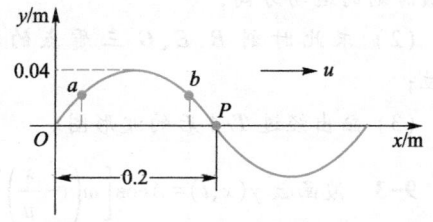

图 9-6 例 9-2 图

由图可以看出,$A = 0.04$ m,$\lambda = 0.4$ m,$\omega = \dfrac{2\pi}{T} = \dfrac{2\pi}{\lambda/u} = \dfrac{2\pi}{0.4/0.08} = \dfrac{2}{5}\pi$ rad/s

将初始条件($t = 0$,$O$ 处质点过平衡位置且向 $y$ 轴负方向运动)代入,可求得 $O$ 点处质点振动的初相位 $\varphi = \dfrac{\pi}{2}$

故原点处质点的振动表达式为

$$y_O = 0.04\cos\left(\dfrac{2\pi}{5}t + \dfrac{\pi}{2}\right) \quad (\text{SI 单位})$$

(2) 波函数 $\quad y = 0.04\cos\left[\dfrac{2\pi}{5}\left(t - \dfrac{x}{0.08}\right) + \dfrac{\pi}{2}\right] \quad (\text{SI 单位})$

(3) 将 $x = 0.2$ m 代入上述波函数,得 $P$ 点的振动表达式

$$y_P = 0.04\cos\left[\dfrac{2\pi}{5}\left(t - \dfrac{0.2}{0.08}\right) + \dfrac{\pi}{2}\right] = 0.04\cos\left(\dfrac{2\pi}{5}t - \dfrac{\pi}{2}\right) \quad (\text{SI 单位})$$

(4) 作出 $\Delta t$ 后的波形图如图 9-7 中虚线所示,可以看出此时刻 $a$ 点向平衡位置运动,$b$ 点离开平衡位置运动,图中箭头表示它们的运动方向。

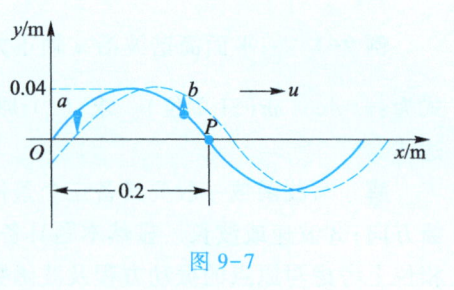

图 9-7

◇ 思考题

**9-1** 说明波长、波频、波速这三个物理量的含义;在 $u = \lambda \nu$ 中,各量由哪些因素决定?从一给定波源发出的机械波通过不同介质传播时,什么量是变的?什么量是不变的?

**9-2** 设某时刻波形曲线如图所示,波沿 $x$ 正方向传播。

(1) 在图中用箭头示出 $A$、$C$、$F$、$G$ 各质点在该时刻的运动方向;

(2) 求此时刻 $B$、$E$、$G$ 三质点的振动相位;

(3) 画出经过 $T/4$ 后的波形图。

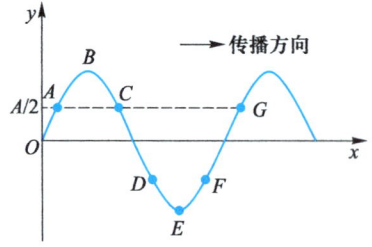

思考题 9-2 图

**9-3** 波函数 $y(x,t) = A\cos\left[\omega\left(t - \dfrac{x}{u}\right) + \varphi\right] = A\cos\left(\omega t - \dfrac{\omega x}{u} + \varphi\right)$ 中,$\dfrac{x}{u}$、$\dfrac{\omega x}{u}$、$\varphi$、$y(x,t)$ 各代表什么物理意义?

## *9.3 波的能量

在波的传播过程中,介质质元并不随波向前移动,波源的振动能量是通过介质间的相互作用而传播出去的。当波传播到介质中的某处时,该处原来不动的质点开始振动,因而具有动能;同时该处介质因产生形变而具有势能。下面以介质中任一体元 $dV$ 为例来讨论波动的能量。

**波的能量和能量密度** 假设平面简谐纵波在密度为 $\rho$ 的弹性介质中沿 $x$ 轴正向传播,其波函数为

$$y = A\cos\omega\left(t - \dfrac{x}{u}\right)$$

在坐标为 $x$ 处取一体元 $dV$,其质量为 $dm = \rho dV$,视该体元为质点,当波传播到该体元时,其振动的速度为

$$v = \frac{\partial y}{\partial t} = -A\omega \sin \omega \left(t - \frac{x}{u}\right)$$

则该体元的动能为

$$dE_k = \frac{1}{2}(dm)v^2 = \frac{1}{2}\rho dVA^2\omega^2 \sin^2\omega\left(t - \frac{x}{u}\right) \qquad (9\text{-}8)$$

同时,该体元因形变而具有弹性势能,可以证明(证明略)体元的弹性势能为

$$dE_p = \frac{1}{2}\rho dVA^2\omega^2 \sin^2\omega\left(t - \frac{x}{u}\right) \qquad (9\text{-}9)$$

体元的总机械能为

$$dE = dE_k + dE_p = \rho dVA^2\omega^2 \sin^2\omega\left(t - \frac{x}{u}\right) \qquad (9\text{-}10)$$

式(9-8)、式(9-9)、式(9-10)表明,**波动传播时,介质中任一体元的动能和势能相等,相位相同,动能和势能同时达最大值,同时为零。体元的总能量不守恒,随时间和体元的位置做周期性变化**。这说明该体(质)元和相邻的质元之间有能量交换,体元的能量增加时,它从相邻质元中吸收能量;体元的能量减少时,它向相邻质元释放能量。这样,能量不断地从介质中的一部分传递到另一部分。所以,波动过程也就是能量传播的过程。

关于行波中任一体元的动能与势能同步变化的问题,可以这样来理解。以绳中的横波为例,图9-8给出了绳[图9-8(a)]和绳中的横波[图9-8(b)]的对比。质元经过平衡位置(图中位置 A)时速度最大,因而动能最大,同时质元的相对形变也最大,所以弹性势能也最大;在最大位移处(图中位置 B 处),质元的振动速度为零,因而动能为零,同时在该处质元的相对形变为最小值零(即 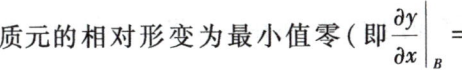 0),因而弹性势能也为零。

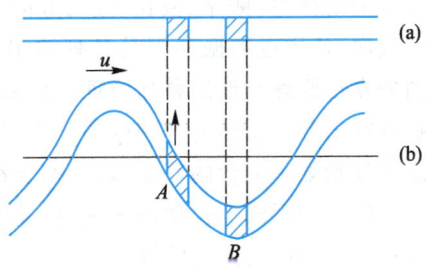

图 9-8 波传播时体元的形变

介质中,单位体积内波动的能量称为**波的能量密度**,以 $w$ 表示。由式(9-10)有

$$w = \frac{dE}{dV} = \rho A^2\omega^2 \sin^2\omega\left(t - \frac{x}{u}\right)$$

上式表明,波的能量密度随时间做周期性变化,它在一周期内的平均值称为平均能量密度,以 $\bar{w}$ 表示,即

$$\bar{w} = \frac{1}{T}\int_0^T w\,dt = \frac{1}{T}\int_0^T \rho A^2\omega^2 \sin^2\omega\left(t - \frac{x}{u}\right)dt = \frac{1}{2}\rho A^2\omega^2 \qquad (9\text{-}11)$$

式(9-11)表明,平均能量密度与振幅的平方、角频率的平方及介质的密度成正比,此结论适用于各种弹性波。

**波的强度** 单位时间内通过介质中某一截面的能量称为通过该面积的**能流**。

设在介质中垂直于波速 $u$ 取面积 $S$,则在单位时间内通过截面 $S$ 的能量等于体积 $uS$ 中的能量,如图 9-9 所示。这能量是周期性变化的,通常取其一个周期的时间平均值,即得平均能流为

$$\overline{P}=\overline{w}uS$$

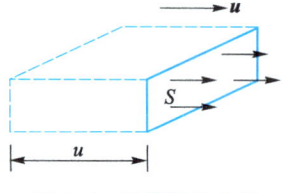

图 9-9 波的能流密度

单位时间内通过垂直于波线的单位面积上的平均能量称为**能流密度**或**波的强度**,用 $I$ 表示,即

$$I=\overline{w}u=\frac{1}{2}\rho u\omega^2 A^2 \tag{9-12}$$

在给定的均匀介质中,波的强度正比于振幅与角频率乘积的平方。在 SI 中,波的强度的单位为 $W\cdot m^{-2}$。

## 9.4 波的叠加和干涉

### 9.4.1 波的叠加原理

观察和实验都表明,几列波在同一介质中相遇时,各列波在相遇前和相遇后都保持原来的特性(频率、波长、振动方向等)不变,与各波单独传播时一样;而在相遇的区域内,各质点的振动则是各列波单独在该处引起的振动的合成。这就是**波传播的独立性原理**与**波的叠加原理**。例如,管弦乐队合奏或几个人同时说话时,我们能够辨别出各种乐器的音调或各个人的声音;天空中无数无线电波在传播,我们能随意接收到某一电台的广播,这些例子都反映了波传播的独立性。

波的叠加不同于振动的叠加,振动的叠加仅发生在单一质点上,而波的叠加则发生在两波相遇范围内的许多质元上,这就构成了波的叠加所特有的现象,如下面将要介绍的波的干涉现象;此外波的叠加原理的重要性,还在于可将一列复杂的波分解为频率或波长不同的若干简谐波的叠加。

### 9.4.2 波的干涉

一般地说,振幅、频率、相位都不同的两列波叠加时,合成波既复杂又不稳定,没有实际意义。但满足下述条件的两列波在介质中相遇,则可形成一种稳定的叠加图样,即出现所谓的干涉现象。

**相干波源的条件** 两频率相同、振动方向相同、相位相同(或相位差恒定)的波源称为**相干波源**。它们发出的波称为**相干波**。两相干波在空间相遇叠加时会出现某些点的振动始终加强,某些点的振动始终减弱或完全抵消,这种现象称为**波的干涉**。

**干涉加强减弱的条件** 设有两个相干波源 $S_1$ 和 $S_2$,它们的振动方程分别为

$$y_{10}=A_1\cos(\omega t+\varphi_1), \quad y_{20}=A_2\cos(\omega t+\varphi_2)$$

此两波源发出的波在同一介质中传播,如图 9-10 所示。现在分析相遇区域中任意一点 $P$ 的振动合成结果。

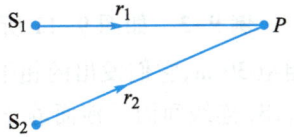

图 9-10　两相干波的叠加

两列波各自单独传到 $P$ 点,在 $P$ 点引起的振动方程分别为

$$y_1 = A_1\cos\left(\omega t + \varphi_1 - 2\pi\frac{r_1}{\lambda}\right)$$

$$y_2 = A_2\cos\left(\omega t + \varphi_2 - 2\pi\frac{r_2}{\lambda}\right)$$

式中 $r_1$、$r_2$ 为两相干波源到 $P$ 点的距离。根据波的叠加原理,$P$ 点的振动应是上述两个同方向、同频率简谐振动的合成,所以 $P$ 点的合振动方程为

$$y = y_1 + y_2 = A\cos(\omega t + \varphi)$$

式中,合振动的振幅 $A$ 由下式决定

$$A = \sqrt{A_1^2 + A_2^2 + 2A_1 A_2 \cos\left(\varphi_2 - \varphi_1 - 2\pi\frac{r_2 - r_1}{\lambda}\right)} \qquad (9\text{-}13)$$

可见,合振动的振幅主要取决于两列波在 $P$ 点引起的两分振动的相位差 $\Delta\varphi$,即

$$\Delta\varphi = \varphi_2 - \varphi_1 - 2\pi\frac{r_2 - r_1}{\lambda} \qquad (9\text{-}14)$$

当 $P$ 点的位置适合

$$\Delta\varphi = \varphi_2 - \varphi_1 - 2\pi\frac{r_2 - r_1}{\lambda} = 2k\pi, \quad k = 0, \pm1, \pm2, \cdots \qquad (9\text{-}15)$$

的空间各点,合振动振幅最大,这时 $A = A_1 + A_2$,称为**干涉相长**。

当 $P$ 点的位置适合

$$\Delta\varphi = \varphi_2 - \varphi_1 - 2\pi\frac{r_2 - r_1}{\lambda} = (2k+1)\pi, \quad k = 0, \pm1, \pm2, \cdots \qquad (9\text{-}16)$$

的空间各点,合振动振幅最小,这时 $A = |A_1 - A_2|$,称为**干涉相消**。

如果 $\varphi_2 = \varphi_1$,即两相干波源的初相相同,则上述条件式(9-15)、式(9-16)还可简化为

$$\delta = r_2 - r_1 = \begin{cases} \pm k\lambda & \text{干涉加强} \\ \pm(2k+1)\dfrac{\lambda}{2} & \text{干涉减弱} \end{cases} \quad k = 0, 1, 2, \cdots \qquad (9\text{-}17)$$

式中,$\delta = r_2 - r_1$ 称为**波程差**。上式表明初相位相同的两相干波源发出的波在空间相遇时,在波程差等于半波长的偶数倍的各点,合振动振幅最大;在波程差等于半波长的奇数倍的各点,合振动振幅最小。在其他情况下,合振动的振幅介于最大值 $A_1 + A_2$ 和最小值 $|A_1 - A_2|$ 之间。式(9-15)、式(9-16)和式(9-17)称为**干涉加强减弱的条件**。

**例 9-3** 如图 9-11 所示,$S_1$、$S_2$ 为同一介质中相位差为 $\pi$ 的两个相干波源,相距 30 m,它们发出的相干波频率 $\nu = 100$ Hz,波速 $u = 400$ m/s,且振幅相同。求 $S_1$、$S_2$ 连线间因干涉而静止的各点的位置。

**解** 以 $S_1$ 为坐标原点,$x$ 轴正向向右建立坐标系如图 9-11 所示。设 $P$ 点是两波源之间因干涉而静止的点,$P$ 点距 $S_1$ 的距离为 $x$。

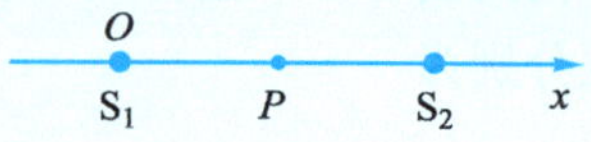

图 9-11 例 9-3 图

由题意,两波源的相位差 $\varphi_2 - \varphi_1 = \pi$,$\lambda = \dfrac{u}{\nu} = 4$ m,要使两列波在 $P$ 点叠加后干涉静止,则两列波在 $P$ 点引起的两分振动的相位差必须满足

$$\Delta\varphi = \varphi_2 - \varphi_1 - 2\pi\frac{r_2 - r_1}{\lambda} = \pi - \frac{2\pi}{\lambda}(30 - 2x) = \pm(2k+1)\pi$$

即
$$2x - 30 = \pm k\lambda$$
$$x = 15 \pm 2k, \quad k = 0, 1, 2, \cdots$$

故在 $S_1$、$S_2$ 连线之间因干涉而静止的点的坐标为 $x = 1$ m,$3$ m,$5$ m,$7$ m,$\cdots$,$29$ m。

◇ **思考题**

**9-4** 波动传播过程中,任一质元的总能量随时间变化,这与能量守恒定律是否矛盾?

**9-5** 两波叠加产生干涉现象的条件是什么?在什么情况下两波波形相互加强?在什么情况下两波波形相互减弱?

# *9.5 驻波

### 9.5.1 驻波的形成

驻波是波干涉的一种特殊现象,两列振幅相同的相干波,在同一介质的同一直线上沿相反方向传播时,叠加的结果便形成**驻波**。

图 9-12 是细绳上形成驻波的实验装置示意图。图中 $A$ 是一电动音叉,其末端系一水平的弹性细绳 $AB$,$B$ 处有一劈尖,可以左右移动以调节 $AB$ 间的距离。细绳经过滑轮 $P$ 后,末端悬一重物 $m$,使绳中产生张力。音叉振动时,绳上产生波动向右传播,到达 $B$ 点时,在 $B$ 点反射,产生反射波向左传播。这样,入射波和反射波在同一绳上沿相反方向传播,它们将相互干涉。移动劈尖 $B$ 至适当位置,结果在绳上就形成如图所示的波动状态。

振幅最大的点称为**波腹**,始终静止的点称为**波节**。绳子分段振动,同一段上的各点,振幅不同,但相位相同(或步调一致);相邻两段的各点,振动相位始终相反

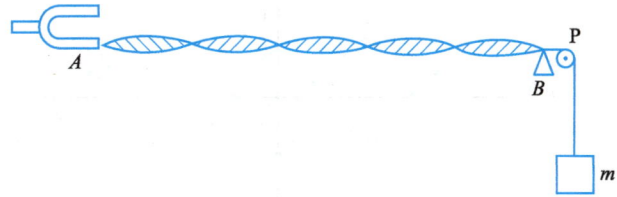

图 9-12 驻波实验

(相位差为 π)。绳上各点,只有段与段之间的相位突变,而没有振动状态或相位的逐点传播,也没有能量的传播,所以称这种波为驻波。

### 9.5.2 驻波波函数

如果把坐标原点取在入射波和反射波振动相位始终相同的点,且在 $x=0$ 处质点振动达正最大位移的时刻开始计时($t=0$),则入射波和反射波的波函数分别为

$$y_1 = A\cos 2\pi\left(\frac{t}{T} - \frac{x}{\lambda}\right)$$

$$y_2 = A\cos 2\pi\left(\frac{t}{T} + \frac{x}{\lambda}\right)$$

合成波方程为

$$y = y_1 + y_2 = 2A\cos\frac{2\pi}{\lambda}x\cos 2\pi\nu t \tag{9-18}$$

这就是**驻波波函数**,其中 $\cos 2\pi\nu t$ 表示简谐振动,而 $\left|2A\cos\frac{2\pi}{\lambda}x\right|$ 即为简谐振动的振幅。式中 $x$ 和 $t$ 被分隔于两个余弦函数中,说明此函数不满足 $y(t+\Delta t, x+u\Delta t) = y(t, x)$,因此它不表示行波,只表示各质点都在做频率相同的简谐振动,但各点的振幅随位置的不同而变化。图 9-13 画出了不同时刻的入射波、反射波和合成波的波形图,图中的实线表示合成波。

### 9.5.3 驻波的特点

**波腹与波节的位置**　由图 9-13 可以看出,波线上有些点始终不动(振幅为零),称为波节。由式(9-18),对应于满足 $\left|\cos\frac{2\pi}{\lambda}x\right| = 0$,即 $\frac{2\pi}{\lambda}x = (2k+1)\frac{\pi}{2}$ 的各点为波节的位置,因此有波节点的坐标

$$x = \pm(2k+1)\frac{\lambda}{4}, \quad k = 0, 1, 2, \cdots \tag{9-19}$$

波线上有些点的振幅始终有极大值(振幅为 $2A$),称为波腹。由式(9-18),对应于使 $\left|\cos\frac{2\pi}{\lambda}x\right| = 1$,即 $\frac{2\pi}{\lambda}x = k\pi$ 的各点为波腹的位置,因此可得波腹点的坐标为

$$x = \pm k\frac{\lambda}{2}, \quad k = 0, 1, 2, \cdots \tag{9-20}$$

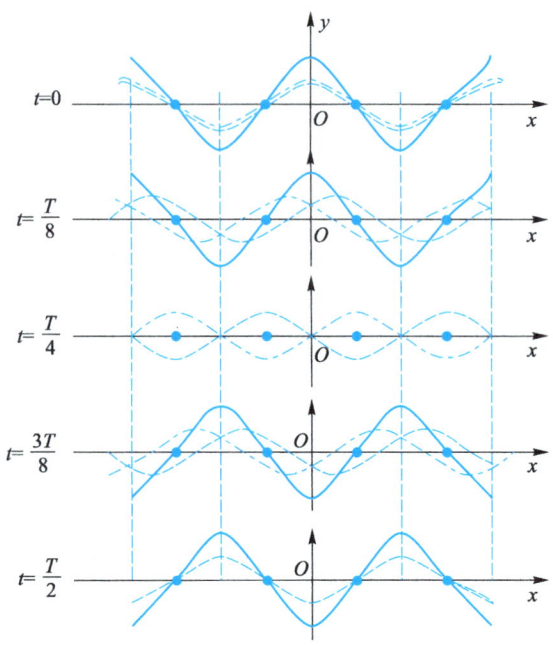

图 9-13 驻波的形成

由式(9-19)、式(9-20)可得相邻两波节或相邻两波腹间的距离为 $\lambda/2$，而相邻的波节与波腹之间的距离为 $\lambda/4$。这就为我们提供了一种测定机械波波长的方法，只要测出相邻两波节或相邻两波腹之间的距离就可以确定原来两列行波的波长 $\lambda$。

需要说明的是，式(9-19)和式(9-20)两式给出的波腹与波节位置的结论不具普遍性，因为它们是从特例中导出的。

**驻波中各点的相位** 由驻波波函数式(9-18)可知，波线上各点振动的相位与 $\cos\dfrac{2\pi}{\lambda}x$ 的正负有关，凡使 $\cos\dfrac{2\pi}{\lambda}x$ 为正的各点的振动相位均相同，凡使 $\cos\dfrac{2\pi}{\lambda}x$ 为负的各点的振动相位也都相同，并与上述各点的振动相位相反。由于波节两边各点，$\cos\dfrac{2\pi}{\lambda}x$ 有相反的符号，因此任一波节两边各点的振动相位相反；在两波节之间各点，$\cos\dfrac{2\pi}{\lambda}x$ 有相同的符号，因此两波节之间各点的振动相位相同。也就是说，任一波节两侧各点同时沿相反方向达到振动位移的正、负最大值，又同时沿相反方向通过平衡位置。在每一时刻，驻波都有一定的波形，但此波形既不左移，也不右移，各点以确定的振幅在各自的平衡位置附近振动，介质中既没有向前也没有向后的能量传播，因此称为驻波。由于驻波的波形和能量都不"传播"，因此，可以说驻波并不是一种波动，而是一种特殊形式的分段振动。

### 9.5.4 半波损失

在图 9-12 所示的驻波实验中，反射点 $B$ 处是固定不动的，即形成波节。说明

入射波与反射波在 $B$ 点进行反相叠加，即反射波在 $B$ 点发生了相位 $\pi$ 的突变，相当于波在反射时突然损失（或增加）了半个波长的波程，称之为**半波损失**。如果反射点是自由的，合成的驻波在 $B$ 点将形成波腹，反射波没有半波损失。一般情况下，入射波在两种介质分界面处反射时是否发生半波损失，与波的种类、两种介质的性质以及入射角的大小有关。对于机械波而言，当入射波垂直于界面入射时，它由介质的密度和波速的乘积 $\rho u$ 决定。相对而言，$\rho u$ 较大的介质称为波密介质，$\rho u$ 较小的称为波疏介质。当波从波疏介质垂直入射到波密介质，在分界面上反射时，有半波损失，分界面处出现波节；反之，当波从波密介质垂直入射到波疏介质，在分界面上反射时，没有半波损失，分界面处出现波腹。

**例 9-4** 设入射波的表达式为 $y_1 = A\cos\left[2\pi\left(\nu t - \dfrac{x}{6}\right) + \dfrac{\pi}{2}\right]$（SI 单位），波在 $L = 3$ m 处的 $B$ 点反射，反射点为固定端，如图 9-14 所示。求：(1) 反射波的表达式；(2) 合成波（驻波）波函数；(3) 波节的位置。

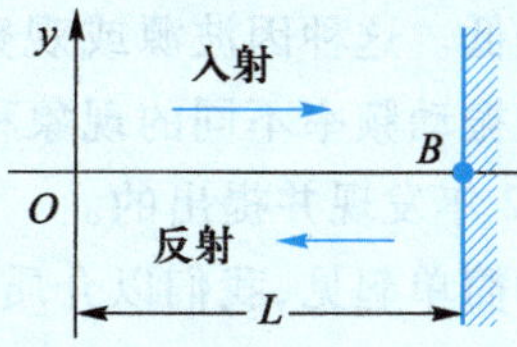

**解** (1) 入射波传到 $B$ 点，引起 $B$ 点振动的方程为

$$y_B = A\cos\left[2\pi\left(\nu t - \dfrac{3}{6}\right) + \dfrac{\pi}{2}\right]$$

$$= A\cos\left(2\pi\nu t - \dfrac{\pi}{2}\right)$$

图 9-14　例 9-4 图

由于反射点为固定端，说明入射波在 $B$ 处反射有半波损失，即反射波在 $B$ 点的振动方程为

$$y'_B = A\cos\left(2\pi\nu t - \dfrac{\pi}{2} \pm \pi\right) = A\cos\left(2\pi\nu t + \dfrac{\pi}{2}\right)$$

故反射波的表达式为

$$y_2 = A\cos\left(2\pi\nu t - 2\pi\dfrac{L-x}{6} + \dfrac{\pi}{2}\right) = A\cos\left[2\pi\left(\nu t + \dfrac{x}{6}\right) - \dfrac{\pi}{2}\right] \quad (\text{SI 单位})$$

(2) 合成波（驻波）波函数为

$$y = y_1 + y_2 = A\cos\left[2\pi\left(\nu t - \dfrac{x}{6}\right) + \dfrac{\pi}{2}\right] + A\cos\left[2\pi\left(\nu t + \dfrac{x}{6}\right) - \dfrac{\pi}{2}\right]$$

即

$$y = 2A\cos\left(\dfrac{2\pi}{6}x - \dfrac{\pi}{2}\right)\cdot\cos(2\pi\nu t) \quad (\text{SI 单位})$$

(3) 由上式，波节的位置满足

$$\dfrac{2\pi}{6}x - \dfrac{\pi}{2} = (2k+1)\dfrac{\pi}{2}$$

求得

$$x = 3(k+1)\,\text{m}, \quad k = 0, -1, -2, \cdots$$

即 $x = 3$ m，$x = 0$，$x = -3$ m，$x = -6$ m，$\cdots$ 为波节所在位置。

◇ **思考题**

**9-6** 驻波是怎样形成的,它有什么特征?为什么说驻波实质上不是波?

**9-7** 驻波中各点的相位有什么关系?为什么说相位没有传播?

## *9.6 多普勒效应

Discovery 视频:车载雷达-多普勒效应

前面的讨论中,实际上假设了波源和观察者相对于介质都是静止的,这时观察者接收到的波的频率与波源的振动频率相同。如果波源或观察者相对于介质运动,则观察者接收到的波的频率就会有所不同。例如,当高速行驶的火车鸣笛而来时,我们听到它的汽笛声变高;当火车鸣笛从我们身边疾驰而去时,却听到它的汽笛声变低。这种因波源或观察者相对于介质的运动,观察者接收到的波的频率与波源的振动频率不同的现象称为**多普勒效应**或**多普勒频移**,是由多普勒(Doppler)在1842年发现并提出的。

为简单起见,我们以介质为参考系,并只讨论波源和观察者在同一直线上运动的情况。以 $v_S$ 表示波源相对于介质的速度,$v_R$ 表示观察者相对于介质的速度,$u$ 表示波在介质中的传播速度($u$ 只决定于介质,与波源或观察者的运动无关)。并规定:波源和观察者相互趋近时,$v_S$ 和 $v_R$ 取正值,相互远离时取负值。这里应严格区别波源振动的频率 $\nu_S$,接收器接收到的频率 $\nu_R$ 和介质的波动频率 $\nu$。接收频率指观察者在单位时间内接收到的完整波的数目;而波动频率指单位时间内通过介质中某点的完整波的数目。显然,这三个频率在波源和观察者均相对于介质静止时是相等的,当波源和观察者相对于介质运动时,三个频率就会不相同,下面分三种情况来讨论。

(1) **波源不动,观察者以速度 $v_R$ 相对于介质运动($v_S=0, v_R \neq 0$)**

如图9-15所示,以 S 表示波源,R 表示接收器(观察者),波源不动 $v_S=0$,若观察者以速度 $v_R$ 向着波源运动,则观察者感觉到的波速为 $u+v_R$,单位时间内观察者接收到的完整波形的数目,即观察者实际接收到的波的频率等于观察者测得的波速与波长的比值,即

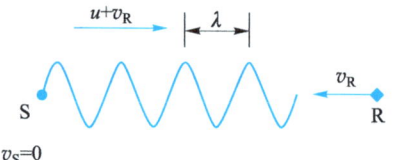

图 9-15 波源不动时的多普勒效应

$$\nu_R = \frac{u+v_R}{\lambda} = \frac{u+v_R}{u}\nu_S > \nu_S \tag{9-21}$$

式(9-21)表明,当观察者向着静止的波源运动时,接收到的频率变高,为波源频率的 $\left(1+\dfrac{v_R}{u}\right)$ 倍。

当观察者离开波源运动时,式(9-21)中的 $v_R$ 取负值,这时观察者接收到的频

率将小于波源振动的频率。

(2) **观察者不动,波源以速度 $v_S$ 相对于介质运动** ($v_S \neq 0, v_R = 0$)

如图 9-16 所示,先假设波源 S 以 $v_S$ 向着观察者运动,因为波速 $u$ 与波源运动无关,所以这时波源 S 的振动在一个周期内向前传播的距离就等于一个波长 $\lambda = uT$,但由于波源向着观察者运动,在一个周期的时间内波源由位置 S 移动到了 S′,结果使一个完整的波被压缩在 S′R 之间,相当于波长减少为 $\lambda' = \lambda - v_S T$。因此,观察者在单位时间内接收到的完整波形的数目,即观察者实际接收到的波的频率为

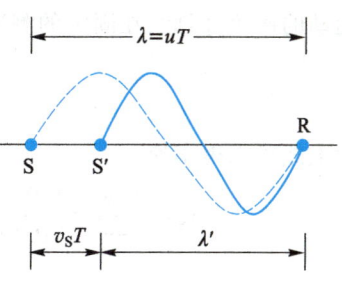

图 9-16 波源运动时的多普勒效应

$$\nu_R = \frac{u}{\lambda'} = \frac{u}{\lambda - v_S T} = \frac{u}{uT - v_S T} = \frac{u}{u - v_S} \nu_S > \nu_S \tag{9-22}$$

式(9-22)表明,当波源向着观察者运动时,观察者接收到的频率变高,为波源振动频率的 $\dfrac{u}{u-v_S}$ 倍。

当波源离开观察者运动时,式(9-22)中的 $v_S$ 应取负值,这时观察者接收到的频率将小于波源振动的频率。

(3) **波源和观察者同时相对于介质运动** ($v_S \neq 0, v_R \neq 0$)

根据以上两种分析知,观察者以速度 $v_R$ 向着波源运动,相对于观察者,波的速度变为 $u+v_R$;而波源以 $v_S$ 向着观察者运动,相当于使波长变为 $\lambda' = \lambda - v_S T$,综合这两个结果,则波源和观察者同时运动,观察者接收到波的频率为

$$\nu_R = \frac{u+v_R}{\lambda'} = \frac{u+v_R}{uT - v_S T} = \frac{u+v_R}{u-v_S} \nu_S \tag{9-23}$$

式中,当波源和观察者接近时,$v_S$ 和 $v_R$ 取正值,远离时,$v_S$ 和 $v_R$ 均取负值。

多普勒效应是一切波动过程的共同特征,不仅机械波有多普勒效应,电磁波也有多普勒效应。与机械波不同的是,因为电磁波的传播不需要介质,相应地,在电磁波的多普勒效应中,是由光源和观察者的相对速度 $v$ 来决定观察者的接收频率。读者可参考有关资料作进一步了解。

多普勒效应在科学技术、空间技术、医疗诊断等方面有着广泛的应用。例如,利用声波的多普勒效应可以测定声源的频率、波速,利用超声波的多普勒效应来诊断心脏的跳动情况,利用电磁波的多普勒效应可以测定运动物体的速度。此外,多普勒效应还可用于自动报警,车速监测等。

**例 9-5** 利用多普勒效应测量车速。固定的测速仪中的超声源发出频率为 $\nu = 100$ kHz 的超声波,当汽车向测速仪行驶时,测速仪上的接收器接收到从汽车反射回来的波的频率为 $\nu' = 110$ kHz,设空气中的声速为 $u = 330$ m/s,试计算汽车的行驶速度。

**解** 汽车相对于空气以速度 $v_S$ 趋近于接收器（超声源），从超声源发出的超声波到达汽车时，汽车是运动的接收器。超声波从汽车上反射时，汽车又是以 $v_S$ 运动的声源，因此，在固定的测速仪中接收到的反射波频率由式(9-23)可得

$$\nu' = \frac{u+v_S}{u-v_S}\nu$$

由上式可求得车速

$$v_S = \frac{\nu'-\nu}{\nu'+\nu}u = \frac{110-100}{110+100} \times 330 \text{ m/s} = 15.7 \text{ m/s} = 56.6 \text{ km/h}$$

## 生活中的物理 9

### 医用 B 超成像的原理

人耳能听到的声波频率为 20 Hz~20 kHz。低于 20 Hz 的声波为次声波，人耳听不到，高于 20 kHz 的声波为超声波，人耳也听不见。超声波具有普通可闻声波所没有的特性：频率高，波长短，声强大，方向性好，可以定向发射。医用 B 超成像诊断仪就是利用了超声波的这些特性研制出来的。

超声波因为频率高，其产生的方法也与可闻声振动不同，一般要通过电磁振动和机械振动相互转换（称电声换能器）来实现。超声诊断仪工作时，电声换能器将电震荡转换成超声波，换能器与人体直接接触，超声波沿着波束方向向人体的深处传播。声波在传播途中遇到介质不均匀的截面时，会发生反射和折射现象。由于人体软组织和各类脏器有不同的声阻抗，因而在界面处会产生反射声波（回波）。由于这些界面声学差异不是很大，一般情况下大多数声波仍能穿过界面继续向前传播。到达第二个界面时又产生回波，但仍然有大部分声能继续前进。反射回波中所携带的有关人体组织和结构的信息被检测出后，在显示器上加以显示。测出由脉冲反射到回波到达的时间，换算出超声波所传播的距离，既可以确定换能器至界面的距离。将接收到并经适当处理的回波信息在示波管上的显示形式主要有 A 式显示（显示幅度和时间关系）和 B 式显示。B 式显示是指将接收到的回波幅度信号加到显示器上对它的辉度进行调制，形成一幅二维 B 超图像（黑白 B 超），它反映的是人体某一断面上的信息。屏幕上的纵坐标代表声波传入人体内的深度（或时间），横坐标代表声束对人体扫描的方向。这样超声束对人体扫描，就等同于无损地把人体切开一个断面，并用亮度调制的相应的二维图像把它再现在屏幕上。从物理上说，一幅 B 超图像大体上可看成是人体这个断面上声阻抗变化界面的分布。

至于目前广泛使用的彩色 B 超，即"彩超"。其实彩超并不是看到了人体组织真正的颜色，而是在黑白 B 超图像基础上加上以多普勒效应原理为基础的伪彩。根据机械波的多普勒效应，当超声波碰到远离探头的液体时回声频率会降低，流向探头的液体会使探头接收的回声信号频率升高。然后利用计算机伪彩技术加以描

述,就能判定超声图像中流动液体的方向及流速的大小和性质,并将此叠加在二维黑白超声图像上,就形成了我们今天见到的彩超图像。

## 习题 9

**选择题**

**9-1** 平面简谐波的波函数为 $y = A\cos(Bt - Cx)$,式中 $A$、$B$、$C$ 为正值常量,则( )。

(A) 波速为 $C$            (B) 角频率为 $\dfrac{2\pi}{B}$

(C) 波长为 $\dfrac{2\pi}{C}$       (D) 波的周期为 $\dfrac{1}{B}$

**9-2** 如图所示,平面简谐波沿 $x$ 正方向传播,波速为 $u$,已知 $P$ 处质点的振动方程为 $y = A\cos(\omega t + \varphi)$,则波函数为( )。

(A) $y = A\cos\left[\omega\left(t - \dfrac{x-L}{u}\right) + \varphi\right]$

(B) $y = A\cos\left[\omega\left(t - \dfrac{x}{u}\right) + \varphi\right]$

(C) $y = A\cos\omega\left(t - \dfrac{x}{u}\right)$

(D) $y = A\cos\left[\omega\left(t + \dfrac{x-L}{u}\right) + \varphi\right]$

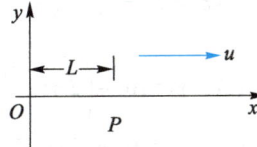

习题 9-2 图

**9-3** 平面简谐波沿 $x$ 负方向传播,已知 $x = b$ 处质点的振动方程为 $y = A\cos(\omega t + \varphi)$,波速为 $u$,则波函数为( )。

(A) $y = A\cos\left[\omega t + \dfrac{b+x}{u} + \varphi\right]$     (B) $y = A\cos\left[\omega\left(t - \dfrac{b+x}{u}\right) + \varphi\right]$

(C) $y = A\cos\left[\omega\left(t - \dfrac{x-b}{u}\right) + \varphi\right]$     (D) $y = A\cos\left[\omega\left(t + \dfrac{b-x}{u}\right) + \varphi\right]$

**9-4** 平面简谐波沿 $x$ 正方向传播,振幅为 $A$,频率为 $\nu$,$t = t_0$ 时刻的波形如图所示,则 $x = 0$ 处质点的振动方程为( )。

(A) $y = A\cos\left[2\pi\nu(t - t_0) - \dfrac{\pi}{2}\right]$     (B) $y = A\cos\left[2\pi\nu(t - t_0) + \dfrac{\pi}{2}\right]$

(C) $y = A\cos[2\pi\nu(t - t_0) + \pi]$     (D) $y = A\cos\left[2\pi\nu(t + t_0) + \dfrac{\pi}{2}\right]$

**9-5** 平面简谐波沿 $x$ 负方向传播,$t = 2$ s 时刻的波形如图所示,则原点 $O$ 处质点的振动方程为( )。

(A) $y = 0.50\cos\left(\dfrac{\pi}{4}t + \dfrac{\pi}{2}\right)$     (B) $y = 0.50\cos\left(\dfrac{\pi}{2}t + \dfrac{\pi}{2}\right)$

(C) $y = 0.50\cos\left(\dfrac{\pi}{2}t - \dfrac{\pi}{2}\right)$  (D) $y = 0.50\cos\left(\pi t + \dfrac{\pi}{2}\right)$

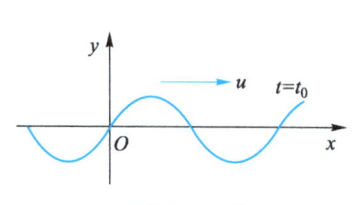

习题 9-4 图

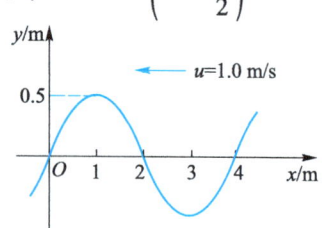

习题 9-5 图

**9-6** 平面简谐波在弹性介质中传播,某一时刻,介质中某质元正处于平衡位置,则此时刻它的动能是(　　)。

(A) 动能最大,势能为零   (B) 动能为零,势能最大
(C) 动能最大,势能最大   (D) 动能为零,势能为零

**\*9-7** 如图所示,$S_1$ 和 $S_2$ 为两相干波源,它们的振动方向垂直于图面,发出波长为 $\lambda$ 的简谐波。$P$ 点是两波相遇区域的一点,已知 $S_1P = 2\lambda$,$S_2P = 2.2\lambda$;两列波在 $P$ 点发生干涉相消,若 $S_1$ 的振动方程为 $y_1 = A\cos\left(2\pi t + \dfrac{\pi}{2}\right)$,则 $S_2$ 的振动方程为(　　)。

(A) $y_2 = A\cos\left(2\pi t - \dfrac{\pi}{2}\right)$   (B) $y_2 = A\cos(2\pi t - 0.1\pi)$
(C) $y_2 = A\cos(2\pi t - 2.2\pi)$   (D) $y_2 = A\cos(2\pi t - \pi)$

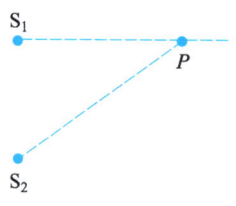

习题 9-7 图

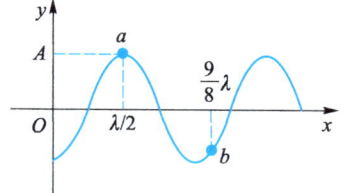

习题 9-9 图

**9-8** 两相干波源 $S_1$ 和 $S_2$,相距 $\dfrac{\lambda}{4}$,$S_1$ 的相位比 $S_2$ 相位落后 $\dfrac{\pi}{2}$,在 $S_1$ 和 $S_2$ 的连线上,$S_1$ 外侧的各点由两波引起的两谐振动的相位差是(　　)。

(A) 0   (B) $\pi$   (C) $\dfrac{\pi}{2}$   (D) $\dfrac{3\pi}{2}$

**9-9** 某时刻的驻波波形曲线如图所示,则 $a$、$b$ 两点的相位差是(　　)。

(A) 0   (B) $\dfrac{\pi}{2}$   (C) $\dfrac{5\pi}{4}$   (D) $\pi$

**填空题**

**9-10** 如图所示一平面简谐波沿 $x$ 轴正方向传播,波长为 $\lambda$,若 $P_1$ 点处质点的振动方程为 $y_1 = A\cos(2\pi\nu t + \varphi)$,则 $P_2$ 点处质点的振动方程为_____;与

$P_1$ 点处质点振动状态相同的那些点的位置是_____。

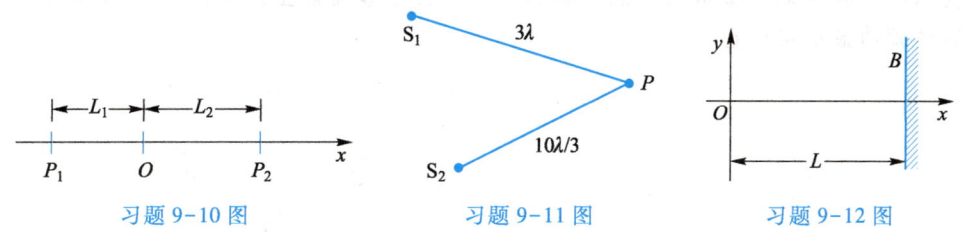

习题 9-10 图        习题 9-11 图        习题 9-12 图

**9-11** 波源 $S_1$ 和 $S_2$ 发出的波在 $P$ 点相遇,$P$ 点距离 $S_1$ 和 $S_2$ 的距离分别如图所示,图中 $\lambda$ 为两波在介质中的波长,若 $P$ 点的合振幅总是极大值,则两波源的振动方向_____,振动频率_____,波源 $S_2$ 的相位比 $S_1$ 的相位领先_____。

**\*9-12** 一沿弦线传播的入射波的表达式为 $y_1 = A\cos\left[2\pi\left(\dfrac{t}{T}-\dfrac{x}{\lambda}\right)+\varphi\right]$,波在 $x=L$ 处($B$ 点)发生反射,反射点为固定端,如图所示。设波在传播和反射过程中振幅不变,则反射波的表达式为 $y_2=$ _____。

### 计算题

**9-13** 一平面简谐波沿 $x$ 轴负方向传播,波速为 $u=20$ m/s,如图所示,已知 $A$ 点处质点的振动方程为 $y_A=3\cos 4\pi t$(SI 单位)。

(1) 以 $A$ 点为坐标原点,写出波函数;

(2) 以距 $A$ 点 5 m 处的 $B$ 点为坐标原点,写出波函数。

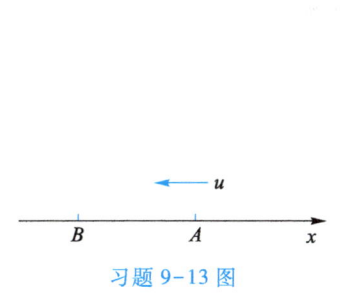

习题 9-13 图

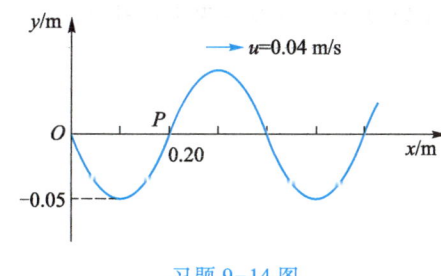

习题 9-14 图

**9-14** 一平面简谐波沿 $x$ 轴正方向传播,$t=0$ 时刻的波形如图所示。求:

(1) 该波的波动表达式;

(2) $P$ 处质点的振动方程。

**9-15** 一平面简谐波沿 $x$ 轴正方向传播,波速大小为 $u$,已知 $P$ 点处质点的振动方程为 $y_P=A\cos(\omega t+\varphi)$,如图所示。求:

(1) $O$ 处质点的振动方程;

(2) 该波的波函数;

(3) 与 $P$ 处质点振动状态相同的那些质点的位置。

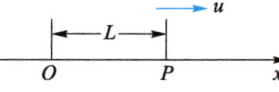

习题 9-15 图

**9-16** 如图所示,两相干波源 $S_1$ 和 $S_2$,相距 $d=30$ m,$S_1$ 和 $S_2$ 都在 $x$ 坐标轴

上，$S_1$ 位于坐标原点。设由 $S_1$ 和 $S_2$ 分别发出的两列波沿 $x$ 轴传播时强度保持不变，$x_1 = 9$ m 和 $x_2 = 12$ m 的两点是相邻的两个因干涉而静止的点，求两波的波长和两波源的最小相位差。

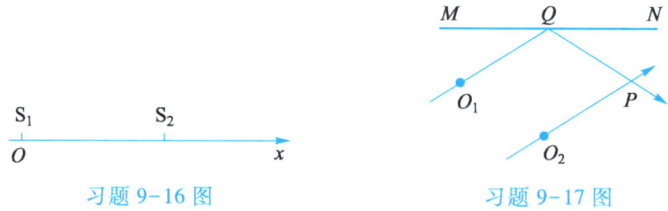

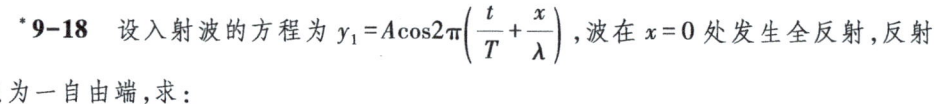

习题 9-16 图　　　　　　　　　　　习题 9-17 图

**9-17** 如图所示，两列波长均为 $\lambda$ 的相干波分别通过图中 $O_1$ 和 $O_2$ 点；通过 $O_1$ 点的波在 $MN$ 平面反射时有半波损失。$O_1$ 和 $O_2$ 两点的振动方程为 $y_{10} = A\cos \pi t$ 和 $y_{20} = A\cos \pi t$，且有 $O_1Q + QP = 8\lambda$，$O_2P = 3\lambda$，求：

(1) 两列波分别在 $P$ 点引起的振动方程；

(2) $P$ 点的合振动方程。

第 9 章习题
参考答案

***9-18** 设入射波的方程为 $y_1 = A\cos 2\pi \left( \dfrac{t}{T} + \dfrac{x}{\lambda} \right)$，波在 $x = 0$ 处发生全反射，反射点为一自由端，求：

(1) 反射波的波函数；

(2) 合成波（驻波）的波函数；

(3) 波腹和波节的位置；

(4) 若反射点为一固定端时，写出反射波的波函数。

# 第10章

## 光的干涉

## 10.1 光源　光的相干性

**光的电磁理论**　光波是电磁波,且是横波。可见光的波长范围为 400~760 nm,相应的频率范围为 $7.50×10^{14} \sim 3.95×10^{14}$ Hz,不同频率的可见光给人以不同颜色的感觉,见表 10-1。

表 10-1　可 见 光 谱

| | 红 | 橙 | 黄 | 绿 | 青 | 蓝 | 紫 |
|---|---|---|---|---|---|---|---|
| $\lambda$/nm | 620~760 | 592~620 | 578~592 | 500~578 | 464~500 | 446~464 | 400~446 |
| $\nu/10^{14}$ Hz | 4.84~3.95 | 5.07~4.84 | 5.19~5.07 | 6.00~5.19 | 6.47~6.00 | 6.73~6.47 | 7.50~6.73 |

研究表明,光波中两个相互垂直的振动矢量,即电场强度 $E$ 和磁场强度 $H$,引起视觉和感光作用的主要是电场强度 $E$,通常把 $E$ 矢量称为**光矢量**,把 $E$ 矢量的振动称为**光振动**。光振动本身无法直接观测到,而光的强度能够被观测到。光的电磁理论指出,光的强度 $I$ 取决于在一段观察时间内的电磁波能流密度的平均值,其值与光振动的振幅平方成正比,即

$$I = kE^2 \tag{10-1}$$

式中,$k$ 为比例系数,通常关心的是光的相对强度,即取 $k=1$。因此,光波传到之处,若该处光振动的振幅为最大,看起来就最亮;而振幅为最小(或几近于零)处,则差不多完全黑暗。由上式可知,亮暗的程度也可用光的强度来表述。

**光源**　发射光波的物体称为光源。从发光机制上可分为普通光源和激光光源两大类。普通光源有热光源(利用热能激发的光源),如白炽灯、太阳光等,以及冷光源(由化学能、电能或光能激发的光源),如日光灯、气体放电管、半导体发光二极管等。各种光源的激发方式不同,辐射机理也不相同。在热光源中,大量分子和原子在热能的激发下处于高能量的激发态,当它们从激发态返回到较低能量的状态时,就把多余的能量以光波的形式辐射出来,这就是热光源的发光机理。这些原子或分子间歇性地向外发光,发光持续时间极短,约为 $10^{-8}$ s,因而它们发出的光波是在时间上很短、空间上有限长的一个个波列,见图 10-1。由于各个原子或分子的发光参差不齐,彼此独立、互不相关,因而不同原子在同一时刻所发出的波列在频率、振动方向和相位上各自独立,同一原子在不同时刻所发出的波列之间振动方向和相位也各不相同。

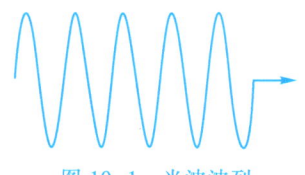

图 10-1　光波波列

**获得相干光的方法** 由于微观辐射的这种随机性,来自同一原子或分子先后发出的各个波列之间,以及不同原子或分子发出的一系列波列之间,在振动频率、振动方向和相位上没有联系,不满足相干条件。**两独立光源发出的光不可能产生干涉,来自同一光源两个部分的光也不可能产生干涉**。要获得相干光,首先需要一单色性好的光源,设法把光分成两部分,而这**两部分光必须取自同一波列**。通常采用下面两种方法:

(1) **分波阵面法** 两相干光源(设为 $S_1$、$S_2$)取自同一波阵面上。由于同一波阵面上各点的振动相位相同,所以从同一波阵面上取出的 $S_1$、$S_2$ 一定满足相干条件,可以作为相干光源。如杨氏双缝实验等就是用这种方法获得相干光的。

(2) **分振幅法** 利用透明薄膜上下表面对光的反射,把同一入射光束分割成振幅较小的两束相干光。例如后面将要介绍的薄膜干涉就是用这种方法获得相干光的。

## 10.2 杨氏双缝干涉

### 10.2.1 双缝干涉实验装置

1801 年,英国物理学家托马斯·杨(T.Young)首先用实验的方法观察到了光的干涉现象,肯定了光的波动理论。杨氏双缝干涉实验装置如图 10-2 所示。

文档:托马斯·杨简介

单色平行光垂直射向狭缝 S,狭缝 S 便成为一个发射柱面波的线光源,S 后又放有与 S 平行而且等距离的两平行狭缝 $S_1$ 和 $S_2$,两缝之间的距离很小,且 $|SS_1|=|SS_2|$,则 $S_1$ 和 $S_2$ 位于柱面波的同一波阵面上,从 $S_1$ 和 $S_2$ 发出的两列光波的频率、振动方向、相位都相同,构成两相干光源,这种获得相干光的方法称为**分波阵面法**。从 $S_1$ 和 $S_2$ 发出的光在空间传播相遇将产生干涉现象。如果在双缝后放置一屏幕 E,则在屏上将看到稳定的明暗相间的干涉条纹。

### 10.2.2 双缝干涉明暗条纹条件 条纹位置

如图 10-3 所示,设两缝 $S_1$、$S_2$ 间距为 $d$,双缝到屏幕 E 的距离为 $D$(通常 $D \gg$

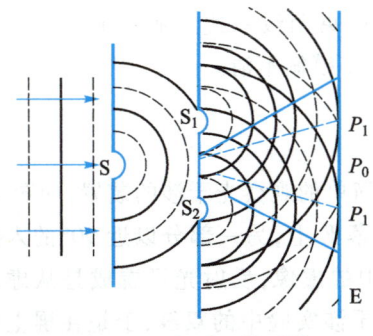
图 10-2 杨氏双缝干涉

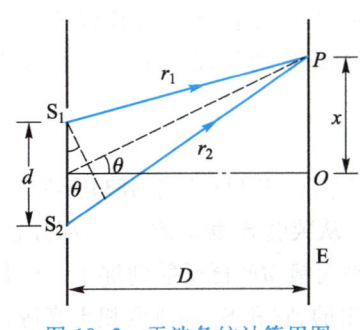
图 10-3 干涉条纹计算用图

$d$),$P$ 为屏上任意一点,其到 $S_1$ 和 $S_2$ 的距离分别为 $r_1$ 和 $r_2$,由于 $S_1$ 和 $S_2$ 是两同相($\varphi_2=\varphi_1$)的相干波源,由波的干涉理论,$P$ 点是明(加强)或是暗(减弱)的条件决定于波程差

$$\delta = r_2 - r_1 = \begin{cases} \pm k\lambda, & k=0,1,2,\cdots \quad \text{明纹(加强)} \\ \pm(2k-1)\dfrac{\lambda}{2}, & k=1,2,\cdots \quad \text{暗纹(减弱)} \end{cases} \tag{10-2}$$

式中,$\lambda$ 为入射单色光的波长,$k$ 为干涉条纹的级次。

若取屏幕中心为坐标原点 $O$,$x$ 轴正向向上,以 $\theta$ 表示 $P$ 点的位置($\theta$ 为双缝中心法线到 $P$ 点的张角),则因 $D\gg d$ 及 $D\gg x$,所以 $\theta$ 角很小,由图 10-3 有

$$r_2 - r_1 \approx d\sin\theta \approx d\tan\theta = d\frac{x}{D} \tag{10-3}$$

利用式(10-2)中的明纹条件,并以 $x_k$ 取代式(10-3)中的 $x$,可以得到屏上各级明条纹中心的位置坐标

$$x_k = \pm k\frac{D\lambda}{d}, \quad k=0,1,2,\cdots \tag{10-4}$$

同理,利用式(10-2)中的暗纹条件,可以得到屏上各级暗条纹中心的位置坐标

$$x_k = \pm(2k-1)\frac{D\lambda}{2d}, \quad k=1,2,\cdots \tag{10-5}$$

相邻两明纹或两暗纹的间距

$$\Delta x = x_{k+1} - x_k = \frac{D}{d}\lambda \tag{10-6}$$

由式(10-4)、式(10-5)和式(10-6)的分析,得出如下结论:

(1) 杨氏双缝干涉,条纹平行等距,明暗相间,屏中心 $O$ 点处为零级明条纹中心;

(2) 条纹间距 $\Delta x$ 与入射光波长 $\lambda$ 及缝屏间距 $D$ 成正比,与双缝间距 $d$ 成反比;$\lambda$ 一定,$D$ 大,$d$ 小,$\Delta x$ 大,条纹分得开。

(3) $D$ 和 $d$ 一定时,用不同的单色光做实验,则 $\lambda$ 越小,条纹越密;$\lambda$ 越大,条纹越稀。如用白光照射,则屏幕上除中央明纹因各色光重合仍为白色外,其他各级条纹,由于不同波长的光在屏上的位置不同而形成光谱,紫光波长较短,出现在靠近中央明纹一边;红光波长较长,出现在远离中央明纹一边。随着干涉级次的增大,不同级次的条纹会互相重叠,使干涉条纹变得模糊不清。

### 10.2.3 劳埃德镜实验

劳埃德(H.Lloyd)于 1834 年提出了一种更简单的观察光干涉的装置,如图 10-4 所示。从狭缝 $S_1$ 发出的光,一部分直接射到屏幕 E 上,另一部分以近 90°的入射角射向平面镜 $MN$ 再反射到屏上。$S_2$ 是 $S_1$ 在镜中的虚像,反射光可看成是从虚光源 $S_2$ 发出的,它和 $S_1$ 构成两相干光源,如同杨氏干涉实验中的双缝,于是在屏上叠加区域内(图中阴影部分)出现明暗相间的等间距的干涉条纹。

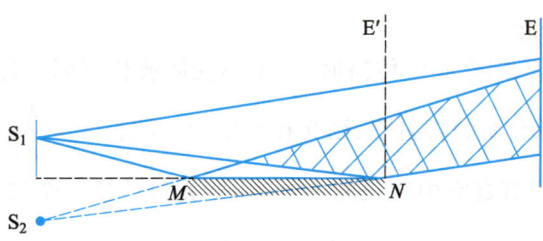

图 10-4 劳埃德镜实验

若将屏幕移到镜右端 $N$ 处,则在屏与镜接触的 $N$ 点处出现的是暗条纹。这说明由 $S_1$ 直接射到屏上的光与经平面镜反射后的光在 $N$ 点相遇,虽然两光的波程相同,但相位相反。这只能认为光从空气掠射到玻璃而发生反射时,反射光有相位 $\pi$ 的突变。进一步的实验表明,**光从光疏介质射向光密介质界面反射时,反射光会发生"半波损失"**。

需要指出的是:光从光密介质射向光疏介质界面反射时,反射光不发生半波损失;任何情况下,透射光均无半波损失。

**例 10-1** 单色光照射相距为 0.2 mm 的双缝,双缝与屏的距离为 1.0 m。实验测得,从第一级明纹到同侧第四级明纹间的距离为 7.5 mm,求单色光的波长。

**解** 由双缝干涉明条纹的位置公式(10-4)

$$x_k = \pm k \frac{D}{d} \lambda$$

取 $k=1$ 和 $k=4$ 代入上式得

$$\Delta x_{14} = (4-1) \frac{D}{d} \lambda = \frac{3D}{d} \lambda$$

所以

$$\lambda = \frac{d \Delta x_{14}}{3D} = \frac{0.2 \times 10^{-3} \times 7.5 \times 10^{-3}}{3 \times 1.0} \text{ m} = 5 \times 10^{-7} \text{ m}$$

或由相邻两明纹的间距公式(10-6)也可求得,由题意 $3\Delta x = 7.5$ mm

所以

$$\lambda = \frac{7.5 \times d}{3D} = 5.0 \times 10^{-7} \text{ m}$$

## 10.3 光程与光程差

**光程与光程差** 在双缝干涉实验中,若在其中一缝后面放一介质薄片,则屏上条纹会发生移动,这说明此时两光束到屏上各点的相位差发生了变化。然而,对屏上任一点,两光束的几何路程差并没改变,相位差改变的原因是其中一束光通过了介质。即是说,当两相干光都在同一均匀介质中传播时,它们在相遇点叠加时的相位差仅决定于两光束之间的几何路程差,而当两相干光各自通过不同的介质时,它们在相遇点叠加时的相位差就不单纯由它们的几何路程差来决定,为此,需要介绍光程与光程差的概念。

因为单色光在不同介质中传播时,频率不变而波长不同。若以 $\lambda$ 表示光在真空中的波长, $n$ 表示介质的折射率,则光在介质中的波长 $\lambda' = \dfrac{\lambda}{n}$,这表明,光在介质中传播时,其波长只有真空中波长的 $1/n$。由于光每传播一个波长的距离,相位变化为 $2\pi$,若光在介质中传播的几何路程为 $r$,那么相位的变化应为 $2\pi \dfrac{r}{\lambda'} = 2\pi \dfrac{nr}{\lambda}$,由此可见,当光在不同的介质中传播时,即使传播的几何路程相同,但相位的变化是不同的。

设 $S_1$ 和 $S_2$ 是两同相的相干光源,它们发出的光各经过不同的介质和不同的几何路程在 $P$ 点相遇,如图 10-5 所示。则两光束到达 $P$ 点的相位变化之差为

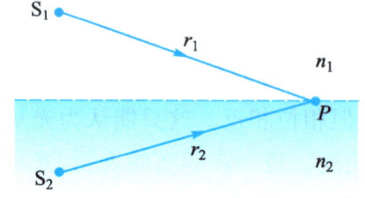

图 10-5　两相干光在不同介质中传播

$$\Delta\varphi = 2\pi \dfrac{r_2}{\lambda'_2} - 2\pi \dfrac{r_1}{\lambda'_1} = \dfrac{2\pi}{\lambda}(n_2 r_2 - n_1 r_1) \tag{10-7}$$

式(10-7)表明,两相干光束通过不同的介质时,决定其相位变化之差的因素有两个:一是两光经历的几何路程 $r_1$ 和 $r_2$;二是所经介质的性质即 $n_1$ 和 $n_2$。我们把**光在某一介质中所经过的几何路程 $r$ 和该介质折射率 $n$ 的乘积 $nr$ 叫作光程**。当光一次经历几种介质时

$$\text{光程} = \sum n_i r_i \tag{10-8}$$

在均匀介质中, $nr = \dfrac{c}{v} r = ct$ ( $c$ 和 $v$ 分别为光在真空中和介质中的传播速度),因此光程可认为是在相同时间内,光在真空中通过的路程。引进光程的概念后,可将光在介质中经过的路程折算为光在真空中的路程,这样便可统一用真空中的波长 $\lambda$ 去比较两束光经历不同介质时所引起的相位改变。若用 $\delta = (n_2 r_2 - n_1 r_1)$ 表示两束光到达 $P$ 点的**光程差**,则两光束在 $P$ 点的相位差为

$$\Delta\varphi = 2\pi \dfrac{\delta}{\lambda} \tag{10-9}$$

式(10-9)是考虑光的干涉问题时经常用到的一个基本关系式。应该注意,引进光程后,无论光在什么介质中传播,式(10-9)中的 $\lambda$ 均指光在真空中的波长。

这样,当两同相的相干光源发出的两相干光,经历不同介质和不同几何路程后在叠加点相遇,其干涉条纹的明暗条件便可用光程差表示为

$$\delta = \begin{cases} \pm k\lambda, & k = 0,1,2,\cdots (\text{明纹}) \\ \pm(2k+1)\dfrac{\lambda}{2}, & k = 0,1,2,\cdots (\text{暗纹}) \end{cases} \tag{10-10}$$

**透镜不产生附加的光程差** 在观察干涉和衍射现象时,经常要用到透镜,那么光路中引入了透镜会不会引起附加的光程差?

我们知道,平行光经透镜会聚后在焦平面上相互加强形成一亮点,说明这些光线在会聚点是进行同相位的叠加。如图 10-6 所示,图(a)中 $ABC$ 或图(b)中 $A'B'C'$ 分别为两图中入射平行光的某个波阵面,即平行光在 $ABC$ 或 $A'B'C'$ 平面上相位相同,这些光线经透镜会聚后在 $F$ 或 $F'$ 点,它们的相位仍然相同,虽然它们各自走过的几何路程不同,但光程相同,即**透镜可以改变光线的传播方向,但不产生附加的光程差**。

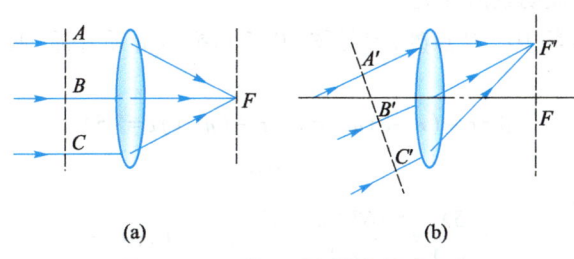

图 10-6 透镜不引起附加的光程差

**例 10-2** 双缝干涉实验中,若在上缝后插入一折射率为 $n$,厚度为 $e$ 的透明介质薄片,如图 10-7 所示。(1)写出两相干光到达屏上任一点 $P$ 的光程差;(2)分析介质片插入前后,干涉条纹的变化情况。

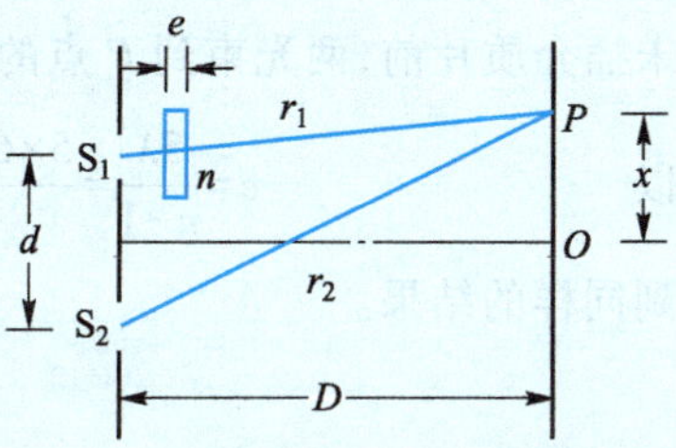

**解** (1)设 $S_1$ 和 $S_2$ 到屏上 $P$ 点的距离分别为 $r_1$ 和 $r_2$,$P$ 点的坐标为 $x$。插介质片后,两光束到 $P$ 点的光程差为

$$\delta = r_2 - (r_1 - e + ne) = r_2 - r_1 - (n-1)e$$

图 10-7 例 10-2 图

将此结果与未插入介质片时比较,可见此时屏上每一点的光程差都发生了变化,故干涉条纹亦将发生变化。

(2)考虑第 $k$ 级明纹的位置,由明纹条件

$$\delta = r_2 - r_1 - (n-1)e = \pm k\lambda, \quad k = 0, 1, 2, \cdots$$

当 $D \gg d$ 时,由式(10-3),$r_2 - r_1 = \dfrac{d}{D}x$,代入上式,可求得插入介质片后屏上第 $k$ 级明纹的位置为

$$x'_k = \pm k \frac{D}{d}\lambda + (n-1)e\frac{D}{d}$$

而未插入介质片时,第 $k$ 级明纹的坐标为 $x_k = \pm k \dfrac{D}{d}\lambda$,因为 $n > 1$,显然有 $x'_k > x_k$;又因为条纹间距 $\Delta x = \dfrac{D}{d}\lambda$ 与有无插入介质片无关。可见,若介质片是插在上缝后

的光路中,将使整幅干涉图样向上平移,但条纹间距不变。同理可证明,若介质片是插在下缝后的光路中,将使整幅干涉图样向下平移,条纹间距也不改变。

**例 10-3** 在上例中,若用波长为 632.8 nm 的激光照射双缝,将一折射率为 $n=1.4$ 的透明介质薄片插入上缝后的一条光路,发现屏幕上中央明纹移动了 5 个条纹,试求该介质薄片的厚度 $e$。

**解** 由上例的讨论知,介质薄片插在上缝后的一条光路,将使整幅干涉图样向上平移,即原屏幕中心上方第 5 级明纹处,现在为零级明纹;而原屏幕中心 $O$ 处则现为 $k=-5$ 级明纹所在处。

若考虑原屏幕中心 $O$ 点处(参见图 10-7),插入介质片后,两相干光到 $O$ 点的光程差为

$$\delta = r_2 - (r_1 - e + ne) = r_2 - r_1 - (n-1)e = -5\lambda$$

而

$$r_2 - r_1 = 0$$

所以

$$e = \frac{5\lambda}{n-1} = \frac{5 \times 632.8 \times 10^{-9}}{1.4 - 1} \text{ m} = 7.9 \times 10^{-6} \text{ m}$$

若考虑原屏幕中心上方第 5 级明纹处(设为 $P$ 点),插入介质片后,两相干光到 $P$ 点的光程差为

$$\delta = r_2 - (r_1 - e + ne) = r_2 - r_1 - (n-1)e = 0$$

而未插介质片前,两光束到 $P$ 点的光程差为 $r_2 - r_1 = 5\lambda$

所以

$$e = \frac{5\lambda}{n-1} = \frac{5 \times 632.8 \times 10^{-9}}{1.4 - 1} \text{ m} = 7.9 \times 10^{-6} \text{ m}$$

得到同样的结果。

◇ **思考题**

**10-1** 在杨氏双缝实验中,当作如下调节时,屏幕上的干涉条纹将如何变化?
(1) 使两缝间距 $d$ 逐渐增大;
(2) 保持双缝的间距 $d$ 不变,使双缝与屏幕的距离 $D$ 逐渐减小;
(3) 保持 $d$ 和 $D$ 不变,把单色光源 S 在垂直轴线方向向上或向下方向平移。

**10-2** 杨氏双缝干涉实验的两条光路中,若在其中一条光路中插入一块薄玻璃片,则原来中央干涉极大的明条纹将向哪边移动?

**10-3** 什么是波程差、相位差和光程差?它们的关系如何?

## 10.4 薄膜干涉

利用透明薄膜上下表面对光的反射,把入射光的振幅分解为两部分,由这两部

分光波相遇产生的干涉,是分振幅法获得的光干涉,这种干涉也叫薄膜干涉,本节讨论薄膜干涉。日常生活中观察到的水面上铺展的油膜、空气中的肥皂泡在阳光的照射下呈现彩色条纹,就是由透明薄膜产生的光干涉现象。

### 10.4.1 平行平面膜的光干涉

空气中一厚度为 $e$、折射率为 $n$ 的平行平面透明薄膜,如图 10-8 所示。来自单色面光源一点、波长为 $\lambda$ 的光以入射角 $i$ 入射到薄膜的上表面 $A$ 点处,一部分光在薄膜上表面 $A$ 点反射成为光线 1,另一部分光经折射后在薄膜下表面 $B$ 点反射后又在上表面的 $C$ 点折射入空气中成为光线 2。光线 1 和 2 因来自同一入射光线,所以它们是相干光。这种获得相干光的方法又叫**分振幅法**。用透镜 L 把这两平行反射光会聚到焦平面上一点 $P$,下面来计算两光线在会聚点的光程差。

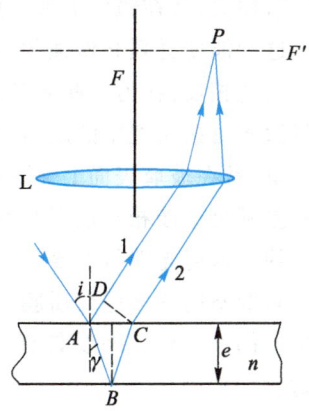

图 10-8 平行平面膜的光干涉

入射光线在 $A$ 点开始分成两光线 1 和 2,且从光线 1 中的 $D$ 点和光线 2 中的 $C$ 点以后到 $P$ 点两光线是等光程的。故光线 1 和光线 2 的光程差为

$$\delta = n(|AB|+|BC|) - |AD| + \frac{\lambda}{2} \tag{10-11}$$

其中的 $\frac{\lambda}{2}$ 是因光线 1 在薄膜的上表面反射时有半波损失的缘故。

由图中几何关系,有

$$|AB| = |BC| = \frac{e}{\cos\gamma}$$

$$|AD| = |AC|\sin i = 2e\tan\gamma\sin i$$

再由折射定律 $\sin i = n\sin\gamma$,代入式(10-11)整理得

$$\delta = 2e\sqrt{n^2 - \sin^2 i} + \frac{\lambda}{2} \tag{10-12}$$

式(10-12)表明,光程差决定于入射角(倾角)$i$,即倾角 $i$ 相同的入射光线,经薄膜上下表面反射后在相遇点的光程差相同,干涉形成同一级条纹,这种干涉称为**等倾干涉**。

为简单起见,这里只讨论垂直入射的情况,即 $i = 0°$。由式(10-12),垂直入射时,反射光干涉加强和减弱的条件为

$$\delta = 2ne + \frac{\lambda}{2} = \begin{cases} k\lambda, & k = 1,2,3,\cdots \quad (明纹) \\ (2k+1)\dfrac{\lambda}{2}, & k = 0,1,2,\cdots \quad (暗纹) \end{cases} \tag{10-13}$$

式中 $k$ 为干涉条纹的级次。

透射光干涉加强和减弱的条件与反射光相反,即反射光干涉加强时,透射光干涉减弱;反射光干涉减弱时,透射光干涉加强。

### 10.4.2 增透膜与增反膜

利用薄膜干涉可以提高光学仪器的透射率或反射本领。一些高级光学仪器的光学元件(如照相机的镜头、眼镜、棱镜等),为了减少光能在光学元件玻璃表面上的反射损失,常在镜面上镀一层厚度均匀的氟化镁($MgF_2$)透明薄膜,以增强其透射率。这种能使透射光增强的薄膜叫**增透膜**。

与此相反,在另一些光学仪器中往往需要某些光学表面具有很高的反射率,如氦氖激光器谐振腔中的反射镜要求对某单色光的反射率在99%以上。为了增强反射能量,常在玻璃表面上镀一层高反射率的透明薄膜,利用薄膜上下表面反射光的光程差满足干涉相长的条件就能使反射光增强,这种薄膜叫**增反膜**。由于反射光能量约占入射光能量的5%,为了达到高反射率的目的,常在玻璃表面交替镀上折射率高低不同的多层介质膜,一般镀到13层,有的高达15或17层。宇航员头盔和面甲上都镀有对红外线具有高反射率的多层膜,以屏蔽宇宙空间中极强的红外线照射。

**例 10-4** 在一光学元件的玻璃(折射率 $n_3=1.5$)表面上镀一层厚度为 $e$、折射率为 $n_2=1.38$ 的透明氟化镁薄膜,为了使入射白光中对人眼最敏感的黄绿光($\lambda=550$ nm)透射增强,试求薄膜的厚度。

**解** 透射光干涉加强,则反射光干涉必减弱。如图 10-9 所示,因 $n_1<n_2<n_3$,故薄膜上、下表面反射的光都有半波损失,半波损失将抵消。

由反射光干涉相消的条件

$$\delta = 2n_2 e = (2k+1)\frac{\lambda}{2}, \quad k=0,1,2,\cdots$$

膜的最小厚度对应 $k=0$,所以

$$e_{\min} = \frac{\lambda}{4n_2} = \frac{550 \text{ nm}}{4\times 1.38} = 100 \text{ nm} = 0.1 \text{ μm}$$

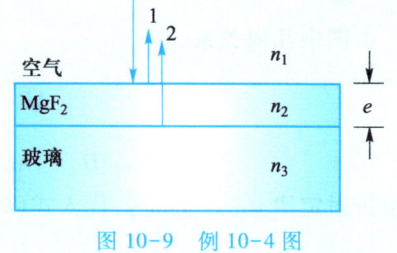

图 10-9 例 10-4 图

即在玻璃上镀一层厚度为 0.1 μm 的氟化镁,可以使波长 $\lambda=550$ nm 的黄绿光在两界面上的反射光干涉相消。根据能量守恒定律,反射光干涉相消,透射的黄绿光就增强了。

### 10.4.3 劈尖干涉

两块平玻璃片,将它们的一端互相叠合,另一端夹一薄纸片或一细丝,如图 10-10(a)所示,则在两玻璃片之间就形成一端薄、一端厚的空气薄层。因空气膜形状为尖形,故称为空气劈尖。两玻璃片的交线为劈棱,平行于棱边的直线上各点空气膜的厚度 $e$ 是相等的。

当波长为 $\lambda$ 的单色光垂直入射劈尖膜时，在空气膜上下两表面反射的光线 1 和 2 构成相干光，它们在空气膜的上表面相遇产生干涉，这也是一种分振幅法的光干涉。在空气膜厚度为 $e$ 处，上、下两表面反射的光 1 和光 2 在相遇点的光程差为

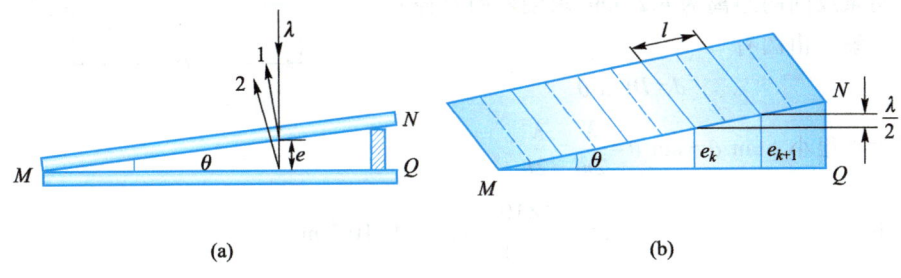

图 10-10　劈尖干涉

$$\delta = 2ne + \frac{\lambda}{2}$$

式中，$n$ 是劈尖膜的折射率，$\lambda/2$ 是空气膜下表面反射的光因有半波损失而附加的光程差。显然，当

$$\delta = 2ne + \frac{\lambda}{2} = \begin{cases} k\lambda, & k=1,2,3,\cdots \quad \text{明纹} \\ (2k+1)\dfrac{\lambda}{2}, & k=0,1,2,\cdots \quad \text{暗纹} \end{cases} \quad (10\text{-}14)$$

式(10-14)表明，入射光波长 $\lambda$ 一定时，条纹级次 $k$ 正比于劈尖薄膜的厚度 $e$，即介质厚度相同的各点，上、下表面反射的光光程差相同，干涉形成同一级次的条纹，这种干涉称为**等厚干涉**。干涉条纹的形状是平行于劈棱的明暗相间的直条纹，如图 10-10(b)所示。在劈棱处(两玻璃片的接触处)，$e=0$，光程差 $\delta=\lambda/2$，故劈棱处为零级暗纹中心。

相邻两明纹(或两暗纹)中心对应劈形膜的厚度差为

$$\Delta e = e_{k+1} - e_k = \frac{1}{2n}(k+1)\lambda - \frac{1}{2n}k\lambda = \frac{\lambda}{2n} \quad (10\text{-}15)$$

相邻两明纹(或两暗纹)中心的距离 $l$ 为

$$l = \frac{\Delta e}{\sin\theta} = \frac{\lambda}{2n\sin\theta} \approx \frac{\lambda}{2n\theta} \quad (10\text{-}16)$$

可见，劈尖干涉的条纹是等间距的，条纹间距与劈尖角 $\theta$ 有关，$\theta$ 越大，条纹间距越小，条纹越密。当 $\theta$ 大到一定程度后，条纹就密不可分了。所以干涉条纹只能在劈尖角度很小时才能观察到。

由于劈尖干涉装置简单，测量精度较高，因此劈尖干涉在精密度量和检测方面有着广泛的应用，下面通过两个例子简单了解一下劈尖干涉在技术上的应用。

**例 10-5** 利用劈尖干涉测量细丝的直径。如图 10-11 所示,把被测细丝夹在两块平玻璃的一端,两玻璃片之间便形成一空气劈形膜。若已知细丝与劈棱的距离为 $D = 28.9$ mm,照射单色光波长 $\lambda = 589.3$ nm,测得 31 条明条纹间的距离为 4.2 mm,求细丝的直径 $d$。

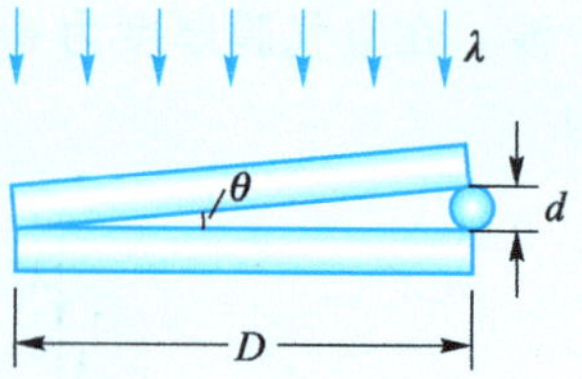

**解** 由图有

$$d = D\tan\theta$$

图 10-11 例 10-5 图

因为 $\theta$ 很小,$\tan\theta \approx \sin\theta = \dfrac{\lambda}{2nl} = \dfrac{\lambda}{2l}$

其中

$$l = \frac{4.2\times 10^{-3}}{31-1}\text{ m} = 1.4\times 10^{-4}\text{ m}$$

所以

$$d = D\tan\theta = D\frac{\lambda}{2l}$$
$$= 28.9\times 10^{-3}\times \frac{589.3\times 10^{-9}}{2\times 1.4\times 10^{-4}}\text{ m} = 6.1\times 10^{-5}\text{ m}$$

**例 10-6** 利用劈尖干涉检验工件表面的平整情况。如图 10-12(a)所示,在被检工件的表面上放一光学平玻璃,使其间形成一空气劈尖。波长为 $\lambda$ 的单色平行光垂直照射,观察反射光的干涉花样。今观察到干涉条纹形状如图 10-12(b)所示,试根据纹路弯曲方向,判断工件表面的缺陷。

**解** 由于平玻璃的下表面是"完全"平的,若工件表面也是平的,则干涉条纹应是平行于劈棱的直条纹。现在条纹有局部弯向劈棱,说明在工件表面的相应位置处有微小凹陷。因为是等厚干涉,同一条纹对应于相同厚度的空气膜,本来越靠近劈棱,膜的厚度越小,而现在同一条纹上的弯曲部分和直纹处厚度相等,说明工件表面有微小凹陷。实验中,若能测出相邻两条纹的间距 $b$ 以及条纹弯曲处最大的畸变量 $a$,则由图 10-12(c)的几何关系可求得工件表面凹陷的深度为 $\Delta h = \dfrac{a}{b}\dfrac{\lambda}{2}$。

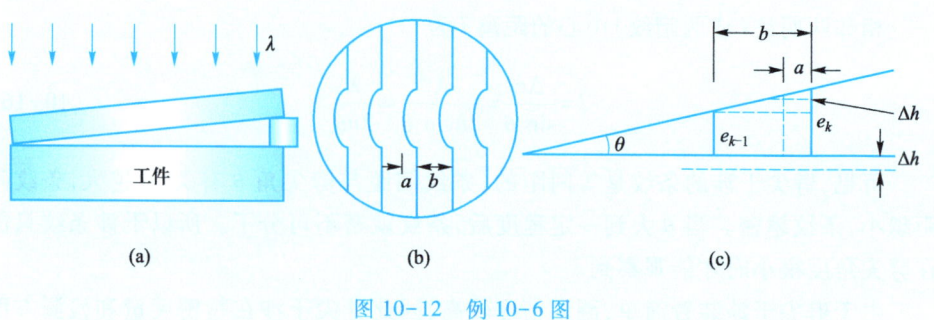

图 10-12 例 10-6 图

### 10.4.4 牛顿环

将一块曲率半径 $R$ 很大的平凸透镜放在一光学平面玻璃上就构成牛顿环装置,如图 10-13(a)所示。透镜与平玻璃之间将形成一个上表面为球面,下表面为平面的空气薄膜。波长为 $\lambda$ 的单色平行光垂直照射,空气薄膜上、下两表面反射的光在透镜的凹面相遇发生干涉,这也是一种分振幅法获得的光干涉。

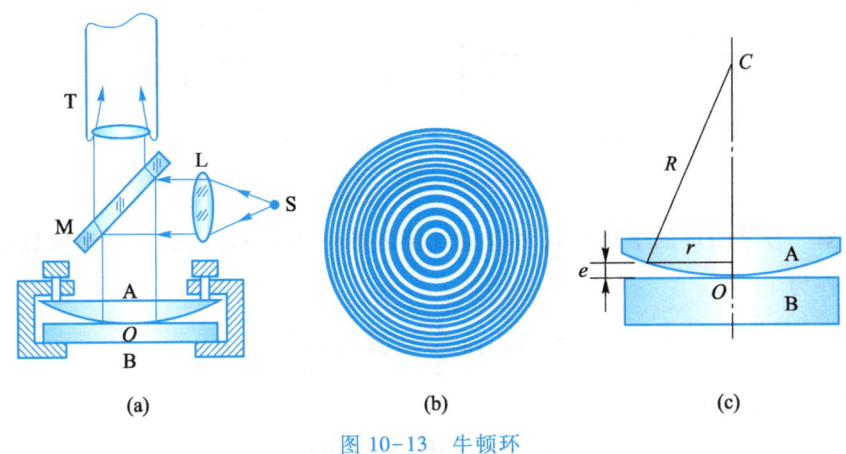

图 10-13 牛顿环

在空气膜厚度为 $e$ 处,上、下两表面反射光的相干条件为

$$\delta = 2e + \frac{\lambda}{2} = \begin{cases} k\lambda, & k=1,2,3,\cdots \text{（明纹）} \\ (2k+1)\frac{\lambda}{2}, & k=0,1,2,\cdots\text{（暗纹）} \end{cases} \quad (10\text{-}17)$$

入射光波长 $\lambda$ 一定时,条纹级次 $k$ 正比于空气膜厚度 $e$,故为**等厚干涉**。干涉条纹的形状是一组以接触点为中心的同心圆,如图 10-13(b)所示。在透镜与平玻璃接触处,$e=0$,光程差 $\delta=\lambda/2$,故接触处为零级暗斑。

**干涉圆环半径 $r$ 与透镜半径 $R$ 以及照射光波长 $\lambda$ 的关系** 由图 10-13(c)的几何关系可得

$$r^2 = R^2 - (R-e)^2 = 2eR - e^2$$

因为 $R \gg e$,忽略 $e^2$,再由式(10-17),有

$$r = \sqrt{2eR} = \sqrt{\left(\delta - \frac{\lambda}{2}\right)R}$$

利用明、暗环条件,以 $r_k$ 取代 $r$,可得各级干涉明、暗环的半径分别为

明环半径 $\qquad r_k = \sqrt{(k-1/2)R\lambda}, \quad k=1,2,\cdots \qquad (10\text{-}18)$

暗环半径 $\qquad r_k = \sqrt{kR\lambda}, \quad k=0,1,2,\cdots \qquad (10\text{-}19)$

式(10-18)及式(10-19)表明,$k$ 值越大,环的半径越大,但相邻明环(或暗环)的半径之差越小,即随着牛顿环半径的增大,条纹会变得越来越密集。

**例 10-7** 牛顿环装置的平凸透镜与平板玻璃之间有一小的空气隙 $e_0$,如图 10-14(a)所示。现用波长为 $\lambda$ 的单色光垂直照射,已知平凸透镜的曲率半径为 $R$,求反射光形成的牛顿环的各暗环半径。

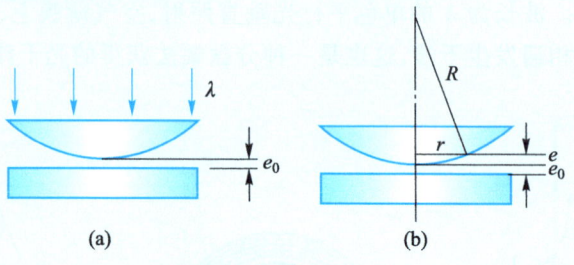

图 10-14 例 10-7 图

**解** 设某暗环的半径为 $r$,对应空气层的厚度为 $e+e_0$,反射光干涉形成暗环的条件为

$$2(e+e_0)+\frac{\lambda}{2}=(2k+1)\frac{\lambda}{2}$$

由图 10-14(b)可知

$$r^2=R^2-(R-e)^2\approx 2Re$$

即

$$e=\frac{r^2}{2R}$$

代入第一式,并以 $r_k$ 取代 $r$,解得

$$r_k=\sqrt{R(k\lambda-2e_0)},\quad k\text{ 为整数且 } k>\frac{2e_0}{\lambda}$$

若透镜与平玻璃之间的气隙 $e_0$ 可以调节,则由上式不难看出,平行向上移动透镜,$e_0$ 增大,第 $k$ 级暗环半径 $r_k$ 减小,即牛顿环向中心收缩;反之,当透镜移近平玻璃时,牛顿环就离开中心向外扩张。

# *10.5 迈克耳孙干涉仪

文档:迈克耳孙简介

迈克耳孙干涉仪是根据分振幅干涉原理制成的,是近代精密测量仪器之一,在科学技术中有着广泛而重要的应用。图 10-15(a)和(b)分别为迈克耳孙干涉仪的外形图和原理图。

$M_1$ 和 $M_2$ 是两块精密磨光的平面镜,其中 $M_1$ 固定,$M_2$ 用螺栓控制可前后移动。$G_1$ 和 $G_2$ 是两块材料相同、厚度相等的平行玻璃片。在 $G_1$ 的右边表面上涂有半透明的薄银层,使照射在 $G_1$ 上的光一半反射,一半透射,因此 $G_1$ 也叫分光板。$G_1$ 和 $G_2$ 严格平行并与 $M_1$ 和 $M_2$ 成 45°角。从光源 S 发出的光经透镜后射向 $G_1$,分

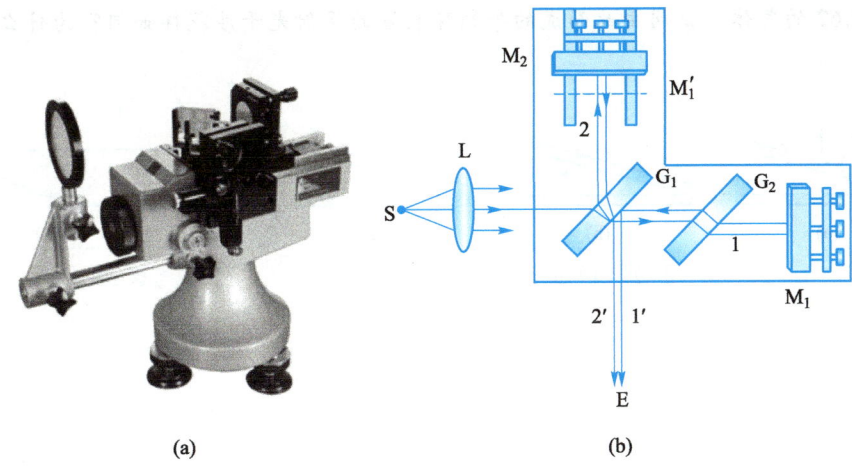

图 10-15  迈克耳孙干涉仪

成两束。反射光 2 经 $M_2$ 反射后穿过 $G_1$ 成为光线 $2'$，透射光 1 经 $M_1$ 反射后，在 $G_1$ 处反射成为光线 $1'$，光线 $1'$ 和 $2'$ 构成相干光，在 E 处可看到它们干涉的结果。$G_2$ 的作用是使光线 $1'$ 与光线 $2'$ 都三次穿过厚度相同的平玻璃，从而避免光线 $2'$ 和 $1'$ 之间存在较大的光程差，所以 $G_2$ 也叫补偿板。

分光板 $G_1$ 后表面的半反射膜，在 E 处看来，使 $M_1$ 在 $M_2$ 附近形成虚像 $M_1'$，光束 $1'$ 就像从 $M_1'$ 反射的一样。因此干涉图样就如同由 $M_1'$ 和 $M_2$ 之间的空气膜产生的一样。当 $M_1$ 和 $M_2$ 严格垂直时，$M_1'$ 和 $M_2$ 之间形成平行平面空气膜，这时在 E 处可以观察到等倾干涉圆条纹；当 $M_1$ 和 $M_2$ 不严格垂直时，$M_1'$ 和 $M_2$ 之间形成空气劈尖，这时在 E 处可以观察到等厚干涉直条纹。

相干光的光程差主要是由图中两臂长 $d_1$、$d_2$ 决定，当 $M_2$ 平行移动时，光程差随之改变，在 E 处可观察到干涉条纹移动，数出视场中干涉条纹移过的数目 $N$，就可以计算出 $M_2$ 移动的距离

$$d = N\frac{\lambda}{2} \qquad (10-20)$$

根据上述原理，可用迈克耳孙干涉仪精密测量长度或测定照射光的波长。1881 年迈克耳孙用他的干涉仪做了著名的迈克耳孙-莫雷实验，它的否定结果成为爱因斯坦创立狭义相对论的实验基础之一。

◇ 思考题

**10-4**  如图(a)，若劈尖的上表面向上平移，干涉条纹会怎样变化？如图(b)，若劈尖的上表面向右平移，干涉条纹又会怎样变化？如图(c)，若劈尖的角度增大，干涉条纹又将发生怎样的变化？

**10-5**  在图示的装置中，平板玻璃由两部分组成（冕牌玻璃 $n_1 = 1.50$ 和火石玻璃 $n_3 = 1.75$），透镜是用冕牌玻璃制成的，透镜与玻璃板之间的空间充满折射率为

$n_2=1.62$ 的气体。试问由此而成的牛顿环装置的反射光干涉花样如何？为什么？

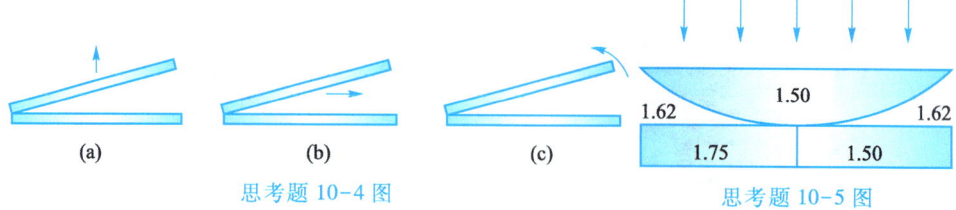

思考题 10-4 图　　　　　　　　　思考题 10-5 图

## 习题 10

**选择题**

**10-1** 在双缝干涉实验中，屏上 $P$ 点处是明条纹，若将缝 $S_2$ 盖住，并在 $S_1$、$S_2$ 连线的垂直平分面处放一反射镜 M，如图所示，则此时（　　）。

(A) $P$ 点处为暗条纹
(B) $P$ 点处仍为明条纹
(C) $P$ 点处是明是暗不能确定
(D) $P$ 点处无干涉条纹

习题 10-1 图

**10-2** 在双缝干涉实验中，用一折射率为 $n$ 的透明薄片覆盖其中一条狭缝，这时屏上原第 5 级明条纹恰好移到屏幕中央原零级明纹位置处，如果入射光波长为 $\lambda$，则透明薄片的厚度为（　　）。

(A) $5\lambda$ 　　(B) $\dfrac{5\lambda}{n-1}$ 　　(C) $\dfrac{5\lambda}{n}$ 　　(D) $\dfrac{n-1}{5}\lambda$

**10-3** 单色光垂直照射在薄膜上，经薄膜上、下两表面反射的两束光在薄膜上表面相遇发生干涉，如图所示。若薄膜厚度为 $e$，且 $n_1 < n_2 > n_3$，$\lambda_1$ 为入射光在 $n_1$ 中的波长，则两束反射光的光程差为（　　）。

(A) $2n_2 e$ 　　(B) $2n_2 e - \dfrac{\lambda}{2n_1}$

(C) $2n_2 e - \dfrac{1}{2}n_2\lambda_1$ 　　(D) $2n_2 e - \dfrac{1}{2}n_1\lambda_1$

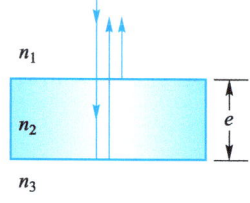

习题 10-3 图

**10-4** 两块平玻璃构成空气劈尖，左边为棱边，用单色平行光垂直入射，若上面的平玻璃慢慢地向上平移，则干涉条纹（　　）。

(A) 向棱边方向平移，条纹间距不变
(B) 向棱边方向平移，条纹间距变小
(C) 向棱边方向平移，条纹间距变大

(D) 向远离棱边方向平移,条纹间距不变

**10-5** 用劈尖干涉法可检测工件表面的缺陷,当波长为 $\lambda$ 的单色光垂直入射时,若观察到的干涉条纹如图所示,每一条纹弯曲部分的顶点恰好与其左边条纹的直线部分的连线相切,则工件表面与条纹弯曲处对应的部分( )。

(A) 凸起,且高度为 $\lambda/2$  (B) 凸起,且高度为 $\lambda/4$
(C) 凹陷,且深度为 $\lambda/2$  (D) 凹陷,且深度为 $\lambda/4$

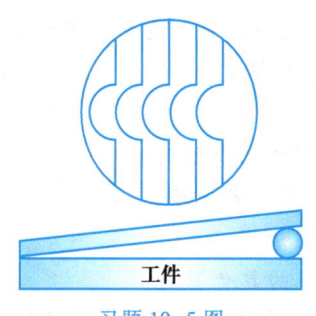
习题 10-5 图

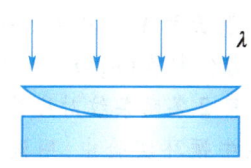
习题 10-6 图

**10-6** 如图所示,用单色光垂直照射在牛顿环装置上,当平凸透镜垂直向上缓慢平移而远离平面玻璃时,可以观察到环状干涉条纹( )。

(A) 向中心收缩  (B) 向外扩张
(C) 向右平移    (D) 静止不动

**10-7** 若把牛顿环装置(都是用折射率为 1.52 的玻璃制成的)由空气搬入折射率为 1.33 的水中,则干涉条纹( )。

(A) 中心暗斑变成亮斑  (B) 变密
(C) 变疏              (D) 间距不变

**10-8** 在迈克耳孙干涉仪的一条光路中,放入一折射率为 $n$、厚度为 $d$ 的透明薄片,放入后,这条光路的光程改变了( )。

(A) $nd$   (B) $2nd$   (C) $2(n-1)d$   (D) $(n-1)d$

### 填空题

**10-9** 如图所示,两相干点光源 $S_1$ 和 $S_2$,发出波长为 $\lambda$ 的单色光,$P$ 是它们连线中垂线上的一点。若在 $S_1$ 与 $P$ 之间插入厚度为 $e$、折射率为 $n$ 的透明薄片,则两光源发出的光在 $P$ 点的相位差 $\Delta\varphi = $ _____,若已知 $\lambda = 500 \text{ nm}, n = 1.5, P$ 点恰好为第五级明纹中心,则 $e = $ _____ nm。

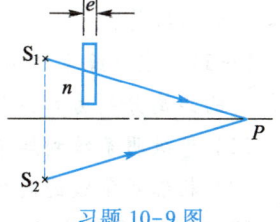
习题 10-9 图

**10-10** 如图所示,两缝 $S_1$ 和 $S_2$ 之间的距离为 $d$,平行单色光斜入射到双缝上,入射角为 $\theta$,则屏上 $P$ 点,两相干光的光程差为 _____。

**10-11** 波长为 $\lambda$ 的平行单色光垂直照射到如图所示的厚度为 $e$ 折射率为 $n$ 的透明薄膜上,透明薄膜放在折射率为 $n_1$ 的介质中,$n_1 < n$,则薄膜上、下两表面反射的两束光在薄膜上表面相遇的相位差为 $\Delta\varphi = $ _____。

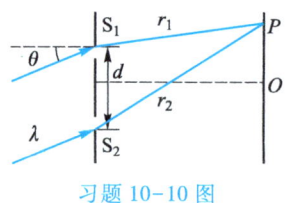

习题 10-10 图

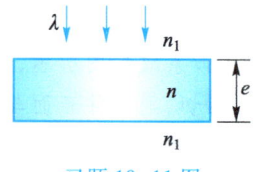

习题 10-11 图

**10-12** 空气中一透明薄膜,折射率为 $n$,波长为 $\lambda$ 的平行单色光垂直照射到薄膜上,要使反射光得到干涉加强,薄膜的最小厚度为_____;要使透射光得到干涉加强,薄膜的最小厚度为_____。

**10-13** 用波长为 $\lambda$ 的单色光垂直照射如图所示的折射率为 $n_2$ 的劈尖薄膜($n_1>n_2<n_3$),观察反射光干涉,从劈尖顶开始,第 2 条明条纹对应的膜厚度 $e=$_____。

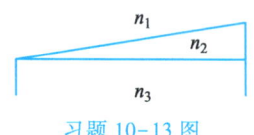

习题 10-13 图

**10-14** 在牛顿环实验中,用波长为 $\lambda$ 的单色平行光垂直照射,若平凸透镜沿竖直方向有平移,在位移过程中发现某级明纹处由最亮渐渐变成最暗,则位移距离为_____;若在位移过程中发现某级明纹处有 $N$ 条明纹移过,则位移的距离为_____。

### 计算题

**10-15** 在双缝干涉实验中,双缝到屏的距离为 $D=2.00$ m,用波长为 $\lambda=546.1$ nm 的平行光垂直入射到双缝上,测得中央明条纹两侧的第五级明条纹间的距离为 $\Delta x=12.0$ mm。求:

(1) 两缝间的距离 $d$;

(2) 从任一明条纹(记作 0)向一边数到第 20 条明条纹,共经过多大距离?

(3) 如果使光波斜入射到双缝上,条纹间距是否改变?

**10-16** 在双缝干涉实验中,双缝间距为 $d=2.00\times10^{-4}$ m,双缝到屏的距离为 $D=2.00$ m,用波长为 $\lambda=550.0$ nm 的单色平行光垂直入射到双缝上,求:

(1) 中央明条纹两侧的第 10 级明条纹中心的距离;

(2) 用一厚度为 $e=6.60\times10^{-6}$ m,折射率为 $n=1.58$ 的玻璃片覆盖一缝后,零级明条纹将移到原来的第几级明纹处?

**\*10-17** 在双缝干涉实验中,单色光源 S 到两缝 $S_1$ 和 $S_2$ 的距离分别为 $l_1$ 和 $l_2$,且 $l_1-l_2=3\lambda$。求:

(1) 零级明条纹到屏中央 $O$ 点的距离;

(2) 相邻明条纹的间距。

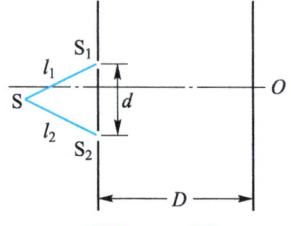

习题 10-17 图

**10-18** 一平面单色光波垂直照射在厚度均匀的薄油膜上,油膜覆盖在玻璃板上,油的折射率为 1.30,玻璃的折射率为 1.50,若照射单色光的波长可由光源连续可调,观察到 $\lambda_1=500$ nm 与 $\lambda_2=700$ nm 这两个波长的单色光在反射中消失,试求油膜层的厚度。

**10-19** 为了测量半导体表面 $SiO_2$ 薄膜的厚度,将它的一部分磨成劈形(图中的 $AB$ 段)。现用波长为 600.0 nm 的单色平行光垂直照射,观察反射光形成的等厚干涉条纹。在图中 $AB$ 段共有 8 条暗纹,且 $B$ 处恰好是一条暗纹。求薄膜的厚度。(半导体 Si 的折射率为 3.42,$SiO_2$ 薄膜的折射率为 1.50。)

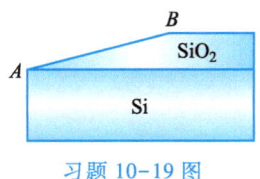

习题 10-19 图

**10-20** 用波长 $\lambda = 500$ nm 的单色光做牛顿环实验,测得第 $k$ 个暗环半径 $r_k = 4$ mm,第 $k+10$ 个暗环半径 $r_{k+10} = 6$ mm,求平凸透镜的曲率半径 $R$。

**10-21** 用波长为 $\lambda$ 的单色平行光垂直照射图中所示的装置,观察空气薄膜上下表面反射的光形成的等厚干涉条纹,若空气薄膜的最大厚度为 $7\lambda/4$,试在装置图下方的虚框内画出相应的干涉条纹(只画暗条纹),表示出它们的形状、条数和疏密。

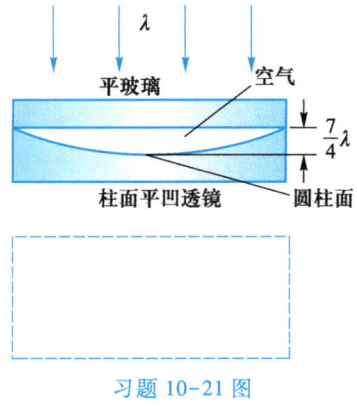

习题 10-21 图

第 10 章习题参考答案

# 第11章
## 光的衍射和偏振

## 11.1 单缝夫琅禾费衍射

实验表明,光在传播过程中遇到障碍物时,能绕过障碍物的边缘继续前进,这种偏离直线传播的现象称为光的衍射现象。和干涉一样,衍射也是波动的一个重要特征,它为光的波动说提供了有力的证据。自激光问世后,人们利用其衍射现象开辟了许多新的领域。

### 11.1.1 光的衍射现象　惠更斯-菲涅耳原理

**光的衍射现象**　让单色平行光垂直照射在一宽度可调的狭缝上,当缝较宽时,光直线传播,见图 11-1(a);逐渐减小缝宽,当缝宽与光波长可比拟时,光就偏离直线传播,并在屏上出现明暗相间的条纹,见图 11-1(b)。这种当缝(孔或障碍物)的线度与光波波长相近时,产生的光偏离直线传播,且光强在空间分布不均匀的现象称为**光的衍射现象**。

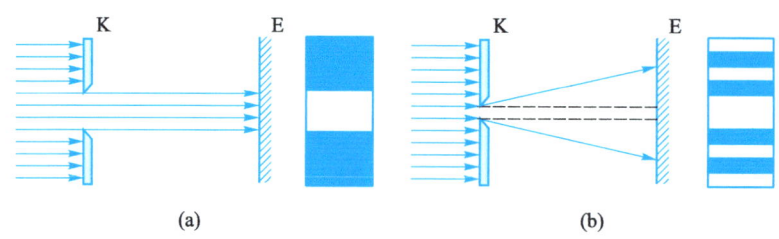

图 11-1　光的衍射现象

📄 文档:惠更斯简介

📄 文档:菲涅耳简介

**惠更斯-菲涅耳原理**　惠更斯原理:**波阵面上每一点都可看作发射子波的新波源,其后任一时刻,这些子波的包迹就构成新的波阵面**。惠更斯原理可以解释光通过衍射缝时为什么会改变传播方向,但它不能解释为何会出现衍射条纹,更不能计算条纹的位置和光强的分布。菲涅耳用"子波相干叠加"的思想充实了惠更斯原理,他指出:**从同一波阵面上各点发出的子波在空间传播相遇时会产生相干叠加,空间任意一点波的强度就是这些子波相干叠加的结果**。这个发展了的惠更斯原理称为**惠更斯-菲涅耳原理**。

根据惠更斯-菲涅耳原理,如果已知某时刻的光波波阵面 $S$,如图 11-2 所示。则空间任意 $P$ 点的光振动应是波阵面 $S$ 上各面元 $\mathrm{d}S$ 发出的子波在该点叠加后的结果。菲涅耳指出:若 $t=0$ 时刻波阵面 $S$ 上各点的初相位为零,则面元 $\mathrm{d}S$ 在 $P$ 点引起的光振动可表示为

$$\mathrm{d}E = CK(\theta)\frac{\mathrm{d}S}{r}\cos\left(\omega t - \frac{2\pi r}{\lambda}\right)$$

式中,$C$ 为比例系数,$K(\theta)$ 为倾斜因子。$P$ 点的合

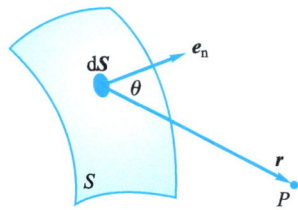

图 11-2　惠更斯-菲涅耳原理

振动为波阵面 $S$ 上所有面元 $dS$ 发出的子波在该点引起的振动的叠加,即

$$E(P) = \int_S \frac{CK(\theta)}{r} \cos\left(\omega t - \frac{2\pi r}{\lambda}\right) dS \qquad (11-1)$$

这就是惠更斯-菲涅耳原理的数学表达式。可见,衍射问题实际上是波面 $S$ 发出的无数子波在 $P$ 点的相干叠加问题,其相应的数学处理是类似式(11-1)的积分运算。由于一般情况下,此积分不易计算,下面讨论单缝夫琅禾费衍射时,将采用菲涅耳半波带法作近似处理。

**两种衍射** 观察光的衍射现象的实验装置一般由光源、衍射屏和接收屏三部分组成。按它们相互间距离的不同,通常将衍射分为两类:一类是衍射屏离光源或接收屏的距离为有限远的衍射,称为**菲涅耳衍射**,如图 11-3(a)所示;另一类是衍射屏与光源和接收屏的距离都是无限远的衍射,即入射到衍射屏上的光(称入射光)和离开衍射屏的光(称衍射光)都是平行光的衍射,称为**夫琅禾费衍射**,如图 11-3(b)所示。这里着重讨论单缝和光栅的夫琅禾费衍射。

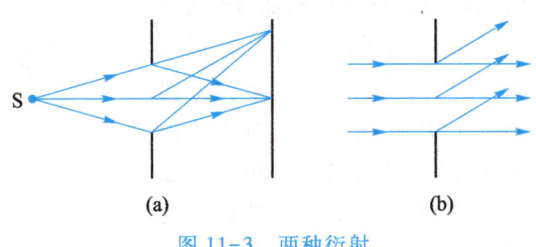

图 11-3 两种衍射

### 11.1.2 单缝夫琅禾费衍射

图 11-4(a)为单缝夫琅禾费衍射实验装置图,衍射屏 K 上开有一条细长的狭缝,单色光源 S 发出的光经透镜 $L_1$ 成为平行光,通过单缝后产生衍射,衍射平行光经透镜 $L_2$ 会聚在焦平面处的屏幕 E 上,呈现一些平行狭缝的衍射条纹。下面用菲涅耳半波带法来分析单缝衍射明暗条纹的形成及特点。

文档:夫琅禾费简介

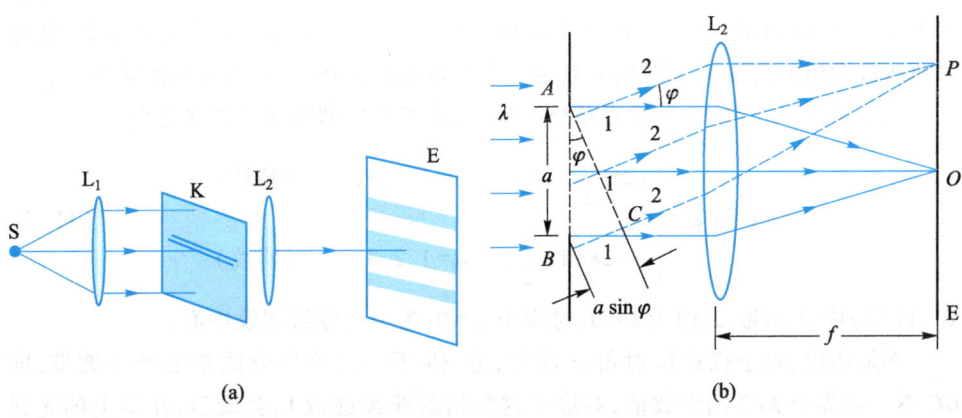

图 11-4 单缝夫琅禾费衍射

设单缝宽度为 $a$，入射单色光波长为 $\lambda$，单缝 $AB$ 也就是入射平行光波阵面的一部分，其上每一点都发出初相位相同的子波，即衍射光线。方向相同的一组衍射线经透镜 $L_2$ 会聚于屏幕上同一点，不同方向的衍射线分别会聚在屏幕上不同位置，如图 11-4(b) 所示。若用 $\varphi$ 表示衍射线与单缝平面法线的夹角称为**衍射角**，衍射角 $\varphi = 0$ 的一组衍射线经透镜 $L_2$ 会聚于焦点(屏幕中心) $O$ 处，$O$ 点应为中央明条纹中心。衍射角 $\varphi$ 为其他任意值的平行衍射线经透镜 $L_2$ 会聚于屏幕上的 $P$ 点，下面用半波带法来分析 $P$ 点的明暗。

**半波带** 菲涅耳指出：对于衍射角 $\varphi$ 为某些特定值的衍射线，单缝 $AB$ 处波阵面可分割成一些面积相等的半波带。屏上 $P$ 点条纹的明暗由单缝处波阵面分出的半波带数目决定。图 11-5 画出了一组以任意 $\varphi$ 角衍射的平行衍射线，过 $A$ 点作垂直这些衍射线的平面 $AC$，则从 $AC$ 面后到屏上 $P$ 点各子波射线是等光程的，即从 $AB$ 发出的各子波到 $P$ 点的光程差，对应于从面 $AB$ 到面 $AC$ 的光程差。$A$、$B$ 两点发出的子波到屏上 $P$ 点的光程差为 $BC = a\sin\varphi$，此光程差也就是沿 $\varphi$ 角方向衍射的各子波射线到屏上 $P$ 点的最大光程差。根据此最大光程差为半波长的几倍，确定将单缝处波阵面分成几个半波带，或者说，$P$ 点条纹的明暗就决

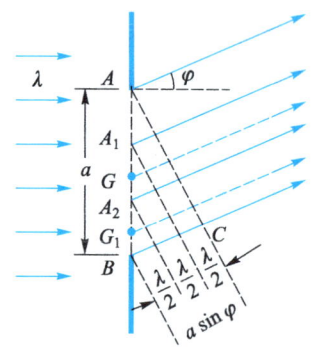

图 11-5 菲涅耳半波带

定此最大光程差 $BC$ 的量值。这样分出的波带称为**半波带**。显然，衍射角 $\varphi$ 不同，单缝处波阵面分出的半波带数目不同，且仅当衍射角 $\varphi$ 为某些特定值，才正好将单缝 $AB$ 处波阵面分成整数个半波带。

**单缝衍射明暗条纹条件** 波带法把单缝 $AB$ 处的波阵面分成一些面积相等的波带。如图 11-5 所示，一组与 $AC$ 面平行间距为 $\lambda/2$ 的平面将单缝处波面分成了 3 个半波带($AA_1$、$A_1A_2$、$A_2B$)。由于相邻两波带对应点(图中的 $G$ 点和 $G_1$ 点)发出的子波到 $P$ 点的光程差为 $\lambda/2$，它们在 $P$ 点将干涉相消。显然，如果对应于某衍射角 $\varphi$，缝 $AB$ 恰好分成偶数个半波带，即 $BC$ 为半波长的偶数倍，则 $P$ 点处因成对相消将出现暗条纹；如果缝 $AB$ 恰好分成奇数个半波带，即 $BC$ 为半波长的奇数倍，则相邻两波带发出的衍射光干涉相消后余一个半波带的作用，$P$ 点处就形成明条纹。

综上所述，平行单色光垂直单缝入射时，单缝衍射明暗条纹的条件为

$$a\sin\varphi = \begin{cases} \pm 2k\dfrac{\lambda}{2} = \pm k\lambda, & k = 1,2,3,\cdots \quad (\text{暗纹}) \\ \pm(2k+1)\dfrac{\lambda}{2}, & k = 1,2,3,\cdots \quad (\text{明纹}) \end{cases} \quad (11\text{-}2)$$

式(11-2)中，$k$ 不取 0，因为 $k = 0$，对应于 $\varphi = 0$，为中央零级明纹中心。

必须指出，对于任意衍射角 $\varphi$ 而言，缝 $AB$ 不一定恰好分成整数个半波带，即 $BC$ 不一定等于 $\lambda/2$ 的整数倍，对应于这些衍射线经透镜 $L_2$ 会聚后，在屏上的光强将介于最明与最暗之间。因而在单缝衍射条纹中，强度的分布不是均匀的。中央

明纹最亮，其余各级明纹中，级次 $k$ 由低到高，光强迅速下降。这是因为衍射角 $\varphi$ 越大，单缝处波阵面被分成的半波带数越多，而未被抵消的半波带面积越小的缘故。

**单缝衍射明暗条纹的位置　明条纹宽度**　因单缝衍射明条纹的亮度随衍射角增大迅速下降，故实际中只有低级次条纹才能看得见。下面讨论衍射角 $\varphi$ 不大时，条纹的位置。

取屏幕中心为坐标原点 $O$，$x$ 轴正向向上，以 $\varphi$ 表示透镜光心到 $P$ 点的张角（近似等于衍射角，因实际中透镜紧贴单缝后面），由图 11-6 有

$$a\sin\varphi \approx a\tan\varphi = a\frac{x}{f}$$

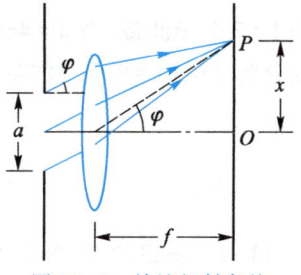

图 11-6　单缝衍射条纹位置的确定

利用式(11-2)中的明纹条件，并以 $x_k$ 取代上式中的 $x$，可以得到屏上各级明条纹中心的位置坐标

$$x_k = \pm(2k+1)\frac{f\lambda}{2a}, \quad k=1,2,\cdots \quad (11\text{-}3)$$

同理，利用式(11-2)中的暗纹条件，可以得到屏上各级暗条纹中心的位置坐标

$$x_k = \pm k\frac{f\lambda}{a}, \quad k=1,2,\cdots \quad (11\text{-}4)$$

令式(11-4)中的 $k=1$，得 1 级暗纹的位置

$$x_1 = \frac{f\lambda}{a}$$

±1 级暗纹中心之间的距离即为**中央明条纹的宽度**（线宽度）

$$\Delta x_0 = 2x_1 = 2\frac{f\lambda}{a} \quad (11\text{-}5)$$

中央明条纹也可用角宽度来表示

$$\Delta\varphi_0 = 2\varphi_1 = 2\frac{\lambda}{a} \quad (11\text{-}6)$$

式中 $\varphi_1$ 为第 1 级暗纹对应的衍射角。任意其他明条纹的宽度（任意两相邻暗纹之间的距离）

$$\Delta x = x_{k+1} - x_k = \frac{f\lambda}{a} \quad (11\text{-}7)$$

可见，其他各级明条纹的宽度相等，都等于中央明纹宽度的一半。

**例 11-1**　单色平行光垂直照射宽度为 $a=0.6$ mm 的单缝，缝后放一焦距 $f=40$ cm 的凸透镜，屏上距离中心 $O$ 点为 $x=1.4$ mm 的 $P$ 点处恰为一明纹中心，试求：(1) 照射光的波长；(2) $P$ 点条纹的级次；(3) 从 $P$ 点看来，对该入射光，单缝处波阵面被划分多少个半波带。

**解**　由单缝衍射明条纹的位置坐标式(11-3)，有

$$\lambda = \frac{2ax_k}{f(2k+1)}$$

把 $a$、$f$、$x_k$ 的值代入得 $\lambda = \dfrac{2ax_k}{f(2k+1)} = \dfrac{4.2 \times 10^3}{2k+1}$ nm

(1)、(2) 当 $k=3$ 时，$\lambda = 600$ nm；$k=4$ 时，$\lambda = 466.7$ nm 在可见光范围。

(3) 当 $\lambda = 600$ nm 时，$P$ 点条纹为第 3 级明纹；相应单缝处波阵面划分为 $2 \times 3 + 1 = 7$ 个半波带；当 $\lambda = 466.7$ nm 时，$P$ 点条纹为第 4 级明纹；相应单缝处波阵面划分为 $2 \times 4 + 1 = 9$ 个半波带。

◇ 思考题

**11-1** 如图所示，用波长为 $\lambda$ 的单色光垂直照射狭缝 $AB$。

(1) 若 $|AP| - |BP| = 2\lambda$，问对 $P$ 点来说，狭缝 $|AB|$ 处波阵面可分成几个半波带，$P$ 点是明还是暗？

(2) 若 $|AP| - |BP| = 1.5\lambda$，则 $P$ 又是怎样？对另一点 $Q$ 来说，若 $|AQ| - |BQ| = 2.5\lambda$，则 $Q$ 点又怎样？$P$ 点和 $Q$ 点相比，哪一点更亮一些？为什么？

**11-2** 如图所示，缝宽 $a$ 处的波阵面恰好分成四个半波带，光线 1 与 3 是同相位的，光线 2 与 4 也是同相位的，为什么在 $P$ 点的光强不是极大而是极小？

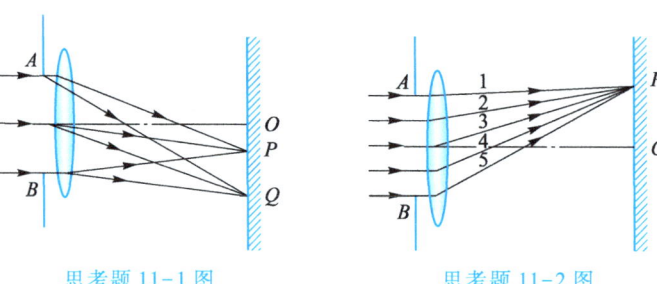

思考题 11-1 图　　　　思考题 11-2 图

## 11.2 光栅衍射

由单缝衍射条纹间距（宽度）公式 $\Delta x = \dfrac{f\lambda}{a}$ 知，缝宽（$a$ 大），虽然条纹亮度增大，但条纹间距减小；相反，缝窄（$a$ 小），虽然条纹间距增大，但条纹亮度又下降。可见，单缝衍射无论是增大缝宽还是减小缝的宽度，其衍射条纹都不够清晰。所以，实际中测量光波波长往往不用单缝衍射，而采用下面将要介绍的光栅衍射。

### 11.2.1 衍射光栅及其条纹特征

**光栅及光栅常量**　由大量等宽、等间距的平行狭缝排列起来形成的光学元件叫作**光栅**。利用透射光衍射的光栅叫透射光栅,利用反射光衍射的光栅叫反射光栅。常用的透射光栅是在一玻璃片上刻画许多等宽等间距的平行刻痕,刻痕处因漫反射而不透光,两刻痕之间的光滑部分可以透光,相当于一条缝,缝的宽度为 $a$,两缝间不透光部分的宽度为 $b$,则 $d=a+b$ 称为**光栅常量**,它是光栅的一个重要参量。现代用的衍射光栅 1 cm 内的刻痕数(或缝数)可达 $10^3 \sim 10^4$ 条,所以一般光栅的光栅常量为 $10^{-6} \sim 10^{-5}$ m 的数量级。

**光栅衍射的条纹特征**　光栅有很多缝,从每一个单缝(相当于一个相干波源)发出的光将发生干涉,而每个单缝又要产生衍射。所以光栅衍射的条纹(包括亮度和间距等)是单缝衍射与多光束干涉共同作用的总效果。因为光栅缝很多,所以条纹亮,又因为光栅衍射形成暗纹的机会很多(详见下面的分析),暗区大,所以条纹细、亮且分得开。

### 11.2.2 光栅衍射条纹的形成

单色平行光垂直入射光栅上,在透镜 L 焦平面处的屏上,可看到光栅衍射的图样。图 11-7(a)为光栅衍射的光路图,图 11-7(b)为光栅衍射的条纹随衍射缝数增加而变化的情况。显然,光栅的缝数越多,明条纹越亮越窄。下面简要分析光栅衍射条纹的形成。

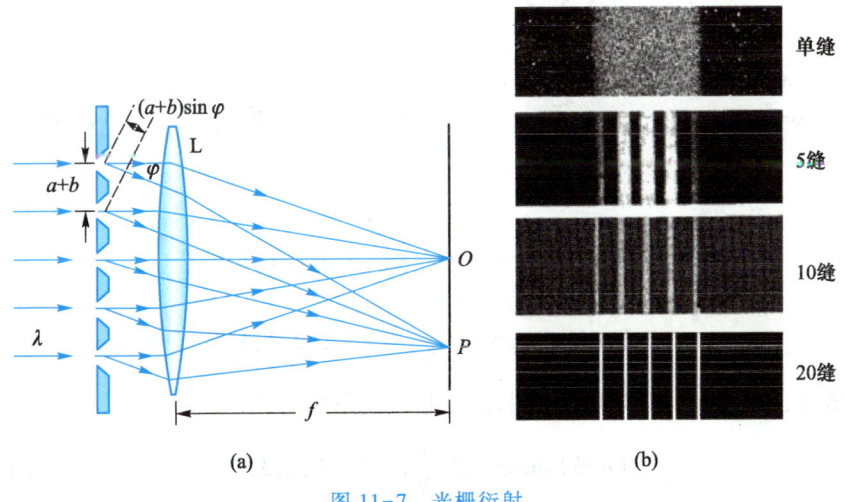

图 11-7　光栅衍射

**光栅方程**　首先讨论明条纹的形成。单色平行光垂直入射光栅上,每个缝都向各方向发出衍射线。一组以 $\varphi$ 角衍射的衍射线经透镜会聚于屏上的同一点,如图 11-7(a)中的 $P$ 点,$P$ 点将产生多光束干涉。从图上可以看出,任意相邻两缝射出衍射角为 $\varphi$ 的两衍射光到达 $P$ 点处的光程差均为 $(a+b)\sin\varphi$。如果此值恰好为

入射光波长 $\lambda$ 的整数倍,则这两衍射光在 $P$ 点将满足干涉加强的条件。这时,其他任意两缝沿该衍射角 $\varphi$ 方向射出的两衍射光,到达 $P$ 点的光程差也一定是 $\lambda$ 的整数倍,于是所有各缝沿该衍射角 $\varphi$ 方向射出的衍射光在屏上会聚时,均相互加强,形成明条纹。这时在 $P$ 点的合振幅应是来自一条缝的衍射光振幅的 $N$ 倍($N$ 为光栅缝的总数),合光强则是一条缝光强的 $N^2$ 倍。所以光栅的多光束干涉形成的明条纹的亮度要比一条缝发出的光的亮度大得多。光栅的缝数越多,明条纹就越明亮。综上所述,光栅衍射的明纹条件应是

$$(a+b)\sin\varphi = \pm k\lambda, \quad k = 0, 1, 2, \cdots \quad (11-8)$$

式(11-8)称为**光栅方程**,$k$ 为明条纹级次。这些明条纹细窄而明亮,通常称为**主极大条纹**。式(11-8)也称为光栅衍射主极大条件。

**光栅衍射暗纹条件** 在光栅衍射中,相邻两主极大之间还分布着一些暗纹,这些暗纹是由各缝衍射出的衍射光因干涉相消而形成的。即如果从各缝射出的光在屏上 $P$ 点叠加时合振幅等于0,就形成暗条纹。从振幅矢量角度理解就是,这时各分振动的振幅矢量应组成一闭合多边形,如图11-8所示。图中以6条缝的光栅为例,若相邻两缝光振动的相位差等于 $\dfrac{\pi}{3}$、$\dfrac{2\pi}{3}$、$\pi$、$\dfrac{4\pi}{3}$ 和 $\dfrac{5\pi}{3}$ 时,其叠加后的合振幅均为零。所以,相邻两缝光束之间的相位差满足

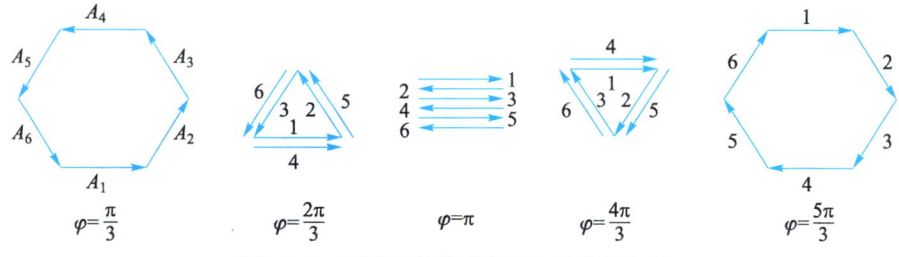

图11-8 不同相位差时多缝光振动的合成

$$2\pi \times \dfrac{(a+b)\sin\varphi}{\lambda} = \pm k'\dfrac{\pi}{3}, \quad k' = 1, 2, 3, 4, 5$$

或

$$(a+b)\sin\varphi = \pm k'\dfrac{\lambda}{6}, \quad k' = 1, 2, 3, 4, 5$$

出现暗纹,推广到有 $N$ 条缝的光栅,产生暗纹的条件为

$$(a+b)\sin\varphi = \pm k'\dfrac{\lambda}{N}, \quad k' = 1, 2, 3, \cdots \quad (11-9)$$

注意:式(11-9)中 $k' \neq 0, N, 2N, 3N, \cdots$,$k'$ 的取值为 $k' = 1, 2, \cdots, (N-1), (N+1), \cdots, (2N-1), (2N+1), \cdots$,亦即在相邻两主极大之间有 $N-1$ 个极小(暗纹),有 $N-2$ 个次极大。这些次极大几乎是观察不到的,所以在两主极大之间实际上是一片暗区。从式(11-9)可知,光栅缝数 $N$ 越大,暗条纹越多,暗区越宽,明条纹越细窄。

**条纹缺级** 前面讨论光栅方程时,只是从多光束干涉的角度说明了叠加光强

最大而形成主极大的必要条件,没有考虑每个单缝衍射对主极大的影响。设想光栅中只留下一条透光缝(其余全部遮住),这时屏上呈现的是单缝衍射的条纹图样。不论光栅上留下哪一条透光缝,屏上的单缝衍射条纹图样都一样,而且条纹位置也完全重合,这是因为同一衍射角 $\varphi$ 的平行光经透镜都会聚于同一点。因此,若某一束衍射光线的衍射角 $\varphi$ 满足光栅方程的同时,又满足单缝衍射的暗纹条件,即

$$(a+b)\sin \varphi = \pm k\lambda, \quad k = 0, 1, 2, \cdots$$

$$a\sin \varphi = \pm k'\lambda, \quad k' = 1, 2, \cdots$$

则 $k$ 级主极大将不出现,这种现象称之为**条纹缺级**。上两式相除可得缺级条件为

$$k = \frac{a+b}{a} k', \quad k' = 1, 2, \cdots \tag{11-10}$$

例如,当 $\frac{a+b}{a} = 3$ 时,将缺 $k = \pm 3, \pm 6, \pm 9, \cdots$ 级等主极大。这种现象也可解释为多缝出射光的干涉结果要受单缝衍射结果的调制,如图 11-9 所示。

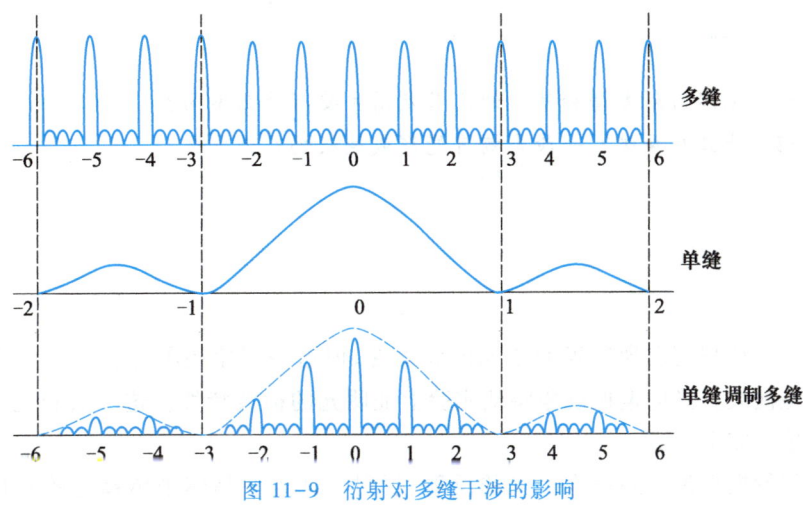

图 11-9 衍射对多缝干涉的影响

**光栅光谱** 根据光栅衍射条纹细、锐、明亮的特点,可利用光栅衍射准确地测定光的波长。此外,由光栅方程可知,对于特定的光栅,衍射角 $\varphi$ 只与入射光波长有关,因此,如果用复色光照射光栅,除中央明条纹外,其他各级明纹均按波长的顺序排列形成光谱,称为**光栅光谱**。衍射条纹级次越高,光谱分裂越开,不同波长的谱线越容易分辨。

各种元素或化合物都有它们自己特定的谱线,测定光谱中各谱线的波长和相对强度,可以确定该物质的化学成分及含量。这种方法叫作**光谱分析法**,在科学研究和工程技术上有着广泛的应用。

**例 11-2** 波长为 $\lambda_1 = 500$ nm 和 $\lambda_2 = 760$ nm 的两种单色光同时垂直入射到光栅常量 $a+b = 2.0 \times 10^{-3}$ cm 的光栅上,紧靠光栅后用焦距 $f = 2.0$ m 的透镜把光线聚焦在屏幕上。求两种单色光第 3 级主极大之间的距离。

**解** 由光栅衍射主极大条件

$$(a+b)\sin\varphi = \pm k\lambda$$

由于 $f \gg a+b$,有 $\sin\varphi \approx \tan\varphi = \dfrac{x}{f}$,代入上式,得

$$(a+b)\dfrac{x}{f} = \pm k\lambda, \quad k = 0,1,2,\cdots$$

即

$$x_k = k\dfrac{\lambda f}{a+b}, \quad k=3$$

所以

$$\Delta x = x_2 - x_1 = \dfrac{kf}{a+b}(\lambda_2 - \lambda_1)$$

$$= \dfrac{3\times 2.0}{2.0\times 10^{-5}} \times (760-500)\times 10^{-9}\,\mathrm{m} = 7.8\times 10^{-2}\,\mathrm{m}$$

◇ **思考题**

**11-3** 光栅衍射光谱和棱镜的色散光谱主要有什么不同?

**11-4** 什么叫缺级?一般光栅可能形成缺级吗?为什么?

## 11.3 光的偏振

光的干涉和衍射现象表明了光的波动性,但这些现象还不能告诉我们光波是纵波还是横波。光的偏振现象将从实验上证明光的横波特性。这一点和光的电磁理论的预言完全一致。

光的偏振现象普遍存在。光的反射、折射以及光在晶体中传播时的双折射现象都与光的偏振有关。利用光的偏振性质可以研究晶体的结构、模拟测定机械零件内部应力的分布情况。激光器就是一种偏振光源,此外如糖量计、偏振光立体电影、袖珍计算器及电子手表的液晶显示等都属于偏振光的应用。

### 11.3.1 自然光和偏振光

**横波的偏振性** 从光的电磁理论中知道,光波是电磁波,包括 $E$ 振动和 $H$ 振动,$E$ 和 $H$ 的振动方向都与传播方向垂直,因此光波是横波。引起视觉和感光作用的是 $E$ 矢量,把 $E$ 矢量称为**光矢量**,把 $E$ 的振动称为**光振动**。

我们先看一个机械波的实验。如图 11-10 所示,将绳子一端固定,用手拉着穿过缝隙的绳子的另一端上下抖动,于是就有横波沿绳传播。如果 $G_1$、$G_2$ 两者的缝隙方向垂直,那么通过 $G_1$ 的波传到 $G_2$ 处就被挡住了,在 $G_2$ 之后不再有波动。如果以波动的传播方向为轴转动 $G_2$,使两缝的方向一致,则通过 $G_1$ 的波可以无阻碍地通

过 $G_2$。显然,这种现象只能在横波的情况下才发生,而纵波的振动方向与传播方向一致,转动 $G_2$,无论缝的取向如何,对纵波的传播没有任何影响。

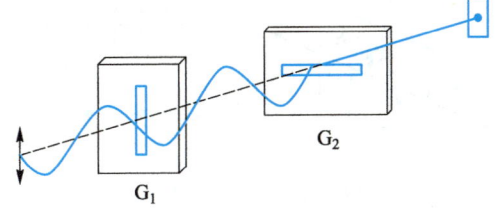

图 11-10 横波的偏振

对光波来说,当光的传播方向确定后,$E$ 矢量在与传播方向垂直的平面内的振动方向仍然是不确定的,这种 $E$ 振动方向的任意性,构成了对于光传播方向的不对称性,叫作**偏振**。偏振是横波区别于纵波的一个显著标志,因为纵波的振动方向对于传播方向来说,永远是对称的,只有横波才有偏振现象。按照光振动状态的不同,可以把光分为五种:自然光、线偏振光、部分偏振光、椭圆偏振光和圆偏振光。下面仅对前三种光分别予以说明。

**自然光** 普通光源发出的光是大量原子或分子发光的总和,不同原子或同一原子不同时刻发出的光的波列不仅初相互不相关,而且光振动的方向也是彼此互不相关而随机分布。从宏观上看,光源发出的光中包含各个方向的光振动,没有哪个方向的光振动比其他方向更占优势。在垂直于光传播方向的平面内,沿各个方向振动的光矢量都有,振幅相等,分布对称,具有这种特性的光称为**自然光**。如图 11-11(a)所示。自然光中各光矢量之间没有固定的相位关系,我们常把自然光中各个方向的光振动在两个互相垂直的方向分解,即把自然光表示成两个相互垂直,振幅相等的独立光矢量,如图 11-11(b)所示。这种分解不论在哪两个相互垂直的方向上进行,其结果都是相同的。显然,这两个光振动的能量相同,均为自然光能量的一半。但因自然光振动的随机性,这两个相互垂直的光矢量之间没有恒定的相位差,因而它们不能相干。图 11-11(c)是自然光的平面表示法。

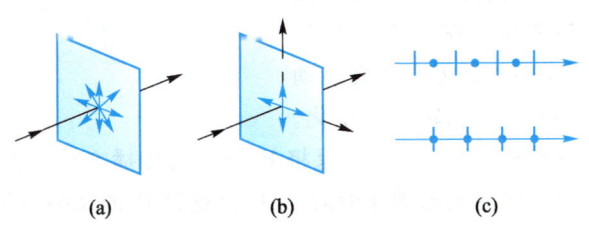

图 11-11 自然光及其图示法

**线偏振光** 如果在垂直于传播方向的平面内,光矢量 $E$ 只沿一个固定的方向振动,这种光就是**线偏振光**,简称偏振光。如图 11-12 所示。线偏振光的光矢量方向和光的传播方向构成的平面叫**振动面**(如图 11-12 方框所在的平面)。

**部分偏振光** 在垂直于光的传播方向的平面内,光振动在某一个方向较强,而在与此垂直的方向上较弱(但不为零),这种光称为**部分偏振光**。如图 11-13 所示。这是介于线偏振光和自然光之间的一种光,也可以看成是自然光和线偏振光的混合。部分偏振光各方向的光矢量之间也没有固定的相位关系。

图 11-12　线偏振光及其图示法　　　图 11-13　部分偏振光及其图示法

### 11.3.2　起偏和检偏　马吕斯定律

除了用激光光源可以获得偏振光外,一般光源(太阳光、日光灯等)发出的光都是自然光。在实验室中,可以通过许多途径来获得偏振光,最常用、最方便的方法是利用偏振片获得线偏振光。

**偏振片的起偏和检偏**　实验发现,某些晶体如电气石、碘化硫酸奎宁(一种有机化合物多晶)等只允许某一方向的光振动通过,而有选择地吸收与该方向垂直的光振动。晶体的这种性质称为**二向色性**。偏振片就是在透明基片上蒸镀一层具有二向色性的晶粒做成的。为方便使用,在偏振片上用符号"↕"标出该偏振片允许通过的光振动方向,称为偏振片的**偏振化方向**。

自然光通过偏振片后成为偏振光,这个过程叫作**起偏**,所用的偏振片叫作**起偏器**。若将偏振片绕光的传播方向转动时,透过偏振片的光强不变,为入射光强的一半。若自然光的光强为 $I_0$,则通过起偏后的光强为 $\dfrac{I_0}{2}$。

检验某光是否为线偏振光的过程叫**检偏**,所用的偏振片就叫作**检偏器**。如图 11-14 所示,两个平行放置的偏振片 $P_1$ 和 $P_2$,它们的偏振化方向如图中箭头所示。当自然光垂直入射 $P_1$ 时,透过的光成为线偏振光。由于自然光中光矢量对称均匀分布,所以将 $P_1$ 绕光的传播方向缓慢转动时,透过 $P_1$ 的光强不随 $P_1$ 的转动而变化。

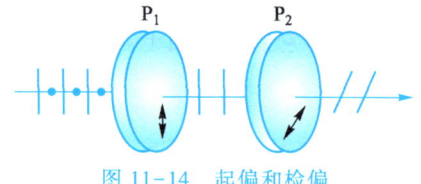

图 11-14　起偏和检偏

若在 $P_1$ 后面再放一偏振片 $P_2$,这时如果将 $P_2$ 绕光的传播方向缓慢转动,则因为只有平行于 $P_2$ 偏振化方向的光振动才能通过,所以透过 $P_2$ 的光强将随 $P_2$ 的转动而变化。当 $P_2$ 的偏振化方向转到平行于入射线偏振光的光矢量方向时,光强最强。当 $P_2$ 的偏振化方向转到垂直于入射线偏振光的光矢量方向时,光强最弱,称为消光。将 $P_2$ 旋转一周时,透过 $P_2$ 的光强出现两次最强,两次消光,这种情况只有在入射到 $P_2$ 上的光是线偏振光时才会发生,因而这也就成为识别线偏振光的依据。

当部分偏振光垂直入射偏振片时,旋转偏振片,透射光的光强也要发生变化,但不存在光强为零的情况。可见用一个偏振片就可以区分自然光、部分偏振光和线偏振光。

**马吕斯定律**　马吕斯在研究线偏振光通过偏振片后的透射光强时发现,如果入射线偏振光的光强为 $I_1$,则透射光的光强为

文档:马吕斯简介

$$I_2 = I_1 \cos^2 \alpha \qquad (11-11)$$

式中，$\alpha$ 是偏振片的偏振化方向与入射线偏振光的光矢量振动方向之间的夹角。式(11-11)称为**马吕斯定律**。证明如下：

如图 11-15 所示，设 $A_1$ 为入射线偏振光的振幅，$P_2$ 是偏振片的偏振化方向，入射光矢量的振动方向与 $P_2$ 方向间的夹角为 $\alpha$，将光振动分解为平行于 $P_2$ 和垂直于 $P_2$ 的两个分振动，它们的振幅分别为 $A_1 \cos \alpha$ 和 $A_1 \sin \alpha$。因为只有平行分量可以透过 $P_2$，所以透射光的振幅为 $A_2 = A_1 \cos \alpha$，因光强正比于振幅的平方，因此有

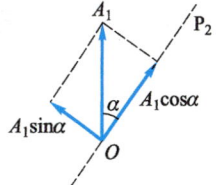

图 11-15　马吕斯定律

$$\frac{I_2}{I_1} = \frac{A_2^2}{A_1^2} = \frac{A_1^2 \cos^2 \alpha}{A_1^2} = \cos^2 \alpha$$

所以式(11-11)成立。由此式可以看出，当 $\alpha = 0°$ 或 $180°$ 时，$I_2 = I_1$，光强最强；当 $\alpha = 90°$ 或 $270°$ 时，$I_2 = 0$，这时，没有光透射出来。当 $\alpha$ 为其他值时，透射光强介于 0 和 $I_1$ 之间。

**例 11-3**　如图 11-16 所示，光强为 $I_0$ 的自然光相继通过三个偏振片 $P_1$、$P_2$ 和 $P_3$ 后的光强为 $I_0/8$，已知 $P_1$ 和 $P_3$ 的偏振化方向相互垂直，问：$P_1$ 和 $P_2$ 偏振化方向之间的夹角 $\alpha$ 为多少？

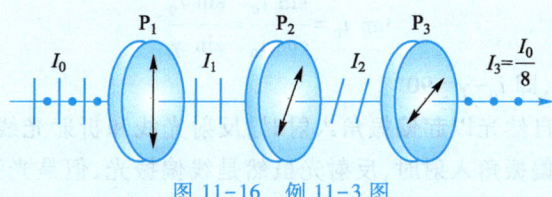

图 11-16　例 11-3 图

**解**　自然光通过 $P_1$ 后的光强为

$$I_1 = \frac{I_0}{2}$$

设 $P_1$、$P_2$ 间夹角为 $\alpha$，由马吕斯定律，通过 $P_2$ 后仍为线偏振光，光强为

$$I_2 = I_1 \cos^2 \alpha$$

再通过 $P_3$，光强为

$$I_3 = I_2 \cos^2 \left( \frac{\pi}{2} - \alpha \right) = I_2 \sin^2 \alpha = \frac{I_0}{2} \cos^2 \alpha \sin^2 \alpha = \frac{I_0}{8}$$

解得

$$\alpha = 45°$$

### 11.3.3　反射和折射时光的偏振

实验表明，自然光在两种介质的分界面上反射和折射时，不仅光的传播方向要

改变，而且偏振状态也要发生变化，一般情况下，反射光和折射光不再是自然光，而是部分偏振光。反射光中垂直于入射面的光振动占优，而在折射光中平行于入射面的光振动占优，如图 11-17(a) 所示。

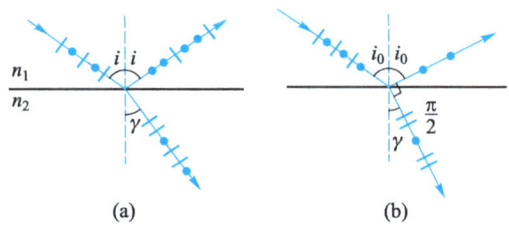

图 11-17　反射和折射时光的偏振

实验还发现，反射光的偏振化程度与入射角有关。当入射角 $i=i_0$，且满足

$$\tan i_0 = \frac{n_2}{n_1} \tag{11-12}$$

文档：布儒斯特简介

时，反射光成为光振动垂直于入射面的线偏振光，但折射光仍为部分偏振光。如图 11-17(b) 所示。式 (11-17) 称为**布儒斯特定律**。$i_0$ 称为**起偏振角**，或**布儒斯特角**。

由折射定律 $\dfrac{\sin i_0}{\sin \gamma} = \dfrac{n_2}{n_1}$，有

$$\tan i_0 = \frac{\sin i_0}{\cos i_0} = \frac{\sin i_0}{\sin \gamma}$$

可得，$\sin \gamma = \cos i_0$，即 $i_0 + \gamma = 90°$

上式表明，当自然光以起偏振角入射时，反射光线和折射光线互相垂直。应该指出，自然光以起偏振角入射时，反射光虽然是线偏振光，但是光强很弱。例如，自然光从空气中以入射角 $i_0$ 射向玻璃而反射时，反射的线偏振光只占自然光中垂直振动光强的约 15%，而折射光中含有平行振动的全部光强和垂直振动的 85% 的光强。因此，折射光的偏振化程度是很低的。

为了增强折射光的偏振化程度，可以把许多相互平行的玻璃片叠起来，成为玻璃片堆。如图 11-18 所示，自然光以起偏振角 $i_0$ 入射到玻璃片堆上时，光在各层玻璃面上经多次反射和折射，折射光中的垂直振动成分因多次被反射而不断减弱。如果玻璃片足够多，最后透射出来的折射光实际上就是振动方向平行于入射面的线偏振光，同时，由于玻璃片堆各层反射光的累加，反射光的光强也得到增强，利用这种方

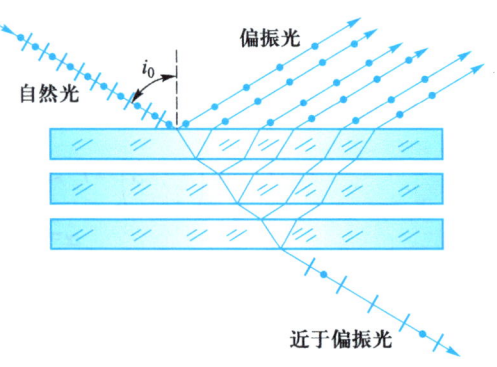

图 11-18　利用玻璃片堆获得偏振光

法,可以获得两束振动方向相互垂直的线偏振光。

◇ **思考题**

**11-5** 某光束可能是:(A)自然光;(B)线偏振光;(C)部分偏振光。你如何通过实验来区分？

**11-6** 在以下六个图中,前四个图表示线偏振光入射于两种介质的分界面上,最后两个图表示入射光是自然光。$n_1$ 和 $n_2$ 为两种介质的折射率;图中入射角 $i_0 = \arctan \dfrac{n_2}{n_1}$, $i \neq i_0$。试在图中画出实际存在的反射光和折射光,并用点或短线把振动方向表示出来。

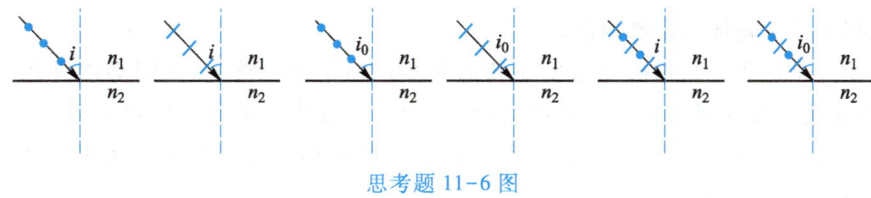

思考题 11-6 图

## 生活中的物理 10

### 全息照相技术

普通照相以几何光学为基础,记录的是物体上各点发出(或反射)光的强弱(即振幅)分布,所成像为二维平面图像,物像间关系是点点对应的,如果底片破损就不能重现图像。全息照相则不同,它以干涉、衍射等物理光学的规律为基础,记录的是物体所发出光波的振幅和相位的全部信息。

全息照相分记录和再现两个过程,记录过程如图 11-19(a)所示。从激光器发出的相干光经分光镜分成两束。一束照射在被摄物体上,经物体反射或透射后照射在感光底片上,这部分光叫物光。另一束直接投射到感光底片上,这部分光叫参考光。这两束光在底片上叠加形成干涉条纹,由于从被摄物上各点反射的物光的振幅和相位各不相同,所以底片上干涉条纹的浓淡和疏密程度也各不相同,条纹的浓淡和疏密分别反映了物光波的振幅和相位的不同。底片经显影、定影处理后,就得到了一张全息照片。这种底片用肉眼看是一片灰蒙,显微镜下也只能看到浓淡和疏密程度不同的干涉条纹。要想见到被摄物体的像,还得进行再现过程。

再现过程如图 11-19(b)所示,用上述相同的参考光照射全息底片,用眼睛可以看到全息片后面有一个物体的虚像;改变观察角度,可以看到物体的侧面像,是个三维立体像。此外,在观察者同一侧,还有一个物体的实像。有趣的是,如果只

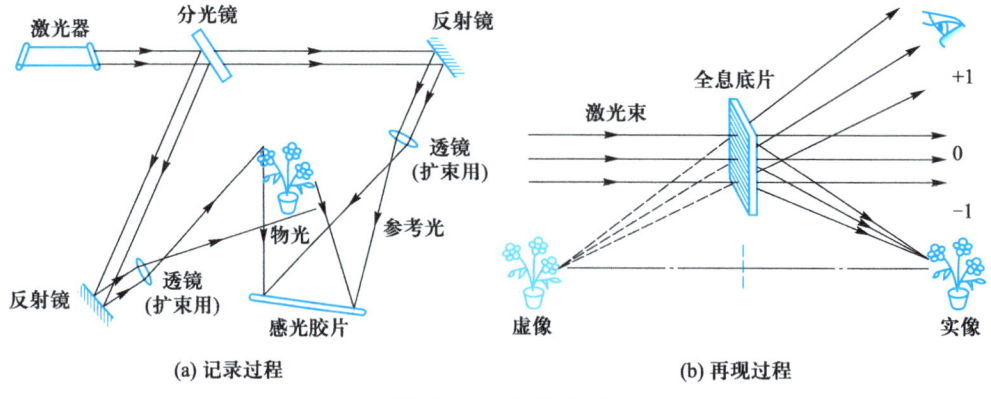

(a) 记录过程  (b) 再现过程

图 11-19 全息照相

取全息照片的一小块碎片,也同样能完整无缺地看到整个物体的像,即全息片上每一点都记录了物体的全部信息。

激光全息照相的拍摄要求要比普通照相严格得多。首先,光源必须是相干光源,激光是比较理想的光源。其次,全息照相系统要求具有很好的稳定性,一般应在抗震动台上进行。否则,拍摄过程中极小的振动都有可能影响到达底片处光的相位,造成拍摄失败。

## 习题 11

**11-1** 在单缝夫琅禾费衍射实验中,波长为 $\lambda$ 的单色光垂直入射单缝上,对应衍射角为 30° 的方向上,若单缝处波阵面可分成 3 个半波带,则缝宽 $a$ 为(   )。

(A) $\lambda$     (B) $1.5\lambda$     (C) $2\lambda$     (D) $3\lambda$

**11-2** 在单缝夫琅禾费衍射实验中,若把单缝沿垂直于透镜主光轴方向向上平移少许,则在屏上(   )。

(A) 整个衍射图样向下平移     (B) 整个衍射图样保持不变
(C) 整个衍射图样向上平移     (D) 整个衍射图样位置和相对分布均不变

**11-3** 波长为 $\lambda = 550$ nm 的单色光垂直入射于光栅常量为 $2\times10^{-4}$ cm 的平面衍射光栅上,可能观察到的光谱线的最大级次为(   )。

(A) 2     (B) 3     (C) 4     (D) 5

**11-4** 平行单色光垂直入射于光栅上,当光栅常量 $a+b$ 为下列哪种情况时,$k=3,6,9$ 等级次的主极大均不出现(   )。

(A) $a+b=2a$     (B) $a+b=3a$
(C) $a+b=4a$     (D) $a+b=6a$

**11-5** 设光栅平面、透镜均与屏幕平行,则当入射的平行单色光从垂直于光栅平面入射变为斜入射时,能观察到的光谱线的最高级数 $k$(   )。

(A) 不变     (B) 变小     (C) 变大     (D) 无法确定

**11-6** 一束自然光自空气射向一块平板玻璃,如图所示。设入射角为起偏振角 $i_0$,则在界面 2 处的反射光透过玻璃后的光线 B(　　)。

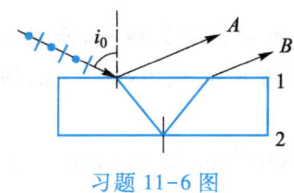

习题 11-6 图

(A) 是自然光
(B) 是部分偏振光
(C) 是线偏振光且光矢量的振动方向平行于入射面
(D) 是线偏振光且光矢量的振动方向垂直于入射面

**11-7** 两个偏振片堆叠在一起,它们的偏振化方向之间的夹角为 60°,设二者对光无吸收,光强为 $I_0$ 的自然光垂直入射在偏振片上,则出射光强为(　　)。

(A) $\dfrac{I_0}{8}$　　(B) $\dfrac{I_0}{4}$　　(C) $\dfrac{3}{8}I_0$　　(D) $\dfrac{3}{4}I_0$

### 填空题

**11-8** 平行单色光垂直入射单缝上,屏上第三级暗纹对应单缝处波阵面可划分为_____个半波带;若将缝宽缩小一半,原来第 3 级暗纹处将是_____级_____纹。

**11-9** 用平行的白光垂直入射在平面透射光栅上时,波长为 $\lambda_1 = 440$ nm 的第 3 级光谱线将与波长为 $\lambda_2 =$ _____ nm 的第 2 级光谱线重叠。

**11-10** 一束单色光垂直入射在光栅上,衍射光谱中共出现 5 条明纹。若已知此光栅缝宽度与不透光部分的宽度相等,那么在中央明纹一侧的两条明条纹分别是第_____级和第_____级谱线。

**11-11** 用波长为 $\lambda$ 的单色平行光垂直入射在一块多缝光栅上,其光栅常量 $a+b = 3 \times 10^{-6}$ m,缝宽 $a = 10^{-6}$ m,则在单缝衍射的中央明条纹中共有_____条谱线(主极大)。

**11-12** 要使一束线偏振光通过偏振片之后振动方向转过 90°,至少需要让这束光通过_____块理想偏振片。在此情况下,透射光强最大是原来光强的_____倍。

**\*11-13** 用相互平行的一束自然光和一束线偏振光构成的混合光垂直照射在一偏振片上,以光的传播方向为轴旋转偏振片时,发现透射光强的最大值为最小值的 5 倍,则入射光中,自然光强 $I_0$ 与线偏振光强 $I$ 之比为_____。

### 计算题

**11-14** 用波长为 500 nm 的单色光垂直照射在缝宽为 0.25 mm 的单缝上,在位于透镜焦平面的屏上,测得中央明条纹的两侧第三级暗纹之间的间距为 3.0 mm,求透镜的焦距。

**11-15** 在单缝夫琅禾费衍射实验中,缝宽 $a=0.100$ mm,波长为 $\lambda=500$ nm 的单色平行光垂直入射于单缝上,会聚透镜的焦距 $f=1.00$ m。求中央亮纹旁的第一个亮纹的宽度。

**11-16** (1) 在单缝夫琅禾费衍射实验中,垂直入射的光含有两种波长,$\lambda_1=400$ nm,$\lambda_2=760$ nm;已知单缝缝宽 $a=1.0\times10^{-2}$ cm,透镜焦距 $f=50$ cm,求两种光第一级衍射明纹中心之间的距离;

(2) 若用光栅常量为 $1.0\times10^{-3}$ cm 的光栅替换上述单缝,其他条件不变,求两种光第一级主极大之间的距离;

**11-17** 一束具有两种波长 $\lambda_1$ 和 $\lambda_2$ 的平行光垂直照射到一衍射光栅上,测得波长 $\lambda_1$ 的第 3 级主极大衍射角和 $\lambda_2$ 的第 4 级主极大衍射角均为 30°,已知 $\lambda_1=560$ nm,试求:

(1) 光栅常量 $a+b=$?

(2) 波长 $\lambda_2=$?

**11-18** 用含有两种波长 $\lambda_1=500$ nm 和 $\lambda_2=600$ nm 的复色光垂直入射到每毫米有 200 条刻痕的光栅上,紧靠光栅后用焦距 $f=50$ cm 的凸透镜把光线聚焦在屏幕上。求上述两种波长的光第一级主极大之间的距离。

\***11-19** 一衍射光栅,每厘米有 200 条透光缝,每条透光缝的宽度为 $a=2\times10^{-3}$ cm,在光栅后放一焦距 $f=1$ m 的凸透镜,现以 $\lambda=600$ nm 的单色平行光垂直照射光栅,求:

(1) 透光缝的单缝衍射中央明条纹的宽度为多少?

(2) 在该宽度内,有几个光栅衍射主极大?

\***11-20** 波长为 600 nm 的平行光垂直入射一光栅上,测得第 2 级主极大的衍射角为 $\theta=30°$,且第 3 级缺级。求:

(1) 光栅常量 $a+b$ 为多少?

(2) 透光缝可能的最小宽度 $a$ 为多少?

(3) 按上述选定的 $a$、$b$ 值,确定在 $90°>\theta>-90°$ 范围内,实际呈现的全部级数。

**11-21** 一束自然光以 58° 角入射到玻璃表面时,发现反射光成为线偏振光,求:

(1) 折射光的折射角;

(2) 玻璃的折射率。

**11-22** 使自然光通过两个偏振化方向成 60° 角的偏振片,透射光的强度为 $I_1$,今在两个偏振片之间再插入一个偏振片,它的偏振化方向与前后两个偏振片的偏振化方向成 30° 角,则透射光强度为多大?

**11-23** 两个偏振片堆叠在一起,它们的偏振化方向之间的夹角为 60°,设二者对光无吸收,光强为 $I_0$ 的线偏振光垂直入射在偏振片上,该光束的光矢量振动方向与两偏振片的偏振化方向皆成 30° 角。

(1) 求透过每个偏振片后的光强度;

(2) 若将入射光换为强度相同的自然光,求透过每个偏振片后的光强度。

# 第 四 篇

# 热 学

**热**学(即热力学和统计物理学)是物理学的一个重要组成部分,它是研究热现象的科学。何谓热现象?大家知道,物质由大量分子组成,分子永不停息地做无规则的运动,这种无规则的运动称为热运动。物质中大量分子热运动的宏观表现就称为热现象。由观察和实验总结归纳出的有关热现象的规律,构成热学的宏观理论,称为热力学,而从物质的微观结构出发,运用分子运动理论来研究热现象的规律,构成了热学的微观理论,称为统计物理学。虽然热力学和统计物理学研究的对象都是热现象,但他们研究的方法不相同。热力学是根据由观察和实验总结出的宏观热现象所遵循的基本规律,用严密的逻辑推理方法,研究宏观物体的热性质,其得到的结果并不依赖于各种简化假设,因此具有很大的普遍性和可靠性。但是,由于热力学不考虑物质的微观结构,因此它不能对宏观热现象的规律给出其微观本质的解释。而统计物理学采用的是统计方法,这种方法可以建立微观量的统计平均值与宏观量之间的关系,因此它能够从物质的微观结构出发来说明物质的宏观现象的本质。在对热现象的研究上,热力学和统计物理学起到了相辅相成的作用。鉴于我们研究的对象主要是气体,本篇主要介绍气体动理论和热力学基础,而不对统计物理学作较多的介绍。

## >>> 第12章

### ... 气体动理论

气体动理论是统计物理学的重要组成部分,它是由麦克斯韦、玻耳兹曼等人在19世纪中叶建立起来的。前面提到,自然界的物质是由大量分子组成,每个分子都有它自己的质量、速度和能量,这些属于个别分子的量称为**微观量**。要用实验的方法来测定微观量是困难的甚至是不可能的。实验能观测到的物理量如温度、压强、体积等都不属于个别分子的量,而是表征大量分子集体特征的量,这些量称为**宏观量**。气体动理论的任务是从物质由分子组成以及分子做热运动这一观点出发来研究热现象的本质,他所用的方法是统计方法,即对个别分子的运动运用力学规律,而对大量分子求它们的微观量的统计平均值,建立微观量的统计平均值与相应宏观量之间的关系。

## 12.1 平衡态 态参量 理想气体物态方程

### 12.1.1 态参量 平衡态

热力学研究的对象是由大量分子组成的宏观物体或体系,这些宏观物体或体系称为**热力学系统**。系统的外部称为外界或环境。由于系统内部分子运动的不平衡或由于系统与外界的相互作用,系统的宏观性质会发生变化。描述系统宏观性质的变化常用一组态参量。

气体是一种最简单的热力学系统,也是我们本章研究的主要对象。对于一定质量的气体,可以用压强 $p$、体积 $V$ 和温度 $T$ 来描述其宏观性质,$(p,V,T)$ 称为描述气体状态的一组**态参量**。

**气体的压强** $p$ 指器壁单位面积上受到的垂直作用力。从微观上说压强是大量气体分子不断碰撞器壁的结果。SI 中压强的单位是 Pa(帕斯卡,简称帕),1 Pa = 1 N/m²。

**气体的体积** $V$ 指盛装气体的容器的容积。由于气体没有固定的形态,气体的体积指气体分子能到达容器的所有空间。SI 中体积的单位为 m³。

**气体的温度** $T$ 温度的宏观概念是指物体的冷热程度。从微观上说,温度与大量分子的热运动有关,它是大量分子热运动平均平动动能的量度。分子热运动的平均平动动能大,温度高;反之,温度低。

温度的测量常用温度计,温度计是建立在热平衡概念基础上的。实验指出,两个或多个物体(系统)相互接触时,经过一段足够长的时间,必定处于热平衡状态。这个规律常称为**热力学第零定律**。根据热力学第零定律,可给出温度的严格定义:彼此热平衡的物体间有个共同的性质,表征这一性质的物理量称为温度。

阅读材料:
温度计的发明

应用热力学第零定律,可以利用某些物质具有的与冷热状态变化有关并且又易于测量的性质制成温度计。将温度计与待测物体接触,待热平衡以后就可以用温度计的指示来确定物体的温度。温度的数值表示法称为**温标**。物理学中常用的基本温标是热力学温标,记作 $T$,其单位是 K(开尔文,简称开)。在日常生活中,还

使用另一种温标叫摄氏温标。摄氏温标记作 $t$，单位为 ℃，热力学温标与摄氏温标的关系为

$$T/\text{K} = t/℃ + 273.15 \tag{12-1}$$

式(12-1)表明,热力学温度为 273.15 K 时,摄氏温度为 0 ℃,热力学温度为 0 K 时,对应的摄氏温度是 -273.15 ℃。

**平衡态** 在不受外界影响的条件下,系统的宏观性质不随时间变化的状态称为**平衡态**。或者说,孤立系统最终达到的稳定状态称为平衡态。平衡态是宏观概念,从微观上看,处于平衡态的气体分子仍在做不停地运动,在相互碰撞中交换动量与能量,而其热运动的平均效果却不随时间改变。因此这种平衡态,也称为热动平衡状态。

系统的一个平衡态可用一组态参量 $(p,V,T)$ 来描述。在状态图($p$-$V$ 图、$p$-$T$ 图或 $V$-$T$ 图)中,一个平衡态对应状态图中的一个确定点,如图 12-1 所示。显然,如果气体处于非平衡状态,因其 $p$、$V$、$T$ 值各处不相同,无法用一组

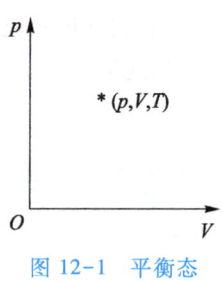

图 12-1 平衡态

$p$、$V$、$T$ 值来表征整个气体系统的状态。在本章和下一章中,没有特别说明时,所讨论的系统状态均是指平衡态。

### 12.1.2 理想气体的物态方程

严格服从气体三条实验定律(玻意耳定律、盖吕萨克定律和查理定律)的气体称为**理想气体**。一定质量的理想气体从一个平衡态过渡到另一个平衡态时,其态参量必从一组数值过渡到另一组数值。那么,两个平衡态之间以及同一个平衡态的各参量之间有什么联系呢?

实验指出,一定质量的气体在温度不太低,压强不太高的条件下,从一个平衡态 $(p_1, V_1, T_1)$ 变化到另一个平衡态 $(p_2, V_2, T_2)$ 满足方程

$$\frac{p_1 V_1}{T_1} = \frac{p_2 V_2}{T_2} = C \tag{12-2}$$

常量 $C$ 的值可由气体在标准状态下的值来确定。标准状态是指压强 $p_0 = 1.013 \times 10^5$ Pa,温度 $T_0 = 273.15$ K 的状态。标准状态下任何气体的摩尔体积为 $V_m = 22.4 \times 10^{-3}$ m³·mol⁻¹。当气体处于标准状态时,有

$$\frac{p_0 V_0}{T_0} = C$$

对于质量为 $m$,摩尔质量为 $M$ $\left(物质的量为 \nu = \frac{m}{M}\right)$ 的气体,有 $V_0 = \nu V_m = \frac{m}{M} V_m$,则

$$C = \frac{p_0 V_0}{T_0} = \frac{m}{M} \left( \frac{p_0 V_m}{T_0} \right) = \frac{m}{M} R = \nu R$$

式中,$R$ 称为**摩尔气体常量**,

$$R = \frac{p_0 V_m}{T_0} = \frac{1.013\times10^5 \times 22.4\times10^{-3}}{273.15} \text{ J}\cdot\text{mol}^{-1}\cdot\text{K}^{-1} = 8.31 \text{ J}\cdot\text{mol}^{-1}\cdot\text{K}^{-1}$$

引入摩尔气体常量 $R$ 后,由式(10-2)可得任一平衡态下气体各态参量之间满足的关系为

$$pV = \frac{m}{M}RT = \nu RT \tag{12-3}$$

式(12-3)称为**理想气体物态方程**。实验表明,在压强不太高、温度不太低的情况下,一切真实气体都能较好地服从这个方程。而且,气体越稀薄,服从这个方程的精确程度越高。

## 12.2　理想气体的压强公式和温度公式

### 12.2.1　理想气体分子模型和统计假设

**理想气体分子模型**　实际气体在温度不太低、压强不太高时均可看作理想气体,此时从微观上看,其分子模型应具有以下特点:

(1) **标准状态下,气体分子本身的线度与分子之间的平均距离比较很小,可以忽略**。标准状态下,气体分子之间的平均距离(约 $10^{-9}$ m)比分子的直径(约 $10^{-10}$ m)大 10 倍,因此分子本身的大小可以忽略不计,分子可看作质点。

(2) **除碰撞外,分子间以及分子与器壁之间的作用力可忽略**。分子力作用半径的数量级为 $10^{-9}$ m,它远小于分子间的平均距离,所以除碰撞的瞬间外,分子间以及分子与器壁之间的作用力可忽略不计。

(3) 分子之间以及分子与器壁之间的碰撞是完全弹性碰撞。

**分子集体的统计假设**　气体处于平衡态时,虽然任一时刻每个分子在容器中的位置与速度完全是随机的,但就大量分子的集体统计平均来看,分子在空间的分布是均匀的,分子沿各个方向运动的机会是均等的,没有哪一个方向比其他方向更占优势。因此对平衡态下的分子集体可作如下统计假设:

(1) **容器中单位体积的分子数**（分子数密度 $n = \frac{dN}{dV} = \frac{N}{V}$）**处处相等**。

(2) **分子速度沿各个方向分量的各种统计平均值相等**,即

$$\overline{v_x} = \overline{v_y} = \overline{v_z}, \quad \overline{v_x^2} = \overline{v_y^2} = \overline{v_z^2}$$

以上关于个别分子特点和大量分子的统计假设都是在大量实验基础上总结得出的。

### 12.2.2　理想气体的压强公式

从微观上看,气体分子对器壁的压强是大量分子对器壁不断碰撞的结果。下

面用统计平均的方法来推导理想气体的压强公式。取一边长分别为 $l_1$、$l_2$ 和 $l_3$ 的容器,内有 $N$ 个同类气体分子,每个气体分子的质量为 $m_0$,如图 12-2 所示。

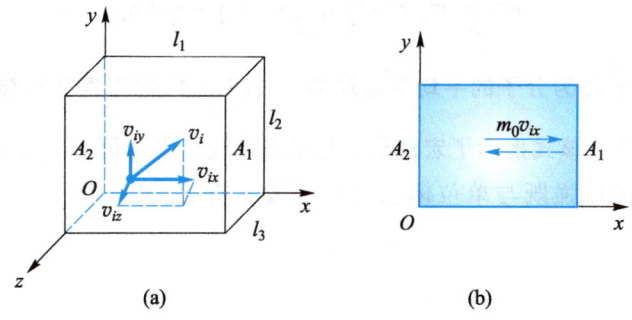

图 12-2　理想气体压强公式的推导

下面计算气体分子对容器 $A_1$ 面的压强。任取一个分子如第 $i$ 个分子,其速度为 $\boldsymbol{v}_i$。该分子与 $A_1$ 面碰一次,施于 $A_1$ 面的冲量大小为 $2m_0 v_{ix}$;该分子与 $A_1$ 面做相继两次碰撞所需时间 $\dfrac{2l_1}{v_{ix}}$。$\Delta t$ 时间内该分子与 $A_1$ 面碰撞的次数 $\dfrac{v_{ix}}{2l_1}\Delta t$。这样,$\Delta t$ 时间内第 $i$ 个分子作用在 $A_1$ 面上的冲量为

$$I_i = 2m_0 v_{ix} \cdot \dfrac{v_{ix}}{2l_1}\Delta t = \dfrac{m_0 v_{ix}^2}{l_1}\Delta t$$

$N$ 个分子 $\Delta t$ 时间内作用在 $A_1$ 面上的总冲量为

$$I = \sum I_i = \dfrac{m_0}{l_1}\left(\sum_{i=1}^{N} v_{ix}^2\right)\Delta t$$

$A_1$ 面受到的平均冲力为

$$\overline{F} = \dfrac{I}{\Delta t} = \dfrac{m_0}{l_1}\sum_{i=1}^{N} v_{ix}^2$$

由压强的定义,$A_1$ 面受到的压强

$$p = \dfrac{\overline{F}}{l_2 l_3} = \dfrac{m_0}{l_1 l_2 l_3}\sum_{i=1}^{N} v_{ix}^2 = \dfrac{N m_0}{V}\dfrac{\sum_{i=1}^{N} v_{ix}^2}{N} = n m_0 \overline{v_x^2}$$

式中,$n = \dfrac{N}{V}$ 为单位体积的分子数(分子数密度),$\overline{v_x^2} = \dfrac{\sum_{i=1}^{N} v_{ix}^2}{N}$ 为 $N$ 个分子 $x$ 方向速度分量平方的平均值。因为分子速度的平方 $v_i^2 = v_{ix}^2 + v_{iy}^2 + v_{iz}^2$,$N$ 个分子速度平方的平均值为

$$\overline{v^2} = \dfrac{\sum_{i=1}^{N} v_i^2}{N} = \dfrac{\sum_{i=1}^{N} v_{ix}^2}{N} + \dfrac{\sum_{i=1}^{N} v_{iy}^2}{N} + \dfrac{\sum_{i=1}^{N} v_{iz}^2}{N} = \overline{v_x^2} + \overline{v_y^2} + \overline{v_z^2}$$

由统计假设，$\overline{v_x^2} = \overline{v_y^2} = \overline{v_z^2}$，所以 $\overline{v_x^2} = \frac{1}{3}\overline{v^2}$，于是得到

$$p = \frac{1}{3}nm_0\overline{v^2} = \frac{2}{3}n\left(\frac{1}{2}m_0\overline{v^2}\right) = \frac{2}{3}n\overline{\varepsilon}_t \tag{12-4}$$

式中，$\overline{\varepsilon}_t = \frac{1}{2}m_0\overline{v^2}$ 称为**分子的平均平动动能**。式(12-4)称为**理想气体的压强公式**。是一个统计规律。该式揭示了宏观量 $p$ 与微观量统计平均值 $n$、$\overline{\varepsilon}_t$ 之间的关系。气体作用于器壁的压强既与单位体积的分子数 $n$ 有关，又与分子平均平动动能 $\overline{\varepsilon}_t$ 有关。

### 12.2.3 理想气体的温度公式

由理想气体物态方程(12-3)和压强公式(12-4)，可以导出理想气体的温度和分子平均平动动能的关系，从而说明温度的微观本质。

理想气体物态方程(12-3)可以写为

$$p = \frac{m}{M}\frac{R}{V}T = \frac{N}{V}\frac{R}{N_A}T = n\frac{R}{N_A}T$$

式中，$N_A = 6.022 \times 10^{23}\ \mathrm{mol}^{-1}$ 为**阿伏伽德罗常量**。令 $k = \frac{R}{N_A} = 1.38 \times 10^{-23}\ \mathrm{J \cdot K^{-1}}$ 为**玻耳兹曼常量**。这样，理想气体物态方程又可写成另一种形式，即

$$p = nkT \tag{12-5}$$

将式(12-4)与式(12-5)比较，可得

$$\overline{\varepsilon}_t = \frac{1}{2}m_0\overline{v^2} = \frac{3}{2}kT \tag{12-6}$$

式(12-6)称为**理想气体的温度公式**。该式揭示了温度的微观本质，即理想气体的**温度 $T$ 是分子平均平动动能的量度，是分子热运动剧烈程度的标志**。温度是大量分子热运动的集体表现，具有统计意义，对单个分子说温度毫无意义。

从式(12-6)还可以得

$$\sqrt{\overline{v^2}} = \sqrt{\frac{3kT}{m_0}} = \sqrt{\frac{3RT}{M}} \tag{12-7}$$

式(12-7)称为气体分子的**方均根速率**，是一种统计速率。

**例 12-1** 求 $T = 300\ \mathrm{K}$ 时氢气和氮气分子的平均平动动能和方均根速率。

**解** 氢气和氮气的摩尔质量分别为 $M_H = 2.0 \times 10^{-3}\ \mathrm{kg}$，$M_N = 28 \times 10^{-3}\ \mathrm{kg}$

（1）气体分子的平均平动动能与气体种类无关，有

$$\overline{\varepsilon}_{Ht} = \overline{\varepsilon}_{Nt} = \frac{3}{2}kT = \frac{3}{2} \times 1.38 \times 10^{-23} \times 300 = 6.21 \times 10^{-21}\ \mathrm{J}$$

（2）方均根速率分别为

$$\sqrt{\overline{v_H^2}} = \sqrt{\frac{3RT}{M_H}} = \sqrt{\frac{3 \times 8.31 \times 300}{2 \times 10^{-3}}} \text{ m/s} = 1.93 \times 10^3 \text{ m/s}$$

$$\sqrt{\overline{v_N^2}} = \sqrt{\frac{3RT}{M_N}} = \sqrt{\frac{3 \times 8.31 \times 300}{28 \times 10^{-3}}} \text{ m/s} = 5.17 \times 10^2 \text{ m/s}$$

◇ **思考题**

**12-1** 理想气体分子模型及其统计假设的主要内容是什么？

**12-2** 理想气体的压强公式可按下列步骤进行推导：(1) 求任一分子 $i$ 与器壁碰一次施于器壁的冲量 $2m_0 v_{ix}$；(2) 求分子 $i$ 在单位时间内施于器壁冲量的总和 $\frac{m_0}{l_1} v_{ix}^2$；(3) 求所有 $N$ 个分子在单位时间内施于器壁的总冲量 $\frac{m_0}{l_1} \sum_{i=1}^{N} v_{ix}^2$；(4) 求所有分子在单位时间内施于单位面积器壁的总冲量——压强 $p = \frac{m_0}{l_1 l_2 l_3} \sum_{i=1}^{N} v_{ix}^2 = \frac{2}{3} n \left( \frac{1}{2} m_0 \overline{v^2} \right)$。

在上述推导过程中，哪几步用到了理想气体模型的假设？哪几步用到了平衡态的条件？哪几步用到了统计平均的概念？（设 $l_1$、$l_2$、$l_3$ 分别为长方形容器的三个边长。）

## 12.3  能量均分定理　理想气体的内能

前面讨论分子热运动时，把分子视为质点，只考虑分子的平动。但在确定分子各种运动形式的能量时，除了单原子分子可看作质点（只有平动）外，一般地，由于两个以上原子组成的分子，不仅有平动，还有转动和分子内原子间的振动，其相应能量不能忽略。为了给出气体分子能量的统计规律，先介绍自由度的概念。

### 12.3.1  气体分子的自由度

**确定一个物体在空间的位置所需最少独立坐标的数目称为该物体的自由度。**

气体分子有单原子分子（如 He、Ne 等）、双原子分子（如 $H_2$、$O_2$ 等）和多原子分子（三个或三个以上原子组成的分子，如 $H_2O$、$NH_3$ 等）。当分子内原子间距离保持不变（不振动）时，这种分子称为刚性分子，本书只讨论刚性分子。

单原子气体分子可视为质点，用三个独立坐标（如 $x$、$y$、$z$）可确定分子的位置。因此，单原子分子有 3 个平动自由度，如图 12-3(a) 所示。如果单原子分子被限制在某平面或某曲面上运动，则自由度降为 2；如果被限制在某直线或某曲线上运动，

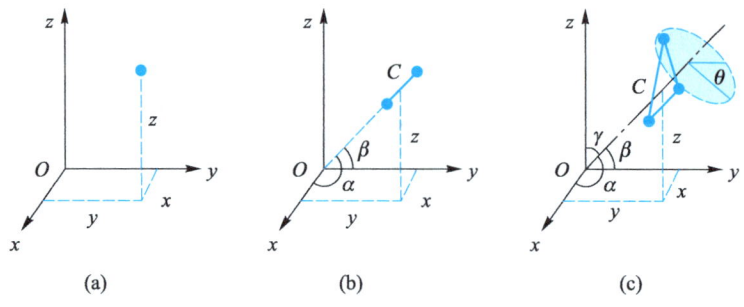

图 12-3 气体分子的自由度

则自由度降为 1。

刚性双原子分子可视为两个质点通过一个刚性键连接的模型（哑铃型）来表示，如图 12-3(b) 所示。分子的运动可看成既有质心的平动，又有刚性键绕质心的转动。确定质心在空间的位置需要三个独立坐标 $(x,y,z)$，故有 3 个平动自由度，确定其键连（连接两原子的轴）的方位需要两个方位角 $(\alpha,\beta)$（三个方位角 $\alpha$、$\beta$、$\gamma$，因有 $\cos^2\alpha+\cos^2\beta+\cos^2\gamma=1$，故只有两个是独立的）。由于两个原子均视为质点，故绕轴的转动不存在，因此，刚性双原子分子共有 5 个自由度，其中 3 个平动自由度，2 个转动自由度。

刚性多原子分子除了具有双原子的 3 个质心平动自由度和 2 个转动自由度外，还需要一个确定分子绕该轴转动的自由度，通常用角度 $\theta$ 表示，如图 12-3(c) 所示。因此，刚性多原子分子共有 6 个自由度，其中 3 个平动自由度，3 个转动自由度。若用 $i$ 表示刚性分子的自由度，$t$ 表示平动自由度，$r$ 表示转动自由度，则

$$i = t + r$$

严格讲，两原子以上的分子应考虑振动自由度，由于这部分内容涉及量子力学。其实，在常温下按经典方法视气体分子为刚性所得到的结果与实验大致相符，所以，本书中均按刚性分子处理。

### 12.3.2 能量均分定理

式(12-6)表明，分子的平均平动动能为

$$\overline{\varepsilon_t} = \frac{1}{2}m_0\overline{v^2} = \frac{3}{2}kT$$

因为
$$\overline{v^2} = \overline{v_x^2} + \overline{v_y^2} + \overline{v_z^2},$$

由平衡态理想气体的统计假设，

$$\overline{v_x^2} = \overline{v_y^2} = \overline{v_z^2} = \frac{1}{3}\overline{v^2}$$

上式每项同乘以 $\frac{1}{2}m_0$，再利用温度公式，得

$$\frac{1}{2}m_0\overline{v_x^2} = \frac{1}{2}m_0\overline{v_y^2} = \frac{1}{2}m_0\overline{v_z^2} = \frac{1}{3}\left(\frac{1}{2}m_0\overline{v^2}\right) = \frac{1}{2}kT \qquad (12-8)$$

式(12-8)表明,气体分子沿 $x$、$y$、$z$ 三个方向运动的平均平动动能相等。换言之,气体分子的平均平动动能 $\frac{3}{2}kT$ 均匀地分配给每一个平动自由度,每个平动自由度分到的能量为 $\frac{1}{2}kT$。这个结论可推广到分子的转动和振动自由度上,即**在温度为 $T$ 的平衡态下,气体分子的每一个自由度上均分配有 $\frac{1}{2}kT$ 的平均动能**。这一结论称为能量按自由度均分定理,简称**能量均分定理**。按照这个定理,如果气体分子有 $i$ 个自由度,则每个分子的平均总动能为

$$\overline{\varepsilon}_k = \frac{i}{2}kT \tag{12-9}$$

能量均分定理是分子热运动的统计规律,是对大量分子统计平均所得的结果。对个别分子而言,它的动能随时间而变,并不等于 $\frac{i}{2}kT$;而且它的各种形式的动能也不按自由度均分。但对大量分子整体而言,由于分子的无规则热运动及频繁的碰撞,能量可以从一个分子转到另一个分子,从一种自由度的能量转化成另一种自由度的能量,当达到平衡态时,就形成能量按自由度均匀分配的统计规律。

### 12.3.3 理想气体的内能

实际气体分子不仅具有动能,由于分子间存在相互作用,分子间还具有相互作用的势能。把**气体内部所有分子的动能和势能的总和称为气体的内能**。

理想气体,由于分子间的相互作用力可忽略,因而分子间没有相互作用的势能。这样,理想气体的内能就是气体中所有分子各种运动形式的动能之总和。对自由度为 $i$ 的 1 mol 理想气体,其内能为

$$E_0 = N_A \left( \frac{i}{2}kT \right) = \frac{i}{2}RT$$

质量为 $m$,摩尔质量为 $M$ 的理想气体,其内能为

$$E = \frac{m}{M}E_0 = \frac{m}{M}\frac{i}{2}RT \tag{12-10}$$

式(12-10)表明,一定量的理想气体的内能只决定于分子的自由度和温度,而与气体的体积和压强无关。对于一定量的某种理想气体,它的分子的自由度是确定的,这样,其内能就只是温度的单值函数了。所以有时也把"**理想气体的内能是温度的单值函数**"作为理想气体定义的一种说法。

**例 12-2** 在室温 300 K 下,1 mol 的氧气和 1 mol 氮气的内能是多少?10 g 氦气的内能是多少?

**解** 氧气和氮气均是双原子气体,$i=5$,它们的内能相同,均为

$$E = \frac{i}{2}RT = \frac{5}{2} \times 8.31 \times 300 \text{ J} = 6.23 \times 10^3 \text{ J}$$

氦气为单原子气体，$i=3$，10 g 氦气的内能为

$$E = \frac{m}{M}\frac{i}{2}RT = \frac{10}{4} \times \frac{3}{2} \times 8.31 \times 300 \text{ J} = 9.35 \times 10^3 \text{ J}$$

## *12.4 麦克斯韦速率分布律

阅读材料：
麦克斯韦速度
分布律的建立

宏观系统中的气体分子数目非常巨大，分子永不停息地做热运动和频繁地碰撞。对某一气体分子，其任一时刻的速度大小和方向都完全是偶然的。但大量分子从整体上看会服从一定的统计分布规律。1859 年，麦克斯韦用概率论证明了在平衡态下，理想气体分子速度分布是有规律的，这个规律叫麦克斯韦速度分布律。若不考虑分子速度的方向，则叫麦克斯韦速率分布律。

### 12.4.1 气体分子的速率分布　分布函数

研究气体分子速率分布的规律，与研究一般的分布问题相似，需要把速率分成若干相等的区间，例如 0~100 m/s 为一个区间，100~200 m/s 为次一区间，200~300 m/s 为又一区间等。所谓研究气体分子的速率分布情况，就是要知道，平衡态下，分布在各个速率区间 $\Delta v$ 内的分子数 $\Delta N$，各占气体分子总数 $N$ 的百分比为多少（即分子速率位于该速率区间的概率为多少）？以及大部分分子分布在哪一个速率区间之内等问题。为了便于比较，特把各速率区间取为相等，从而突出分布的意义。显然，所取区间越小，有关分布的知识就越详细，对分布情况的描述也越精确。

描述速率分布的方法通常有三种：(1) 根据实验数据列表——分布表；(2) 作出曲线——分布曲线；(3) 找出函数关系——分布函数。

表 12-1 列出了 0 ℃时氧气分子速率分布的实验数据。从表中数据可以看出，速率很小和速率很大的分子数占总分子数的比率 $\frac{\Delta N}{N}$ 均很小，大多数分子以中等速率运动。在大量分子的热运动中，像氧气分子这样低速或高速运动的分子较少，而大多数分子以中等速率运动的分布情况，对任何温度下的任意一种气体，大体上都如此，这就是气体分子速率分布的规律性。

表 12-1　0 ℃时氧气分子速率分布的统计数据

| 速率区间/(m·s$^{-1}$) | 分子数的百分率/% |
| --- | --- |
| 100 以下 | 1.4 |
| 100~200 | 8.1 |

续表

| 速率区间/(m·s$^{-1}$) | 分子数的百分率/% |
|---|---|
| 200~300 | 16.5 |
| 300~400 | 21.4 |
| 400~500 | 20.6 |
| 500~600 | 15.1 |
| 600~700 | 9.2 |
| 700~800 | 4.8 |
| 800~900 | 2.0 |
| 900 以上 | 0.9 |

若以速率 $v$ 为横坐标,以 $\dfrac{\Delta N}{N\Delta v}$(即速率 $v$ 附近,单位速率区间分子的比率)为纵坐标,则表 12-1 给出的速率分布数据,可以表示成图 12-4(a)所示的图形。显然,速率区间 $\Delta v$ 越大,速率分布的描述越粗糙;为了把速率分布的真实情况更细致地反映出来,应把速率区间取的更小些,见图 12-4(b)。精确描述气体分子按速率的分布,需令 $\Delta v \to 0$,即取 $\mathrm{d}v$ 为速率区间,其相应分子数为 $\mathrm{d}N$,这时,纵坐标为 $\dfrac{\mathrm{d}N}{N\mathrm{d}v}=f(v)$,所得 $\dfrac{\mathrm{d}N}{N\mathrm{d}v}$-$v$ 速率分布曲线为一条光滑的曲线,见图 12-4(c)。

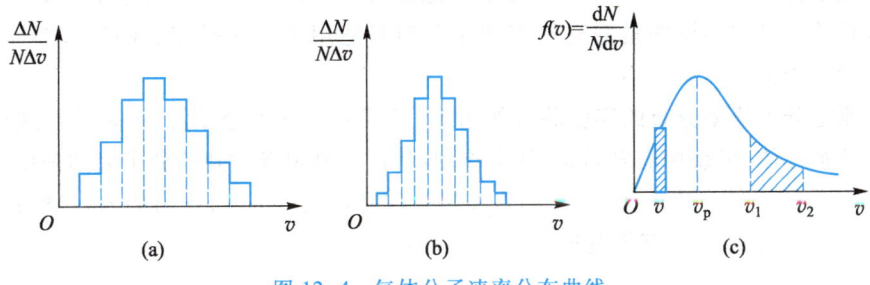

图 12-4 气体分子速率分布曲线

我们把速率 $v$ 附近 $\Delta v$ 速率区间内的分子数占总分子数的比率的极限

$$f(v) = \lim_{\Delta v \to 0} \frac{\Delta N}{N\Delta v} = \frac{\mathrm{d}N}{N\mathrm{d}v} \qquad (12-11)$$

称为分子的**速率分布函数**,其物理意义是:**在速率 $v$ 附近单位速率区间内的分子数占总分子数的比率**。对单个分子而言就是任一分子的速率处在 $v$ 附近单位速率区间的概率。

图 12-4(c)的 $f(v)$-$v$ 曲线称为气体分子的**速率分布曲线**。图中画有斜线的小矩形的面积为 $f(v)\mathrm{d}v=\dfrac{\mathrm{d}N}{N}$,它的物理意义是:该面积的大小代表速率在 $v$ 附近 $\mathrm{d}v$ 区间内的分子数 $\mathrm{d}N$ 占总分子数 $N$ 的比率(百分比);图中右边曲边梯形的面积

$\int_{v_1}^{v_2} f(v) \mathrm{d}v = \dfrac{\Delta N}{N}$ 表示速率介于 $v_1$ 到 $v_2$ 之间的分子数 $\Delta N$ 占总分子数 $N$ 的比率;速率分布曲线下的总面积表示速率介于零到无限大的整个速率区间的分子数占总分子数的比率,或者说整个速率区间内百分比之和应为 1,即

$$\int_0^\infty f(v) \mathrm{d}v = 1 \tag{12-12}$$

式(12-12)称为速率分布函数必须满足的**归一化条件**。

### 12.4.2 麦克斯韦速率分布规律

理想气体处于平衡态且无外力场作用时,气体分子按速率分布的函数 $f(v)$ 是由麦克斯韦于 1859 年从理论上导出,即

$$f(v) = \dfrac{\mathrm{d}N}{N\mathrm{d}v} = 4\pi \left(\dfrac{m_0}{2\pi kT}\right)^{\frac{3}{2}} e^{-m_0 v^2/2kT} v^2 \tag{12-13}$$

式中 $m_0$ 为单个分子的质量,$T$ 是热力学温度,$k$ 为玻耳兹曼常量。由式(12-13)可得到一个分子出现在 $v \sim v + \mathrm{d}v$ 区间内的概率为

$$\dfrac{\mathrm{d}N}{N} = 4\pi \left(\dfrac{m_0}{2\pi kT}\right)^{\frac{3}{2}} e^{-m_0 v^2/2kT} v^2 \mathrm{d}v \tag{12-14}$$

分布函数 $f(v)$ 或比率 $f(v)\mathrm{d}v = \dfrac{\mathrm{d}N}{N}$ 具有(12-13)或(12-14)式表达的分布称为**麦克斯韦速率分布**,式(12-14)叫作**麦克斯韦速率分布定律**。(12-14)式的分布与实验曲线相符。必须强调的是麦克斯韦速率分布只适用于处在平衡态的热力学系统,对少量分子组成的系统不适用。

测定分子速率分布的实验装置如图 12-5 所示。O 为分子源,R 是开有螺旋形小槽的圆柱体,可绕中心轴转动,D 为检测器,用它测定接收到的分子束的强度。圆柱体 R 实际上是一速度选择器,它的长为 $l$,转动角速度为 $\omega$,细槽的入口缝与出口缝之间夹角为 $\varphi$,则只有那些速率 $v$ 满足关系式

$$\dfrac{l}{v} = \dfrac{\varphi}{\omega} \quad \text{或} \quad v = \dfrac{\omega}{\varphi} l$$

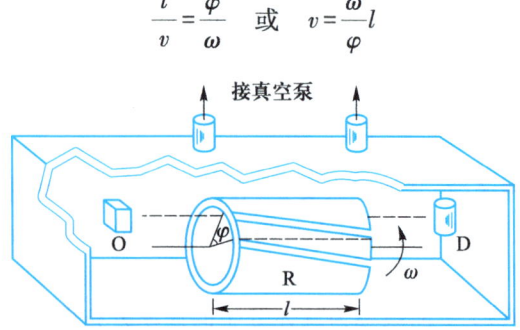

图 12-5 测定分子速率分布的实验装置

的分子才能通过细槽被检测器所接收。由于槽有一定宽度,相当于出入缝之间夹角 $\varphi$ 有一个变化范围 $\Delta\varphi$,因此当 $\omega$ 一定时,从细槽飞出的分子速率相应有一个范

围,即 $v\sim v+\Delta v$,改变 $\omega$,就可以测出不同速率范围内的分子射线强度。

### 12.4.3 三种统计速率

分子动理论中,常用到以下三种统计速率:

**最概然速率** 分子速率分布曲线有一极大值,与这个极大值对应的速率称为最概然速率,用 $v_p$ 表示。$v_p$ 的物理意义是:把速率由 $0\sim\infty$ 范围分成许多相等的小区间,则分布在 $v_p$ 所在区间内的分子数占总分子数的百分比为最大。$v_p$ 可以用数学中求极值的方法求得

$$v_p = \sqrt{\frac{2kT}{m_0}} = \sqrt{\frac{2RT}{M}} \approx 1.41\sqrt{\frac{RT}{M}} \quad (12\text{-}15)$$

式(12-15)表明,对给定的气体($m_0$ 或 $M$ 一定),温度越高,$v_p$ 越大;对给定温度($T$ 一定)的不同种类的气体,分子质量(或摩尔质量)小者 $v_p$ 大。

**平均速率** 大量分子的速率的算术平均值称为分子的平均速率,用 $\bar{v}$ 表示。根据求平均值的定义有

$$\bar{v} = \frac{\sum_{i=1}^{n} N_i v_i}{N}$$

若用 $dN$ 表示速率在 $v\sim v+dv$ 区间内的分子数,当 $v$ 连续分布时,上式中求和号过渡到积分

$$\bar{v} = \frac{\int_0^\infty v dN}{N} = \frac{\int_0^\infty v N f(v) dv}{N} = \int_0^\infty v f(v) dv$$

将式(12-13)代入并积分整理后得

$$\bar{v} = \sqrt{\frac{8kT}{\pi m_0}} = \sqrt{\frac{8RT}{\pi M}} \approx 1.6\sqrt{\frac{RT}{M}} \quad (12\text{-}16)$$

**方均根速率** 在讨论理想气体的温度公式时,我们曾得到气体分子的方均根速率。下面我们从大量分子热运动的速率分布规律出发,以统计平均的方法再次导出方均根速率。与求平均速率类似,分子速率平方的平均值为

$$\overline{v^2} = \frac{\int_0^\infty v^2 N f(v) dv}{N} = \int_0^\infty v^2 f(v) dv$$

将式(12-13)代入并积分,得 $\overline{v^2} = \frac{3kT}{m_0}$,故方均根速率为

$$\sqrt{\overline{v^2}} = \sqrt{\frac{3kT}{m_0}} = \sqrt{\frac{3RT}{M}} \approx 1.73\sqrt{\frac{RT}{M}} \quad (12\text{-}17)$$

由上述讨论可知,三种统计平均速率的大小关系为 $v_p < \bar{v} < \sqrt{\overline{v^2}}$。室温下气体分子的各种平均速率一般在几百米每秒的量级。三种速率各有不同的含义和不同的用处。最概然速率 $v_p$ 表征了气体分子按速率分布的特征;平均速率 $\bar{v}$ 用于讨论气

体分子的碰撞；方均根速率$\sqrt{\overline{v^2}}$则用于计算分子的平均平动动能。

**例 12-3** 试计算处于平衡态的气体分子其速率在$v_p \sim 1.01v_p$内的分子数占总分子数的比率。

**解** 根据麦克斯韦速率分布函数，分子速率在$v \sim v+\Delta v$区间内的分子数$\Delta N$与总分子数$N$的比率为

$$\frac{\Delta N}{N} = f(v)\Delta v = 4\pi \left(\frac{m_0}{2\pi kT}\right)^{\frac{3}{2}} e^{-m_0 v^2/2kT} v^2 \Delta v$$

由最概然速率关系式得$v_p^2 = \frac{2kT}{m_0}$，故$\frac{m_0 v^2}{2kT} = \left(\frac{v}{v_p}\right)^2$，代入上式得

$$\frac{\Delta N}{N} = \frac{4}{\sqrt{\pi}} \left(\frac{v}{v_p}\right)^2 e^{\left(\frac{v}{v_p}\right)^2} \left(\frac{\Delta v}{v_p}\right)$$

依题意，$v = v_p$，$\Delta v = 0.01 v_p$，代入得

$$\frac{\Delta N}{N} = \frac{4}{\sqrt{\pi}} \times 1 \times e^{-1} \times 0.01 \times 100\% = 9.3\%$$

**例 12-4** 金属导体中自由电子的运动可看作类似于气体分子的运动（称为电子气），设导体中共有$N$个自由电子，其中电子的最大速率为$v_m$，电子速率分布函数为

$$f(v) = \frac{\mathrm{d}N}{N\mathrm{d}v} = \begin{cases} Av^2, & v_m > v > 0 \\ 0, & v > v_m \end{cases}$$

试求：(1) 常量$A$；(2) 该电子气的平均速率和方均根速率。

**解** (1) 由归一化条件

$$\int_0^\infty f(v)\mathrm{d}v = \int_0^{v_m} Av^2 \mathrm{d}v = 1, \text{得常量} A = \frac{3}{v_m^3}$$

(2) 根据平均速率和方均根速率定义，可得

$$\bar{v} = \int_0^{v_m} v f(v) \mathrm{d}v = \int_0^{v_m} v(Av^2) \mathrm{d}v = \frac{A}{4} v_m^4 = \frac{3}{4} v_m$$

$$\sqrt{\overline{v^2}} = \sqrt{\int_0^{v_m} v^2 f(v) \mathrm{d}v} = \sqrt{\int_0^{v_m} v^2 (Av^2) \mathrm{d}v} = \sqrt{\frac{A}{5} v_m^5} = \frac{\sqrt{15}}{5} v_m$$

◇ **思考题**

**12-3** 什么叫理想气体的内能？它能否等于零？为什么？

**12-4** 两瓶不同种类的气体：(1) 它们的分子平均平动动能相等，但密度不同，问它们的温度、压强是否相同？(2) 它们的温度和压强相同，但体积不同，问它

们的分子数密度、质量密度、单位体积的分子总平动动能是否相同?

**12-5** 若 $f(v)$ 表示速率分布函数,试说明下列各式的物理意义

(1) $f(v)dv$    (2) $Nf(v)dv$    (3) $\int_{v_1}^{v_2} f(v)dv$

(4) $\int_{v_1}^{v_2} Nf(v)dv$    (5) $\int_0^{\infty} vf(v)dv$

## 习题 12

### 选择题

**12-1** 若理想气体的体积为 $V$,压强为 $p$,温度为 $T$,一个分子的质量为 $m_0$,$k$ 为玻耳兹曼常量,$R$ 为摩尔气体常量,则该理想气体的分子数为(    )。

(A) $pV/m_0$    (B) $pV/(kT)$    (C) $pV/(RT)$    (D) $pV/(m_0T)$

**12-2** 两瓶不同种类的理想气体,设分子平均平动动能相等,但其分子数密度不同,则(    )。

(A) 压强相等,温度相等    (B) 压强相等,温度不相等
(C) 温度相等,压强不相等    (D) 方均根速率相等

**\*12-3** 在标准状态下,若氧气(视为刚性双原子分子理想气体)和氦气的体积比 $V_1/V_2 = 1/2$,则它们的内能之比 $E_1/E_2$ 为(    )。

(A) 1/2    (B) 5/3    (C) 5/6    (D) 3/10

**12-4** 若气体分子的速率分布曲线如图所示,图中 A、B 两部分的面积相等,则图中 $v_0$ 表示(    )。

(A) 最概然速率    (B) 平均速率
(C) 方均根速率    (D) 速率大于和小于 $v_0$ 的分子各占一半

**12-5** 图示的曲线分别是氢气和氦气在同一温度下的麦克斯韦分子速率分布曲线,由图可知,氢气分子的最概然速率和氦气分子的最概然速率分别为(    )。

(A) 2 000 m/s,1 000 m/s    (B) 1 000 m/s,2 000 m/s
(C) 1 000 m/s,$\sqrt{2}\times$1 000 m/s    (D) $\sqrt{2}\times$1 000 m/s,1 000 m/s

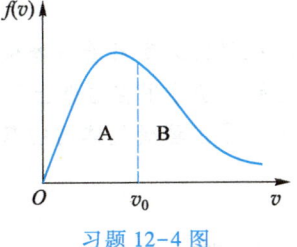

习题 12-4 图

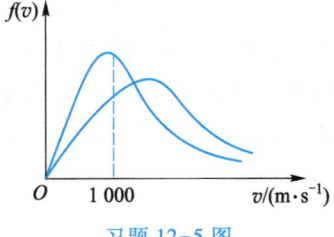

习题 12-5 图

## 填空题

**12-6** 某容器内分子数密度为 $10^{26}$ m$^{-3}$,每个分子的质量为 $3\times10^{-27}$ kg,设其中 $\frac{1}{6}$ 分子数以速率 $v=200$ m/s 垂直地向容器的一壁运动,而其余分子或者离开此壁,或者平行此壁方向运动,且分子与器壁的碰撞是完全弹性的。则

(1) 每个分子作用于器壁的冲量 $\Delta p =$ _____;

(2) 每秒碰在器壁单位面积上的分子数 $n_0 =$ _____;

(3) 作用在器壁上的压强 $p =$ _____。

**12-7** 一定量的理想气体储于某容器中,温度为 $T$,气体分子的质量为 $m_0$。根据理想气体分子模型和统计假设,分子速度在 $x$ 方向分量的平均值为 $\overline{v_x}=$ _____,分子速度在 $x$ 方向分量的平方的平均值为 $\overline{v_x^2}=$ _____。

**12-8** 一瓶质量为 $m$ 的氧气(视为刚性双原子分子理想气体),温度为 $T$,则氧分子的平均平动动能为 _____,氧分子的平均动能为 _____,该瓶氧气的内能为 _____。

**\*12-9** 用总分子数 $N$,气体分子速率 $v$ 和速率分布函数 $f(v)$ 表示下列各量:

(1) 速率大于 $v_0$ 的分子数 = _____;

(2) 速率大于 $v_0$ 的那些分子的平均速率 = _____;

(3) 分子速率倒数的平均值 = _____。

## 计算题

**12-10** 两个相同的容器装有氢气,以一玻璃细管连通,管中用一滴水银作活塞,如图所示。当左边容器的温度为 0 ℃,而右边容器的温度为 20 ℃时,水银滴刚好在管的中央,问:当左边容器温度由 0 ℃增到 5 ℃、而右边容器温度由 20 ℃增到 30 ℃时,水银滴是否会移动?如何移动?

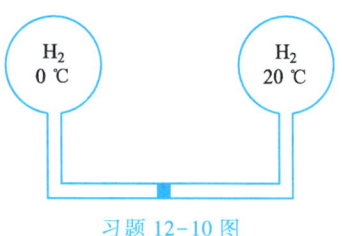

习题 12-10 图

**12-11** 设想每秒有 $10^{23}$ 个氧分子以 $600$ m·s$^{-1}$ 的速度沿着与器壁法线成 $60°$ 角的方向撞在面积为 $4\times10^{-2}$ m$^2$ 的器壁上。求这群分子作用在器壁上的压强。

**12-12** 试从理想气体的温度公式和压强公式导出理想气体的物态方程 $pV=\frac{m}{M}RT$。

**12-13** 水蒸气分解为同温度 $T$ 的氢气和氧气,即

$$H_2O \to H_2 + \frac{1}{2}O_2,$$

也就是 1 mol 的水蒸气可以分解成同温度的 1 mol 氢气和 $\frac{1}{2}$ mol 氧气。当不计振动自由度时，求此过程中内能的增量。

**12-14** 一容器内储有氧气，其压强 $p=1.0\times10^5$ Pa，温度为 $t=27$ ℃。求：

(1) 单位体积内的分子数；

(2) 氧气的质量密度；

(3) 氧分子的质量；

(4) 分子的平均平动动能和平均转动动能。

**12-15** 容器中储有 $2\times10^{-3}$ m$^3$ 的刚性双原子分子理想气体，其内能为 $6.75\times10^2$ J。求：

(1) 气体的压强；

(2) 分子的平均平动动能及气体的温度。（设分子总数为 $5.4\times10^{22}$ 个。）

**12-16** 设 $f(v)$ 为 $N$ 个（$N$ 很大）分子组成的系统的速率分布函数。

(1) 分别写出习题 12-16 图(a)、(b) 中阴影面积对应的数学表达式并回答其物理意义；

(2) 设分子质量为 $m_0$，试用 $f(v)$ 表示以下各量：

①分子动量大小的平均值；②分子平动动能的平均值。

第 12 章习题参考答案

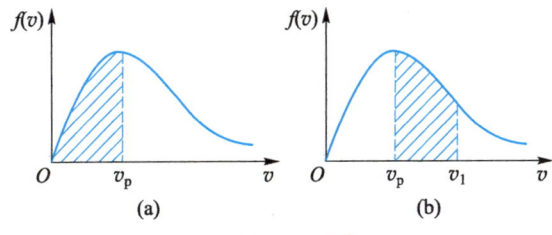

习题 12-16 图

# >>> 第13章

## ··· 热力学基础

热力学与气体动理论,二者研究的对象相同,但研究方法不同。热力学不考虑物质的微观结构和微观变化过程,它以实验事实为依据,从能量观点去分析研究物质在状态变化过程中的热、功和内能变化的关系与条件。热力学是研究热现象的宏观理论,而气体动理论是微观理论。

本章主要介绍热力学中功、热量和内能的概念及计算,热力学第一定律及其在等值过程中的应用,热机效率,热力学第二定律及其统计意义,最后简要介绍熵的概念。

## 13.1 准静态过程　功　热量和内能

### 13.1.1 准静态过程的功

**准静态过程**　当一热力学系统与外界有能量交换时,系统的状态会发生变化,即从一个平衡态变到另一个平衡态,我们把系统状态随时间变化的过程,称为**热力学过程**。系统状态发生变化时,如果过程进行得无限缓慢,使过程中间的任一状态都无限接近平衡态,这样的热力学过程称为**准静态过程**。准静态过程是一个理想过程。实际发生的热力学过程通常进行得都比较快,以至于在没有达到新的平衡态前系统就已继续了下一步的变化,即在整个过程中,系统一直处于非平衡态,直到过程结束才达平衡态,这样的过程称为**非静态过程**。

在实际问题中,只要过程进行得不是非常快(非爆炸过程),一般情况下都可以把实际过程近似地看作准静态过程。本书中有关计算功和热量的过程都是准静态过程。

准静态过程可以用状态图($p$-$V$图、$p$-$T$图或$V$-$T$图)中一条连续曲线来表示,图13-1中曲线表示系统从初态Ⅰ到末态Ⅱ的准静态过程,其中箭头方向为过程进行的方向。这条曲线叫过程曲线,表示这条曲线的方程叫**过程方程**。

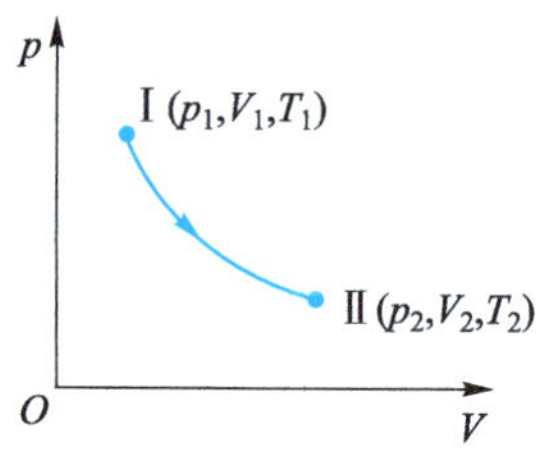

**准静态过程的功**　做功是改变热力学系统状态(内能)的一种方式。下面讨论准静态过程中,由于系统体积的变化,压力所做的功。如图13-2所示,设想汽缸中的气体经历一个无摩擦的准静态膨胀过程。这时汽缸中气体的压强为$p$,当面积为$S$的活塞移动一微小距离$dl$时,气体对外做的元功为

图13-1　准静态过程

$$dW = pSdl = pdV \tag{13-1}$$

气体的体积由$V_1$沿某过程曲线(图13-3)准静态膨胀到$V_2$时,气体对外做的总功为

$$W = \int_{V_1}^{V_2} dW = \int_{V_1}^{V_2} p dV \tag{13-2}$$

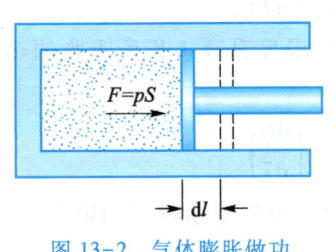
图 13-2　气体膨胀做功

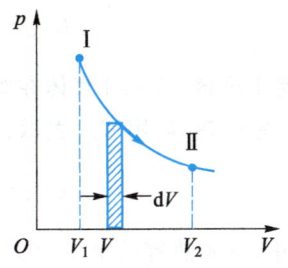
图 13-3　气体做功 $p$-$V$ 图

由积分的几何意义知,此功在数值上等于过程曲线下由 $V_1$ 到 $V_2$ 所围图形的面积。显然,始末状态相同,若经历的过程不同,则过程曲线下的面积不同,功 $W$ 的值就不同。因此,**功是一个过程量**。如果 $W>0$,我们说系统对外界做正功,如果 $W<0$,则是外界对系统做功,或者说系统对外做负功。式(13-2)是热力学中计算功的一般式。

### 13.1.2　热量和热容

改变热力学系统状态(内能)的另一种方式是向系统传递热量。根据热力学第零定律,温度不同的两个物体,相互接触后,热的物体会变冷,冷的物体会变热,最终达到热平衡。这种系统间由于热相互作用(或者说由于温度差)而传递的能量叫作热量。热量一般用 $Q$ 表示,其单位与功的单位相同,即 J(焦耳)。

虽然做功和传热都可以改变系统的状态,但本质不同。做功是通过系统的宏观位移来完成的,本质上是系统的有规则运动与系统内分子无规则运动(热运动)之间的能量转化,也就是机械能与内能的转化;而传递热量本质上是系统外物体的分子无规则运动与系统内分子无规则运动之间的转换,是系统外物体的内能转化为系统的内能。但就对系统的作用效果来看两者是等效的。焦耳曾用实验证明,如果分别用传热和做功的方式使系统的温度升高,则当系统升高的温度相同时,所传递的热量和所做的功有一定的比例关系,即所谓的**热功当量**。

$$1 \text{ cal} = 4.18 \text{ J}$$

热力学中,热量 $Q$ 如何计算呢? 实验表明:在相同温差条件下,不同的物质(系统)传递的热量多少是不同的;在温差和物质相同的条件下,通过不同的过程所传递的热量多少也是不同的,即**热量也是过程量**。

**热容**　定义:某物质温度升高(或降低)1 K 所吸收(或放出)的热量叫该物质的**热容**,用 $C$ 表示,即

$$C = \lim_{\Delta T \to 0} \frac{\Delta Q}{\Delta T} = \frac{dQ}{dT}$$

在 SI 中,热容的单位是 J/K。1 摩尔某物质的热容叫该物质的**摩尔热容**,用 $C_m$ 表示。由于热量是一过程量,物质吸收的热量与它所经历的过程有关,因此同一物质可有无数个摩尔热容,热力学中,常用到两个摩尔热容。

**摩尔定容热容**　1 mol 气体在等体过程中,温度升高 1 K 所吸收的热量称为该气体的摩尔定容热容,用 $C_{V,m}$ 表示,即

$$C_{V,m} = \lim_{\Delta T \to 0}\left(\frac{\Delta Q}{\Delta T}\right)_V = \left(\frac{dQ}{dT}\right)_V \tag{13-3}$$

**摩尔定压热容** 1 mol 气体在等压过程中,温度升高 1 K 所吸收的热量称为该气体的摩尔定压热容,用 $C_{p,m}$ 表示,即

$$C_{p,m} = \lim_{\Delta T \to 0}\left(\frac{\Delta Q}{\Delta T}\right)_p = \left(\frac{dQ}{dT}\right)_p \tag{13-4}$$

在 SI 中,摩尔热容的单位为 J/(mol·K)。根据摩尔热容的定义,一定量的理想气体,温度由 $T_1$ 变化到 $T_2$ 时,吸收或者放出的热量可由下式求得

$$Q = \frac{m}{M}\int_{T_1}^{T_2} C_{x,m}dT = \frac{m}{M}C_{x,m}(T_2 - T_1) \tag{13-5}$$

式中,$C_{x,m}$ 是该过程的摩尔热容。如果 $Q>0$,表示气体从外界吸收热量,反之如果 $Q<0$,则表示气体向外界放出热量。式(13-5)是热力学中计算吸、放热量的一般式。

### 13.1.3 内能

上一章曾讲过,内能是热力学系统内部状态所决定的能量。系统处在一定的状态,就有一定的内能。在热力学中,把内能与系统状态的这种一一对应关系说成是:**内能是系统状态的单值函数**(简称态函数)。从分子动理论的观点来说,系统的内能就是系统中所有分子热运动的动能和分子间相互作用的势能之总和。由于温度是分子平均平动动能的量度,而分子之间相互作用的势能与分子之间的距离有关,或者说与气体的体积有关。所以,实际气体的内能应是温度和体积的函数,即 $E = E(V,T)$。

对于处在平衡态下的理想气体,因不计分子间势能,所以它的内能与体积无关,仅与温度有关。**理想气体的内能是温度的单值函数**,即 $E = E(T)$。质量为 $m$,摩尔质量为 $M$ 的理想气体,内能公式为

$$E = \frac{m}{M}\frac{i}{2}RT = \nu\frac{i}{2}RT$$

由于热力学系统的内能变化与做功或传热有联系,故在热力学中并不着重于计算内能 $E$ 的绝对量值,而是着重计算内能的改变量 $\Delta E$,对于一定量的理想气体,温度由 $T_1$ 变为 $T_2$ 时,内能的改变量为

$$\Delta E = E_2 - E_1 = \frac{m}{M}\frac{i}{2}R(T_2 - T_1) \tag{13-6}$$

式中 $E_1$、$E_2$ 分别为系统处于状态 1、状态 2 的内能。如果 $T_2>T_1$,则 $\Delta E>0$,表示气体的内能增加;反之如果 $T_2<T_1$,则 $\Delta E<0$,表示气体的内能减少。式(13-6)是热力学中计算内能增量的一般式,而且内能的增量与过程无关。

## 13.2 热力学第一定律及其在理想气体等值过程的应用

### 13.2.1 热力学第一定律

在热力学系统的实际状态变化过程中,做功和传热往往是同时进行的。如果一个系统从外界吸收了热量 $Q$,同时又对外做功 $W$,而系统从内能为 $E_1$ 的初态改变到内能为 $E_2$ 的末态,实验证明这三个物理量 $Q$、$W$、$\Delta E$ 有如下关系

$$Q = W + (E_2 - E_1) = W + \Delta E \tag{13-7}$$

阅读材料:
热力学第一定律的建立

式(13-7)称为**热力学第一定律**的数学表达式。它表明,外界传给系统的热量,一部分用于系统对外做功,一部分用于增加系统的内能。显然这是包括热现象在内的能量守恒定律。式中的符号规定如下:$Q>0$,表示系统从外界吸收热量,$Q<0$,表示系统向外界放出热量;内能改变量 $\Delta E = E_2 - E_1 > 0$,表示系统内能增加,$\Delta E < 0$ 表示系统内能减少;$W>0$ 表示系统对外界做正功,$W<0$ 表示系统对外界做负功。在 SI 中,三个量的单位都是 J(焦耳)。

对于系统的微小变化过程中,热力学第一定律可以写成微分形式

$$dQ = dE + dW = dE + pdV \tag{13-8}$$

历史上曾有人企图制造一种循环动作的机器,使系统经历状态变化后又回到初态,在这整个过程中不需要外界供给任何能量而可以不断地对外做功。这种机器叫**第一类永动机**。这种企图经过多次尝试都失败了。这些尝试的失败导致了热力学第一定律的建立。反过来我们可用热力学第一定律证明第一类永动机是不可能造成的,因为这种机器做功后又回到原来初态,内能不改变,即 $\Delta E = 0$。根据热力学第一定律有 $Q = W$,亦即做的功等于供给它的热量或其他形式的等值能量,不供给能量是不可能的。

### 13.2.2 热力学第一定律在理想气体等值过程的应用

**等体过程** 系统在状态变化过程中体积始终保持不变的过程,称为**等体过程**。等体过程的特征是 $V=$常量,$dV=0$。过程曲线是一条平行于 $p$ 轴的直线,如图 13-4 所示。

等体过程中,气体的体积始终保持不变,所以气体不做功,$dW = pdV = 0$,$W = 0$。热力学第一定律应用于等体过程的任一微小过程,有

$$dQ_V = dE$$

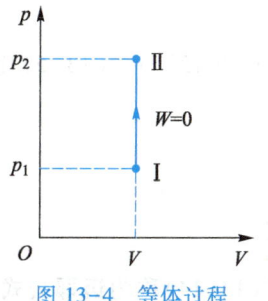

图 13-4 等体过程

上式表明,等体过程中,系统吸收的热量全部用于增加系统的内能。对于一有限的等体过程,当理想气体从状态 I 等体变化到状态 II 时,由热力学第一定律并考虑到

理想气体的内能公式,有

$$Q_V = \Delta E = \frac{m}{M} \frac{i}{2} R(T_2 - T_1) \tag{13-9}$$

式(13-9)与式(13-5)比较,可得理想气体的摩尔定容热容为

$$C_{V,m} = \frac{i}{2} R \tag{13-10}$$

可见,摩尔定容热容与气体分子的自由度有关,对单原子气体分子 $C_{V,m} = \frac{3}{2} R$,刚性双原子气体分子 $C_{V,m} = \frac{5}{2} R$,刚性多原子气体分子 $C_{V,m} = \frac{6}{2} R$。

**等压过程** 系统在状态变化过程中压强始终保持不变的过程称为**等压过程**。等压过程的特征是 $p =$ 常量,$\mathrm{d}p = 0$。过程曲线是一条平行于 $V$ 轴的直线,如图 13-5 所示。

热力学第一定律应用于等压过程的任一微小过程,有

$$\mathrm{d}Q_p = \mathrm{d}E + p\mathrm{d}V$$

理想气体从状态 Ⅰ 等压变化到状态 Ⅱ,气体吸收的总热量

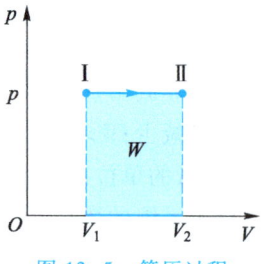

图 13-5 等压过程

$$\begin{aligned} Q_p &= \Delta E + \int_{V_1}^{V_2} p\mathrm{d}V \\ &= E_2 - E_1 + p(V_2 - V_1) \end{aligned} \tag{13-11}$$

式(13-11)表明,等压过程中气体吸收的热量,一部分用于对外做功,一部分用于增加系统的内能。

因为内能增量与过程无关 $\Delta E = \frac{m}{M} \frac{i}{2} R(T_2 - T_1)$;又由理想气体物态方程 $p(V_2 - V_1) = \frac{m}{M} R(T_2 - T_1)$,所以式(13-11)又可写成

$$\begin{aligned} Q_p &= \frac{m}{M} \frac{i}{2} R(T_2 - T_1) + \frac{m}{M} R(T_2 - T_1) \\ &= \frac{m}{M} \left( \frac{i}{2} R + R \right)(T_2 - T_1) \end{aligned} \tag{13-12}$$

式(13-12)与式(13-5)比较,可得理想气体的摩尔定压热容为

$$C_{p,m} = \frac{i}{2} R + R = \frac{i+2}{2} R \tag{13-13}$$

或

$$C_{p,m} = C_{V,m} + R \tag{13-14}$$

式(13-14)称为**迈耶公式**。由该式知道,$C_{p,m}$ 的值比 $C_{V,m}$ 大 $R$。这是显然的,因为等体膨胀过程中,系统吸收的热量全部用于增加系统的内能;而在等压膨胀过程中,

系统吸收的热量除使系统的内能增加外,还要膨胀做功,所以吸热会多一些。

摩尔定压热容 $C_{p,m}$ 与摩尔定容热容 $C_{V,m}$ 的比值称为气体的**比热容比**,用 $\gamma$ 表示,即

$$\gamma = \frac{C_{p,m}}{C_{V,m}} = \frac{i+2}{i} \tag{13-15}$$

表 13-1 列出了常温常压下一些气体的 $C_{V,m}$ 和 $C_{p,m}$ 的实验值。从表中数据容易看出:(1) 对各种气体来说,两种摩尔热容之差 $C_{p,m}-C_{V,m}$ 都接近于 $R$ 值;(2) 对单原子及双原子气体来说,$C_{p,m}$、$C_{V,m}$ 和 $\gamma$ 的实验值与理论值都比较接近,这说明经典热容理论近似地反映了客观事实。但对分子结构较复杂的气体如三原子以上气体,理论值与实验值有较大偏差,这说明上述理论是个近似理论,只有用量子理论才能较好地解决热容的问题。

表 13-1 几种气体的摩尔热容实验值

| 气体分子类型 | 气体 | $C_{p,m}/(\text{J}\cdot\text{mol}^{-1}\cdot\text{K}^{-1})$ | $C_{V,m}/(\text{J}\cdot\text{mol}^{-1}\cdot\text{K}^{-1})$ | $\gamma$ |
|---|---|---|---|---|
| 单原子 | He | 20.95 | 12.61 | 1.66 |
|  | Ar | 20.90 | 12.53 | 1.67 |
| 双原子 | $H_2$ | 28.83 | 20.47 | 1.41 |
|  | $N_2$ | 28.88 | 20.56 | 1.40 |
|  | $O_2$ | 29.61 | 21.16 | 1.40 |
|  | CO | 29.0 | 21.2 | 1.37 |
| 多原子 | $H_2O$(水汽) | 36.2 | 27.8 | 1.31 |
|  | $CH_2$(甲烷) | 35.6 | 27.2 | 1.30 |
|  | $C_2H_5OH$(乙醇) | 87.0 | 79.1 | 1.11 |

**等温过程** 系统在状态变化过程中温度始终保持不变的过程,称为**等温过程**。等温过程的特征是 $T=$ 常量,$dT=0$,有 $dE=0$。过程曲线是一等轴双曲线,如图 13-6 所示。

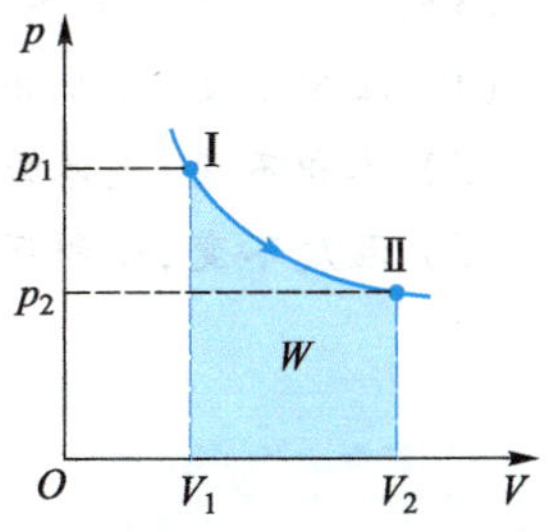

热力学第一定律应用于等温过程的任一微小过程,有

$$dQ_T = dE + pdV = pdV$$

由于等温过程中内能不改变,因此气体吸收的热量全部用于对外做功。把理想气体物态方程 $pV=\frac{m}{M}RT$ 代入上式,得

$$dQ_T = dW = pdV = \frac{m}{M}RT\frac{dV}{V}$$

图 13-6 等温过程

气体从状态 I 等温膨胀到状态 II 时,气体吸收的总热量或者气体对外做的总功为

$$Q_T = W_T = \int_{V_1}^{V_2} p\,dV = \int_{V_1}^{V_2} \frac{m}{M} RT \frac{dV}{V} = \frac{m}{M} RT \ln \frac{V_2}{V_1} \qquad (13-16)$$

应用等温过程方程 $p_1 V_1 = p_2 V_2$，上式还可写成

$$Q_T = W_T = \frac{m}{M} RT \ln \frac{p_1}{p_2} \qquad (13-17)$$

**例 13-1** 如图 13-7 所示，1 mol 氧气（1）从状态 $a$ 等温变化到状态 $b$；（2）从状态 $a$ 等体变化到状态 $c$，再等压变化到状态 $b$。试分别计算各过程氧气所做的功、内能增量及吸收的热量。

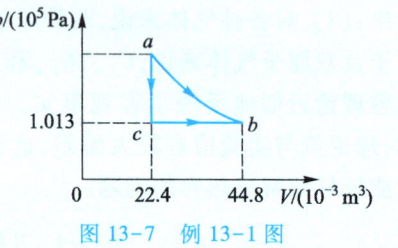

图 13-7 例 13-1 图

**解** （1）由状态 $a$ 等温膨胀至状态 $b$ 的过程，内能增量为 $\Delta E = 0$

氧气吸收的热量全部用于对外做功

$$Q_T = W_T = p_b V_b \ln \frac{V_b}{V_a}$$

$$= 1.013 \times 10^5 \times 44.8 \times 10^{-3} \times \ln 2 \text{ J} = 3.15 \times 10^3 \text{ J}$$

（2）从状态 $a$ 变化到状态 $c$ 再变化到状态 $b$ 的过程，内能增量为 $\Delta E = 0$
整个过程由热力学第一定律得

$$Q = W + \Delta E = W = W_{ac} + W_{cb}$$

其中 $W_{ac} = 0$，所以

$$Q = W_{cb} = p_c (V_b - V_c)$$

$$= 1.013 \times 10^5 \times (44.8 - 22.4) \times 10^{-3} \text{ J} = 2.27 \times 10^3 \text{ J}$$

◇ 思考题

**13-1** 内能和热量有什么区别？

**13-2** 对一定量的某种理想气体在下列变化过程中，内能有何变化？
（1）压强不变，体积膨胀；
（2）体积不变，气体吸热，压强增大；
（3）温度不变，体积压缩。

## 13.3 绝热过程

**绝热过程** 系统与外界无热交换的过程称为**绝热过程**。绝热过程的特征是 $Q = 0, dQ = 0$。为了实现绝热过程，容器的壁必须是绝热的，例如气体在用绝热材料包起来的容器中，如杜瓦瓶内进行的过程可近似地看作绝热过程。此外，如果过程进行得足够快，以至系统来不及与外界交换热量，这样的过程也可近似看作绝热过

程,如声波传播时引起空气压缩或者膨胀的过程,内燃机中燃气的爆炸过程等。

绝热过程中,$dQ=0$,热力学第一定律应用于绝热过程的任一微小过程,有

$$dQ = dE + pdV = 0$$

或

$$dW_Q = pdV = -dE$$

理想气体由初态 I 绝热膨胀到末态 II 时,气体对外做的总功为

$$W_Q = \int_{V_1}^{V_2} pdV = -\Delta E = -\frac{m}{M}C_{V,m}(T_2 - T_1) \tag{13-18}$$

式(13-18)表明,系统绝热膨胀对外做功,是以内能减少为代价,这必然导致气体的温度降低,压强减小。所以,绝热过程中 $p$、$V$、$T$ 三个状态参量都同时变化。

**绝热过程方程** 可以证明(推导过程见后面)在绝热过程中,$p$、$V$、$T$ 三个量中任意两个量之间的关系为

$$pV^\gamma = C_1 \tag{13-19}$$

$$TV^{\gamma-1} = C_2 \tag{13-20}$$

$$p^{\gamma-1}T^{-\gamma} = C_3 \tag{13-21}$$

式(13-19)、式(13-20)、式(13-21)称为**绝热过程方程**。式中 $C_1$、$C_2$、$C_3$ 均为常量,它们的值可由气体的初始状态决定。$\gamma = C_{p,m}/C_{V,m}$ 称为**绝热指数**(比热容比);因 $C_{p,m} > C_{V,m}$,所以 $\gamma > 1$。

表示绝热过程中 $p$-$V$ 之间的关系曲线,如图 13-8 中的实线称为**绝热线**。图中还画出了同一气体的等温线(虚线),$A$ 点是两曲线的交点,从图上看出,绝热线比等温度线陡些。

从数学上看,等温线在 $A$ 点的斜率为 $\left(\dfrac{dp}{dV}\right)_T = -\dfrac{p}{V}$;而绝热线在 $A$ 点的斜率为 $\left(\dfrac{dp}{dV}\right)_Q = -\gamma\dfrac{p}{V}$,因 $\gamma > 1$,所以在交点 $A$ 处,绝热线斜率的绝对值大于等温线斜率的绝对值,即是说,绝热线比等温度线陡。

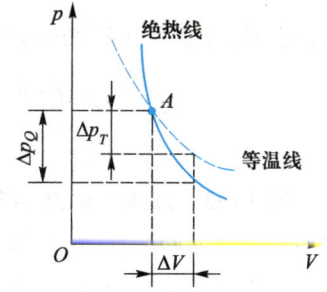

图 13-8 绝热线与等温线比较

从物理上看,假设从交点 $A$ 开始,令气体体积增加 $\Delta V$,则无论过程是等温还是绝热,其压强 $p$ 都要降低,但若气体做等温膨胀,引起压强降低的因素只有一个,即体积的增加;而当气体做绝热膨胀,引起压强降低的因素有两个,即体积的增加和温度的降低。所以气体做绝热膨胀时引起的压强降低比气体做等温膨胀时降低得多些,即图中 $\Delta p_Q > \Delta p_T$,所以绝热线比等温度线陡。

***绝热过程方程的推导** 根据绝热过程特征,利用热力学第一定律(微分形式)以及理想气体物态方程可以导出绝热过程方程。

绝热过程 $dQ = 0$,

$$pdV = -dE = -\nu C_{V,m}dT$$

物态方程 $pV = \nu RT$ 两边微分

$$pdV + Vdp = \nu R dT$$

上两式消去 $dT$ 得

$$pdV + Vdp = \frac{-R}{C_{V,m}} pdV$$

移项并整理得

$$Vdp = -\left(1 + \frac{R}{C_{V,m}}\right) pdV = -\frac{C_{p,m}}{C_{V,m}} pdV = -\gamma pdV$$

即

$$\frac{dp}{p} + \gamma \frac{dV}{V} = 0$$

积分后得

$$pV^\gamma = C_1$$

这就是绝热过程方程式(13-19),将上式与物态方程依次消去 $p$ 和 $V$,便得到式(13-20)和式(13-21)。

**例 13-2** 证明绝热过程中的功可按式 $W = \dfrac{p_1V_1 - p_2V_2}{\gamma - 1}$ 计算。

**证明** 由绝热过程方程式(13-19)有

$$p = \frac{C_1}{V^\gamma}$$

$$W = \int_{V_1}^{V_2} pdV = \int_{V_1}^{V_2} \frac{C_1}{V^\gamma} dV$$

积分上式,注意到 $p_1V_1^\gamma = p_2V_2^\gamma = C_1$,得

$$W = p_1V_1^\gamma \int_{V_1}^{V_2} \frac{dV}{V^\gamma} = \frac{p_1V_1^\gamma}{\gamma - 1}\left(\frac{1}{V_1^{\gamma-1}} - \frac{1}{V_2^{\gamma-1}}\right) = \frac{p_1V_1 - p_2V_2}{\gamma - 1}$$

**例 13-3** 理想气体绝热自由膨胀过程。如图 13-9 所示,绝热容器被隔板分为体积相等的两部分,左半部分有压强为 $p_1$、温度为 $T_1$ 的理想气体,右半部分为真空。现在抽去中间隔板,则气体将向真空自由膨胀并充满整个容器,求气体达到新的平衡态后的压强。

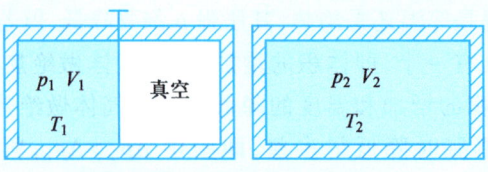

图 13-9 气体绝热自由膨胀示意图

**解** 气体向真空绝热自由膨胀的过程非常迅速,是非静态过程,绝热过程方程不适用,但它仍应服从热力学第一定律。由于过程是绝热的,有 $Q = 0$;又因为气体向真空自由膨胀,故气体对外不做功,即 $W = 0$,由热力学第一定律,得

$$E_2 - E_1 = 0$$

即气体绝热自由膨胀过程中内能不变。对理想气体,由于内能是温度的单值函数,因此

$$T_2 = T_1$$

根据物态方程,并注意到 $T_2 = T_1$,$V_2 = 2V_1$,可求得自由膨胀后的压强

$$p_2 = p_1/2$$

## 13.4 循环过程 卡诺循环

**循环过程** 生产实践中需要持续不断地把热转变为功,但依靠单一的变化过程不可能达到这个目的。例如,汽缸中的气体做等温膨胀时,它从热源吸热对外做功,尽管它所吸收的热量全部用于对外做功,但由于汽缸的长度总是有限的,这个过程不可能无限制地进行下去。所以依靠气体等温膨胀所做的功是有限的。为了持续不断地把热转变为功,必须依靠循环过程。

**物质系统经历一系列状态变化过程后又回到原来初态,则这全部的状态变化过程称为循环过程**。循环过程的系统称为工作物质,简称工质。如果循环过程的一系列变化都是准静态的,则循环过程可以在 $p$-$V$ 图上用一闭合曲线表示,如图 13-10 所示。按循环过程进行的方向分为两种循环:正循环,顺时针方向进行的循环,把热变为功。各种热机,如蒸汽机、内燃机等是利用正循环工作的。逆循环,逆时针方向进行的循环,利用外界做功获得低温。各种冷库、制冷机,如电冰箱、空调机等是利用逆循环工作的。

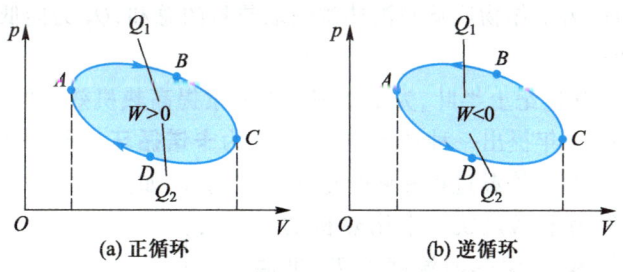

图 13-10 循环过程示意图

循环过程的特征是:工作物质经历一系列状态变化过程后又回到原来初态,由于内能是状态的单值函数,所以它的内能没有改变,即 $\Delta E = E_2 - E_1 = 0$。

**热机效率** 下面以正循环为例,讨论循环过程中的热功转化关系及其热机的效率。图 13-10(a)所示的循环可看成由两个准静态过程组成,一个是 ABC 过程,另一个是 CDA 过程。从做功情况看,在 ABC 过程中,气体膨胀对外做功(设为 $W_1$),$W_1 > 0$,$W_1$ 数值上等于曲线 ABC 下面的面积;在 CDA 过程中,气体被压缩,外界对气体做功(设为 $W_2$),$W_2 < 0$,$W_2$ 数值上也等于曲线 CDA 下面的面积。一次循环

中，气体所做的**净功** $W$ 数值上等于闭合曲线 $ABCDA$ 所包围面积（循环面积）的大小，即有

$$W = W_1 - W_2 = 循环面积$$

从热交换的情况看，$ABC$ 过程是膨胀吸热（设为 $Q_1$），$Q_1 > 0$；而 $CDA$ 过程是压缩放热（设为 $Q_2$），$Q_2 < 0$。一次循环中，气体所吸取的**净热量** $Q$ 应为

$$Q = Q_1 - Q_2$$

热力学第一定律应用于整个循环过程，因 $\Delta E = 0$，所以

$$Q = Q_1 - Q_2 = W \tag{13-22}$$

式（13-22）表明，在一次循环中，工作物质吸取的净热等于它对外做的净功，即

**净热 = 净功 = 循环面积**

式中的等号是指数值上相等，这个结论对任何循环过程都是适用的。

我们可以把工作于正循环的热机用图 13-11 表示它的工作原理。不管是什么类型的热机，它都是把热量转变为机械功的机器，都是由工作物质、高温热源 $T_1$ 以及低温热源 $T_2$ 这三部分组成。热机的工作物质从高温热源吸取热量 $Q_1$，向低温热源放出热量 $Q_2$，对外做功为 $W$。因为它吸取的热量 $Q_1$ 不可能全部用于对外做功，所以热机有一定的效率，用 $\eta$ 表示，即

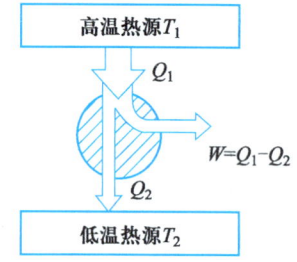

$$\eta = \frac{W}{Q_1} = \frac{Q_1 - Q_2}{Q_1} = 1 - \frac{Q_2}{Q_1} \tag{13-23}$$

图 13-11 热机工作示意图

因为 $Q_2 \neq 0$，所以热机的效率 $\eta < 1$。式（13-23）是热机效率的定义式，对任何热机都适用。式中 $Q_1$ 为工作物质从高温热源吸取热量的总和，$Q_2$ 为向低温热源放出热量总和的绝对值。

文档：卡诺简介

**卡诺循环** 19 世纪上半叶，为了从理论上探索提高热机效率的途径，法国青年工程师卡诺于 1824 年提出一种理想的循环，称为**卡诺循环**。卡诺循环由四个准静态过程组成，即由两个等温过程和两个绝热过程构成，如图 13-12 所示。工作于卡诺循环的热机称为卡诺热机。卡诺热机的工作物质是理想气体，高温热源温度为 $T_1$，低温热源温度为 $T_2$。

下面计算卡诺热机循环的效率。

在等温膨胀过程 $ab$ 中，气体从高温热源 $T_1$ 中吸取热量 $Q_1$ 为

$$Q_1 = \frac{m}{M} RT_1 \ln \frac{V_2}{V_1}$$

阅读材料：卡诺的热机理论

在等温压缩过程 $cd$ 中，气体向低温热源 $T_2$ 放出的热量 $Q_2$ 为（此处 $Q_2$ 取绝对值）

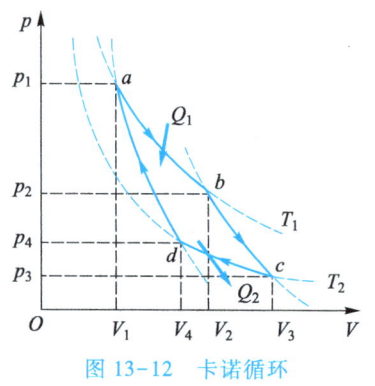

图 13-12 卡诺循环

$$Q_2 = \frac{m}{M}RT_2 \ln \frac{V_3}{V_4}$$

代入热机效率定义式(13-23),有

$$\eta = 1 - \frac{Q_2}{Q_1} = 1 - \frac{T_2}{T_1}\frac{\ln \dfrac{V_3}{V_4}}{\ln \dfrac{V_2}{V_1}} \qquad ①$$

$bc$ 和 $da$ 为两绝热过程,有

$$T_1 V_2^{\gamma-1} = T_2 V_3^{\gamma-1}, \quad T_1 V_1^{\gamma-1} = T_2 V_4^{\gamma-1}$$

两式相除得

$$\frac{V_2}{V_1} = \frac{V_3}{V_4} \qquad ②$$

将②式代入①式,得**卡诺热机的效率**

$$\eta = 1 - \frac{Q_2}{Q_1} = 1 - \frac{T_2}{T_1} \qquad (13-24)$$

可见,(1)要完成一次卡诺循环必须有高温和低温两个热源;(2)卡诺热机循环的效率只与高、低温热源的温度有关,两热源的温差越大,卡诺循环的效率越高;(3)卡诺循环的效率总是小于1。

**例 13-4** 图 13-13 为一理想气体的循环过程,其中 $ab$、$cd$ 为等压过程,$bc$、$da$ 为绝热过程,$b$、$c$ 点温度分别为 $T_2$、$T_3$,求此循环的效率 $\eta$,这个循环是卡诺循环吗?

**解** 等压过程 $ab$ 向外界吸热为

$$Q_1 = \frac{m}{M}C_{p,\mathrm{m}}(T_b - T_a)$$

等压过程 $cd$ 向外界放热为

$$Q_2 = \frac{m}{M}C_{p,\mathrm{m}}(T_c - T_d)$$

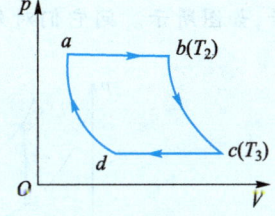

图 13-13 例 13-4 图

由热机循环效率

$$\eta = 1 - \frac{Q_2}{Q_1} = 1 - \frac{T_c - T_d}{T_b - T_a} = 1 - \frac{T_c\left(1 - \dfrac{T_d}{T_c}\right)}{T_b\left(1 - \dfrac{T_a}{T_b}\right)} \qquad ①$$

由绝热过程 $bc$ 及 $da$ 得

$$p_1^{\gamma-1} T_b^{-\gamma} = p_2^{\gamma-1} T_c^{-\gamma} \qquad ②$$

$$p_1^{\gamma-1} T_a^{-\gamma} = p_2^{\gamma-1} T_d^{-\gamma} \qquad ③$$

由②和③式得

$$\frac{T_a}{T_b} = \frac{T_d}{T_c}$$

则
$$\left(1-\frac{T_d}{T_c}\right) = \left(1-\frac{T_a}{T_b}\right) \qquad ④$$

将④式代入①式，得热机循环效率

$$\eta = 1-\frac{T_c}{T_b} = 1-\frac{T_3}{T_2}$$

这里请注意，上式中 $\eta$ 虽然由两个温度 $T_3$ 及 $T_2$ 表示，但这个循环不是卡诺循环，因为在等压过程中含有无限多个热源。

◇ 思考题

**13-3** 一定量的理想气体，从 $p$-$V$ 图上同一初态 $A$ 开始，分别经历三种不同的过程到达不同的末态，末态的温度相同，如图所示。其中 $A \to C$ 是绝热过程。

(1) 在 $A \to B$ 过程中气体是吸热还是放热，为什么？

(2) 在 $A \to D$ 过程中气体是吸热还是放热，为什么？

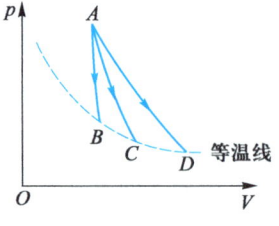

思考题 13-3 图

**13-4** 两台卡诺热机，使用同一低温热源，不同高温热源，在 $p$-$V$ 图上它们的循环曲线所包围的面积相等，如图所示。问它们对外做的净功是否相同，效率是否相同？

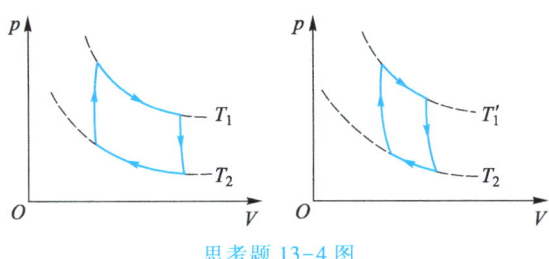

思考题 13-4 图

**13-5** 从理论上讲，提高卡诺热机的效率有哪些途径？在实际中采用什么办法？

阅读材料：热力学第二定律的建立

## 13.5 热力学第二定律

热力学第一定律指出了热力学过程中的能量守恒关系。然而，人们在研究热机工作原理时发现，满足能量守恒的热力学过程不一定都能实现。实际的热力学过程都是按一定的方向进行，而热力学第一定律并没有阐述系统变化进行的方向。

热力学第二定律是关于自然过程方向性的规律。

### 13.5.1 热力学第二定律的两种表述

热力学第一定律表明违背能量守恒的第一类永动机不可能制成。那么如何在不违背热力学第一定律的前提下,尽可能地提高热机的效率呢?由式(13-23)知,如果向低温热源放出的热量 $Q_2$ 减少,效率 $\eta$ 就增大,当 $Q_2=0$ 时,即不需要低温热源,只存在一个单一温度的热源,热机效率可以达到100%。有人做过估算,如果这种单一热源的热机可以实现,只要使海水的温度降低 0.01 K,就能使全世界所有的机器工作一千多年。然而,大量事实说明,循环效率达到100%的热机(称为第二类永动机)是不可能制造出来的。

阅读材料:永动机的否定

热力学第二定律的开尔文表述(1851年):**不可能从单一热源吸取热量使之完全变为有用功而不引起其他变化**。

注意开尔文表述中的两个关键词:"单一热源"和"其他变化"。如果热源不是单一的,热源内一部分的温度与另一部分的温度不同,则就有两个或多个热源。所谓"其他变化"是指热源和被做功的物体之外的变化,如果可以产生其他变化,那么单一热源完全变为有用功是可能的。例如,理想气体等温膨胀过程,便把从热源吸取的热完全变成了有用功,但却产生了体积膨胀这个"其他变化"。

文档:开尔文简介

热力学第二定律的克劳修斯表述(1850年):**热量不可能自动地从低温物体传向高温物体**。

克劳修斯表述中"自动地"是一关键词。如果通过外界做功,热量是可以从低温物体传向高温物体的。制冷机(如冰箱)就是例子。这个结论不可能从热力学第一定律推导得到,因为热量从低温物体自动传到高温物体,并不违反能量守恒定律。因此,热力学第二定律是独立于热力学第一定律的另一定律,它表明热力学过程是有方向性的。

文档:克劳修斯简介

**两种表述的等价性** 热力学第二定律的两种表述貌似不同,但它们是等价的。可以用反证法来证明,即如果两种表述之一不成立,则另一表述也不成立。

先证明违反开尔文表述,则必违反克劳修斯表述。假如开氏表述不对,即可以从温度为 $T_1$ 的热源吸取热量 $Q_1$,并把它全部转化为功 $W$ 而不引起其他变化,则可以用这个功去推动一台制冷机,如图 13-14 所示。当把热机和制冷机看作联合制冷机时,净效果是不需要消耗任何外界的功,热量 $Q_2$ 自动地从低温热源流向高温热源,这就违反了克劳修斯表述。

再证明违反克劳修斯表述,则必违反开尔文表述。假如克氏表述不对,即热量 $Q$ 可以自动地从低温热源传到高温热源,而不引起其他变化,如图 13-15 所示。现在两热源之间设置一卡诺热机,此热机从高温热源吸取热量 $Q_1=Q$,将 $Q_2$ 放给低温热源,对外界做功 $W=Q_1-Q_2$。对高温热源来说没有发生任何变化,总的效果是工质从单一热源(低温热源 $T_2$)吸取热量 $Q-Q_2$,并把它全部变为有用功而不引起其他变化,这就违反了开尔文表述。

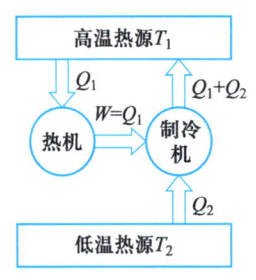 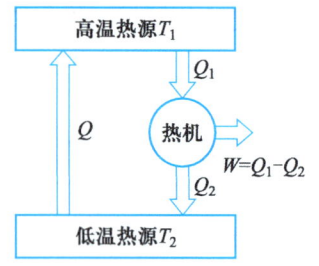

图 13-14 两种表述的等价性①　　　图 13-15 两种表述的等价性②

### 13.5.2 可逆过程与不可逆过程

热力学第二定律两种表述的等价性说明它们具有内在的共性。开尔文表述指出热功转化过程的方向性,即在不引起其他变化的条件下,功可以完全转化为热,而在同样的条件下,热却不可能完全转化为功。克劳修斯表述指出了热传导过程的方向性,即热量可以自动地由高温物体传向低温物体,但反方向的过程不可自动发生。可见,两种表述均指明了自然界某些实际过程的进行有方向性。

不仅热功转化和热传导过程有方向性,人们从大量事实中认识到,一切自然过程的进行都有一定的方向性,其反方向的过程虽不违背热力学第一定律,却不可能自动发生。

如例 13-3 讨论过的气体向真空绝热自由膨胀的过程,将中间隔板抽去后,气体自动地迅速膨胀充满整个容器,最后达到一平衡态,而反方向的过程,即让均匀充满整个容器的气体全部自动收缩回半边的过程是不可能自动发生的。

又如,将两种不同气体混合,它们能逐渐趋于均匀分布,但混合后的气体不可能自动分离为两种气体。还有如摩擦生热、泼出去的水、各种爆炸过程、墨滴在水中的扩散、瀑布自高山飞流直下等,其逆过程均不可自发进行。大量事实告诉我们,一切与热现象有关的自然宏观过程都是有方向性的。

为了更好地理解热力学过程的方向性,引入可逆过程和不可逆过程的概念。

一个系统由某一状态出发,经某一过程到达另一状态。如果过程沿相反方向进行,可以经过和原来一样的那些中间状态,而又重新回到初状态,外界未发生任何变化,这种过程叫作**可逆过程**。反之,如果沿过程反方向进行,不能重复经历原来的所有中间状态回到初状态,或回到初状态而外界不能完全复原,则这种过程称为**不可逆过程**。

可逆过程只是一个理想概念,因为只有完全消除了摩擦、耗散等因素并且进行得无限缓慢的过程(即无摩擦的准静态过程)才是可逆的。它是在一定条件下对实际过程的一种理想化抽象,是为了研究问题的需要而引入的,而不可逆过程在自然界普遍存在。根据不可逆过程的定义,前面讲到的与热现象有关的一切自然过程(具有方向性)均为不可逆过程。热力学第二定律的开尔文表述实际上是指出了热功转化过程的不可逆性;克劳修斯表述实际上是指出了热传导过程的不可逆性。我们可以用反证法,与证明热力学第二定律两种表述的等价性类似,证明自然界一切不可逆过程都具有等价性和内在的联系,即由一种过程的不可逆性可以推断出其他过程的不可逆性(限于篇幅,请读者自己证明)。

自然界的一切自然过程既然存在着共同的特征(即不可逆性)和内在的联系,可以从一个过程的不可逆性推断出其他过程的不可逆性,因而任一自发过程都可用来作为热力学第二定律的表述,即热力学第二定律有多种不同的表述。因此热力学第二定律的实质在于,它指出了**一切与热现象有关的实际宏观过程都是不可逆的**。

### 13.5.3　卡诺定理

在热力学第二定律建立的 20 多年前,法国工程师卡诺于 1824 年不但建立了理想热机模型——卡诺热机,同时还提出了热机理论中非常重要的**卡诺定理**:

(1) 在相同的高温热源和相同的低温热源之间工作的一切可逆热机,其效率都相等 $\left(\eta = 1 - \dfrac{T_2}{T_1}\right)$,与工作物质无关。

(2) 在相同的高温热源和相同的低温热源之间工作的一切不可逆热机,其效率都不可能大于可逆热机的效率,即

$$\eta = 1 - \frac{Q_2}{Q_1} < 1 - \frac{T_2}{T_1} \tag{13-25}$$

卡诺定理的重要意义在于它从理论上指出了提高热机效率的途径。就过程而论,应使实际的不可逆机尽量地接近可逆机;就高低温热源的温度而言,应尽量提高高温热源的温度,并降低低温热源的温度。

◇ **思考题**

**13-6**　根据热力学第二定律判断下列说法是否正确?

(1) 功可以全部转化为热,但热不能全部转化为功;

(2) 热量能够从高温物体传到低温物体,但不能从低温物体传到高温物体;

(3) 理想气体做等温膨胀时,所吸收的热量完全转化为功是违反热力学第二定律的。

**13-7**　可逆过程是否一定是准静态过程?准静态过程是否一定是可逆的?不可逆过程是否一定是非静态过程?非静态过程是否一定是不可逆的?

**13-8**　为什么热力学第二定律可以有多种不同的表述?

## *13.6　熵　熵增加原理

宏观热力学过程都有一定的方向性,如:热量总是自动地从高温物体传向低温物体,直到两物体的温度相同为止;气体分子自由膨胀总是从密度大处向密度小处

进行,直到各处密度均匀为止。判断前一不可逆过程进行方向的标准是温度的高低,判断后一不可逆过程进行方向的标准是密度的大小。自然界中这种自发的不可逆过程多种多样,这等于要有无数的判别标准,能否找到一个共同的判别标准? 或者说,能否找到热力学第二定律统一的数学表达式?

**熵** 要能判别过程进行的方向,必须找出表征过程前后状态的系统某种态函数。已知内能是个态函数,但不能用它来判别过程进行的方向,因在气体自由膨胀的不可逆过程中,膨胀前后系统的内能并无变化。1865 年,克劳修斯通过对卡诺循环的分析,找到了一个态函数——**熵**,发现通过熵值的变化可以判别一个不可逆过程进行的方向。

根据卡诺定理(1),可逆卡诺热机的效率为

$$\eta = 1 - \frac{Q_2}{Q_1} = 1 - \frac{T_2}{T_1}$$

由此得

$$\frac{Q_1}{T_1} - \frac{Q_2}{T_2} = 0$$

若将 $Q_2$ 定义为从低温热源吸取的热量,则 $Q_2<0$,上式改为

$$\frac{Q_1}{T_1} + \frac{Q_2}{T_2} = 0 \tag{13-26}$$

因为卡诺循环的两绝热过程中 $Q=0$,式(13-26)表明在整个可逆卡诺循环中,**热温比** $\frac{Q}{T}$ 的总和为零。这个结论可推广到任意可逆循环,图 13-16 中的闭合曲线表示任意可逆循环,有

$$\sum_{i=1}^{n} \frac{\Delta Q_i}{T_i} = 0$$

因为任意可逆循环 AIBIIA,可看成 n 个微小卡诺循环组成,当 $n\to\infty$ 时,上式的求和化为沿闭合路径 AIBIIA 的积分

$$\oint_L \frac{dQ}{T} = 0 \tag{13-27}$$

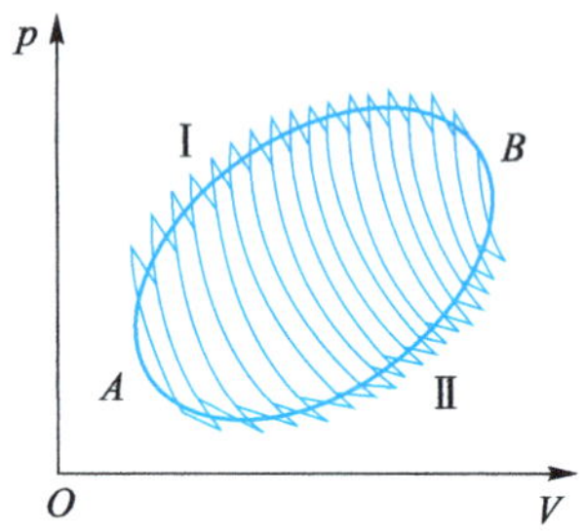

图 13-16 任意可逆循环看成无数小卡诺循环组成

式(13-27)称为**克劳修斯等式**。参见图 13-16,上式可以写成

$$\int_{AIB} \frac{dQ}{T} + \int_{BIIA} \frac{dQ}{T} = \int_{AIB} \frac{dQ}{T} - \int_{AIIB} \frac{dQ}{T} = 0$$

即

$$\int_{AIB} \frac{dQ}{T} = \int_{AIIB} \frac{dQ}{T} = \int_{AB} \frac{dQ}{T}$$

由于所选择的循环是任意的,上式表明积分 $\int_A^B \frac{dQ}{T}$ 的值与路径无关,只由 $A$、$B$ 两状态决定。这说明系统存在一个态函数,它与保守力场中引入的势能有类似性质,克劳修斯把这个态函数定义为熵,用 $S$ 表示。如果 $S_A$ 和 $S_B$ 分别表示系统在状态 $A$ 和状态 $B$ 的熵,系统沿任意可逆过程由状态 $A$ 变到 $B$,熵的增量为

$$\Delta S = S_B - S_A = \int_A^B \frac{\mathrm{d}Q}{T} \qquad (13\text{-}28)$$

式(13-28)就是著名的**克劳修斯熵公式**。对任意微小的可逆过程,有

$$\mathrm{d}S = \frac{\mathrm{d}Q}{T} \qquad (13\text{-}29)$$

在 SI 中,熵的单位为 $\mathrm{J\cdot K^{-1}}$。熵是一个态函数,系统处在某一状态的熵值只有相对意义,热力学中关心的是熵的改变量 $\Delta S$;$\Delta S$ 只取决于初态和末态,与过程是否可逆无关。但式(13-28)的积分必须沿可逆过程进行。因此,当系统从初态 $A$ 到终态 $B$ 经历一个不可逆过程时,可以设计一个联系初终两态的可逆过程,然后用式(13-28)计算熵变。

**熵增加原理** 克劳修斯把上述推导从可逆过程推广到不可逆过程,由卡诺定理(2),有

$$1 - \frac{Q_2}{Q_1} < 1 - \frac{T_2}{T_1}$$

于是,对于不可逆过程,克劳修斯等式(13-27)应改写为

$$\oint_L \frac{\mathrm{d}Q}{T} < 0 \qquad (13\text{-}30)$$

阅读材料:
熵增加原理的提出

式(13-30)称为**克劳修斯不等式**。式(13-28)和式(13-29)相应地改为

$$\Delta S = S_B - S_A > \int_A^B \frac{\mathrm{d}Q}{T} \qquad (13\text{-}31)$$

$$\mathrm{d}S > \frac{\mathrm{d}Q}{T} \qquad (13\text{-}32)$$

对于孤立系统(绝热系统),系统与外界无热量交换,$\mathrm{d}Q = 0$,式(13-31)和式(13-32)变为

$$\Delta S = S_B - S_A > 0 \quad \text{或} \quad \mathrm{d}S > 0 \qquad (13\text{-}33)$$

即,**在绝热不可逆过程中,系统的熵永远沿着熵增加的方向进行,直到熵的最大值为止**。这一结论称为熵增加原理。它是判别不可逆过程进行的方向和限度的标准,所以又称为热力学第二定律的数学表达式。

**例 13-5** 求例 13-3 或图 13-9 中理想气体自由膨胀的熵变。

**解** 自由膨胀是个不可逆过程,计算初、末两态的熵变,需要设计一个连接初、末两态的可逆过程。因为初末态温度相同(设为 $T_0$),故可以设计一个可逆等温膨胀过程,使气体体积由 $V_1$ 膨胀到 $V_2$,由式(13-28)计算这一过程中气体的熵变

$$\Delta S = \int \frac{\mathrm{d}Q}{T_0} = \frac{1}{T_0} \int \mathrm{d}Q$$

因为等温过程 $\mathrm{d}Q = \mathrm{d}W = p\mathrm{d}V = \frac{m}{M} R T_0 \frac{\mathrm{d}V}{V}$,代入上式,有

$$\Delta S = \frac{m}{M} R \int_{V_1}^{V_2} \frac{dV}{V} = \frac{m}{M} R \ln \frac{V_2}{V_1} > 0$$

由此可见，理想气体向真空自由膨胀过程中熵增加，是不可逆过程。

## *13.7 热力学第二定律和熵的统计意义

自发过程的方向性和热力学过程的不可逆性是被大量观察所证实的事实，热力学第二定律就是这一事实的文字总结，而熵增加原理是这一事实的数学表述。其实它们都与大量分子的不规则运动分不开，本节将运用分子动理论和统计物理学来说明热力学第二定律和熵的统计意义，从而加深对热力学第二定律和熵本质的认识。

### 13.7.1 热力学第二定律的统计意义

为简单起见，以气体自由膨胀为例。设有一长方形容器（容器壁为绝热壁），用隔板将其分为左右相等的 A、B 两室，A 室有 a、b、c、d 四个分子，B 室为真空，如图 13-17 所示。现将隔板抽起，则四个分子在 A、B 两室自由分布。其可能的分布列于表 13-2 中。

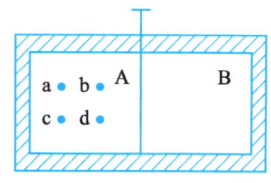

图 13-17　自由膨胀不可逆性的统计意义

表 13-2　4 个分子在 A、B 室的分布

| 分子各种可能分布的微观状态 | | 每个室的分子数宏观状态 | | 一个宏观状态对应的微观状态数 $\Omega$ | 各宏观状态出现的概率 |
| --- | --- | --- | --- | --- | --- |
| A | B | A | B | | |
| abcd | 无 | 4 | 0 | 1 | $\dfrac{1}{16} = \dfrac{1}{2^4}$ |
| abc<br>abd<br>acd<br>bcd | d<br>c<br>b<br>a | 3 | 1 | 4 | $\dfrac{4}{16} = \dfrac{4}{2^4}$ |
| ab<br>ac<br>ad<br>bc<br>bd<br>cd | cd<br>bd<br>bc<br>ad<br>ac<br>ab | 2 | 2 | 6 | $\dfrac{6}{16} = \dfrac{6}{2^4}$ |

续表

| 分子各种可能分布的微观状态 | | 每个室的分子数宏观状态 | | 一个宏观状态对应的微观状态数 $\Omega$ | 各宏观状态出现的概率 |
|---|---|---|---|---|---|
| A | B | A | B | | |
| a<br>b<br>c<br>d | bcd<br>acd<br>abd<br>abc | 1 | 3 | 4 | $\dfrac{4}{16}=\dfrac{4}{2^4}$ |
| 无 | abcd | 0 | 4 | 1 | $\dfrac{1}{16}=\dfrac{1}{2^4}$ |

从表(13-2)可知,4个分子在A、B室的分布共有5种宏观状态,其中4个分子都在A室或B室的宏观态仅含1个微观态。A室或B室其中一室有1个分子,另一室有3个分子的宏观态各包含4个微观态,A、B室各有2个分子,即均匀分布的宏观态有6个微观态数。4个分子的总微观状态数等于16,即$2^4$。整齐地排列(即4个分子均出现在A室或B室)的概率只有$\dfrac{1}{16}=\dfrac{1}{2^4}$,而无序的排列(即4个分子均匀分布)的概率为$\dfrac{6}{16}=\dfrac{6}{2^4}$。如果A室原有1 000个分子,那么抽起隔板之后,1 000个分子都留在A室或均匀分布后又自动全部退回到A室的概率只有$\dfrac{1}{2^{1\,000}}$。如果A室原有1 mol气体,$N=6.02\times10^{23}$,那么抽起隔板之后,这1 mol气体分子都在A室的概率为$\dfrac{1}{2^N}=\dfrac{1}{2^{6.02\times10^{23}}}$。这个概率是如此之小,实际上是不会出现的。也就是说,气体自由膨胀后,最终能观测到的宏观状态是微观态数最多的状态,即分子无序排列程度最高的平衡态。

为了定量说明系统的微观状态与宏观状态的关系,定义:**某宏观状态所包含的微观状态的数目称为该宏观状态的热力学概率,用 $\Omega$ 表示**。上述气体分子绝热自由膨胀的不可逆过程,是由热力学概率小的宏观态向热力学概率大的宏观态进行的。

由于一切不可逆过程都具有等价性和内在联系,因此,用热力学概率的概念可以这样描述一切不可逆过程的方向性:**对于不受外界影响的热力学系统(孤立系统),其内部发生的过程总是由热力学概率小的状态向热力学概率大的状态进行,由包含微观状态数目少的宏观状态向包含微观状态数目多的宏观状态进行**,这就是热力学第二定律的统计意义。

### 13.7.2 熵的统计意义

当孤立系统从概率小的宏观态向概率大的宏观态过渡时,系统就从不平衡态向平衡态发展,系统的熵也随之增大到极大值。由此可推想,熵 $S$ 与系统可能存在的微观状态数(热力学概率)$\Omega$ 之间必定存在某种函数关系。1877年,奥地利物理学家玻耳兹曼用统计方法建立了这种函数关系,即

$$S = k\ln\Omega \tag{13-34}$$

式中 $k$ 是玻耳兹曼常量。式(13-34)称为**玻耳兹曼熵公式**。

前面介绍的克劳修斯熵公式只对系统的平衡态才有意义,是系统平衡态的函数。而玻耳兹曼熵公式对非平衡态也有意义,因为对非平衡态也有微观状态数与之对应,因而也有熵值与之对应,从这个意义上说玻耳兹曼熵公式更具普遍性。由于平衡态是对应于热力学概率 $\Omega$ 最大的状态,也可以说,克劳修斯熵是玻耳兹曼熵的最大值。

无论微观的玻耳兹曼熵还是宏观的克劳修斯熵,它们是一致的,它们都正比于宏观状态热力学概率的对数,自然过程的自发倾向总是从概率小的宏观态向概率大的宏观态过渡。

从统计意义上说,熵高(热力学概率 $\Omega$ 大),意味着"混乱"和"分散";熵低(热力学概率 $\Omega$ 小),意味着"整齐"和"集中"。用物理学的语言,前者叫无序,后者叫有序。例如,固体熔化为液体是熵增加的过程,固体的结晶态要比液态整齐有序;液体蒸发为气体是熵增加得更多的过程,气态比液态要混乱和分散得多。又如,功转化为热,是大量分子从有序运动状态向无序状态转化的过程;热传导的过程,是大量分子从无序程度小的状态向无序程度大的运动状态转化的过程,都是熵增加的过程。因此可以说,**熵是系统内分子热运动的无序性的一种量度**,这就是熵的统计意义。

## 生活中的物理 11

### 家用电冰箱的制冷原理

图 13-18 是家用电冰箱的结构示意图,其主要制冷部分包括:箱体、压缩机 A、冷凝器(又称散热器)B、毛细管(又称节流阀)C 和蒸发器 D。工作物质(即制冷剂)通常采用氨($NH_3$)或氟利昂 $R_{12}$($CCl_2F_2$)(常温下为气态,一定压强下又很易液化的物质)。

工作过程如下:

(1) 压缩过程:压缩机首先吸入在蒸发器 D 中已蒸发制冷后流出的常温低压制冷剂蒸气(氟利昂),通过外界做功 $W$ 推动活塞进行急速

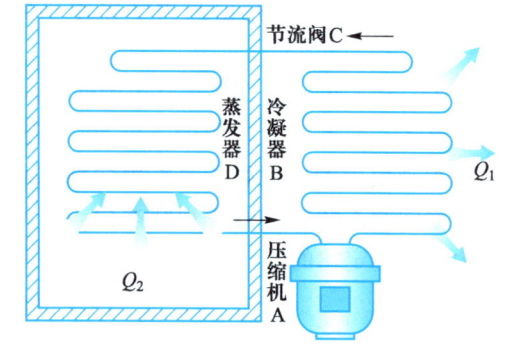

图 13-18 电冰箱的结构原理示意图

的绝热压缩，低压制冷工质蒸气经绝热压缩后成为高温、高压的干蒸气。

（2）冷凝过程：高温高压的制冷剂蒸气经管道送入直径 5~6 mm 的铜管冷凝器 B 中与外界的空气（高温热源）进行热交换，把制冷剂在蒸发器 D 中吸取的热量 $Q_2$ 和压缩机做功产生的热量 $W$ 一起放出 $Q_1=Q_2+W$，使干蒸气变为高压液体。

（3）节流膨胀过程：毛细管（节流阀 C）的内径为 0.5~1 mm，但其长度有 2~4 m（毛细管的全部长度几乎都穿在由蒸发器到压缩机的回气管中），由于管道的横截面突然减小并有相当的长度，使从毛细管流出的工质降压降温成为低温、低压液体后进入冷冻室的蒸发器 D 中，此即为节流阀 C 的节流作用。

（4）蒸发过程：低压液态制冷剂进入蒸发器 D 迅速汽化，将从冰箱（低温热源）中吸取热量 $Q_2$，使冰箱内的温度降低而自身全部蒸发为蒸气。蒸发后的氟利昂蒸气经回气管回到压缩机中进行下一次循环……

## 习题 13

**选择题**

**13-1** 1 mol 单原子分子理想气体从状态 $A$ 到状态 $B$，如果不知是什么气体，也不知经历什么过程，但 $A$、$B$ 两态的压强、体积和温度都知道，则可求出（　　）。

（A）气体所做的功　　　　　　（B）气体内能的增量
（C）气体传给外界的热量　　　（D）气体的质量

**13-2** 理想气体从初态 $a$ 出发，经历 1 或 2 过程到达末态 $b$，已知 $a$、$b$ 处于同一绝热线上，则（　　）。

（A）过程 1、2 均吸热　　　　（B）过程 1、2 均放热
（C）过程 1 放热，过程 2 吸热　（D）过程 1 吸热，过程 2 放热

**13-3** 如图所示，一定量的理想气体从体积 $V_1$ 膨胀到 $V_2$，经历的过程分别为：$A \to B$ 等压过程，$A \to C$ 等温过程，$A \to D$ 绝热过程，其中吸热最多的过程是（　　）。

（A）等压过程　　　　　　　　（B）等温过程
（C）绝热过程　　　　　　　　（D）三个过程吸收的热量相同

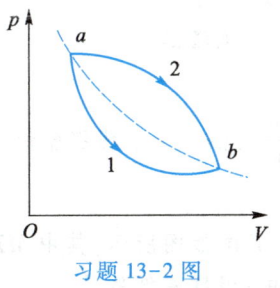

习题 13-2 图

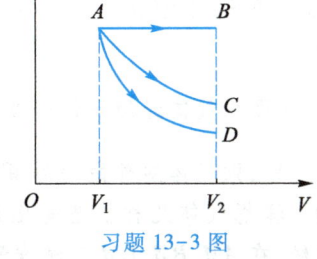

习题 13-3 图

**13-4** 一定量的理想气体分别由初态 $a$ 经 $a \to 1 \to b$ 过程和由初态 $c$ 经 $c \to 2 \to d \to b$ 过程到达相同的终态 $b$，如图所示。则两个过程中气体从外界吸收的热量 $Q_1$

和 $Q_2$ 的关系为(　　)。

(A) $Q_1<0, Q_1<Q_2$    (B) $Q_1>0, Q_1<Q_2$
(C) $Q_1<0, Q_1>Q_2$    (D) $Q_1>0, Q_1>Q_2$

**13-5**  一定量的理想气体经历循环过程 ABCA 用 V-T 曲线表示如图所示，该气体在循环过程中吸放热的情况是(　　)。

(A) $A\to B, C\to A$ 过程吸热，$B\to C$ 过程放热
(B) $A\to B$ 过程吸热，$B\to C, C\to A$ 过程放热
(C) $B\to C$ 过程吸热，$A\to B, C\to A$ 过程放热
(D) $B\to C, C\to A$ 过程吸热，$A\to B$ 过程放热

**13-6**  如图所示的理想气体的两个循环过程 ABCDA 和 ABDA，它们的效率分别为 $\eta_1$ 和 $\eta_2$。图中 AB 为等温过程，CA 为绝热过程，BC 为等体过程，BD 为等压过程。则一定有(　　)。

(A) $\eta_1>\eta_2$    (B) $\eta_1=\eta_2$    (C) $\eta_1<\eta_2$    (D) 不能确定

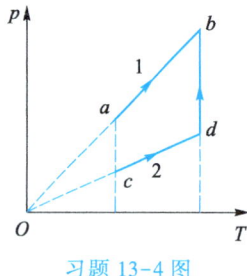
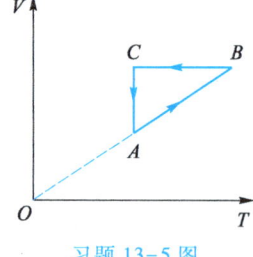
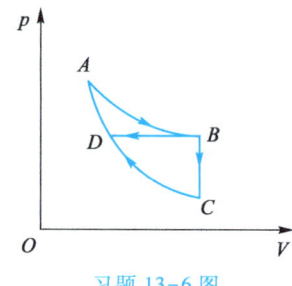

习题 13-4 图　　　　　习题 13-5 图　　　　　习题 13-6 图

**13-7**  关于可逆过程和不可逆过程以下说法错误的是(　　)。

(A) 可逆过程一定是平衡过程；
(B) 平衡过程一定是可逆过程
(C) 不可逆过程一定找不到另一过程使系统和外界同时复原
(D) 非平衡过程一定是不可逆过程

**13-8**  一绝热容器被隔板分成两半，一半真空，另一半是理想气体。若把隔板抽出，气体将进行自由膨胀，达到平衡后(　　)。

(A) 温度降低，熵减少    (B) 温度不变，熵不变
(C) 温度不变，熵增加    (D) 温度降低，熵增加

**填空题**

**13-9**  若理想气体经历一过程方程为 $p=\dfrac{a}{V^2}$ 的热力学过程膨胀做功，气体体积由 $V_1$ 增加至 $V_2$，则气体对外做功为 $W=$ ＿＿＿＿＿＿。

**13-10**  理想气体几种状态变化过程的 p-V 图如图所示，其中 MT 为等温线，MQ 为绝热线，在 AM、BM、CM 三种准静态过程中：温度降低的是＿＿＿＿＿＿过程；气体放热的是＿＿＿＿＿＿过程。

**13-11**  1 mol 理想气体的 T-V 图如图所示，AB 为一直线，其延长线通过 O 点，

$AB$ 过程是_____,气体对外做功为 $W=$_____。

**13-12** 气体经历如图所示的循环过程,在这个循环中,外界传给气体的净热量是_____。

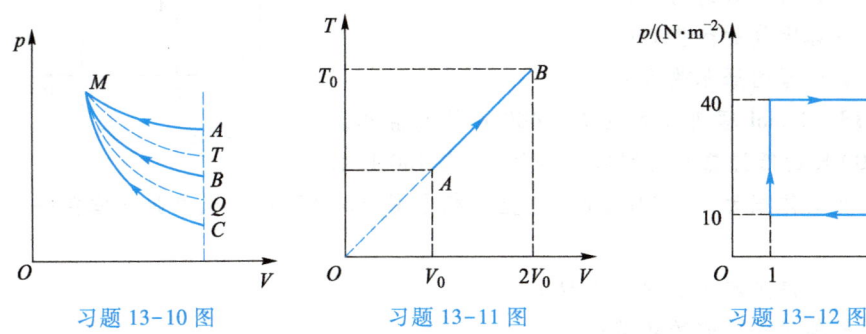

习题 13-10 图　　习题 13-11 图　　习题 13-12 图

**13-13** 从统计意义上说,不可逆过程实质是一个_____的转变过程,一切实际过程都向着_____或_____的方向进行。

### 计算题

**13-14** 一定量的理想气体,从 $A$ 态出发,经 $p$-$V$ 图中所示的过程到达 $B$ 态,试求在这整个过程中,该气体吸收的热量。

**13-15** 一系统由图中的 $a$ 态沿 $abc$ 到达 $c$ 态时,吸热 350 J,同时对外做功 126 J。

（1）如果沿 $adc$ 进行,则系统做功 42 J。问这时系统吸收了多少热量？

（2）当系统由 $c$ 态沿曲线 $ca$ 返回到 $a$ 态时,如果外界对系统做功 84 J,问这时系统是吸热还是放热？热量传递是多少？

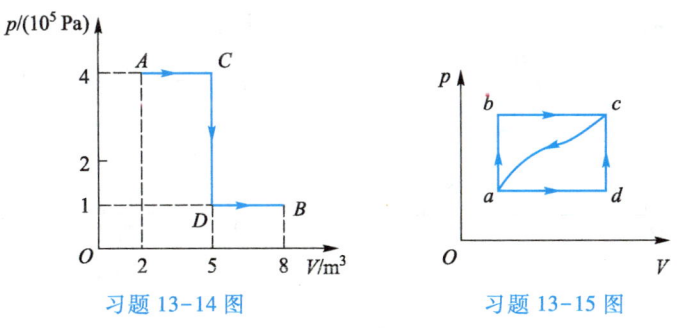

习题 13-14 图　　习题 13-15 图

**13-16** 1 mol 单原子分子理想气体,盛于气缸内,此气缸装有可活动的活塞。已知气体的初压强为 $10^5$ Pa,体积为 $10^{-3}$ m³。现将该气体在等压下加热,直到体积为原来的 2 倍,然后再在等容下加热,到压强为原来的 2 倍,最后做绝热膨胀,使温度降为起始温度。

（1）将整个过程在 $p$-$V$ 图上表示出来；

（2）整个过程气体内能的改变量；

（3）整个过程气体对外做的功。

**13-17** 1 mol 双原子理想气体，从状态 $A$ 沿 $p$-$V$ 图所示的直线变化到状态 $B$，试求：

(1) 气体内能的增量 $\Delta E$；

(2) 气体对外做的功 $W$；

(3) 气体吸收的热量 $Q$；

(4) 此过程的摩尔热容 $C_m$。

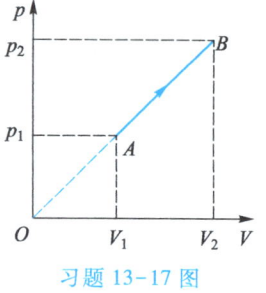

习题 13-17 图

**13-18** 1 mol 理想气体在 $T_1 = 400$ K 的高温热源与 $T_2 = 300$ K 的低温热源之间做卡诺循环，在 400 K 的等温线上起始体积为 $V_1 = 0.001$ m³，终止体积为 $V_2 = 0.005$ m³。试求此气体在每一循环中：

(1) 从高温热源吸取的热量 $Q_1$；

(2) 气体对外做的净功 $W$；

(3) 气体传给低温热源的热量 $Q_2$。

**13-19** 如图所示，$AB$、$DC$ 是两绝热过程，$CQA$ 是等温过程。已知系统在 $CQA$ 过程中放热 100 J，$QAB$ 的面积是 30 J，$QDC$ 的面积为 70 J。试问在 $BQD$ 过程中系统是吸热还是放热？热量是多少？

**13-20** 1 mol 单原子分子理想气体的循环过程的 $V$-$T$ 图如图所示。图中 $T_0 = 300$ K。

(1) 在 $p$-$V$ 图上表示该循环过程；

(2) $ab$、$bc$、$ca$ 各个过程系统吸收的热量；

(3) 每一循环系统对外做的净功 $W$；

(4) 循环效率 $\eta$。

第 13 章习题参考答案

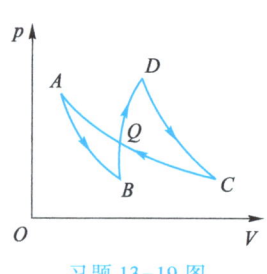

习题 13-19 图

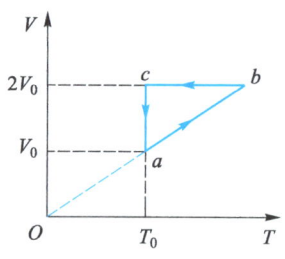

习题 13-20 图

# 第 五 篇

# 近代物理基础

**19** 世纪末，经典物理学各分支学科都已形成了完整的理论体系。不少物理学家认为物理学已大功告成。1900年，著名英国物理学家开尔文就在一篇瞻望20世纪物理学的文章中说道："在已经基本建成的科学大厦中，后辈物理学家只要做一些零碎的修补工作就行了。"在同一篇文章中接着说："但是，在物理学晴朗天空的远处，还有两朵小小的令人不安的乌云。"这两朵乌云指的是当时经典物理学无法解释的两个实验：一是黑体辐射实验，另一是迈克耳孙-莫雷实验。开尔文的担心是很有远见的。进入20世纪，那两朵乌云迅速发展，引起了物理学界一场暴风骤雨。1900年为了解释黑体辐射实验，普朗克建立了量子论，迈克耳孙-莫雷实验和其他一些实验，否定了经典电磁理论的"以太"假说；1905年爱因斯坦建立了狭义相对论。这些导致了近代科学史上著名的20世纪物理学革命，从而建立了近代物理学。

近代物理学对经典物理学的原理作了根本改造。相对论和量子力学是近代物理学的两大理论支柱，是20世纪高新科技的理论基础。本篇先介绍狭义相对论基础，然后介绍量子物理基础。

## >>> 第14章

### ··· 狭义相对论基础

相对论是关于时间、空间和物质运动关系的理论,通常包括两部分:狭义相对论和广义相对论。1905 年,爱因斯坦(A. Einstein,1879—1955)发表《论动体的电动力学》论文,创立了狭义相对论;狭义相对论不考虑物质质量对时空的影响,只研究物质相对于惯性系做匀速直线运动的规律。1915 年,爱因斯坦又创立了广义相对论;广义相对论考虑质量对时空的影响,是关于引力的理论。本章只对狭义相对论作简单的介绍。

## 14.1 伽利略变换　力学相对性原理

### 14.1.1 伽利略变换　经典时空观

设有两个相对做匀速直线运动的**惯性系** S 和 S′,S′ 系相对于 S 系以恒定速度 $u$ 沿共同的 $x$、$x'$ 轴正方向运动,如图 14-1 所示。设 $t=t'=0$ 时,坐标系原点 $O$ 与 $O'$ 重合,则某时空点 $P$ 的空时坐标变换关系为

$$\begin{cases} x'=x-ut \\ y'=y \\ z'=z \\ t'=t \end{cases} \quad 或 \quad \begin{cases} x=x'+ut \\ y=y' \\ z=z' \\ t=t' \end{cases} \quad (14-1)$$

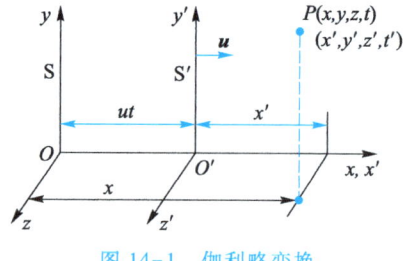

图 14-1　伽利略变换

上述两组方程分别称为**伽利略坐标变换**及其逆变换。

伽利略变换中对时间、空间的性质作了某些假定。这些假定主要有两条:第一,假定了时间对于一切惯性系都是相同的,亦即假定存在着与任何具体参考系的运动状态无关的同一的时间,表现为 $t=t'$。既然时间是不变的,那么就有 $\Delta t=\Delta t'$,即时间间隔的测量也与参考系的运动状态无关。时间是用钟去测量的,这相当于假定了存在与惯性系无关的不受运动状态影响的时钟。第二,假定了在任一确定时刻,空间两点的长度对一切惯性系也都是相同的,即

$$\Delta L=\sqrt{(\Delta x)^2+(\Delta y)^2+(\Delta z)^2}=\sqrt{(\Delta x')^2+(\Delta y')^2+(\Delta z')^2}=\Delta L'$$

空间长度是用尺去测量的,这相当于假定存在与惯性系无关的不受运动状态影响的直尺。

这些假定与经典时空观是一致的。牛顿说:"绝对的、真正的和数学的时间,就其本质而言,是永远均匀地流逝着,与任何外界事物无关";"绝对空间,就其本质而言,是与任何外界事物无关的,它永远不动、永远不变"。这就是经典的时空观,也称绝对时空观。按照这种观点,时间和空间是彼此独立、互不相关的,并且不受物质和运动的影响。存在绝对静止的参考系。伽利略变换就是以这种绝对时空观为前提,可以说伽利略变换是绝对时空观的数学表述。

### 14.1.2 力学相对性原理

1632 年,伽利略出版了捍卫哥白尼地动学说的著作《关于托勒密和哥白尼两大世界体系的对话》。书中精彩地描述了相对于岸边做匀速直线运动的大船,船舱里所观察到的一些力学现象:蝴蝶随便地四处飞行,决不会向船尾集中;从挂着的水瓶滴下的水滴仍然滴进正下方的罐子里……在船舱里所做的观察和实验,都不能判断船究竟是在运动还是静止不动,正如我国古人云,"舟行而不觉"。

伽利略描述的种种现象表明:**一切彼此做匀速直线运动的惯性系,对于描写机械运动的力学规律来说是完全等价的**,不存在任何更优越的惯性系。在一个惯性系中所做的任何力学实验都不能确定这一惯性系本身是静止的,还是在做匀速直线运动。或者说,**力学规律对一切惯性系都是等价的**。这就是力学相对性原理,也称伽利略相对性原理。

若以 $v$ 和 $v'$ 表示 P 点在 S 和 S′系中的速度,则伽利略坐标变换两边对时间 $t$ 或 $t'$ 求导数,并注意到 $\mathrm{d}t=\mathrm{d}t'$,可得到

$$\begin{cases} v'_x = v_x - u \\ v'_y = v_y \\ v'_z = v_z \end{cases} \quad \text{或} \quad \begin{cases} v_x = v'_x + u \\ v_y = v'_y \\ v_z = v'_z \end{cases} \tag{14-2}$$

写成矢量式,有

$$\boldsymbol{v'} = \boldsymbol{v} - \boldsymbol{u} \quad \text{或} \quad \boldsymbol{v} = \boldsymbol{v'} + \boldsymbol{u} \tag{14-3}$$

式(14-2)或式(14-3)称为**伽利略速度变换式**。将式(14-3)对时间再求一次导数,因速度 $\boldsymbol{u}$ 恒定,可得

$$\boldsymbol{a'} = \boldsymbol{a} \tag{14-4}$$

式(14-4)表明,质点的加速度在不同的惯性系中测得的结果是相同的。经典力学中,质点的质量被认为是常量,与参考系运动无关。所以,由 S′系有 $\boldsymbol{F'}=m'\boldsymbol{a'}$,S 系有 $\boldsymbol{F}=m\boldsymbol{a}$,得到 $\boldsymbol{F'}=\boldsymbol{F}$。即**牛顿力学规律在伽利略变换下具有不变性**。换言之,**对任何惯性系,牛顿力学规律有相同的形式**——这是力学相对性原理的另一种表述。

## 14.2 狭义相对论基本原理　洛伦兹变换

### 14.2.1 狭义相对论的基本原理

在牛顿等对力学进行深入研究之后,人们对其他物理现象,如光和电磁现象的研究也逐步深入了。19 世纪中叶,已形成了比较严密的电磁理论——麦克斯韦理论。它预言光是一种电磁波,而且不久就为实验所证实。在分析与物体运动有关的电磁现象时,也发现有符合相对性原理的实例。如在电磁感应现象中,线圈中感应电动势的大小决定磁体与线圈相对运动的速度。因此,自然会提出这样的问题,

对不同的惯性系,电磁现象的基本规律的形式相同吗?如果用伽利略变换对电磁现象的基本规律进行变换,发现这些规律对不同的惯性系并不具有相同的形式。这样,伽利略变换和电磁现象符合相对性原理的设想发生了矛盾。

这个问题中,光速的值起决定的作用。若以 $c$ 表示在 S 系中测得的光在真空中的速率,以 $c'$ 表示在 S'系中测得的光在真空中的速率,根据伽利略变换有

$$c' = c \pm u$$

但麦克斯韦电磁场理论中给出的光在真空中的传播速率为

$$c = \frac{1}{\sqrt{\varepsilon_0 \mu_0}} \tag{14-5}$$

回 阅读材料:
迈克耳孙-莫雷实验

因为 $\varepsilon_0$ 和 $\mu_0$ 是两个与参考系无关的电磁学常量,因此 $c$ 也应该与参考系无关。即在任何惯性系中测得真空中的光速都应是一样的。这一结论后来为许多精确的实验(最著名的是1887年迈克耳孙和莫雷做的实验)观察所证实。它们都明确无误地证明光速的测量结果与光源和测量者的相对运动无关。这就是说,光或电磁波的运动不服从伽利略变换!

回 阅读材料:
爱因斯坦创建狭义相对论的基本思路

光速恒定,与力学中的伽利略速度变换相悖,电磁理论与力学相对性原理出现了不协调。那是修改麦克斯韦电磁场理论还是修改伽利略变换呢?其实,我们本来不能,也不应该轻率地期望在低速下适用的规律在高速情况下也一定适用。爱因斯坦对这个问题进行了深入的研究,于1905年发表了《论动体的电动力学》的论文,对这个问题作出了对整个物理学产生根本变革意义的回答。爱因斯坦在论文中提出了如下两个基本假设(被称为狭义相对论的基本原理):

(1) **狭义相对性原理** 物理定律在所有惯性系中都有相同形式。

这条原理是对力学相对性原理的推广。它指出,相对性原理不仅适用于力学现象,而且适用于一切物理现象,包括电磁现象。力学与光学、电磁学是统一的。人们无论在哪个惯性系中做任何物理实验(不仅仅是力学实验),都不能确定该惯性系是静止还是在做匀速直线运动。绝对运动或绝对静止的概念从整个物理学中被排除了。

(2) **光速不变原理** 在任何惯性系中,光在真空中的传播速率恒为 $c$,与光源和观察者的运动无关。

光速不变原理显然与伽利略速度变换不相容。伽利略变换以及导致伽利略变换的牛顿绝对时空观有问题,必须寻找新的变换,建立新的时空理论。

### 14.2.2 洛伦兹变换

回 阅读材料:
洛伦兹变换的提出

仍采用图14-1所示的两惯性系 S 和 S',S'系相对于 S 系以匀速 $u$ 沿 $x$ 轴正方向运动。$t = t' = 0$ 时,两坐标系原点 $O'$ 与 $O$ 重合,洛伦兹通过一些人为假设,经计算得出同一事件 P 的两组坐标之间的变换关系为

$$\begin{cases} x' = \gamma(x-ut) \\ y' = y \\ z' = z \\ t' = \gamma\left(t - \dfrac{u}{c^2}x\right) \end{cases} \text{或} \begin{cases} x = \gamma(x'+ut') \\ y = y' \\ z = z' \\ t = \gamma\left(t' + \dfrac{u}{c^2}x'\right) \end{cases} \tag{14-6}$$

式中

$$\gamma = \frac{1}{\sqrt{1-(u/c)^2}}$$

早在爱因斯坦建立狭义相对论之前,洛伦兹在研究电磁场理论、解释迈克耳孙—莫雷实验时就提出了上述变换关系式,故将式(14-6)称为**洛伦兹变换**。

洛伦兹变换表明:(1)时间与空间不再独立,而是相互关联,其相互联系的紧密程度与相对运动速度 $u$ 有关;(2)当 $u \ll c$ 时,$\gamma \to 1$,洛伦兹变换回到伽利略变换;(3)时间和空间的坐标都是实数,变换式中 $\sqrt{1-(u/c)^2}$ 不应该出现虚数,这就要求 $u \ll c$,即物体运动的速度有个上限,这个上限就是光速 $c$。换言之,任何物体都不能超过光速运动。这是狭义相对论理论本身的要求,它已被现代科技实践所证实。

### 14.2.3 洛伦兹速度变换

洛伦兹坐标变换式(14-6)两边取微分,并考虑到 $u$ 及 $\gamma$ 是常量,有

$$\mathrm{d}x' = \gamma(\mathrm{d}x - u\mathrm{d}t), \quad \mathrm{d}y' = \mathrm{d}y, \quad \mathrm{d}z' = \mathrm{d}z, \quad \mathrm{d}t' = \gamma\left(\mathrm{d}t - \frac{u}{c^2}\mathrm{d}x\right)$$

用最后的 $\mathrm{d}t'$ 去除前三式,即得

$$\begin{cases} v_x' = \dfrac{\mathrm{d}x'}{\mathrm{d}t'} = \dfrac{\mathrm{d}x - u\mathrm{d}t}{\mathrm{d}t - \dfrac{u}{c^2}\mathrm{d}x} = \dfrac{v_x - u}{1 - \dfrac{u}{c^2}v_x} \\ v_y' = \dfrac{\mathrm{d}y'}{\mathrm{d}t'} = \dfrac{\mathrm{d}y}{\gamma\left(\mathrm{d}t - \dfrac{u}{c^2}\mathrm{d}x\right)} = \dfrac{v_y}{\gamma\left(1 - \dfrac{u}{c^2}v_x\right)} \\ v_z' = \dfrac{\mathrm{d}z'}{\mathrm{d}t'} = \dfrac{\mathrm{d}z}{\gamma\left(\mathrm{d}t - \dfrac{u}{c^2}\mathrm{d}x\right)} = \dfrac{v_z}{\gamma\left(1 - \dfrac{u}{c^2}v_x\right)} \end{cases} \tag{14-7}$$

根据相对性原理,把上式中带撇的量和不带撇的量交换,$u$ 换成 $-u$,便得到从 S′系到 S 系的速度变换式

$$\begin{cases} v_x = \dfrac{\mathrm{d}x}{\mathrm{d}t} = \dfrac{v_x' + u}{1 + \dfrac{u}{c^2} v_x'} \\[2ex] v_y = \dfrac{\mathrm{d}y}{\mathrm{d}t} = \dfrac{v_y'}{\gamma\left(1 + \dfrac{u}{c^2} v_x'\right)} \\[2ex] v_z = \dfrac{\mathrm{d}z}{\mathrm{d}t} = \dfrac{v_z'}{\gamma\left(1 + \dfrac{u}{c^2} v_x'\right)} \end{cases} \quad (14\text{-}8)$$

以上速度变换式称为**洛伦兹速度变换式**。尽管洛伦兹坐标变换仅发生在做相对运动的方向上，但垂直相对运动方向的速度分量也是变的，这是因为时间间隔变了。

容易验证：(1)当 $u \ll c$ 时，洛伦兹速度变换式回到伽利略速度变换式(14-2)；(2)洛伦兹速度变换式与光速不变原理一致。

**例 14-1** 设有 A、B 两火箭相向运动，地面测得 A、B 的速度沿 $x$ 轴方向各为 $v_A = 0.9c$，$v_B = -0.9c$。试求它们相对运动的速度。

**解** 设地面为参考系 S，火箭 A 为参考系 S′，A 沿 $x$ 轴的正方向运动，$x$ 和 $x'$ 轴同向，则 $u = v_A$。B 相对 A 的运动速度，就是以 A 为参考系 S′ 中测得 B 的速度 $v_x'$，现已知 B 在 S 系中的速度 $v_x = v_B = -0.9c$，代入式(14-7)得

$$v_x' = \frac{v_x - u}{1 - \dfrac{u}{c^2} v_x} = \frac{-0.9c - 0.9c}{1 - \dfrac{0.9c}{c^2}(-0.9c)} = -\frac{1.8c}{1.81} \approx -0.995c$$

这就是 B 相对 A 的速度。同理可得 A 相对 B 的速度 $v_x' = 0.995c$。

本例说明，两个小于光速的速度合成小于光速。普遍的结论是，通过速度变换，在任何惯性系中物体的运动速度都不可能超过光速，即光速是物体运动的极限速度。

◇ 思考题

**14-1** 经典相对性原理与狭义相对论的相对性原理有什么不同？

**14-2** 设惯性系 S′ 相对于惯性系 S 以速度 $u$ 沿 $x$ 轴正方向运动，如果从 S′ 系的原点 O′ 沿 $x'$ 正方向发射一光脉冲，则(1) S′ 系中测得光脉冲的传播速度为 $c$；(2) S 系中测得光脉冲的传播速度为 $c+u$。以上两个说法是否正确，为什么？

## 14.3 狭义相对论时空观

### 14.3.1 同时的相对性

在相对论时空观念中,同时的相对性占有重要的地位。经典力学认为,所有惯性系具有同一的绝对时间,于是,同时性也是绝对的。就是说,如果有两个事件,在某惯性中观测是同时的,则在所有其他惯性系中观测也都是同时的。狭义相对论则指出,不能给同时性以任何绝对的意义。

设在 S'系中同时但不同地点发生的两事件,其空时坐标分别为 $(x'_1, y'_1, z'_1, t')$ 和 $(x'_2, y'_2, z'_2, t')$,由洛伦兹变换式(14-6),在 S 系中测量这两事件发生的时刻分别为

$$t_1 = \gamma\left(t' + \frac{u}{c^2}x'_1\right), \quad t_2 = \gamma\left(t' + \frac{u}{c^2}x'_2\right)$$

两式相减,得

$$\Delta t = t_2 - t_1 = \gamma \frac{u}{c^2}(x'_2 - x'_1) \tag{14-9}$$

因 $x'_2 - x'_1 \neq 0$,故在 S 系中测量到这两事件并非同时。只有既同时又同地发生的两事件,在另一个惯性系中测量才是同时的,同时具有相对性。

### 14.3.2 时间间隔的相对性

设有一刚性棒固定在 S'系的 $x'$轴上,如图 14-2 所示。考察棒的右端通过 S 系中两个固定点 $x_1$ 和 $x_2$ 作为两物理事件。S'系观察者认为,两事件发生于 S'系中的同一地点(设为 $x'$),但不同时刻 $t'_2 \neq t'_1$;在 S 系中测量此两事件的时间间隔,由洛伦兹坐标变换式(14-6),有

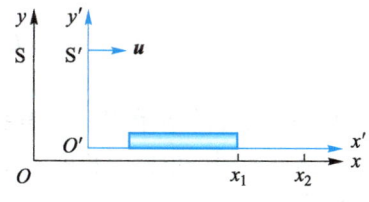

图 14-2 时间延缓效应

$$\Delta t = t_2 - t_1 = \gamma\left[\left(t'_2 + \frac{u}{c^2}x'\right) - \left(t'_1 + \frac{u}{c^2}x'\right)\right] = \gamma(t'_2 - t'_1)$$

即

$$\Delta t = \gamma \Delta t' \tag{14-10}$$

式中,$\Delta t' = t'_2 - t'_1$ 是 S'系中同一地点发生的两事件的时间间隔,即相对于事件静止的时钟测量所得的时间间隔,称为**固有时间**,简称**固有时**。$\Delta t$ 是在 S 系中的测量时间,即由相对于事件做匀速运动的时钟测量所得的时间,称为**测量时**。因为 $\gamma > 1$,故 $\Delta t > \Delta t'$,测量时大于等于固有时。如果用时钟走得快慢来表达,则测量者把自己的时钟与做相对运动的时钟对比,发现运动的时钟变慢了。这种效应称为相对论**时间延缓**。

注意:时间间隔的测量是相对的,每一个观察者都测量到相对他运动的时钟走

慢了;$u \ll c$ 时,$\gamma \to 1$,$\Delta t \approx \Delta t'$。即当物体的运动速度远小于光速 $c$ 时,就可以忽略时间延缓效应。所以说,牛顿的绝对时间概念实际上是相对论时间概念在低速下的近似。

### 14.3.3 长度的相对性

测量物体的长度,一般是用尺与物体作比较,看物体的两端与尺上的哪两点重合。这两次重合在被测物体相对测量者静止时,可在不同时刻分别读出。这样测量所得的结果是物体的静止长度,也称"**固有长度**"。当被测物体相对测量者运动时,如何测物体的长度?

如图 14-3 所示,待测直棒固定在 S' 系的 $x'$ 轴上,S' 系测量者测得棒的长度(固有长度) $L_0$ 为

$$L_0 = x'_2 - x'_1$$

S 系中的测量者必须同时($t_2 = t_1$)记下棒两端点的坐标,设为 $x_1$ 和 $x_2$,则 S 系中测得的棒长(测量长度)$L$,由洛伦兹坐标变换式(14-6),有

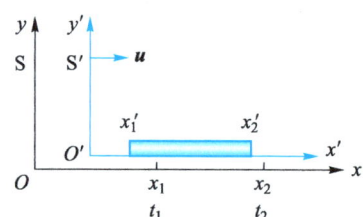

图 14-3 长度收缩效应

$$L = x_2 - x_1 = \gamma [(x'_2 - x'_1) + u(t'_2 - t'_1)]$$

考虑到 $t_2 = t_1$,上式中

$$t'_2 - t'_1 = -\frac{u}{c^2}(x'_2 - x'_1) = -\frac{u}{c^2} L_0$$

得 S 系中测量的棒长

$$L = L_0 \sqrt{1 - \frac{u^2}{c^2}} = \frac{L_0}{\gamma} \tag{14-11}$$

式(14-11)说明,如果在某一参考系(S')中,一根静止的棒的长度为 $L_0$,则在另一参考系中测得的同一根棒的长度 $L$ 变短了,这种效应称为相对论**长度收缩效应**。

注意:长度收缩效应只发生在有相对运动的方向上,每一个测量者都测量到相对他运动的物体**沿运动方向缩短**了;$u \ll c$ 时,$\gamma \to 1$,$L \approx L_0$。即当物体的运动速度远小于光速 $c$ 时,就可以忽略长度收缩效应。所以说,牛顿的绝对空间概念实际上是相对论空间概念在低速下的近似。

**例 14-2** 静止的 μ 子的平均寿命为 $2 \times 10^{-6}$ s,今在 $h = 6\ 000$ m 的高空中产生了一个 μ 子,它相对地面以 $0.998c$ 的速度竖直向地面飞来。问 μ 子在衰变前能否到达地球表面?

**解** 按经典理论计算,以地面为参考系,μ 子飞行的距离为

$$s_1 = v \Delta t_0 = (0.998 \times 3 \times 10^8) \times (2 \times 10^{-6})\ \text{m} = 598.8\ \text{m}$$

因为 $s_1 < h$,故 μ 子在其平均寿命内不可能到达地面。

实际上，μ子的飞行速度已接近光速 $c$，应考虑相对论效应。以地面为参考系，μ子的平均寿命为

$$\Delta t = \frac{\Delta t_0}{\sqrt{1-v^2/c^2}} = \frac{2 \times 10^{-6}}{\sqrt{1-0.998^2}} \text{ s} = 31.6 \times 10^{-6} \text{ s}$$

μ子在衰变前可飞行的距离为

$$s_2 = v\Delta t = (0.998 \times 3 \times 10^8) \times (31.6 \times 10^{-6}) \text{ m} = 9\ 461 \text{ m}$$

$s_2 > h$，故 μ子有可能到达地面。

**例 14-3** 如图 14-4 所示，设 S′系相对 S 系以速度 $u=0.5c$ 沿 $xx'$ 轴正方向运动，长为 1.50 m 的棒静止于 S′系中并与 $x'$ 轴成 $\theta' = 30°$ 的夹角。问：在 S 系的观察者来看，此棒的长度以及棒与 $x$ 轴的夹角为多少？

**解** 棒固定在 S′系中，棒沿 $x'$ 和 $y'$ 轴的投影为

$$l'_x = l_0 \cos 30°, \quad l'_y = l_0 \sin 30°$$

因为相对运动发生在 $x$ 方向，故在 S 系中测量，棒沿 $x$ 轴方向的投影发生长度收缩，$y$ 方向的长度不变，即

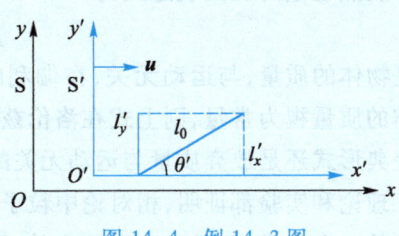

图 14-4 例 14-3 图

$$l_x = l'_x \sqrt{1-u^2/c^2} = l_0 \cos 30° \sqrt{1-0.5^2} = 1.12 \text{ m}$$

$$l_y = l'_y = l_0 \sin 30° = 0.75 \text{ m}$$

所以，S 系中的观察者测得此棒的长度和它与 $x$ 轴的夹角分别为

$$l = \sqrt{l_x^2 + l_y^2} = \sqrt{1.12^2 + 0.75^2} \text{ m} = 1.35 \text{ m}$$

$$\theta = \arctan \frac{l_y}{l_x} = \arctan \frac{0.75}{1.12} = 33.7°$$

◇ **思考题**

**14-3** 设 S′系相对 S 系以速度 $u$ 沿 $x$ 正向运动。今有两事件对 S 系来说是同时发生的，问在下列两种情况中，它们对 S′系是否同时发生？
(1) 两事件发生于 S 系的不同地点；
(2) 两事件发生于 S 系的同一地点。

**14-4** 两艘飞船朝相反的方向离开地球，相对于地球的速率都等于 $0.8c$，这两艘飞船彼此的相对速度是不是 $1.6c$？若不是，应该是多少？

## 14.4 狭义相对论动力学基础

经典力学中,物体的质量、力和加速度等在伽利略变换下是不变的,因而牛顿第二定律 $F=ma$ 具有伽利略变换的不变性。然而,狭义相对论否定了伽利略变换,取而代之的是洛伦兹变换。因此牛顿运动定律必须改造,使之具有洛伦兹不变性,而且 $u \ll c$ 时又可以回到原来的经典形式。

### 14.4.1 相对论质量和动量

质点动量的经典表达式为

$$p = mu$$

$m$ 是物体的质量,与运动无关,在伽利略变换下具有不变性。相对论中,如果仍将物体的质量视为常量,则上式在洛伦兹变换下是变的。那么,相对论中是修改动量的经典形式还是放弃质量与运动无关的看法?

理论和实验都证明,相对论中粒子动量的形式仍可写成 $p=mu$,但粒子的质量不再是一个常量,而是与速度 $u$ 有关,即

$$m = \frac{m_0}{\sqrt{1-u^2/c^2}} = \gamma m_0 \tag{14-12}$$

式(14-12)称为**相对论质速关系式**。$m_0$ 是粒子的静止质量,$m$ 才是粒子的质量,也称运动质量或**相对论质量**,它是速率 $u$ 的函数。当 $u \ll c$ 时,$\gamma \to 1$,$m \to m_0$;当 $u \to c$ 时,$m \to \infty$。相对论认为 $m_0 \neq 0$ 的粒子,其速度不可能达到光速。对于电磁辐射等物质,其速度 $u=c$,则其静止质量必为零,否则,粒子的质量将变成无限大而毫无意义。

相对论动量可以写成

$$p = mu = \frac{m_0}{\sqrt{1-u^2/c^2}} u = \gamma m_0 u \tag{14-13}$$

相对论动力学方程改造成

$$F = \frac{dp}{dt} = \frac{d}{dt}\left(\frac{m_0}{\sqrt{1-u^2/c^2}} u\right) = m\frac{du}{dt} + u\frac{dm}{dt} \tag{14-14}$$

式中的 $F$ 称为**相对论力**。容易证明:上式在洛伦兹变换下是不变的;$u \ll c$ 时,上式还原为经典力学的形式 $F = ma$。

### 14.4.2 质量与能量的关系

由相对性原理,相对论中动能定理形式不变。设静止质量为 $m_0$ 的粒子从静止开始,在力 $F$ 作用下做一维运动,由动能定理有

$$dE_k = \boldsymbol{F} \cdot d\boldsymbol{r} = \frac{d(m\boldsymbol{u})}{dt} \cdot d\boldsymbol{r} = \boldsymbol{u} \cdot d(m\boldsymbol{u})$$
$$= m\boldsymbol{u} \cdot d\boldsymbol{u} + \boldsymbol{u} \cdot \boldsymbol{u} dm = mudu + u^2 dm$$

式中 $\boldsymbol{u} \cdot d\boldsymbol{u} = udu$。把式(14-12)两边微分,代入上式并化简,得

$$dE_k = c^2 dm$$

当粒子的速度由零增加到 $u$,质量由 $m_0$ 增加到 $m$,上式两边积分,有

$$E_k = \int_0^{E_k} dE_k = \int_{m_0}^{m} c^2 dm$$

即
$$E_k = mc^2 - m_0 c^2 \tag{14-15}$$

这就是**相对论动能表达式**。爱因斯坦称 $m_0 c^2$ 为粒子的**静能**,以 $E_0$ 表示,即 $E_0 = m_0 c^2$;而 $mc^2$ 等于粒子的动能加静能,称为粒子的**总能**,以 $E$ 表示,即

$$E = mc^2 \tag{14-16}$$

这就是著名的**相对论质能关系式**。它表明质量和能量是不可分割的,由此得

$$\Delta E = (\Delta m) c^2 \tag{14-17}$$

可见,当物体的质量增加或减少,必定伴随着能量的吸收或放出。由于 $c^2$ 数值非常大,所以非常微小的质量减少,将有巨大的能量放出。

相对论动能表达式(14-15)与经典动能表达式不同,但可以证明(略),当 $u \ll c$ 时,式(14-15)回到经典动能表达式 $E_k = \frac{1}{2} m_0 u^2$ 的形式。

### 14.4.3 动量与能量的关系

将相对论能量公式 $E = mc^2$ 与相对论动量大小 $p = mu$ 比较,可得

$$u = c^2 \frac{p}{E}$$

将上式代入能量公式 $E = mc^2 = m_0 c^2 / \sqrt{1 - u^2/c^2}$,整理得

$$E^2 = p^2 c^2 + (m_0 c^2)^2 \tag{14-18}$$

这就是**相对论动量与能量关系式**。可用一个直角三角形的三边长度关系形象地表示这一关系(见图14-5)。

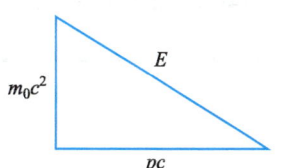

图 14-5 相对论动量能量三角形

**例 14-4** 质子和中子的静质量分别为 $m_p = 1.672\ 1 \times 10^{-27}$ kg, $m_n = 1.674\ 4 \times 10^{-27}$ kg,两个质子和两个中子结合成一个静质量为 $m_{He} = 6.642\ 5 \times 10^{-27}$ kg 的氦核,试计算形成一个氦核所释放的能量。

**解** 形成一个氦核的质量亏损为

$$\Delta m = (2m_p + 2m_n) - m_{He}$$
$$= [(3.3442 + 3.3488) - 6.6425] \times 10^{-27} \text{ kg} = 0.0505 \times 10^{-27} \text{ kg}$$

由相对论质能关系，相应释放的能量为

$$\Delta E = \Delta m_0 c^2 = 0.0505 \times 10^{-27} \times (3 \times 10^8)^2 \text{ J} = 0.4545 \times 10^{-11} \text{ J}$$

如果形成 1 mol 氦核（4.002 g），则释放的能量为

$$\Delta E = 0.4545 \times 10^{-11} \times 6.022 \times 10^{23} \text{ J} = 2.737 \times 10^{12} \text{ J}$$

大约相当于燃烧 100 吨优质煤放出的能量。

相对论有一种引人注目的特色：出于简单而归于深奥。狭义相对论的两个基本假设似乎是并不难接受的"简单事实"，然而它们的推论却根本地改变了牛顿以来物理学的根基。狭义相对论只适用于惯性系，我们能找到非常近似的惯性系，但宇宙中却不存在真正的惯性系。所以，狭义相对论效应难以获得普遍的实验验证。狭义相对论的重要性在于它的思想性，它建立了新的时空观和质量、能量观。从逻辑上说，一切自然规律不应该局限于惯性系，必须考虑非惯性系。正在人们忙于理解狭义相对论时，爱因斯坦已在忙于完成他的广义相对论。1916 年，爱因斯坦完成了长篇论文《广义相对论基础》，在这篇文章中，爱因斯坦将适用于惯性系的相对论称为狭义相对论，将只对于惯性系成立的相对性原理称为狭义相对性原理，并进一步表述了广义相对性原理：物理学的定律必须对于无论哪种方式运动着的参考系都成立。广义相对论的许多结论在宇宙学、天体物理学等领域都获得了验证。

◇ 思考题

**14-5** 根据相对论的质速关系式 $m = \dfrac{m_0}{\sqrt{1 - v^2/c^2}}$，物体的质量随运动速度的增加而增加，这是不是违背质量守恒定律？

**14-6** 相对论动能表达式(14-15)与经典动能表达式不同，试证明当 $u \ll c$ 时，式(14-15)回到经典动能表达式 $E_k = \dfrac{1}{2} m_0 u^2$ 的形式。

## 习题 14

**选择题**

**14-1** S 系观察者测量到 S 系发生的两事件的空间距离 $\Delta x = 1\,000$ m，时间间隔 $\Delta t = 3.0 \times 10^{-6}$ s，S′系沿 $x$ 轴正方向匀速运动，S′系观察者测量到这两事件都是同时发生的，则 S′系相对于 S 系的运动速度为（　　）。

(A) $3.3 \times 10^8$ m/s  (B) $3.0 \times 10^8$ m/s
(C) $2.7 \times 10^8$ m/s  (D) $2.7 \times 10^6$ m/s

**14-2** S′系相对于 S 系沿 $x$ 轴正方向匀速运动,一刚性尺静止于 S′系中与 $x'$ 轴成 30°角,今在 S 系中观察到该尺与 $x$ 轴成 45°角,则 S′系相对于 S 系的运动速度为( )。

(A) $\dfrac{2}{3}c$      (B) $\sqrt{\dfrac{2}{3}}c$      (C) $\dfrac{1}{3}c$      (D) $\sqrt{\dfrac{1}{3}}c$

**14-3** 某不稳定粒子的固有寿命是 $1.0\times10^{-6}$ s,在实验室参考系中测得它的速度为 $2.0\times10^8$ m/s,则此粒子从产生到湮没能飞行的距离为( )。

(A) 149 m      (B) 200 m      (C) 268 m      (D) 402 m

**14-4** 电子的静能为 0.511 MeV,当电子具有 0.25 MeV 的动能时,它增加的质量 $\Delta m$ 与静止质量 $m_0$ 之比的近似值为( )。

(A) 0.9      (B) 0.5      (C) 0.2      (D) 0.1

**14-5** 一粒子静止质量为 $m_0$,当把它从静止加速到 $v=0.8c$ 时,需要对该粒子做的功为( )。

(A) $0.67m_0c^2$      (B) $m_0c^2$      (C) $1.67m_0c^2$      (D) $1.78m_0c^2$

**14-6** 在 S 系中有两个静止质量都是 $m_0$ 的粒子 A 和 B,分别以速度 $v$ 沿同一直线相向运动,相碰后合在一起成为一个粒子,则其静止质量 $m_0'$ 的值为( )。

(A) $2m_0$      (B) $\dfrac{m_0}{2}\sqrt{1-v^2/c^2}$

(C) $2m_0\sqrt{1-v^2/c^2}$      (D) $\dfrac{2m_0}{\sqrt{1-v^2/c^2}}$

**填空题**

**14-7** μ 子在相对于 μ 子静止的坐标系中测得其寿命为 $2\times10^{-6}$ s,如果 μ 子相对于地球的速度为 $v=0.988c$,则在地球坐标系中测得 μ 子的寿命为 $\tau=$ _____。

**14-8** 一观察者 A 在实验室中测得相对他静止的 $Oxy$ 平面圆的面积为 100 cm²,另一观察者 B 乘坐火箭以相对于 A 的速度 $0.96c$ 沿平行于 $Oxy$ 平面做匀速直线运动,则 B 测得此图形的形状为 _____,其面积为 _____。

**14-9** 在速度 $v=$ _____ 情况下,粒子的动量等于非相对论动量的 3 倍;在速度 $v=$ _____ 情况下,粒子的动能等于它的静止能量的 2 倍。

**计算题**

**14-10** 观察者甲和乙分别静止于两个惯性系 S 和 S′系中,甲测得在同一地点发生的两事件的时间间隔为 4 s,而乙测得这两个事件的时间间隔为 5 s,求:

(1) S′系相对于 S 系的运动速度;

(2) 乙测得这两事件发生的地点和距离。

**14-11** 两宇宙飞船 A 和 B,固有长度均为 100 m,沿同一方向匀速飞行,在飞船 B 上观测到飞船 A 的船头、船尾经过飞船 B 船头的时间间隔为 $5/3\times10^{-7}$ s,求飞船 B 相对于飞船 A 的速度大小。

**14-12** 长为 4 m 的棒静止在 S 系中 $Oxy$ 平面内,并与 $x$ 轴成 30° 角,S′系相对 S 系以速度 $u=0.5c$ 沿 $x$ 轴正方向匀速运动。$t=t'=0$ 时,两坐标系的原点重合。求 S′系中的观察者测得此棒的长度和它与 $x'$ 轴的夹角。

**14-13** 电子的静止质量 $m_0=9.11\times10^{-31}$ kg。要把电子的速率从 $0.6c$ 加速到 $0.8c$,必须做多少功?

第 14 章习题参考答案

**14-14** 静止质量 $m_0=9.11\times10^{-31}$ kg 的电子从静止通过 $1.0\times10^6$ V 的电势差加速后,它的质量、速率和动量各为多少?

**14-15** μ 子的静止能量为 105.7 MeV,平均寿命为 $2.2\times10^{-8}$ s。试求动能为 150 MeV 的 μ 子的速度 $v$ 是多少?平均寿命 $\tau$ 是多少?

# 第15章

## 量子物理基础

量子物理的发展经历了旧量子论和量子力学两个阶段。旧量子论发展有三个标志：1900年普朗克提出"能量子"假设，成功解释了黑体辐射规律并揭开了量子物理的序幕；1905年爱因斯坦提出"光子"假设，成功解释了光电效应；1913年玻尔把量子概念运用到解释氢原子的结构获得成功。在此基础上，一些物理学家进行了更深入的探索。1924年德布罗意提出实物粒子也具有波粒二象性的假说。1925—1927年间薛定谔、海森伯等建立了波动力学即量子力学。1927年后，量子力学被广泛地用来研究微观物理学各个领域如原子物理、核物理、固体物理等，取得系列重大成就，量子论成为近代物理学的基础理论。

本章基本上按量子论发展的先后次序，首先介绍早期量子论，然后对量子力学作初步介绍。

# 15.1 黑体辐射　普朗克量子假设

### 15.1.1 黑体辐射及其规律

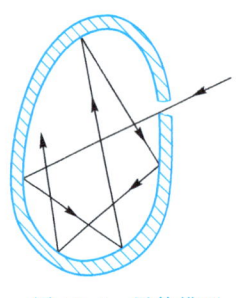

图 15-1　黑体模型

实验指出，任何物体在任何温度下，都向外辐射各种波长的电磁能量。物体在不同温度下辐射出的各种电磁波能量按波长的分布不同，这种能量按波长的分布随温度而不同的电磁辐射称为**热辐射**。

物体向周围发出辐射的同时，也吸收照射到它表面的辐射能。理论和实验都表明，辐射本领大的物体，其吸收本领也大，反之亦然。物体表面越黑吸收本领越大，辐射本领也越大。能全部吸收投射到物体表面上各种波长的电磁辐射的物体叫**绝对黑体**（简称**黑体**）。绝对黑体的吸收本领最大，辐射本领也最大。实际中，绝对黑体是不存在的，即使最黑的煤烟也只能吸收99%的入射光能。黑体只是热辐射中的一个理想辐射模型。如图15-1所示，在黑壁空腔上开一个小孔，射入小孔的电磁波就很难再从小孔出来了。这样一个开有小孔的黑壁空腔实际上就能完全吸收各种波长的入射电磁波而成了一个黑体。加热这个空腔到不同温度，小孔就成了不同温度下的黑体。用实验方法可测出不同温度下由它发出的电磁波的强度按波长分布的规律，如图15-2中的曲线所示。

**经典理论的困难**　19世纪末，很多物理

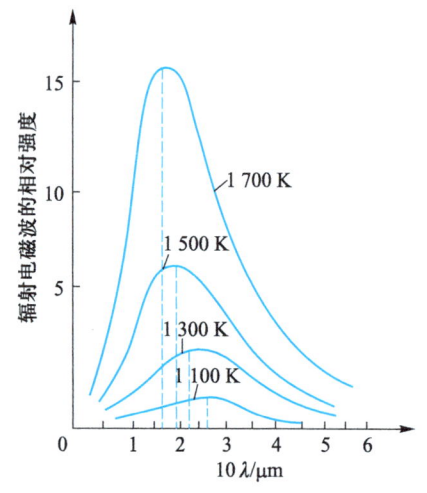

图 15-2　不同温度下的热辐射曲线

学家都很关注对黑体辐射的研究。有人设计出精巧的实验测出了图 15-2 那样的曲线，有人则试图从理论上给出解释（找出图中曲线对应的数学表达式）。但是，由于他们所用到的理论都是经典的电磁理论和热力学理论，结果都遭到了失败，理论公式和实验曲线不相符合。特别是在高频范围，理论公式与实验结果几乎完全不符。这一经典理论与实验结果的巨大差别就被当时的科学家称为"紫外灾难"。

阅读材料：两朵"乌云"与经典物理学理论的问题

文档：普朗克简介

### 15.1.2 普朗克量子假设

经典物理学带出的这一理论灾难是由普朗克（M.Planck，1858—1947）消除的。1900 年普朗克为了克服经典理论解释黑体辐射规律的困难，作出了一个经典理论所不容许的假设：**空腔黑体看成由许多带电线性谐振子组成**（即把组成空腔壁的分子、原子的振动看作线性谐振子），**这些谐振子辐射或吸收的能量不能连续变化，只能取一些分立值，这些分立值是最小能量 $\varepsilon$ 的整数倍**，即

$$\varepsilon, 2\varepsilon, 3\varepsilon, \cdots, n\varepsilon$$

$n$ 为正整数，称为**量子数**。对频率为 $\nu$ 的谐振子，其最小能量为

$$\varepsilon = h\nu$$

称为**能量子**。$h$ 称为普朗克常量，它的现代最优值为 $h = 6.626\,070\,048(81) \times 10^{-34}$ J·s。

普朗克在上述量子假设的基础上，利用统计规律导出了一个新的公式

$$M_\lambda = \frac{2\pi c^2}{\lambda^5} \frac{h}{\mathrm{e}^{hc/\lambda kT} - 1} \tag{15-1}$$

式中 $c$ 是光速，$k$ 是玻耳兹曼常量，$\mathrm{e}$ 是自然对数的底，$M_\lambda$ 是温度为 $T$ 的黑体在单位时间内从单位面积发出的波长在 $\lambda$ 附近单位波长间隔内的辐射能。式(15-1)称为**普朗克公式**。按此公式以 $\lambda$ 为横坐标，以 $M_\lambda$ 为纵坐标画出的曲线与实验结果符合得很好。

由式(15-1)可导出：黑体在单位时间内从单位表面积发出的各种波长的电磁波的总能量为

$$M = \sigma T^4 \tag{15-2}$$

此式称为**斯特藩-玻耳兹曼定律**，式中 $\sigma = 5.670\,367 \times 10^{-8}$ W/($m^2$·$K^4$) 叫作斯特藩-玻耳兹曼常量。

热辐射的规律在现代科学技术中得到广泛应用，它是测高温、遥感、红外追踪等技术的物理基础。

## 15.2 光电效应　爱因斯坦光子理论

### 15.2.1 光电效应及其实验规律

光照射到金属表面上，金属表面有电子逸出的现象称为**光电效应**，逸出的电子

称为**光电子**。光电效应是1887年,由赫兹在证明麦克斯韦波动理论的实验中首次发现的。

**光电效应及其实验规律** 图15-3是研究光电效应的实验装置示意图。S是一抽真空的玻璃容器,K是发射电子的阴极,A为阳极。入射单色光通过石英窗照射到金属表面(阴极K)时,金属释放出光电子。若在A、K两端加上电势差$U$,则光电子在加速电场作用下,飞向阳极在电路中形成电流$i$。实验结果得出如下规律:

(1) 保持入射光频率$\nu$及光强一定时,实验测得光电流$i$与A、K两极之间的电势差$U$的关系如图15-4所示。从图可以看出,饱和光电流$I_s$与入射光强度成正比,即**单位时间内从阴极表面逸出的光电子数与入射光的强度成正比**。

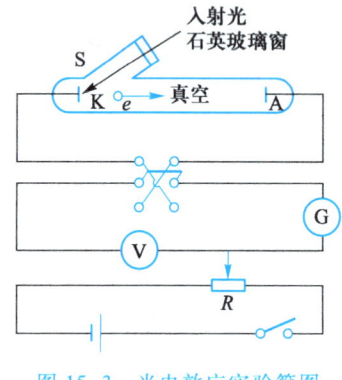

图15-3 光电效应实验简图

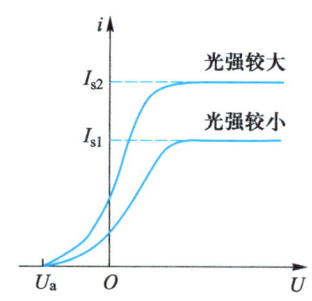

图15-4 光电效应的伏安特性

(2) 由图15-4可以看出,当加速电势差$U$减小到零时,光电流$i$并不为零,仅当电势差$U=-U_a$时,才有光电流$i=0$。这表明电子从金属表面逸出时具有一定的初动能。此电势差$U_a$称为**截止电压**,此时有

$$\frac{1}{2}mv_m^2 = e|U_a| \qquad (15-3)$$

式中$m$、$e$为电子的质量和电荷量绝对值。实验表明,$U_a$与入射光的频率成线性关系而与光强无关(见图15-5),即光电子的最大初动能随入射光的频率线性增加:

$$|U_a| = k\nu - U_0 \qquad (15-4)$$

式中,$k$为直线的斜率,它是与金属无关的常量;$U_0$对同一金属为常量,不同金属的$U_0$不同。将式(15-4)代入式(15-3)可得

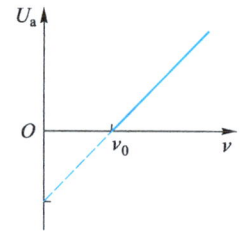

图15-5 $U_a$与$\nu$的关系

$$\frac{1}{2}mv_m^2 = ek\nu - eU_0 \qquad (15-5)$$

式(15-5)表明,**光电子的最大初动能随入射光的频率线性增加**,且因$\frac{1}{2}mv_m^2 > 0$,要产生光电效应,入射光的频率必须$\nu \geq \dfrac{U_0}{k}$,令$\nu_0 = \dfrac{U_0}{k}$,$\nu_0$称为光电效应的**截止频率**或

称红限。不同的金属有不同的红限。即入射光的频率 $\nu<\nu_0$ 时，不论光强多大，都不会产生光电效应。

（3）实验发现，从光照射金属表面到金属逸出电子，几乎是瞬时的，与光强无关，弛豫时间不超过 $10^{-9}$ s。

**经典波动理论的困难** 上述光电效应的实验规律无法用光的波动理论解释。按照光的波动理论，光的强度决定于光波的振幅。金属中的电子吸收照射光的能量后逸出金属表面的初动能应与光波的振幅即强度成正比，而不应该与光的频率成线性关系；亦即按光的波动说，任何频率的入射光，只要光强足够大，或者照射时间足够长，就能使电子逸出金属，不存在红限。另外按光的波动说，金属中的电子从入射光中吸收能量，必须积累到一定量值（至少等于逸出功），电子才能逸出金属表面。显然入射光越弱，能量积累的时间就会越长，这与实验结果的瞬时性也不符。

### 15.2.2 爱因斯坦光子理论

为了解释光电效应的实验规律，1905 年，爱因斯坦在普朗克能量子假设的基础上提出光量子假设。爱因斯坦认为，**光在空间传播时也具有粒子性，一束光就是一束以光速运动的粒子流，这些粒子称为光量子，简称光子**。频率为 $\nu$ 的光的一个光子具有的能量为

$$\varepsilon = h\nu \tag{15-6}$$

式中 $h$ 为普朗克常量。

**光子理论对光电效应的解释** 频率为 $\nu$ 的光照射到金属时，光子的能量 $h\nu$ 被金属中的电子所吸收，电子的能量便增加 $h\nu$，其中的一部分用于脱离金属表面时所需的逸出功 $W$，另一部分则成为电子离开金属表面时的最大初动能。根据能量守恒定律，有

$$h\nu = \frac{1}{2}mv_m^2 + W \tag{15-7}$$

式（15-7）称为**爱因斯坦光电效应方程**。将式（15-7）与式（15-5）比较可得

$$h = ek, \quad W = eU_0$$

从式（15-7）容易看出：光电子的最大初动能与入射光的频率成线性关系；入射光的强度增加时，光子数也增加，因而单位时间从金属表面逸出的光电子的数目也随之增加，这就自然地解释了饱和光电流或光子数与光强之间的正比关系。方程中，令 $\frac{1}{2}mv_m^2 = 0$，则 $\nu_0 = \frac{W}{h}$。表明频率为 $\nu_0$ 的光子具有发射光电子的最小能量，光的频率低于 $\nu_0$（红限），不管光子数目多大，单个光子没有足够的能量去发射光电子，所以红限相当于电子所吸收的能量全部消耗于电子的逸出功时入射光的频率。至于光电效应的瞬时性问题，根据光子理论，当一个光子被吸收时，全部能量立即被吸收，不需要积累能量的时间，这就解释了光电效应的瞬时性问题。

**光的波粒二象性** 爱因斯坦的光子理论成功地解释了光电效应的实验规律，

说明光不仅具有波动性,而且具有粒子性,即光具有**波粒二象性**。光的波动性用波长 $\lambda$ 和频率 $\nu$ 描述,光的粒子性用光子的质量 $m$、能量 $\varepsilon\,(=h\nu)$ 和动量 $p$ 描述。根据相对论质-能关系得光子的质量为

$$m = \frac{\varepsilon}{c^2} = \frac{h\nu}{c^2} \tag{15-8}$$

又因为光子的静止质量 $m_0 = 0$,再由相对论能量、动量关系式 $\varepsilon^2 = p^2c^2 + m_0^2c^4$,可得光子的动量为

$$p = \frac{h\nu}{c} = \frac{h}{\lambda} \tag{15-9}$$

式(15-8)和式(15-9)是描述光的性质的基本关系式。等式左边描述光的粒子性,右边描述光的波动性。这两种性质在量值上通过普朗克常量 $h$ 联系起来。

## 15.3 康普顿散射

文档:康普顿简介

**康普顿散射** 1923 年美国物理学家康普顿(A.H.Compton)研究了 X 射线通过物质时的散射。图 15-6 是康普顿散射实验装置示意图,从 X 射线管发出波长为 $\lambda_0$ 的 X 射线,经光阑后变成一狭窄的射线,入射到作为散射物的石墨上,X 射线通过石墨后向各个方向散射。散射线的方向用图中的夹角 $\varphi$ 称为**散射角**表示,散射线的波长可通过 X 射线谱仪测定。实验发现,散射线中,除有与原入射线波长 $\lambda_0$ 相同的散射线外,还有波长 $\lambda > \lambda_0$ 的散射线,新谱线的波长与原入射线波长之差 $\Delta\lambda = \lambda - \lambda_0$ 随散射角 $\varphi$ 增大而增大;而在同一散射角下,波长的改变量与散射物无关,这种现象称为**康普顿散射**。

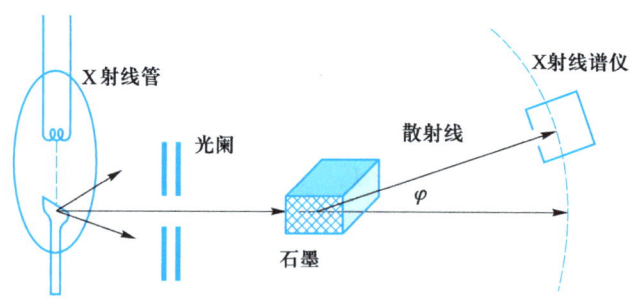

图 15-6 康普顿散射实验装置示意图

经典电磁波理论无法解释康普顿效应。因为按照经典波动理论,X 射线通过物质时,引起物质中带电粒子做同频率的受迫振动,振动的带电粒子向周围辐射电磁波,成为散射光,散射光的频率应等于入射光的频率。即经典电磁波理论只能解释波长不变的散射。

康普顿散射只能用光子理论去解释。把光子看成和实物粒子一样,光子与散射物中的自由电子发生弹性碰撞,碰撞时入射光子把自己能量的一部分传给了散

射物中的自由电子,因而发生散射的光子能量减少,由 $\varepsilon = h\nu$ 知,散射光子的频率将比入射光子小,即波长比入射光子长。

**波长改变公式** 下面根据动量和能量守恒导出康普顿散射波长改变的公式。

如图 15-7 所示。假设碰撞前,电子静止,其静止质量为 $m_0$,能量为 $m_0c^2$,动量为零;沿 $x$ 方向入射的 X 射线光子的能量为 $h\nu_0$,动量为 $\dfrac{h\nu_0}{c}\boldsymbol{e}_0$。碰撞后,电子沿 $\theta$ 方向反冲,能量为 $mc^2$,动量为 $m\boldsymbol{v}$;光子则沿 $\varphi$ 方向散射,能量为 $h\nu$,动量为 $\dfrac{h\nu}{c}\boldsymbol{e}$。这里 $\boldsymbol{e}_0$ 和 $\boldsymbol{e}$ 分别为碰撞前后光子运动方向上的单位矢量。由能量守恒和动量守恒,有

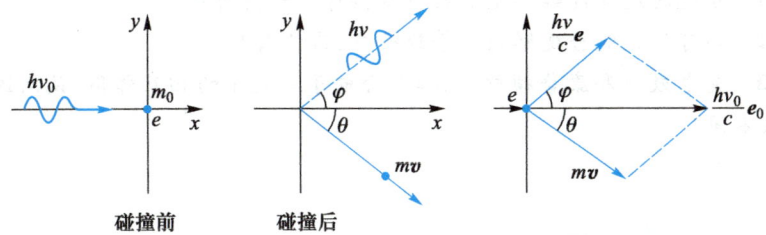

图 15-7 光子与静止自由电子的碰撞

$$h\nu_0 + m_0c^2 = h\nu + mc^2$$

$$\frac{h\nu_0}{c}\boldsymbol{e}_0 = \frac{h\nu}{c}\boldsymbol{e} + m\boldsymbol{v}$$

将上两式改写成

$$mc^2 = h(\nu_0 - \nu) + m_0c^2 \tag{15-10}$$

$$m\boldsymbol{v} = \frac{h\nu_0}{c}\boldsymbol{e}_0 - \frac{h\nu}{c}\boldsymbol{e} \tag{15-11}$$

式(15-11)两边平方,注意到 $\boldsymbol{e}_0 \cdot \boldsymbol{e} = \cos\varphi$,得

$$m^2v^2c^2 = h^2\nu_0^2 + h^2\nu^2 - 2h^2\nu_0\nu\cos\varphi$$

将式(15-10)两边平方后减上式,再由相对论质速关系 $m^2\left(1 - \dfrac{v^2}{c^2}\right) = m_0^2$,化简并整理后得康普顿散射波长改变的公式

$$\Delta\lambda = \lambda - \lambda_0 = \frac{h}{m_0c}(1 - \cos\varphi) = \frac{2h}{m_0c}\sin^2\frac{\varphi}{2} = 2\lambda_C\sin^2\frac{\varphi}{2} \tag{15-12}$$

式(15-12)称为**康普顿散射公式**。式中 $\lambda_C = \dfrac{h}{m_0c} = 0.002\ 426\ 21$ nm,称为电子的**康普顿波长**。

式(15-12)表明,波长的改变量 $\Delta\lambda$ 仅与散射角 $\varphi$ 有关,与散射物的种类及入射光的波长无关。$\varphi$ 增大,$\Delta\lambda$ 增大,这与实验结果是一致的。对于波长不变的散射,可以解释为,推导中假定了电子是自由的,这仅对轻原子中的电子和重原子中外层结合不太紧的电子近似成立。而芯电子,特别是重原子中数目较多束缚又较

紧的芯电子,光子和这些芯电子的碰撞,相当于和整个原子相碰,光子的能量改变很小,几乎不变,这样,散射光中就出现与原波长 $\lambda_0$ 相同的谱线。

康普顿散射只有在入射光的波长与电子的康普顿波长可比拟时,散射才显著,这就是选用 X 射线而不用可见光观察康普顿散射的原因。康普顿散射不仅证实了光的粒子性,而且证实了在微观粒子相互作用的过程中,能量守恒和动量守恒定律同样适用。

◇ 思考题

**15-1** 用光的波动说解释光电效应实验存在哪些困难？

**15-2** 用可见光能否观察到康普顿效应,为什么？

**15-3** 光电效应和康普顿效应,都包含电子与光子的相互作用,试问这两个过程有什么不同？

## 15.4 玻尔的氢原子理论

### 15.4.1 氢原子光谱的规律性

原子发光是重要的原子现象之一,由于光学仪器的精确性,光谱学的数据对物质结构的分析和研究具有重要的意义。19 世纪后半期,人们对原子光谱进行了大量的观测研究,积累了丰富的资料。实验发现,原子光谱是分立的线状光谱,不同元素的原子都有自己特定频率的谱线。可见,原子光谱的规律性提供了原子内部结构的重要信息。氢原子是结构最简单的原子,其光谱也是最简单的。历史上就是从研究氢原子光谱的规律性研究原子内部结构的。

从氢气放电管中可获得氢原子光谱。在可见光和近紫外区,氢原子的谱线如图 15-8 所示。其中 $H_\alpha$、$H_\beta$、$H_\gamma$、$H_\delta$ 线都在可见光区,它们的波长值经光谱学的实验测定标注在图中。由图可见,谱线是分立的线状谱。

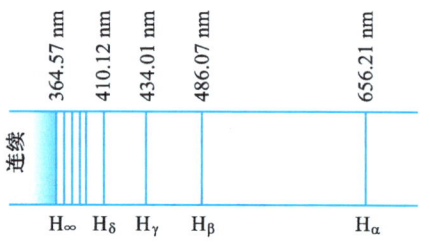

图 15-8 氢原子光谱的巴耳末系

1885 年, 瑞士中学教师巴耳末 (J.J.Balmer) 发现这些谱线的波长可用一个经验公式来表示：

$$\lambda = B \frac{n^2}{n^2 - 4} \tag{15-13}$$

式中 $B = 364.57$ nm,当 $n = 3,4,5,6,\cdots$ 正整数时,上式分别给出氢光谱中 $H_\alpha$、$H_\beta$、$H_\gamma$、$H_\delta$ 等谱线的波长,公式值与实验值符合得很好。这个公式称为**巴耳末公式**。

光谱学中常用波长的倒数(称为**波数**)$\sigma=\dfrac{1}{\lambda}$来表征谱线,它的物理意义是:单位长度内包含完整波长的数目。巴耳末公式用波数表示为

$$\sigma=\frac{1}{\lambda}=R_{\mathrm{H}}\left(\frac{1}{2^{2}}-\frac{1}{n^{2}}\right),\quad n=3,4,5,6,\cdots \tag{15-14}$$

式中,$R_{\mathrm{H}}=\dfrac{4}{B}=1.096\,776\times10^{7}\ \mathrm{m^{-1}}$,称为氢原子的**里德伯**(J.R.Rydberg)**常量**。此经验公式所代表的光谱线系(均落在可见光区)称为氢原子光谱的**巴耳末系**。

式(15-14)中令 $n=\infty$,得到的波长 $\lambda_{\infty}=\dfrac{4}{R_{\mathrm{H}}}=364.6\ \mathrm{nm}$,是巴耳末系中波长最短的一条谱线,称为巴耳末系的**极限波长**,或叫**线系限**。

氢光谱中,除了可见光区的巴耳末系外,后来又在光谱的紫外区、红外区及远红外区发现了其他线系,他们的波数公式也有类似式(15-14)的形式。1889年,里德伯提出氢原子光谱的所有线系可统一用一个公式表示为

$$\sigma=\frac{1}{\lambda}=R_{\mathrm{H}}\left(\frac{1}{k^{2}}-\frac{1}{n^{2}}\right),\quad n>k \tag{15-15}$$

式(15-15)中,分别令 $k=1,2,3,4,5$;而 $n>k$ 得到的谱线系分别称为莱曼系(在紫外)、巴耳末系(可见光区)、帕邢系、布拉开系和普丰德系,后三个线系均在红外或远红外。

**经典理论的困难** 原子光谱的实验规律被发现后,许多人尝试为原子的内部结构建立一模型。1911年卢瑟福(E.Rutherford)根据 α 粒子散射实验的结果提出了原子的有核结构模型。原子的中心是一个带正电荷 $Ze$($Z$ 为原子序数,$e$ 为电子电荷量绝对值)的原子核,其线度不超过 $10^{-15}$ m,却集中了原子质量的绝大部分,核外有 $Z$ 个带负电的电子围绕原子核转动。但根据经典电磁理论,电子绕核转动有加速度,加速运动的电子将不断向外辐射电磁波,所辐射电磁波的频率应等于电子绕核转动的频率;另外,电子因不断向外辐射能量,其能量逐渐减少,运动轨道越来越小,相应的转动频率越来越高,因而结论是:原子光谱应是连续谱,电子最终落到核上,原子系统是一个不稳定的系统。但实验事实是,原子光谱是线状光谱,原子一般处于某一稳定状态。可见经典理论无法解释原子的线状光谱以及原子系统的稳定性问题。

### 15.4.2 玻尔的氢原子理论

**玻尔假设** 为了解决经典理论所遇到的困难,玻尔于1913年在卢瑟福核式结构模型基础上,把普朗克能量子的概念和爱因斯坦光量子的概念运用于原子系统,提出了三个基本假设:

(1) **定态假设** 原子处在一系列能量不连续的状态,在这些状态中电子虽然绕核转动有加速度,但不辐射能量。这些状态称为原子系统的稳定状态,简称

定态。

（2）**轨道角动量量子化假设**　原子中电子绕核做圆周运动的轨道角动量 $L$ 必须等于 $\dfrac{h}{2\pi}$ 的整倍数，即

$$L = mvr_n = n\dfrac{h}{2\pi}, \quad n = 1,2,3,\cdots \tag{15-16}$$

式中 $n$ 只能取不为零的正整数，称为**量子数**。式（15-16）也称为**量子化条件**。

（3）**频率假设**　原子从一个较大能量为 $E_n$ 的定态跃迁到另一个较低能量为 $E_k$ 的定态时，原子辐射出一个光子，其频率由下式决定

$$h\nu = E_n - E_k \tag{15-17}$$

式中 $h$ 为普朗克常量。反之，当原子处于较低能量 $E_k$ 的定态时，吸收一个能量为 $h\nu$ 的光子，则可跃迁到较高能量 $E_n$ 的定态。频率假设也称为**频率条件**。

**量子化轨道半径公式**　玻尔根据上述假设计算了氢原子在稳定态中的轨道半径和能量。玻尔认为，电子在半径为 $r$ 的定态圆轨道上以速率 $v$ 绕核做圆周运动时，向心力就是库仑力，由库仑定律和牛顿运动定律，有

$$m\dfrac{v^2}{r} = \dfrac{e^2}{4\pi\varepsilon_0 r^2}$$

由量子化条件

$$L = mvr = n\dfrac{h}{2\pi}, \quad n = 1,2,3,\cdots$$

以上二式消去 $v$，并以 $r_n$ 代替 $r$，得

$$r_n = n^2\left(\dfrac{\varepsilon_0 h^2}{\pi m e^2}\right) = n^2 r_1, \quad n = 1,2,3,\cdots \tag{15-18}$$

式中，$r_1 = \dfrac{\varepsilon_0 h^2}{\pi m e^2} = 5.29\times10^{-11}$ m，称为**第一玻尔轨道半径**，是氢原子中电子的最小轨道半径。式（15-18）表明，电子绕核运动的轨道半径是量子化的。

**量子化能量公式**　玻尔还认为，氢原子系统的总能等于电子的动能与电子与核的势能之和，即

$$E_n = \dfrac{1}{2}mv_n^2 - \dfrac{1}{4\pi\varepsilon_0}\dfrac{e^2}{r_n}$$

因为 $\dfrac{1}{2}mv_n^2 = \dfrac{e^2}{8\pi\varepsilon_0 r_n}$，代入上式，并将式（15-18）中 $r_n$ 的值代入，得

$$E_n = -\dfrac{e^2}{8\pi\varepsilon_0 r_n} = -\dfrac{1}{n^2}\left(\dfrac{me^4}{8\varepsilon_0^2 h^2}\right), \quad n = 1,2,3,\cdots \tag{15-19}$$

由此可见，由于电子轨道角动量不能连续变化，氢原子的能量也只能取一系列不连续的值，即**能量是量子化的**，这种量子化的能量值称为**能级**。当 $n = 1$ 时，有

$$E_1 = -\frac{me^4}{8\varepsilon_0^2 h^2} = -13.58 \text{ eV}$$

量子化能量公式写成

$$E_n = -\frac{13.58}{n^2} \text{ eV}, \quad n = 1,2,3,\cdots \quad (15-20)$$

$n=1$ 时的 $E_1$ 为能量最小值,是氢原子的最低能级,称为**基态**。$n=2,3,4\cdots$ 对应的能级分别称为第一、第二、第三……激发态。$n\to\infty$ 时,$E_\infty = 0$,这时电子已脱离原子核成了自由电子。图 15-9 为氢原子的能级图。基态和各激发态中电子都没有脱离原子,称为**束缚态**。能量在 $E_\infty = 0$ 以上时,电子脱离了原子,这种状态对应的原子称**电离态**,此时电子的能量是连续的,不受量子化条件限制。电子从基态到脱离原子核的束缚所需要的能量称为电离能。氢原子的基态电离能为 13.58 eV。

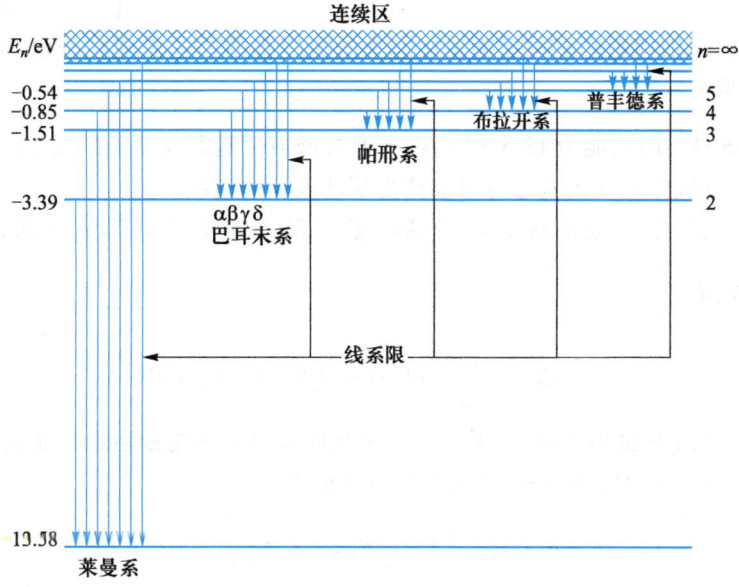

图 15-9 氢原子能级图

根据玻尔的频率条件

$$\nu = \frac{E_n - E_k}{h} = \frac{me^4}{8\varepsilon_0^2 h^3}\left(\frac{1}{k^2} - \frac{1}{n^2}\right)$$

用波数表示,则

$$\sigma = \frac{\nu}{c} = \frac{me^4}{8\varepsilon_0^2 h^3 c}\left(\frac{1}{k^2} - \frac{1}{n^2}\right)$$

与式(15-15)比较,可得里德伯常量的理论值

$$R_H = \frac{me^4}{8\varepsilon_0^2 h^3 c} = 1.097\,373\times 10^7 \text{ m}^{-1}$$

与实验所得到的值符合得相当好,这是玻尔理论成功的一个方面。

**玻尔理论的成功和局限性** 玻尔理论对氢原子光谱的解释获得了巨大成功，对类氢离子（外层只有一个价电子的离子，如 $He^+$、$Li^{2+}$、$Be^{3+}$ 等）玻尔理论也能很好地说明它们的光谱。同时玻尔创造性地提出了定态假设和能级跃迁决定谱线频率的假设，在原子结构和分子结构的现代理论中，仍然是两个很重要的基本概念，玻尔的创造性工作对现代量子力学的建立有着深远的影响。

玻尔理论也有很大的局限性。它只能计算氢原子光谱的频率，无法计算光谱的强度、宽度、偏振等问题。对结构稍复杂的原子的光谱不能计算。玻尔虽然指出经典物理不适用于原子内部，但又未能完全摆脱经典物理的影响，仍采用经典物理的思想和方法。例如，把电子看成是遵守牛顿力学规律的经典粒子，做轨道运动，轨道半径和能量公式的推导完全是经典物理的方法。他把经典理论和量子化条件生硬地结合起来，缺乏完整一致的理论体系。他还没有抓住微观粒子的本质特征（波粒二象性），严格地说他的物理图像（如轨道）和某些结果（如 $L = n\dfrac{h}{2\pi}$）是不正确的。所以玻尔理论必然被后面发展起来的更完善的描述微观粒子运动规律的量子力学所取代。

**例 15-1** 用动能为 12.5 eV 的电子通过碰撞使基态氢原子激发，问最高能激发到哪一能级？它回到基态时可能产生哪些波长的谱线？

**解** 设氢原子全部吸收电子的能量后最高能激发到第 $n$ 能级，由 $E_n = -\dfrac{13.6}{n^2}$ eV，有

$$E_n - E_1 = -\dfrac{13.6}{n^2} \text{ eV} - (-13.6) \text{ eV} = 12.5 \text{ eV}$$

求得 $n = 3.5$，$n$ 只能取整数，故基态氢原子吸收该电子的能量后最高能激发到 $n = 3$ 的激发态。它回到基态时，可能产生三条谱线

$$n = 3 \to n = 1, \quad \sigma_1 = R_H \left( \dfrac{1}{1^2} - \dfrac{1}{3^2} \right) = \dfrac{8}{9} R_H, \quad \lambda_1 = \dfrac{9}{8 R_H} = 102.6 \text{ nm}$$

$$n = 3 \to n = 2, \quad \sigma_2 = R_H \left( \dfrac{1}{2^2} - \dfrac{1}{3^2} \right) = \dfrac{5}{36} R_H, \quad \lambda_2 = \dfrac{36}{5 R_H} = 656.5 \text{ nm}$$

$$n = 2 \to n = 1, \quad \sigma_3 = R_H \left( \dfrac{1}{1^2} - \dfrac{1}{2^2} \right) = \dfrac{3}{4} R_H, \quad \lambda_3 = \dfrac{4}{3 R_H} = 121.6 \text{ nm}$$

◇ **思考题**

**15-4** 氢原子发射一条波长为 $\lambda = 434.0$ nm 的光谱线。试问该谱线属于哪一谱线系？氢原子是从哪个能级跃迁到哪个能级辐射出该光谱线的？

**15-5** 对处于第一激发态的氢原子，如果用可见光照射，能否使之电离？

## 15.5 粒子的波动性 不确定关系

### 15.5.1 德布罗意假设

1924 年法国青年物理学家德布罗意(L.V.de Broglie,1892—1987)在爱因斯坦光量子理论的启发下,提出了与光的波粒二象性完全对称的设想,即实物粒子(原子、电子、质子等)也具有波粒二象性。他假设:实物粒子也具有波动性。一个质量为 $m$ 的粒子,以速率 $v$ 匀速运动时,具有能量 $E$ 和动量 $p$;从波动性方面来看,它具有波长 $\lambda$ 和频率 $\nu$,而这些量之间的关系也和光波的波长、频率与光子的能量、动量之间的关系一样,应遵从下述公式

$$E = mc^2 = h\nu \tag{15-21}$$

$$p = mv = \frac{h}{\lambda} \tag{15-22}$$

式(15-22)表明,与一个以速度 $v$ 匀速运动的实物粒子相联系的平面单色波的波长是

$$\lambda = \frac{h}{p} = \frac{h}{mv} = \frac{h}{\sqrt{2mE_k}} \tag{15-23}$$

当粒子运动速度接近光速时,应考虑相对论效应,即式(15-23)中的 $m$ 换为相对论质量。式(15-23)称为**德布罗意公式**。和实物粒子相联系的波称为**德布罗意波**或**物质波**。实物粒子的波动性最先在 1927 年被戴维孙和革末所做的电子在晶体上的衍射实验所证实。

### 15.5.2 不确定关系

经典力学中,一个粒子(质点)的运动状态是用它的位置(坐标)和速度(动量)来描述的。经典粒子的运动有确定的轨迹,任一时刻,粒子的位置和动量可同时有确定值。然而,微观粒子由于具有波粒二象性,无法同时确定它的位置和动量,或者说,要同时确定一个微观粒子的位置和动量将受到限制,下面来看这种限制到底有多大。

以电子的单缝衍射为例。设有一束动量为 $p$ 的电子沿 $y$ 方向入射到宽度为 $\Delta x$ 的单缝上,由于电子有波动性,电子过缝后,在观察屏上产生衍射花样,其分布情况对于 $y$ 轴是对称的,如图 15-10 所示。

考察一个电子通过缝时的位置和动量。

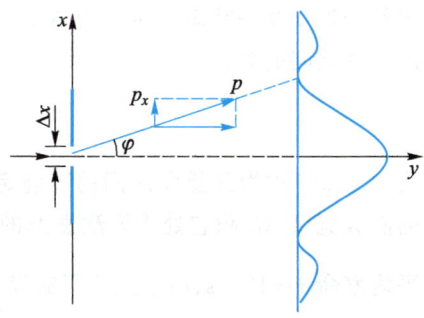

图 15-10 电子的单缝衍射

对一个电子来说,我们不能确定地说它是从缝中哪一点通过,而只能说它是从宽度为 $\Delta x$ 的缝中通过的,即电子在 $x$ 方向的位置不确定量等于缝宽 $\Delta x$。它沿 $x$ 方向的动量 $p_x$ 是多大呢?如果说它在过缝前的 $p_x$ 等于零,在过缝时,$p_x$ 就不再是零了。因为如果还是零,电子就沿原方向前进而不会发生衍射现象了。屏上电子落点沿 $x$ 方向展开,说明电子过缝时已有了不为零的 $p_x$ 值。如果忽略次极大,可认为电子都落在中央亮纹内,因而电子在通过缝时,运动方向可以有大到 $\varphi_1$ 角的偏转($\varphi_1$ 为第一级暗纹对应的衍射角),即一个电子在通过缝时在 $x$ 方向动量的分量 $p_x$ 的大小为下列不等式所限

$$0 \leq p_x \leq p\sin\varphi_1$$

亦即,一个电子在通过缝时在 $x$ 方向上动量的不确定量为

$$\Delta p_x = p\sin\varphi_1$$

由单缝衍射暗纹条件,第一级暗纹对应的衍射角满足 $\Delta x \sin\varphi_1 = \lambda$,所以

$$\Delta p_x = p\sin\varphi_1 = p\frac{\lambda}{\Delta x} = \frac{h}{\lambda}\frac{\lambda}{\Delta x} = \frac{h}{\Delta x}$$

或

$$\Delta x \Delta p_x = h$$

再考虑到衍射条纹的次极大,则有

$$\Delta x \Delta p_x \geq h \tag{15-24}$$

上式只是估算所得,量子力学中由海森伯(W. Heisenberg,1901—1976)给出更严格的**位置和动量的不确定关系**为

$$\Delta x \Delta p_x \geq \frac{\hbar}{2} \tag{15-25}$$

式中,$\hbar = \dfrac{h}{2\pi}$。$\Delta x$、$\Delta p_x$ 分别为同一时刻位置和动量的不确定量,它们的乘积总是大于或等于一个常量,说明微观粒子的位置和动量不能同时有确定值,如果位置越确定,动量就越不能确定,反之亦然。

应该指出:不确定关系是波粒二象性及其统计关系的必然结果,并非测量仪器对粒子的干扰,也不是仪器或实验误差的缘故。

不确定关系不仅存在于坐标和动量之间,也存在于能量和时间之间。如果微观粒子处于某一状态的时间为 $\Delta t$,则其能量必有一个不确定量 $\Delta E$,量子力学可推出二者之间的关系为

$$\Delta E \Delta t \geq \frac{\hbar}{2} \tag{15-26}$$

式(15-26)称为**能量和时间的不确定关系**。利用这个关系可以解释原子各激发态的能级宽度 $\Delta E$ 跟它处于该激发态的平均寿命 $\tau$ 成反比的关系。原子在激发态的平均寿命 $\tau \approx 10^{-8}$ s,由上式原子激发态的能级的能量值一定有不确定量 $\Delta E \geq \dfrac{\hbar}{2\tau} \approx 10^{-8}$ eV,这就是激发态的能级宽度。显然除基态外,原子的激发态平均寿命越长,

能级宽度越小。原子由激发态跃迁到基态的光谱线也有一定宽度。

**例 15-2** 已知第一玻尔轨道半径为 $a$，试计算当氢原子中的电子沿第 $n$ 玻尔轨道运动时，其相应的德布罗意波长时多少？

**解** 由德布罗意公式

$$\lambda = \frac{h}{p} = \frac{h}{mv}$$

又由量子化条件，电子在第 $n$ 玻尔轨道运动，其动量矩

$$L = mvr_n = n\frac{h}{2\pi}$$

由以上两式可得

$$\lambda = \frac{h}{mv} = 2\pi na$$

**例 15-3** 光子的波长为 $\lambda = 300$ nm，如果确定此波长的精确度为 $\frac{\Delta\lambda}{\lambda} = 10^{-6}$，试求此光子位置的不确定量 $\Delta x$。

**解** 由德布罗意公式 $p = \frac{h}{\lambda}$，可得光子动量的不确定量

$$\Delta p = \left| -\frac{h}{\lambda^2} \right| \Delta\lambda = \frac{h}{\lambda} \cdot \frac{\Delta\lambda}{\lambda}$$

根据不确定关系 $\Delta x \Delta p_x \geq h$，得光子沿 $x$ 方向运动的位置不确定量

$$\Delta x \geq \frac{h}{\Delta p} = \frac{\lambda}{\Delta\lambda/\lambda} = \frac{300 \times 10^{-9}}{10^{-6}} \text{ m} = 0.3 \text{ m}$$

## 15.6 波函数 薛定谔方程

经典力学中，只要知道质点的受力情况及初始条件，由牛顿第二定律可以确定任意时刻质点的位置和速度（动量）。牛顿运动方程（$\boldsymbol{F} = m\boldsymbol{a}$）就是描述宏观物体运动的普遍方程。微观粒子由于具有波粒二象性，它的运动和宏观物体的运动有着本质的差别。那么微观粒子的运动状态如何描述呢？描述微观粒子运动的普遍方程又是怎样的呢？为此，下面将先介绍描述微观粒子运动的波函数及其统计意义，然后建立反映微观粒子运动的基本方程——薛定谔方程。

### 15.6.1 波函数及其统计解释

从经典波动理论中知道，一个频率为 $\nu$、波长为 $\lambda$、沿 $x$ 正方向传播的平面简谐波（行波）的波函数为

$$y(x,t) = A\cos 2\pi\left(\nu t - \frac{x}{\lambda}\right)$$

将上式写成复数形式并取其实部,有

$$y(x,t) = A\mathrm{e}^{-\mathrm{i}2\pi\left(\nu t - \frac{x}{\lambda}\right)}$$

与恒定速度的自由粒子联系的物质波是平面波,其**波函数**用 $\Psi(x,t)$ 表示,也可写成上式的形式,把 $\nu = \dfrac{E}{h}$,$\lambda = \dfrac{h}{p}$ 代入上式,并把 $y(x,t)$ 换成 $\Psi(x,t)$ 就得到描写自由粒子波动性的平面物质行波的波函数

$$\Psi(x,t) = \Psi_0 \mathrm{e}^{-\mathrm{i}\frac{2\pi}{h}(Et-px)} = \Psi_0 \mathrm{e}^{-\frac{\mathrm{i}}{\hbar}(Et-px)} \tag{15-27}$$

式(15-27)就是与能量为 $E$、动量为 $p$、沿 $x$ 正向运动的自由粒子相联系的德布罗意波的波函数,$\Psi_0$ 是波函数的振幅。

波函数 $\Psi(x,t)$ 是一个复数,其本身没有直接的物理意义。在物理上有测量意义的是波函数模的平方 $|\Psi|^2 = \Psi\Psi^*$,称为**概率密度**。它表示 $t$ 时刻在 $x$ 处单位体积内找到粒子的概率,或 $t$ 时刻粒子在 $x$ 处单位体积内出现的概率。可见波函数不是一个物理量,而是一个用来计算测量概率的数学量。德布罗意波(或物质波)不是机械波,也不是电磁波,而是一种**概率波**。概率波没有直接的物理意义,不表示任何实在的物理量在空间的波动。亦即量子力学中,用来描述微观粒子运动状态的波函数是时间和空间的单值函数。空间某点波函数的模的平方表示粒子在该点附近出现的概率。波函数必须满足**单值、连续、有限**这三个条件,通常称这三个条件为**波函数的标准条件**,且全空间找到粒子的概率总和为 1,即

$$\int |\Psi|^2 \mathrm{d}V = \iiint \Psi \cdot \Psi^* \mathrm{d}x\mathrm{d}y\mathrm{d}z = 1 \tag{15-28}$$

上式称为**波函数的归一化条件**。

### 15.6.2 薛定谔方程

微观粒子的运动状态由波函数描述,决定波函数的基本方程就是薛定谔方程[1926 年由奥地利物理学家薛定谔(E.Schrödinger,1887—1961)建立]。薛定谔方程是量子力学的基本方程,它在量子力学中的地位相当于牛顿第二定律在经典力学中的地位,它既不可能从已有的经典规律推导出来,也不可能直接从实验事实总结出来,薛定谔方程的正确性只能靠实践来检验。由于实际问题中薛定谔方程的求解都比较复杂,这里不作详细的讨论。量子力学中,多数情况是讨论微观粒子在不随时间变化的势场中的运动,即势能函数 $U$ 只是坐标的函数(与时间 $t$ 无关)。这种情况下,系统的总能 $E$ 将不随时间变化,系统的状态称为**定态**。描写定态的波函数称为**定态波函数**。一维情况下定态波函数常用小写 $\psi(x)$ 表示,$\psi(x)$ 满足的方程

$$\frac{\mathrm{d}^2\psi(x)}{\mathrm{d}x^2} + \frac{2m}{\hbar^2}[E - U(x)]\psi(x) = 0 \tag{15-29}$$

称为非自由粒子一维**定态薛定谔方程**。量子力学的核心问题就是求各种(势能函数 $U$ 不同)情况下的薛定谔方程的解。

### 15.6.3 一维无限深势阱

作为薛定谔方程应用的一个例子,讨论粒子在一维势阱中运动的情形。金属中的自由电子,在金属内部可假定它不受力,势能为零,但电子要逸出金属表面,则必须克服正电荷的引力做功,就相当于在金属表面处势能突然增大而不能逸出,粗略分析这种自由电子的运动,可提出一个理想化的模型。即假设电子在一维无限深势阱中运动,它的势能函数为

$$U(x)=\begin{cases}0, & 0<x<a\\ \infty, & x\leq 0, x\geq a\end{cases}$$

其势能曲线如图 15-11 所示。

按经典理论,处于无限深势阱中的粒子,其能量可取任意有限值,粒子在宽度为 $a$ 的势阱内各处出现的概率是相等的。量子力学的结论如何呢?

先看势阱外。因为在 $x=0$ 及 $x=a$ 处,阱壁无限高,即在阱壁处势能突然增大到无限大,粒子受到无限大指向阱内的力,因此粒子不可能越出势阱外。即在 $x\leq 0$ 及 $x\geq a$ 区域,处处找到粒子的概率为零,波函数

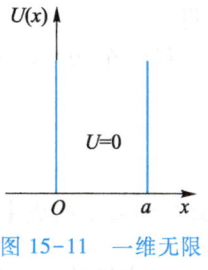

图 15-11 一维无限深势阱

$$\psi(x)=0, \quad x\leq 0, x\geq a$$

下面讨论势阱内的情况。在势阱内,$U=0$,由式(15-29),定态薛定谔方程为

$$\frac{d^2\psi(x)}{dx^2}+\frac{2mE}{\hbar^2}\psi(x)=0$$

令 $k^2=\dfrac{2mE}{\hbar^2}$,则上式变为

$$\frac{d^2\psi(x)}{dx^2}+k^2\psi(x)=0$$

这时简谐振动方程的形式,其通解为

$$\psi(x)=A\sin kx+B\cos kx$$

$A$、$B$ 是两待定常量,可由波函数的标准条件确定。因为在 $x=0$ 及 $x=a$ 处波函数必须连续,即 $\psi(0)=\psi(a)=0$,可得 $B=0$ 及

$$\sin ka=0, \quad k=\frac{n\pi}{a}, \quad n=1,2,3\cdots$$

这里 $n$ 取正整数,因为 $n$ 取负整数并未给出新的波函数(波函数乘以任意常量后,并不反映新的物理状态),而 $n=0$,使到粒子在整个空间的 $\psi(x)=0$,显然没有物理意义。因 $k$ 与能量 $E$ 有关,因此得到粒子在势阱中运动的可能能量为

$$E_n=\frac{\pi^2\hbar^2}{2ma^2}n^2, \quad n=1,2,3,\cdots \tag{15-30}$$

上式说明,粒子在势阱中运动的能量是不连续的(量子化的)。整数 $n$ 叫作量子数。可见量子力学中,能量量子化是自然得到的结果,而不像玻尔理论那样要借助量子化假设。$n=1$ 时,$E_1 = \dfrac{\pi^2 \hbar^2}{2ma^2}$,称为**零点能**或**基态能**。$n=2,3\cdots$ 分别称为第一、第二……激发态。

与各能级对应的波函数为

$$\psi_n(x) = A\sin\dfrac{n\pi}{a}x, \quad 0<x<a$$

常量 $A$ 可由归一化条件确定,即

$$\int_0^a |\psi_n(x)|^2 \, dx = A^2 \int_0^a \sin^2\left(\dfrac{n\pi}{a}x\right) dx = 1$$

求得
$$A = \sqrt{2/a}$$

最后得到在 $(0<x<a)$ 区间归一化的波函数为

$$\psi_n(x) = \sqrt{\dfrac{2}{a}}\sin\dfrac{n\pi}{a}x, \quad n=1,2,3,\cdots \tag{15-31}$$

$x$ 处找到粒子的概率密度为 $|\psi_n(x)|^2$,概率最大值的位置可由 $\dfrac{d|\psi_n(x)|^2}{dx} = 0$ 求得。

图 15-12 给出了一维无限深势阱中粒子的波函数 $\psi_n(x)$、概率密度 $|\psi_n(x)|^2$ 和能级 $E_n$ 的关系曲线。

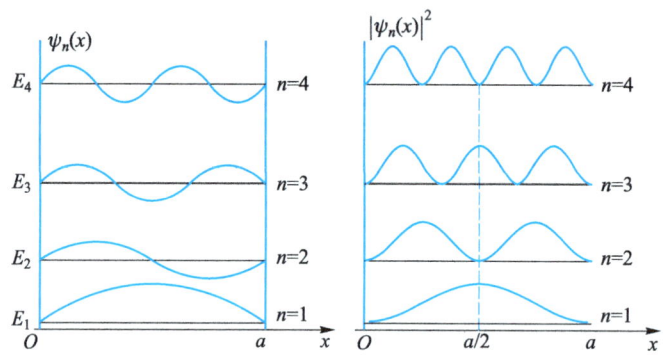

图 15-12　势阱中的波函数及概率密度

由图可以看出,不同能级上粒子出现的概率密度是不同的。$n=1$ 时,粒子在 $a/2$ 处出现的概率最大,只有一个峰值;$n=2$ 时,概率密度有两个峰值……;$n$ 增大,峰值数增加,相邻峰值间距变小;显然 $n$ 很大时,相邻峰值间距趋于零,这时粒子在阱中各处出现的概率相同,这就成为经典分布情况了。

◇ 思考题

**15-6**　用经典力学的物理量(如坐标、动量等)描述微观粒子的运动时,存在什么问题？原因何在？

**15-7** 机械波的振幅，电磁波的振幅和物质波的振幅分别代表什么物理意义？

**15-8** 德布罗意波的波函数与经典波的波函数的本质区别是什么？

## 习题 15

**选择题**

**15-1** 在光电效应实验中，饱和光电流的大小取决于(　　)
(A) 入射光的波长　　　　(B) 光电管两极间的电势差
(C) 入射光的强度　　　　(D) 金属的逸出功

**15-2** 在光电效应实验中，发射的光电子的初动能随入射光频率 $\nu$ 的变化关系如图所示，下述哪一个量表示普朗克常量(　　)
(A) $OQ$
(B) $OP$
(C) $OP/OQ$
(D) $QS/RS$

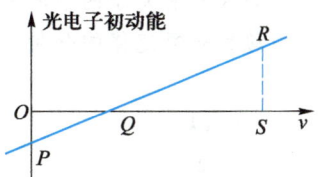

习题 15-2 图

**15-3** 在康普顿效应实验中，波长为 $\lambda_0$ 的入射光子"击中"一个电子后，逆着它原入射方向反射回去，反射光子的波长为 $\lambda$，已知反冲电子的速度为 $v$，静质量和动质量分别为 $m_0$ 和 $m$。则在此过程中，动量守恒和能量守恒定律可表述为(　　)

(A) $\dfrac{h}{\lambda_0}=mv-\dfrac{h}{\lambda},\dfrac{hc}{\lambda_0}=(m-m_0)c^2+\dfrac{hc}{\lambda}$　　(B) $\dfrac{h}{\lambda_0}=mc-\dfrac{h}{\lambda},\dfrac{hc}{\lambda_0}=mc^2+\dfrac{hc}{\lambda}$

(C) $\dfrac{h}{\lambda_0}=mv+\dfrac{h}{\lambda},\dfrac{hc}{\lambda_0}=m_0c^2+\dfrac{hc}{\lambda}$　　(D) $\dfrac{h}{\lambda_0}=mv+\dfrac{h}{\lambda},\dfrac{hc}{\lambda_0}=\dfrac{1}{2}mv^2+\dfrac{hc}{\lambda}$

**15-4** 在康普顿效应实验中，若散射光波长是入射光波长的 1.2 倍，则散射光光子能量 $\varepsilon$ 与反冲电子动能 $E_k$ 之比为(　　)
(A) 2　　　　(B) 5　　　　(C) 4　　　　(D) 3

**15-5** 若 $\alpha$ 粒子(电荷量为 $2e$)在磁感应强度为 $B$ 的均匀磁场中沿半径为 $R$ 的圆形轨道运动，则 $\alpha$ 粒子的德布罗意波长是(　　)
(A) $\dfrac{h}{2eRB}$　　　(B) $\dfrac{h}{eRB}$　　　(C) $\dfrac{1}{2eRBh}$　　　(D) $\dfrac{1}{eRBh}$

**15-6** 要使处于基态的氢原子受激发后能发射莱曼系的最长波长的谱线，至少应向基态氢原子提供的能量是(　　)
(A) 13.6 eV　　(B) 3.4 eV　　(C) 10.2 eV　　(D) 1.5 eV

**15-7** 根据玻尔氢原子理论，巴耳末线系中谱线最小波长与最大波长之比为(　　)
(A) $\dfrac{5}{9}$　　　　(B) $\dfrac{4}{9}$　　　　(C) $\dfrac{7}{9}$　　　　(D) $\dfrac{2}{9}$

**15-8** 不确定关系式 $\Delta y \cdot \Delta p_y \geq h$ 表示在 $y$ 方向上（　　）

(A) 粒子位置不能确定　　　　　　(B) 粒子动量不能确定

(D) 粒子位置和动量都不能确定　　(D) 粒子位置和动量不能同时确定

**15-9** 如果将波函数在空间各点的振幅同时增大 $N$ 倍，则粒子在空间的分布概率将（　　）

(A) 不变　　　　　　　　　　　(B) 增大 $N$ 倍

(C) 增大 $N^2$ 倍　　　　　　　　(D) 增大 $2N$ 倍

**填空题**

**15-10** 在光电效应实验中，测得某金属的遏止电压 $|U_a|$ 与入射光频率 $\nu$ 的关系曲线如图所示，由此可知该金属的红限频率 $\nu_0 = $ _____ Hz，逸出功 $W = $ _____ eV。

**15-11** 一频率为 $\nu$ 的入射光子与起始静止的自由电子发生碰撞和散射，如图所示。如果散射光子的频率为 $\nu'$，反冲电子的动量为 $p$，则在与入射光子平行的方向上的动量守恒定律的分量形式为 _____ 。

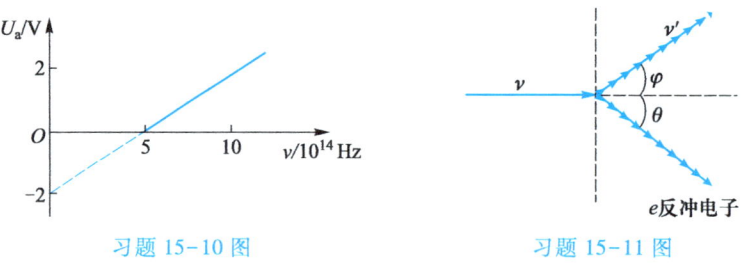

习题 15-10 图　　　　　　　　习题 15-11 图

**15-12** 静质量为 $m_0$ 的电子，经电势差为 $U_{12}$ 的静电场加速后，若不考虑相对论效应，电子的德布罗意波长为 $\lambda = $ _____ 。

**15-13** 氢原子的一些能级跃迁图如图所示（$E_1$ 不是基态）。被激发的氢原子跃迁到低能级时可发出波长为 $\lambda_1$、$\lambda_2$、$\lambda_3$ 的辐射，其频率 $\nu_1$、$\nu_2$、$\nu_3$ 满足关系式 _____；三个波长满足关系式 _____。

**15-14** 粒子 A 和粒子 B 的波函数分别如图所示，若用位置和动量描述它们的运动状态，两者中粒子位置的不确定量最大的是 _____，粒子动量的不确定量最大的是 _____。

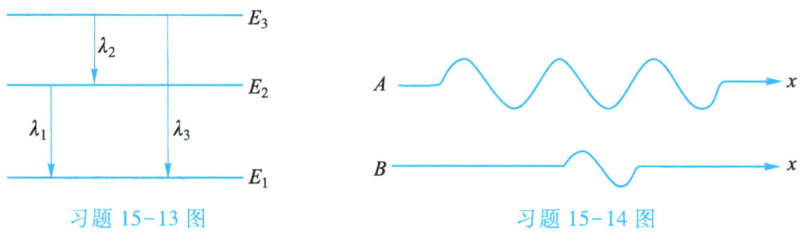

习题 15-13 图　　　　　　　　习题 15-14 图

**15-15** 描述微观粒子运动的波函数为 $\Psi(r,t)$，则 $\Psi\Psi^*$ 表示 _____；

$\Psi(r,t)$ 必须满足的条件是_____；其归一化条件为_____。

**计算题**

**15—16** 金属铝的逸出功为 4.2 eV，今用波长为 200 nm 的紫外线照射到铝表面上，发射的光电子的最大初动能为多少？遏止电势差为多大？铝的红线波长是多大？

**15—17** 如果一个光子的能量等于一个电子的静止能量，问该光子的频率、波长和动量各是多少？

**15—18** 光子和电子的波长均为 0.2 nm，求：(1) 光子的动量和能量；(2) 电子的动量和动能。

**15—19** 在基态氢原子被外来单色光激发后发出的巴耳末系中，仅观察到三条谱线。试求：(1) 外来光子的波长；(2) 这三条谱线的波长。

**15—20** 实验发现基态氢原子可吸收能量为 12.75 eV 的光子，(1) 试问氢原子吸收该光子后将被激发到哪个能级？(2) 受激发的氢原子向低能级跃迁时，可能发出哪几条谱线？画出能级跃迁图。

**15—21** 已知氢光谱的某一线系的极限波长为 364.7 nm，其中有一谱线的波长为 656.5 nm。试由玻尔氢原子理论，求与该波长相应的始态与终态能级的能量。

**15—22** 用不确定关系式 $\Delta x \cdot \Delta p_x \geq h$ 证明：如果确定一个低速运动的粒子的位置时，其不确定量等于这粒子的德布罗意波长，则同时确定这粒子的速度时，其不确定量就等于这粒子的速度。

第 15 章习题参考答案

## 附录1

### 中华人民共和国法定计量单位

中华人民共和国的法定计量单位(以下简称法定单位)包括：
(1) 国际单位制的基本单位；
(2) 国际单位制中包括辅助单位在内的具有专门名称的导出单位；
(3) 国家选定的非国际单位制单位；
(4) 由以上单位构成的组合形式的单位；
(5) 由词头和以上单位所构成的十进倍数和分数单位。

表1　国际单位制的基本单位

| 量的名称 | 单位名称 | 单位符号 |
| --- | --- | --- |
| 长度 | 米 | m |
| 质量 | 千克(公斤) | kg |
| 时间 | 秒 | s |
| 电流 | 安[培] | A |
| 热力学温度 | 开[尔文] | K |
| 物质的量 | 摩[尔] | mol |
| 发光强度 | 坎[德拉] | cd |

表2　国际单位制中包括辅助单位在内的具有专门名称的导出单位

| 量的名称 | 单位名称 | 单位符号 | 用SI基本单位的表示式 |
| --- | --- | --- | --- |
| [平面]角 | 弧度 | rad | 1 |
| 立体角 | 球面度 | sr | 1 |
| 频率 | 赫[兹] | Hz | $s^{-1}$ |
| 力 | 牛[顿] | N | $kg \cdot m/s^2$ |
| 压力,压强,应力 | 帕[斯卡] | Pa | $N/m^2$ |
| 能[量],功,热量 | 焦[耳] | J | $N \cdot m$ |
| 功率,辐[射能]通量 | 瓦[特] | W | $J/s$ |
| 电荷[量] | 库[仑] | C | $A \cdot s$ |
| 电压,电动势,电位(电势) | 伏[特] | V | $W/A$ |
| 电容 | 法[拉] | F | $C/V$ |
| 电阻 | 欧[姆] | Ω | $V/A$ |
| 电导 | 西[门子] | S | $Ω^{-1}$ |
| 磁通[量] | 韦[伯] | Wb | $V \cdot s$ |
| 磁通[量]密度,磁感应强度 | 特[斯拉] | T | $Wb/m^2$ |
| 电感 | 亨[利] | H | $Wb/A$ |
| 摄氏温度 | 摄氏度 | ℃ | |
| 光通量 | 流[明] | lm | $cd \cdot sr$ |
| [光]照度 | 勒[克斯] | lx | $lm/m^2$ |
| [放射性]活度 | 贝可[勒尔] | Bq | $s^{-1}$ |
| 吸收剂量,比授[予]能,比释动能 | 戈[瑞] | Gy | $J/kg$ |
| 剂量当量 | 希[沃特] | Sv | $J/kg$ |

### 表3　国家选定的非国际单位制单位

| 量的名称 | 单位名称 | 单位符号 | 换算关系和说明 |
|---|---|---|---|
| 时间 | 分 | min | 1 min = 60 s |
| | [小]时 | h | 1 h = 60 min = 3 600 s |
| | 日,(天) | d | 1 d = 24 h = 86 400 s |
| [平面]角 | 度 | ° | $1° = 60' = (\pi/180)$ rad |
| | [角]分 | ′ | $1' = 60'' = (\pi/10\ 800)$ rad |
| | [角]秒 | ″ | $1'' = (\pi/648\ 000)$ rad（$\pi$ 为圆周率） |
| 体积 | 升 | L,(l) | $1\ L = 1\ dm^3 = 10^{-3}\ m^3$ |
| 质量 | 吨 | t | $1\ t = 10^3\ kg$ |
| | 原子质量单位 | u | $1\ u \approx 1.660\ 540 \times 10^{-27}\ kg$ |
| 转速 | 转每分 | r/min | $1\ r/min = (1/60)\ s^{-1}$ |
| 长度 | 海里 | n mile | 1 n mile = 1 852 m（只用于航程） |
| 速度 | 节 | kn | 1 kn = 1 n mile/h = (1 852/3 600) m/s（只用于航行） |
| 能 | 电子伏 | eV | $1\ eV \approx 1.602\ 18 \times 10^{-19}\ J$ |
| 级差 | 分贝 | dB | |
| 线密度 | 特[克斯] | tex | $1\ tex = 10^{-6}\ kg/m$ |
| 面积 | 公顷 | hm² | $1\ hm^2 = 10^4\ m^2$ |

### 表4　用于构成十进倍数和分数单位的词头

| 所表示的因数 | 词头名称 英文 | 词头名称 中文 | 词头符号 |
|---|---|---|---|
| $10^{24}$ | yotta | 尧[它] | Y |
| $10^{21}$ | zetta | 泽[它] | Z |
| $10^{18}$ | exa | 艾[可萨] | E |
| $10^{15}$ | peta | 拍[它] | P |
| $10^{12}$ | tera | 太[拉] | T |
| $10^{9}$ | giga | 吉[咖] | G |
| $10^{6}$ | mega | 兆 | M |
| $10^{3}$ | kilo | 千 | k |
| $10^{2}$ | hecto | 百 | h |
| $10^{1}$ | deca | 十 | da |
| $10^{-1}$ | deci | 分 | d |
| $10^{-2}$ | centi | 厘 | c |

续表

| 所表示的因数 | 词头名称 | | 词头符号 |
|---|---|---|---|
| | 英文 | 中文 | |
| $10^{-3}$ | milli | 毫 | m |
| $10^{-6}$ | micro | 微 | μ |
| $10^{-9}$ | nano | 纳[诺] | n |
| $10^{-12}$ | pico | 皮[可] | p |
| $10^{-15}$ | femto | 飞[母托] | f |
| $10^{-18}$ | atto | 阿[托] | a |
| $10^{-21}$ | zepto | 仄[普托] | z |
| $10^{-24}$ | yocto | 幺[科托] | y |

注：1. 圆括号中的名称，是它前面的名称的同义词。

2. 无方括号的量的名称与单位名称均为全称。方括号中的字，在不致引起混淆、误解的情况下，可以省略。去掉方括号中的字即为其名称的简称。单位和词头的简称，即为其中文符号。

3. 人民生活和贸易中，质量习惯称为重量。

4. "用 SI 基本单位的表示式"是指用国际单位制的基本单位和有专门名称的导出单位所作的表示。

5. 弧度和球面度称为国际单位制的辅助单位，它们是具有专门名称和符号的量纲一的量的导出单位。

6. 平面角单位度、分、秒的符号，在组合单位中应采用(°)、(′)、(″)的形式。例如，不用°/s 而用(°)/s。

7. 升的符号中，小写字母 l 为备用符号。

8. 公顷的国际通用符号为 ha。

9. 词头不得单独使用，也不得重叠使用，词头符号与所紧接的单位符号（国际单位制基本单位或导出单位的符号）应作为一个整体对待，它们共同组成一个新单位（十进倍数或分数单位），并具有相同的幂次，而且还可以和其他单位构成组合单位。

# 附录2

## 常用物理常量表

| 物理量 | 符号 | 数值 | 单位 | 相对标准不确定度 |
|---|---|---|---|---|
| 真空中的光速 | $c$ | 299 792 458 | $m \cdot s^{-1}$ | 精确 |
| 真空磁导率 | $\mu_0$ | $4\pi \times 10^{-7}$ | $N \cdot A^{-2}$ | 精确 |
| 真空电容率 | $\varepsilon_0$ | $8.854\ 187\ 817\cdots \times 10^{-12}$ | $F \cdot m^{-1}$ | 精确 |
| 引力常量 | $G$ | $6.674\ 08(31) \times 10^{-11}$ | $m^3 \cdot kg^{-1} \cdot s^{-2}$ | $4.7 \times 10^{-5}$ |
| 普朗克常量 | $h$ | $6.626\ 070\ 040(81) \times 10^{-34}$ | $J \cdot s$ | $1.2 \times 10^{-8}$ |
| 约化普朗克常量 | $h/2\pi$ | $1.054\ 571\ 800(13) \times 10^{-34}$ | $J \cdot s$ | $1.2 \times 10^{-8}$ |
| 元电荷 | $e$ | $1.602\ 176\ 620\ 8(98) \times 10^{-19}$ | $C$ | $6.1 \times 10^{-9}$ |
| 电子质量 | $m_e$ | $9.109\ 383\ 56(11) \times 10^{-31}$ | $kg$ | $1.2 \times 10^{-8}$ |
| 质子质量 | $m_p$ | $1.672\ 621\ 898(21) \times 10^{-27}$ | $kg$ | $1.2 \times 10^{-8}$ |
| 中子质量 | $m_n$ | $1.674\ 927\ 471(21) \times 10^{-27}$ | $kg$ | $1.2 \times 10^{-8}$ |
| 电子比荷 | $-e/m_e$ | $-1.758\ 820\ 024(11) \times 10^{11}$ | $C \cdot kg^{-1}$ | $6.2 \times 10^{-9}$ |
| 精细结构常数 | $\alpha$ | $7.297\ 352\ 566\ 4(17) \times 10^{-3}$ | | $2.3 \times 10^{-10}$ |
| 精细结构常数的倒数 | $\alpha^{-1}$ | $137.035\ 999\ 139(31)$ | | $2.3 \times 10^{-10}$ |
| 里德伯常量 | $R_\infty$ | $10\ 973\ 731.568\ 508(65)$ | $m^{-1}$ | $5.9 \times 10^{-12}$ |
| 阿伏伽德罗常量 | $N_A$ | $6.022\ 140\ 857(74) \times 10^{23}$ | $mol^{-1}$ | $1.2 \times 10^{-8}$ |
| 摩尔气体常量 | $R$ | $8.314\ 459\ 8(48)$ | $J \cdot mol^{-1} \cdot K^{-1}$ | $5.7 \times 10^{-7}$ |
| 玻耳兹曼常量 | $k$ | $1.380\ 648\ 52(79) \times 10^{-23}$ | $J \cdot K^{-1}$ | $5.7 \times 10^{-7}$ |
| 斯特藩-玻耳兹曼常量 | $\sigma$ | $5.670\ 367(13) \times 10^{-8}$ | $W \cdot m^{-2} \cdot K^{-4}$ | $2.3 \times 10^{-6}$ |
| 维恩位移定律常量 | $b$ | $2.897\ 772\ 9(17) \times 10^{-3}$ | $m \cdot K$ | $5.7 \times 10^{-7}$ |
| 原子质量常量 | $m_u$ | $1.660\ 539\ 040(20) \times 10^{-27}$ | $kg$ | $1.2 \times 10^{-8}$ |
| 理想气体的摩尔体积（标准状态） | $V_m$ | $22.413\ 962(13) \times 10^{-3}$ | $m^3 \cdot mol^{-1}$ | $5.7 \times 10^{-7}$ |
| 玻尔磁子 | $\mu_B$ | $927.4\ 009\ 994(57) \times 10^{-26}$ | $J \cdot T^{-1}$ | $6.2 \times 10^{-9}$ |
| 核磁子 | $\mu_N$ | $5.050\ 783\ 699(31) \times 10^{-27}$ | $J \cdot T^{-1}$ | $6.2 \times 10^{-9}$ |
| 玻尔半径 | $a_0$ | $0.529\ 177\ 210\ 67(12) \times 10^{-10}$ | $m$ | $2.3 \times 10^{-10}$ |
| 经典电子半径 | $r_e$ | $2.817\ 940\ 322\ 7(19) \times 10^{-15}$ | $m$ | $6.8 \times 10^{-10}$ |

注：表中的数据为国际科学联合会理事会科学技术数据委员会（CODATA）2014年的国际推荐值。

>>> 附录3

··· 本书物理量的名称、符号和单位(SI)一览表

下表中列出本书中所用物理量的名称、符号和单位(SI)

| 物理量名称 | 物理量符号 | 单位名称 | 单位符号 |
| --- | --- | --- | --- |
| 长度 | $l, L$ | 米 | m |
| 质量 | $m$ | 千克 | kg |
| 质量密度 | $\rho$ | 千克每立方米 | $kg \cdot m^{-3}$ |
| 时间 | $t$ | 秒 | s |
| 速度 | $v, u$ | 米每秒 | $m \cdot s^{-1}$ |
| 加速度 | $a$ | 米每二次方秒 | $m \cdot s^{-2}$ |
| 平面角 | $\theta, \alpha, \beta, \gamma, \varphi$ | 弧度 | rad |
| 角速度 | $\omega$ | 弧度每秒 | $rad \cdot s^{-1}$ |
| 角加速度 | $\alpha$ | 弧度每二次方秒 | $rad \cdot s^{-2}$ |
| 力 | $F$ | 牛顿 | N |
| 重力 | $G$ | 牛顿 | N |
| 摩擦力 | $F_r$ | 牛顿 | N |
| 正压力 | $F_N$ | 牛顿 | N |
| 张力 | $F_T$ | 牛顿 | N |
| 摩擦因数 | $\mu$ | — | — |
| 动量 | $p$ | 千克米每秒 | $kg \cdot m \cdot s^{-1}$ |
| 冲量 | $I$ | 牛顿秒 | $N \cdot s$ |
| 功 | $W$ | 焦耳 | J |
| 能量,热量 | $E, E_k, E_p, Q$ | 焦耳 | J |
| 功率 | $P$ | 瓦特 | $W(J \cdot s^{-1})$ |
| 力矩 | $M$ | 牛顿米 | $N \cdot m$ |
| 转动惯量 | $J$ | 千克二次方米 | $kg \cdot m^2$ |
| 角动量 | $L$ | 牛顿二次方米每秒 | $kg \cdot m^2 \cdot s^{-1}$ |
| 劲度系数 | $k$ | 牛顿每米 | $N \cdot m^{-1}$ |
| 压强 | $p$ | 帕[斯卡] | $N \cdot m^{-2}$ |
| 体积 | $V$ | 立方米 | $m^3$ |
| 热力学温度 | $T$ | 开[尔文] | K |
| 摄氏温度 | $t$ | 摄氏度 | ℃ |
| 物质的量 | $\Delta$ | — | — |
| 摩尔质量 | $M$ | 千克每摩尔 | $kg \cdot mol^{-1}$ |
| 比热[容] | $C$ | 焦耳每千克开 | $J \cdot kg^{-1} \cdot K^{-1}$ |
| 摩尔热容 | $C_m, C_{V,m}, C_{p,m}$ | 焦耳每摩尔开 | $J \cdot mol^{-1} \cdot K^{-1}$ |
| 摩尔热容比 | $\gamma$ | — | — |
| 热机效率 | $\eta$ | — | — |
| 制冷系数 | $w$ | | |

续表

| 物理量名称 | 物理量符号 | 单位名称 | 单位符号 |
|---|---|---|---|
| 熵 | $S$ | 焦耳每开 | $J \cdot K^{-1}$ |
| 频率 | $\nu$ | 赫兹 | $Hz, s^{-1}$ |
| 周期 | $T$ | 秒 | $s$ |
| 相[位] | $\varphi$ | 弧度 | $rad$ |
| 角频率 | $\omega$ | 弧度每秒 | $rad \cdot s^{-1}$ |
| 波长 | $\lambda$ | 米 | $m$ |
| 振幅 | $A$ | 米 | $m$ |
| 光速 | $c$ | 米每秒 | $m \cdot s^{-1}$ |
| 光强 | $I$ | 瓦每平方米 | $W \cdot m^{-2}$ |
| 折射率 | $n$ | — | — |
| 电荷 | $q, Q$ | 库仑 | $C$ |
| 电荷线密度 | $\lambda$ | 库仑每米 | $C \cdot m^{-1}$ |
| 电荷面密度 | $\sigma$ | 库仑每平方米 | $C \cdot m^{-2}$ |
| 电荷体密度 | $\rho$ | 库仑每立方米 | $C \cdot m^{-3}$ |
| 电场强度 | $E$ | 伏特每米 | $V \cdot m^{-1}$ |
| 真空电容率 | $\varepsilon_0$ | 法拉每米 | $F \cdot m^{-1}$ |
| 相对电容率 | $\varepsilon_r$ | — | — |
| 介电常数 | $\varepsilon$ | 法拉每米 | $F \cdot m^{-1}$ |
| 电场强度通量 | $\Phi_e$ | 伏特米 | $V \cdot m$ |
| 电势能 | $W$ | 焦耳 | $J$ |
| 电势 | $U$ | 伏特 | $V$ |
| 电势差 | $U_{12}, U_1 - U_2$ | 伏特 | $V$ |
| 电偶极矩 | $p_e$ | 库仑米 | $C \cdot m$ |
| 电容 | $C$ | 法拉 | $F$ |
| 电位移 | $D$ | 库仑每平方米 | $C \cdot m^{-2}$ |
| 电位移通量 | $\Psi_D$ | 库仑 | $C$ |
| 电流 | $I$ | 安培 | $A$ |
| 电流密度 | $j$ | 安培每平方米 | $A \cdot m^{-2}$ |
| 电阻 | $R$ | 欧姆 | $\Omega$ |
| 电阻率 | $\rho$ | 欧姆米 | $\Omega \cdot m$ |
| 电动势 | $\varepsilon$ | 伏特 | $V$ |
| 磁感应强度 | $B$ | 特斯拉 | $T$ |
| 磁矩 | $m$ | 安培平方米 | $A \cdot m^2$ |
| 真空磁导率 | $\mu_0$ | 亨利每米 | $H \cdot m^{-1}$ |
| 相对磁导率 | $\mu_r$ | — | — |

续表

| 物理量名称 | 物理量符号 | 单位名称 | 单位符号 |
|---|---|---|---|
| 磁导率 | $\mu$ | 亨利每米 | $H \cdot m^{-1}$ |
| 磁场强度 | $H$ | 安培每米 | $A \cdot m^{-1}$ |
| 磁通量 | $\Phi_m$ | 韦伯 | Wb |
| 自感系数 | $L$ | 亨利 | H |
| 互感系数 | $M$ | 亨利 | H |
| 位移电流 | $I_d$ | 安培 | A |
| 磁能密度 | $w$ | 焦耳每立方米 | $J \cdot m^{-3}$ |
| 电子静质量 | $m_e$ | 千克 | kg |
| 普朗克常量 | $h$ | 焦耳秒 | $J \cdot s$ |
| 波数 | $\tilde{\nu}$ | 每米 | $m^{-1}$ |
| 玻尔半径 | $r_B$ | 米 | m |
| 里德堡常量 | $R_H$ | 每米 | $m^{-1}$ |
| 主量子数 | $n$ | — | — |
| 波函数 | $\Psi$ | — | — |

# 参考文献

## 郑重声明

高等教育出版社依法对本书享有专有出版权。任何未经许可的复制、销售行为均违反《中华人民共和国著作权法》，其行为人将承担相应的民事责任和行政责任；构成犯罪的，将被依法追究刑事责任。为了维护市场秩序，保护读者的合法权益，避免读者误用盗版书造成不良后果，我社将配合行政执法部门和司法机关对违法犯罪的单位和个人进行严厉打击。社会各界人士如发现上述侵权行为，希望及时举报，我社将奖励举报有功人员。

反盗版举报电话　　(010) 58581999　58582371
反盗版举报邮箱　　dd@hep.com.cn
通信地址　北京市西城区德外大街4号　高等教育出版社法律事务部
邮政编码　100120

## 读者意见反馈

为收集对教材的意见建议，进一步完善教材编写并做好服务工作，读者可将对本教材的意见建议通过如下渠道反馈至我社。

咨询电话　400-810-0598
反馈邮箱　hepsci@pub.hep.cn
通信地址　北京市朝阳区惠新东街4号富盛大厦1座
　　　　　高等教育出版社理科事业部
邮政编码　100029

## 防伪查询说明

用户购书后刮开封底防伪涂层，使用手机微信等软件扫描二维码，会跳转至防伪查询网页，获得所购图书详细信息。

防伪客服电话　　(010) 58582300